工业和信息化普通高等教育"十二五"规划教材立项项目

21 世纪高等学校计算机规划教材
21st Century University Planned Textbooks of Computer Science

计算机信息技术基础

Fundamentals of Computer Information Technology

李永杰 马良荔 主编

刘霞 崔良中 郭晖 副主编

郭福亮 主审

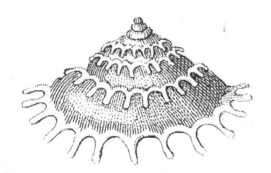

高校系列

人民邮电出版社

北 京

图书在版编目（ＣＩＰ）数据

计算机信息技术基础 / 李永杰，马良荔主编. —— 北京 ： 人民邮电出版社，2012.10
21世纪高等学校计算机规划教材
ISBN 978-7-115-29212-4

Ⅰ．①计… Ⅱ．①李… ②马… Ⅲ．①电子计算机－高等学校－教材 Ⅳ．①TP3

中国版本图书馆CIP数据核字(2012)第213677号

内 容 提 要

　　本书按照信息技术基础、信息的表示与存储、信息处理工具及技术、信息传输与发布、信息检索与信息安全的信息处理流程编排教材内容。本书共四篇11章，其中第一篇为信息技术基础，包括信息技术基础知识、信息的表示与存储、信息处理工具——计算机系统3个部分；第二篇为信息处理技术，包括程序设计方法和软件、Office 2003办公软件、数据库与信息系统和多媒体技术 3 个部分；第三篇为信息传输与发布，包括计算机网络基础和网页设计两部分；第四篇为信息检索与信息安全，包括信息的检索与利用、信息安全与管理两个部分。

　　本书可作为高等军事类院校大学计算机基础课程的教材，也可作为计算机信息基础的自学参考书。

21 世纪高等学校计算机规划教材
计算机信息技术基础

◆　主　　编　李永杰　马良荔

　　副 主 编　刘　霞　崔良中　郭　晖

　　主　　审　郭福亮

　　责任编辑　韩旭光

◆　人民邮电出版社出版发行　　北京市崇文区夕照寺街 14 号
　　邮编　100061　　电子邮件　315@ptpress.com.cn
　　网址　http://www.ptpress.com.cn
　　北京鑫正大印刷有限公司印刷

◆　开本：787×1092　1/16
　　印张：25　　　　　　　　　2012 年 10 月第 1 版
　　字数：655 千字　　　　　　2012 年 10 月北京第 1 次印刷

ISBN 978-7-115-29212-4
定价：52.00 元
读者服务热线：(010)67132746　印装质量热线：(010)67129223
反盗版热线：(010)67171154

本书编委会

郭福亮　张志祥　李永杰　刘　霞

马良荔　李　娟　崔良中　郭　晖

吕　晓　黄　颖　徐兴华　陈修亮

吴清怡

前　言

随着信息技术的飞速发展以及信息技术革命的到来，以计算机为主的信息技术在国民经济和人们生活各个领域的应用越来越广泛，特别是信息技术在现代战争和军队的信息化建设当中的应用，改变了战争的形态，使现代战争成为信息化战争，掌握基本的信息技术及其处理方法成为现代战争对军事院校学员素质培养的基本要求。为了适应目前军队院校学员的信息素质的培养需求，我们根据多年的教学经验精心编写了这本《计算机信息技术基础》教材。

本教材具有以下特色：首先，本教材是针对军事院校计算机基础课教学编写的，在编写过程中突出介绍了信息技术在现代战争和军队信息化建设中的应用，使大学一年级学员在入学的第一门计算机基础课程中能够对信息技术有宏观全面的概念；其次，教材编写过程中按照信息技术基础、信息的表示与存储、信息处理工具及技术、信息传输与发布、信息检索与信息安全的教学流程对内容进行编写，使学员能够对信息及信息技术具有全面的了解；再次，在教材编写过程中注重对应用广泛的新技术的介绍和阐述，如面向对象的程序设计方法、物联网技术等。

本教材内容共分为四篇11章，其中第一篇为信息技术基础篇，包括第1、2、3章：第1章为信息技术基础知识，内容包括信息及信息技术的基本概念、信息化与信息社会、信息化战争与军队信息化；第2章为信息的表示与存储，内容包括数值、文本、声音、图片、视频等信息在计算机中的表示方式以及常见的存储介质；第3章为信息处理工具——计算机系统，内容包括计算机的发展、系统结构、微计算机的系统组成、操作系统等内容。第二篇为信息处理技术，包括第4、5、6、7章：第4章为程序设计方法和软件，内容包括程序基本概念、算法基础、数据结构和程序设计方法；第5章为Office 2003办公软件，内容包括Word 2003、Excel 2003和PowerPoint 2003的使用；第6章为数据库与信息系统，内容包括信息系统的概念、数据库技术以及Access 2003数据库设计；第7章为多媒体技术，内容包括多媒体的基本概念、多媒体计算机系统和常用多媒体软件的使用。第三篇为信息传输与发布，包括第8、9章：第8章为计算机网络基础，内容包括网络的基本概念、网络系统组成、Internet基础和物联网技术等；第9章为FrontPage 2003网页设计，主要介绍使用FrontPage 2003进行网页制作和网站的发布。第四篇为信息检索与信息安全，包括第10、11章：第10章为信息的检索与利用，内容包括信息检索的原理与一般步骤、信息检索的方法、常用检索工具介绍等；第11章为信息安全与管理，内容包括信息安全的基本概念、计算机病毒、计算机职业道德、计算机日常使用与维护和安全软件使用举例等。

本教材同时提供配套的实验教材与习题集，配合本课程的教学使用。本教材可作为普通军事院校计算机基础课程的教材，也可作为其他院校学习计算机基础知识的参考书。

本教材由李永杰和马良荔任主编，郭福亮主审，刘霞、崔良中、郭晖参与从内容的制定、编写到统稿的全过程，并分别负责其中部分章节的编写工作，吕晓、黄颖、李娟、陈修亮、吴清怡和徐兴华承担了部分章节的编写与校对工作。

我们在编写本教材过程中，根据多年的教学经验和学生的实际需要确定教材内容，力争用理论与实践相结合的方式编写教材内容，努力使学生全面地理解和掌握计算机信息技术，适应目前军事院校学员的大学计算机基础课程的教学工作。但由于计算机技术发展迅速，计算机学科知识更新很快，书中难免有不足和疏漏之处，恳请广大读者批评指正。

编　者
2012 年 8 月于武汉

目 录

第一篇　信息技术基础

第二篇 信息处理技术

第三篇 信息传输与发布

第四篇 信息检索与信息安全

第一篇
信息技术基础

第1章
信息技术基础知识

电子计算机是迄今为止人类历史上最伟大、最卓越的技术发明之一。人类因发明了电子计算机而开辟了智力和能力延伸的新纪元。人类特别重视研究信息和利用信息，是从 20 世纪 40 年代研究通信技术开始的。电子计算机的诞生，为信息的采集、存储、分类以及适合于各种需要的处理提供了极为有效的手段，使信息在现代生活中成为不可缺少的资源。同时信息技术在军事上的应用也使战争形态发生了变化，使未来战争形态由以机械化为主转变为以信息化战争为主。

1.1　信息的基本概念

1.1.1　信息的定义

信息（Information）的英文原意为通知或消息。"信息"一词在我国有着很悠久的历史，早在 2 000 多年前的西汉时期，"信"字就出现了。唐朝诗人李中在《碧云集·暮春怀故人》一诗中就留下了"梦断美人沉信息，目穿长路依楼台"的诗句，此诗句中的"信息"就是指的音信、消息。

在人类认识的世界中，物质、能量和信息是构成世界的三大要素。物质和能量是不同形态的资源，它们可以以材料和动力的形式存在，人类能够利用这些材料和动力。信息同样是一种资源，它向人类提供的是知识，物质、能量和信息三者之间相互依存，构成了完美的世界。

那信息到底是什么呢？词典上一般称，信息就是消息，是情报。就一般意义来说，信息可以理解成消息、情报、知识、见闻、通知、报告、事实和数据等。但是对信息的定义，不同的专家学者的定义是不同的。其中最著名的是美国科学家香农（C.E. Shannon），1948 年，他在他发表的论文《通信的数学理论》中，从研究通信系统传输的实质出发，对信息进行了科学的定义，并进行了定性和定量的描述。他认为，"信息"是有序的度量，是人们对事物了解的不确定性的消除和减少，也就是消除信宿（信息的接收者）对信源（信息的发出者）发出那些消息的不确定性。同时信息是对组织程度的一种测度，信息能够使物质系统有序性增强，减少破坏、混乱和噪声。

我国北京邮电大学的钟义信教授在其编著的信息技术作品中，也从本体论和认识论两个层次对信息进行了定义。钟教授从本体论层次定义信息为：事物运动的状态及其变化方式的自我表述，也就是说任何事物都是信源，都会自发的发出信息，表述自身的运动状态及其变化方式，而不管有没有人来接收其信息。从认识论层次出发定义信息为：主体所感知（或所表述）的关于该事物的运动状态及其变化形式，包括这种状态或形式、含义和效用。

通俗地讲，信息是"关于客观事实的可通信的知识"。信息是客观世界各种事物变化和特征的反映。在日常生活中，信息也常被理解为消息或者说具有新内容、新知识的消息。实际上，信息的含义要比消息广泛得多，信息是客观存在的事物，通过物质载体所产生的消息、情报、指令、数据所包含的一切可传递和可交换的内容。从计算机科学的角度考虑，信息包括两个基本含义：一是经过计算机技术处理的资料和数据，如文字、图形、影像、声音等；二是经过科学采集、存储、分类、加工等处理后的信息产品的集合。

1.1.2　数据、消息、信号与信息

在日常生活中，人们并不是很刻意地区分数据、消息、信号和信息，但是从科学的角度来看，它们有着显著的区别。

1. 数据

数据是对客观事物的一种描述形式，是信息的载体。信息和数据的区别可以理解为：数据是未加工的信息，而信息是数据经过加工以后的能为某个目的使用的数据，信息是数据的内容和诠释。

2. 消息

消息与信息是人们经常容易混淆的概念，"消息"是英文 message 的中译。信息论的先驱哈特莱（Ralph V.L. Hartley）认为信息是包含在消息中的抽象量，消息是具体的，其中隐含着重要信息。比如某个上市公司发布收购某个企业的消息，但是隐藏在该消息后面的是该上市公司未来的产业发展方向等信息。

3. 信号

信号与消息的区别是明显的，在通信系统中，为了克服时间或空间上的限制而进行通信，将信息变换成适合信道传输的物理量，这种物理量称为信号。也就是说，信号是载体，信息是内容。如我们通过无线信号收发手机短信，通过无线电波收看电视节目等。

1.1.3　信息的特点

信息具有以下特点。

1. 信息的广泛性

信息普遍存在于自然界、人类社会和人类思维活动中，云彩有信息，它包括水汽在一定温度和压力下凝结的过程和方式；陨石有信息，它固化了宇宙形成时物质的某些状态和方式。

2. 信息的时效性

在一定的时间里，抓住信息、利用信息，就可以增加经济效益，这是信息的实效性。

3. 信息的滞后性

有些信息虽然当前用不上，但它的价值却仍然存在，因为以后还可能会有用，这是信息的滞后性。

4. 信息的可再生性

人类可利用的资源可归结为 3 类：物质、能源和信息。物质和能源都是不可再生的，属于一次性资源，而信息是可再生的。信息的开发意味着生产，信息的利用又意味着再生产。

5. 信息的可存储性

物质和能量是可存储的，信息也是可存储的。但是信息的存储与物质和能量的存储是不完全一样的。作为物质的钢铁、煤炭、食物、水等可以被存放起来，能量也可以被存储，如电能可以被存储在蓄电池中等。

信息的存储必须借助物质，信息的存储也必须依靠能量，但信息的存储状态和方式可以有很多种，如树木的年轮记录了树木的生长信息，出土的文物记录了人类历史的信息，报纸、图书等也记录了各种信息；照片、磁带、光盘、磁盘等也能够记录各种知识等。

6. 信息的可共享性

信息区别于物质的一个重要特征是它可以被共同分享和占有。信息的共享有两层含义：一是信息交换的双方，即传播者和接受者都可以有被交换的同一信息；二是信息在交换或交流过程中，可以同时为众多的对象所接受和利用。

7. 信息的可传递性

可以通过不同的途径完成信息的传递，语言、文字等为人类传递信息提供了信息传递的工具；现代的 Internet 为信息的传递提供了便捷的途径。

8. 信息的可复制性

根据物质与能量的转化和守恒定律，物质和能量是不可能被复制的。但是信息是可以被复制的，信息的复制是以物质和能量为基础的，信息是被复制在物质上，而复制信息是要消耗能量的。

信息的可复制性是信息使用和传播的重要基础，古代的文字、印刷术为信息的复制提供了便捷，而现代的复印技术、传真技术、录音技术、网络下载技术、全息摄影技术等都是与信息复制相关的。

9. 信息的可复用性

物质是可以重复利用的，能量在一种状态下只能被使用一次，而信息与物质一样，可以被重复利用，在某种状态下，信息可以重复使用上百次、千次乃至更多。

10. 信息显示的多样性

信息的显示有多种方式，即可以通过文字、数字、图形、图像直接表示，也可以用物质的形状形象或抽象的描述。例如，一个公司的销售业绩，可以通过数字进行描述，也可以通过销售曲线来形象的显示。对于天体学中的黑洞现象，人类很难通过感官进行形象的认识，但是可以通过模型、动画等形式进行展现。信息显示技术的开发和利用也是信息技术发展的一个重要方面。

信息是无形财富，是战略资源。正确、有效地利用信息，是社会发展水平的重要标志之一。

1.1.4　信息的分类

信息可以从不同的角度来分类。

按照信息的用途可以分为：决策信息、预测信息、统计信息、行政信息、军事信息、科技信息、控制信息、经济信息、商品信息等。

按照信息的重要程度可以分为：战略信息、战术信息和作业信息。

按照信息的加工顺序可以分为：一次信息、二次信息和三次信息等。

按照信息的反映形式可以分为：字符信息、数字信息、图像信息和声音信息等。

按照人的价值观念可以分为：有害信息和无害信息。

按照人的信息的性质可以分为：定性信息和定量信息。

1.2 信 息 技 术

1.2.1 信息技术的概念

在阐述信息技术（Information Technology，IT）之前，我们先来看一下人类怎样对信息进行处理的，人类处理信息的流程如图 1.1 所示。

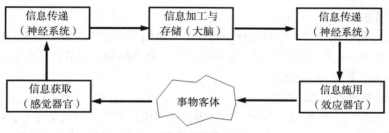

图 1.1 人类处理信息的过程

对于事物客体，人们首先通过感觉器官（眼/耳/鼻/舌/身）获取信息，信息通过神经系统传递到人的思维器官（大脑）进行信息的加工和处理，然后通过神经系统将对信息的作用传递给人类的效应器官（手/脚等）对事物客体施加作用。

因此，信息技术可以看作是人类在生产斗争和科学实验中认识自然和改造自然过程中所积累起来的获取信息、传递信息、存储信息、处理信息以及使信息标准化的经验、知识、技能和体现这些经验、知识、技能的劳动资料有目的的结合过程。

但是由于人类的信息活动越来越高级、广泛和复杂，人类信息器官的天然功能也就越来越难以适应需要，同时，随着人类对信息的认识范围和广度不断增加，使得人类在通过信息器官处理信息时存在算不快、记不住、传不远和看（听）不清等缺点。

随着科学技术的发展，产生了扩展人类信息器官功能的各种技术，使得人类在处理各种信息时更加快速、正确。

因此，信息技术可以定义为用来扩展人们信息器官功能、协助人们更有效地进行信息处理的一门技术。凡是能扩展信息功能的技术都是信息技术，这是它的基本定义。在信息处理系统中，信息技术主要是指利用电子计算机和现代通信手段实现获取信息、传递信息、存储信息、处理信息、显示信息、分配信息等的相关技术。

具体来讲，信息技术主要包括以下几方面内容。

1. 感测与识别技术

感测与识别技术的作用是扩展人类用以获取信息的感觉器官的功能。感测与识别技术包括信息识别、信息提取、信息检测等技术。这类技术的总称是"传感技术"，它几乎可以扩展人类所有感觉器官的传感功能。

例如，光传感器可以模仿人的视觉，能把可见光、红外线、紫外线灯变为电信号。安装了红外探测仪的枪支可以在夜间进行瞄准。安装了各种雷达装备的舰船能够探测更远的目标。装备了声纳设备的潜艇可以在水下识别几十海里乃至更远的距离的目标。

目前流行的物联网（Internet of things）技术已经在我们的生活中得到了广泛的研究与应用。物联网的定义就是：把所有物品通过无线射频识别（RFID）等信息传感设备与 Internet 连接起来，实现智能化识别和管理。它的主要用途和目的是利用 RFID、传感器、二维码、卫星、微波及其他各种感知设备随时随地采集各种动态对象，全面感知世界；然后利用以太网、无线网、移动网将感知的信息进行实时传送，最后对物体实现智能化的控制和管理，真正达到人与物的沟通。

我们可以利用物联网技术实现多种独特功能；诸如汽车自动报警提醒司机操作失误，利用公文包功能"提醒"主人忘带了什么东西，让衣服自动"告诉"洗衣机对颜色和水温的要求等。

2．信息传递技术

信息传递技术的作用是实现信息快速、可靠、安全的传递。各种通信技术，包括广播技术都属于这个范畴。如通过电磁波我们可以很方便的收听各种广播和电视节目；通过有线或无线网络，我们可以很方便地上网浏览各种信息。

3．信息处理与再生技术

信息处理包括对信息的编码、压缩、加密等。在对信息进行处理的基础上，还可形成一些新的更深层次的决策信息，这称为信息的"再生"。信息的处理与再生技术依赖于现代计算机。

4．信息施用技术

信息施用技术是信息处理过程的最后环节，包括信息控制技术、信息显示技术等。弹道导弹能够准确命中千里外的目标，航母编队能够站在上千平方千米的海域实现攻防一体，都离不开控制技术。军事上可以通过信息显示技术（如地理信息技术）将雷达探测到的各种目标清楚地显示在电脑屏幕上。同时立体显示技术也应用到了飞机飞行模拟、军事演习、武器操控等军事领域的各个方面。

由上可见，信息技术是指有关信息的收集、识别、提取、变换、存储、传递、处理、检索、检测、分析和利用等技术。

另外，人们对信息技术的定义，也因其使用的目的、范围、层次不同而有不同的表述，我们可以从广义、中义、狭义 3 个层面来定义。

广义而言，信息技术是指能充分利用与扩展人类信息器官功能的各种方法、工具与技能的总和。该定义强调的是从哲学上阐述信息技术与人的本质关系。

中义而言，信息技术是指对信息进行采集、传输、存储、加工、表达的各种技术之和。该定义强调的是人们对信息技术功能与过程的一般理解。

狭义而言，信息技术是指利用计算机、网络、广播电视等各种硬件设备、软件工具及科学方法，对文、图、声、像等各种信息进行获取、加工、存储、传输与使用的技术之和。该定义强调的是信息技术的现代化与高科技含量。

1.2.2　信息技术的发展历史

信息作为一种社会资源自古就有，人类也是自古以来就在利用信息资源，随着人类历史的发展，信息处理技术经历了 5 次革命，历次的信息革命都极大地促进了社会生产力的飞速发展。

1．语言的使用

在远古时期，人类仅能使用眼、耳、鼻等感觉器官来获取信息，人类对信息的存储和加工依靠大脑，人与人之间的交流也仅仅依靠眼神、手势、表情等有限的方式进行交流。随着语言的出现，人类信息交流的范围、能力和效率都得到了飞跃的发展，人类社会生产力得到了跳跃式的发展（时间：后巴别塔时代）。

2．文字的出现

随着人类的进化和发展，人类逐渐创造了各种文字符号来表达信息。文字的出现使信息的传递和存储发生了革命性的变化，使用文字可以使信息的交流、传递冲破时间的限制，将信息传得更远，保存的时间更久（时间：铁器时代，约公元前 14 世纪）。

3．印刷术的出现

这次革命结束了人们单纯依靠手抄、篆刻文献的时代，使得知识可以大量的生产、存储和传播，进一步扩大了信息的交流范围（时间：公元 1040 年，我国开始使用活字印刷术，欧洲人公元 1451 年开始使用印刷技术）。

4．电报、电话、电视及其他通信技术的发明

1837 年美国人莫尔斯发明了世界上第一台有线电报机。电报机利用电磁感应原理（有电流通过，电磁体有磁性；无电流通过，电磁体无磁性），使电磁体上连着的笔发生转动，从而在纸带上画出点、线符号。这些符号的适当组合（称为莫尔斯电码）可以表示全部字母，于是文字信息就可以经电线传送出去了。1844 年 5 月 24 日，人类历史上的第一份电报从美国国会大厦传送到了 60km 外的巴尔的摩城。1864 年英国著名物理学家麦克斯韦发表了一篇论文《电与磁》，预言了电磁波的存在。1876 年 3 月 10 日，美国人贝尔用自制的电话同他的助手通了话。1895 年俄国人波波夫和意大利人马可尼分别成功地进行了无线电通信实验。1894 年电影问世。1925 年英国首次播映电视。

5．电子计算机和现代通信技术的出现

第五次信息技术革命是始于 20 世纪 60 年代，其标志是电子计算机的普及应用及计算机与现代通信技术的有机结合。这种结合使得信息的处理速度、传递速度得到了惊人的提高，人类处理信息、利用信息的能力达到了空前的高度。

1.2.3 信息技术的应用

1．工业方面

信息技术的迅猛发展，对工业的发展产生了巨大的推动，成为了工业发展的强大技术引擎。信息技术在钢铁、汽车、石油、化工、纺织等各个行业都得到了很大的应用，许多大的企业重视信息技术的应用和信息化建设，每年信息技术的投资占整个公司销售收入的 1.5%，并有不断增加的趋势。

例如在汽车工业，德国汽车业利用信息技术中的虚拟现实技术建立了自己的虚拟现实开发中心。奔驰、宝马、大众等大公司应用虚拟现实技术、以"数字汽车"模型来代替木制或铁皮制的汽车模型，可将新车型开发时间从一年以上缩短到 2 个月左右，开发成本最多可降低到原先的 1/10。

2．农业方面

信息技术在农业中也得到了广泛的应用，世界上许多发达国家都非常重视信息技术在农业中的应用。例如，1995 年美国成立了农业网络信息中心联盟。该联盟是一个众多涉农机构自愿组成的农业信息资源共建共享的联合体，分别得到了美国国家农业图书馆和有关项目负责部门的支持，实现了海量农业信息资源的共建共享与充分利用。该农业网络信息中心联盟分别围绕农业、林业和社会科学等主题进行信息的收集工作。通过该农业网络信息中心联盟的门户网站，全球用户都可获取丰富可靠的信息。

日本建立了农业技术信息服务全国联机网络，其核心是电信电话公司的实时管理系统（DRESS），将大容量处理计算机和大型数据库系统、气象预报系统、Internet 网络系统、高效农业生产管理系统、温室无人管理系统以及个人电脑用户等连接起来，可提供的农业信息资源非常广泛，如市场信息、农业技术、病虫害情况与预报、天气情况与预报等。

我国也十分重视信息技术在农业中的应用。例如，在 1994 年 12 月，在"国家经济信息化联席会议"第三次会议上提出的建立"农业综合管理和服务信息系统"（又称"金农"工程），其主要目的是实现涉农信息的信息交换和共享，建立和维护国家级农业数据库群及其应用系统，建立农业监测、预测、预警等宏观调控与决策服务应用系统和农业生产形式、农作物产量预测系统，建立防灾减灾系统和农业服务系统等。

3. 军事方面

恩格斯曾说过："现在未必能再找到另一个像军事这样革命的领域，技术每天都在无情地把一切东西，甚至是刚刚开始使用的东西当作已经无用的东西加以抛弃，而我们在作战的技术基础这样不断革命化的条件下将不得不越来越多地考虑这种无法估计的因素。"

信息技术从一开始就在军事上得到了巨大的应用，就连第一台电子计算机的研制的想法也是美国陆军军械部为了进行导弹弹道计算，为美国宾夕法尼亚大学莫希利（John Mauchly）等提供15 万美元的拨款支助而研制成功的。

信息技术在军事上的指挥控制系统、装备数字化、训练、维修保障、后勤、行政等方面都得到了广泛的应用。事实上很多计算机技术都是先在军事上进行应用后再推广到民用的，如 Internet 最初就是 1969 年美军国防部远景研究规划局（Advanced Research Projects Agency）为军事试验而建立的网络，名为 ARPANET（阿帕网）。后来又经过十几年的发展形成了 Internet，其应用范围也由军事、国防扩展到了美国国内的学术机构，进而迅速覆盖了全球的各个领域。

4. 医疗方面

信息技术也在医疗方面得到了广泛的应用，比如利用计算机技术和现代通信技术实施的远程医疗系统，能够实现异地专家的医学会诊，开展远程手术等。

5. 气象方面

古代人们已经开始对天气进行记载，如古代的官员每月都要向朝廷递交"晴雨表"。那时虽然人们能够根据多年的记载和经验对天气作一些简单的预测，但是很不准确。

随着近现代科学技术的发展，气象观测仪器的改进，计算工具的发展，人类对大气探索的扩大及加深，使之逐步发展为科学的气象学。电子技术的引进，使大气探测走向自动化、遥感化、系统化；电子计算机的应用，使数值预报变为现实，使天气预报走向客观化、定量化。

气象预报是一个复杂的工程，它涉及了气象学、气候学、数学、统计学，还有计算机技术和遥感技术。如我们看到的天气预报中的卫星云图就是利用遥感技术和 GPS 技术获取的，并在 GIS（地理信息系统）中进行显示。

目前我们已经可以利用计算机技术能够对 2 天内的天气进行比较可靠的预测，对 7 天内的天气也能做大致预测。

1.2.4　信息技术的发展趋势

信息技术是当代世界范围内新的技术革命的核心，信息科学与技术是现代科学技术的先导，是人类进行高效率、高效益、高速度社会活动的方法和技术，是现代化管理的一个重要标志。信息技术的发展趋势如下。

1. 高速大容量

速度和容量是紧密联系的，随着要传递和处理的信息量越来越大，高速大容量是必然趋势。因此从器件到系统，从处理、存储到传递，从传输到交换无不向高速大容量的要求发展。

2. 综合集成

社会对信息的多方面需求，要求信息业提供更丰富的产品和服务。因此，采集、处理、存储与传递的结合，信息生产与信息使用的结合，各种媒体的结合，各种业务的综合都体现了综合集成的要求。

3. 网络化

通信本身就是网络，其广度和深度在不断发展，计算机也越来越网络化。各个使用终端或使用者都被组织到统一的网络中，国际电联的口号"一个世界，一个网络"。虽然绝对了一些，但其方向是正确的。

4. 个人化

个人化即可移动性和全球性。一个人在世界任何一个地方都可以拥有同样的通信手段，可以利用同样的信息资源和信息加工处理的方法。

1.3　信息化与信息社会

1.3.1　信息化

1. 信息化的概念

"信息化"一词首先由日本学者梅倬中夫于 19 世纪 60 年代在其著作《信息产业论》中提出："信息化既是一个技术进程，也是一个社会进程"。

信息技术的发展，把人类从以传统的工业为主的工业社会带向以信息产业为主的信息社会，这期间的转变过程，称之为"信息化"。信息化是随着人类信息时代的到来而提出的一个社会发展目标，它的实质是要在信息技术高度发展的基础上实现社会的信息化。信息化可以从 4 个方面阐述。

（1）信息化是一个相对的动态概念，是相对于一定历史阶段社会整体及其各个领域信息的产生、获取、处理、传递、存储和利用的能力而言的。

（2）信息化又是一个渐进的过程，它是从工业经济向信息经济逐渐演变的动态过程，每一个新的进程都是前一阶段的结果，同时又是下一个发展阶段的新起点。

（3）社会信息化水平已经成为衡量一个国家现代化程度的重要标志。

（4）信息化中的信息资源本身就是科学技术，所以信息化也是一种最具活力和高渗透性的科学技术，对国民经济和社会发展具有重要的意义。

总而言之，信息化就是指在国家宏观信息政策指导下，通过信息技术开发、信息产业的发展和信息人才的配置，最大限度地利用信息资源以满足全社会的信息需要，从而加速在社会各个领域的共同发展以推进到信息社会的过程。

2.信息化的内涵

信息化主要包括以下几个方面。

（1）信息技术化。信息化绝对离不开信息技术，信息技术化是部门、企业及其他组织实施信息化的前提和基础。对国家而言，信息技术应该是抓紧建设信息基础设施；对于企业而言，应该是全面应用计算机技术、通信技术和办公自动化技术等现代信息技术。

（2）信息资源化。信息是客观的、被动的，信息只有被使用者认识并被激活、使用，在获得有意义的结果后，才可以成为资源。所谓信息资源化，是指创造支持信息活动的各种各样的适宜的条件和手段，采集、加工、存储、传播和利用信息，建设不同规模、不同类型的网络信息处理系统，加快信息的流通，使公共信息在全社会范围内实现资源共享。

（3）管理信息化。管理信息化是从管理概念、管理组织、管理方式和管理手段等方面都要和信息化的要求相匹配。所有实施信息化的部门、企业，都应力求将本部门、本企业的组织结构和管理进行彻底的改造，对管理流程进行规范、信息化的改进，以业务流程为导向优化业务方式，让各种业务流程以及财务处理、业务处理工作在流程改造中一体化，提高运行效率，降低运行成本，获取最大的效益和利润，达到集成化管理的目的。

管理信息化的核心是应用现代信息技术，把先进的管理理念和方法引入到管理流程中，提高管理水平，促进管理创新。对管理基础工作的规范性和各项管理业务的协同性要求很高，这些综合系统的实施将全面提高企业管理水平。因此，推进管理信息化是促进企业管理创新和提升各项管理工作的重要环节。

（4）观念信息化。观念信息化指的是各级管理者要对自己的管理理念进行全新的改造，建立和增强信息意识，确立信息管理观念。

观念信息化是决定信息化成功的关键，如果管理者没有一个信息化的理念，由他指挥的信息化项目即使具有再好的信息技术、再好的组织结构也不可能取得成功。只有确立先进的管理思想，变被动为主动，先进的管理方式和手段才能得到更好地理解和应用，信息优势才能在企业管理中发挥出来，才能从企业的效益上体现出来。

（5）信息法制化。在进行信息化建设的同时，必须要有相应的法律来规范所有国民的信息化行为。信息法制化指的是国家应该制定相应的信息法规、信息法律制度，企业也应该在遵守国家信息法规的前提下，建立本企业、本单位的信息法规。个人也应该遵纪守法。

3.信息化的过程

随着信息技术的飞速发展和社会竞争的日趋激烈，特别是信息化进程的日益推进，使信息管理活动日渐活跃，各种各样的信息管理系统应运而生。当代的信息系统是由计算机的出现而产生的，人类自进入文明社会以来，一直在从事信息处理工作，但计算机的诞生改变了人们几千年的信息处理方式，促使人们进一步研究信息处理、信息系统的利用，以及如何推进信息化建设的规律性。从信息化发展进程、信息化应用层面、信息化处理方式上可将信息化演变按下列方法进行分类。

（1）从信息化的发展进程上划分。

第1阶段为信息产业化和产业信息化。信息产业化和产业信息化是信息化发展的初级阶段。信息产业化是指由分散的信息活动演变成整体的信息产业过程，是社会信息活动逐步走向产业化道路的必经阶段。信息产业化要求按信息活动的客观规律办事，以市场需求为导向，将过去分散在传统国民经济各行业、各部门中与信息产生、分配、流通和交换等直接相关的单位和资源相互整合，以便把各种类型的信息活动按产业发展需要重新进行组织，从而形成专门从事信息活动的经济实体。

第 2 阶段为经济信息化。经济信息化是在信息产业化和产业信息化的基础上发展起来的，它是指通过对整个社会生产力系统实施自动化、智能化控制，在社会经济生活和国民经济活动中逐步实现信息化的过程。从发展层次上看，经济信息化将逐渐成为国民经济第一大产业，最终达到整个国民经济的信息化。

第 3 阶段为社会信息化。社会信息化是信息化的高级阶段。它是指在人类工作、消费、医疗、家庭生活以及文化娱乐等一切活动领域实现全面的信息化，社会信息化是以信息产业和产业信息化为基础、以经济信息化为核心向人类社会活动的各个领域逐步扩展的过程。社会信息化主要是指在科学、教育、文化、卫生、人口、环保、社会保障、社会管理、政治、军事、国防等领域里的应用以及在人民生活中的使用。

（2）从信息化的处理方式上划分。

信息系统的发展是与计算机应用技术的发展密切联系的。自 1946 年第一台计算机诞生以来，计算机应用技术经历了数值处理（主要是科学计算和信号处理等）、数据处理（主要是数据库管理系统 DBMS、管理信息系统 MIS 等）、知识处理（主要是知识工程、知识库技术等）和智能处理 4 个阶段。

（3）从信息化的应用层面上划分。

第 1 阶段为电子数据处理系统（Electronic Data Processing Systems，EDPS）的应用。众所周知，由于战争和军事的推动，世界上第一台计算机于 1946 年诞生了，最初的产业信息化应用只限于军事科学、工程计算、数值统计、工业控制以及信号处理等领域。20 世纪 50～60 年代，计算机应用的热潮带来了计算机信息系统的形成和发展，带来了信息系统的首次繁荣。

第 2 阶段为管理信息系统（Management Information Systems，MIS）的应用。针对上述种种问题，为充分发挥信息系统的效能，人们对 EDPS 的成败进行了总结，进而从各个不同的应用角度提出了管理信息系统。"MIS 是一个利用计算机硬件、人工作业、分析、计划、控制和决策模型以及数据库技术的人机系统。它能提供信息，支持企业和组织的运行、管理与决策的功能"。MIS 强调对数据的深层次开发利用，强调高效率低成本的系统结构和数据处理模式。

第 3 阶段为决策支持系统（Decision Support System，DSS）的应用。DSS 的产生是缘于 20 世纪 60 年代提出的 MIS 设想，到 20 世纪 70 年代初，MIS 经历了一个迅速发展的时期，但随着时间的推移而逐渐暴露出很多问题。其中主要问题是：早期的 MIS 缺乏对企业组织机构和不同层次管理人员决策行为的深入研究；忽视了人在管理决策过程中不可替代的作用；只有内部信息而没有外部信息、只有业务信息而没有决策信息。

决策支持系统已经在我们的各行各业得到了广泛的应用。例如在交通指挥方面的交通指挥决策支持系统，在电力方面的电力应急指挥系统等。在军事方面决策支持系统应用的更为广泛，如在防控火力控制、指挥控制等方面已经部署了相应的辅助决策支持系统，极大地提高了我军的战斗力。

第 4 阶段为战略信息系统（Strategic Information System，SIS）的应用。SIS 又可称为信息资源管理（Information Resource Management，IRM），这一概念是由美国学者小霍顿（F.W. Horton，Jr）和戴波德（J. Diebold）等人于 1979 年提出来的，作为一个发展中的概念，IRM 的含义是非常广泛的。

1.3.2　信息社会

信息社会是脱离工业化社会以后，信息起主要作用的社会。在农业社会和工业社会中，物质和能量是主要资源，而在信息社会中，信息成为比物质和能量更为重要的资源，以开发和利用信息资源为目的的信息经济活动迅速发展，逐步取代工业生产活动而成为国民经济活动的主要内容。信息经济在国民中逐渐占据主导地位，并构成社会信息化的物质基础。以计算机、微电子和通信技术为主的信息技术革命是社会信息化的动力源泉。信息技术在生产、教育、科研、医疗保险、企业和政府管理以及在家庭中的广泛应用，对经济和社会发展产生了深刻的影响，从根本上改变了人们的生活方式、行为方式和价值观念。

一般来说，信息社会的标志有以下几个方面。

1. 知识的高速增长、高速传播与高速转化

现在全世界科学技术的不断发展，人类的科学知识每 3～5 年就增加一倍。可见，知识的增长速度是惊人的。与此同时，由于信息技术的发展，特别是电子计算机和网络技术的最新成就，知识以前所未有的速度传播和扩散，人类获取知识途径和机遇大大地增加了，由于生产水平和制造技术的提高，新知识转化为生产力的周期大大缩短了，以至新材料、新工艺、新产品层出不穷。其中，微电子领域的成就独领风骚，信息技术几乎渗透到人们的社会活动和个人的一切领域。

2. 知识的普及以及学习社会的到来

中国正在普及九年制义务教育，并稳步发展高等教育。许多发达国家已经或正在实现高等教育的大众化乃至普及化。1994～1997 年，世界已经召开了两次终身学习会议，会议强调"终身学习是 21 世纪人类的生存概念"。这一切预示着即将到来一个学习的社会。人们已经强烈地感到不学习的危机。把"终身学习"提到"生存概念"和"生活方式"的高度。

3. 知识及人的素质在国民经济增长中起决定作用

信息作为社会三大资源之一，与物质、能量相提并论。知识经济迅速崛起，并呈现出巨大的发展势头。也就是说，在以往的社会里，知识、信息并不是一种独立的资源，但现在却发生了深刻的变化。在信息时代，知识将成为发展国民经济的核心因素，智力资本将是企业最重要的资产。特别是知识经济的兴起，表明知识不再是以无形资产的形式出现，而是以一种有形资产的形式独立地登上了经济舞台，成为知识产业。其中最典型的代表就是美国微软公司的发展经历。这种产业的出现将波及许多方面，还将影响整个社会的价值取向和分配方式。

知识经济培育了一代新巨富，孕育着"知识＝财富"新分配观念的诞生。知识经济时代人才的显著特征是"创新"，创新成为经济增长最重要的动力。

4. 信息产业成为全球经济的支柱产业

信息产业成为现代社会的主导产业。信息产业是指那些从事信息生产、传播、处理、存储、流通和服务的生产部门，由信息技术设备制造业和信息服务构成。以信息技术为核心的新技术革命所导致的产业结构的重大变革，不仅表现为一批新的信息生产与加工产业的出现和传统工业的衰退，而且还表现在信息产业自身正在从以计算机技术为核心发展成为以网络技术为核心。20 世纪 90 年代以来，信息产业普遍被认为是推动全球经济成长最重要的产业，也是推动人类文明与进步的一股巨大力量。据统计，世界经合组织中 32 个发达国家信息产业的产值已占国内生产总值的 40%～60%。中国 1998 年 5 月成立的国务院信息化工作领导小组，决定把信息产业作为跨世纪的战略性产业重点发展。综上所述，以知识信息为基础、高速发展和运转的信息化社会即将到来。

1.3.3　信息高速公路

随着以计算机技术、通信技术、网络技术为代表的现代信息技术的飞速发展，人类正在从工

业时代向信息时代迈进，人们越来越重视信息资源的开发和利用。"信息化"已成为一个国家经济和社会发展的关键，信息化水平已成为衡量一个国家现代化水平和综合国力的重要标志，信息化实质是使信息——这一社会的主导资源充分发挥作用。

1992 年 2 月美国提出了建立"信息高速公路"，又称国家信息基础设施（NII）的计划，其核心是建立全国的高速网络，把所有的计算机网络联系起来。即计划用 20 年时间，耗资 2 000～4 000 亿美元，以建设国家信息基础设施作为美国发展政策的重点和产业发展的基础。

信息高速公路的主要目标如下。

（1）在企业、研究机构和大学之间进行计算机信息交换。

（2）通过药品的信息共享和 X 光照片图像的传送，提高以医疗诊断为代表的医疗服务水平。

（3）使在第一线的研究人员的讲演和学校里的授课发展成为计算机辅助教学。

（4）广泛提供地震、火灾等的灾害信息。

（5）实现电子出版、电子图书馆、家庭影院、在家购物等。

（6）带动信息产业的发展，产生巨大的经济效应，增强国家实力，提高综合国力。

信息高速公路由以下 4 个基本要素组成。

（1）信息高速通道。这是一个能覆盖全国的以光纤通信网络为主，辅以微波和卫星通信的数字化大容量、高速率的通信网。

（2）信息资源。把众多的公用的、专用的数据、图像库连接起来，通过通信网络为用户提供各类资料、影视、书籍、报刊等信息服务。

（3）信息处理与控制。这主要是指通信网络上的高性能计算机和服务器以及高性能个人计算机和工作站对信息在输入/输出、传输、存储、交换过程中的处理和控制。

（4）信息服务对象。使用多媒体经济、智能经济和各种应用系统的用户进行相互通信，可以通过通信终端享受丰富的信息资源，满足各自的需求。

信息高速公路的主要关键技术有通信网技术、光纤通信网（SDH）及异步转移模式交换技术、信息通用接入网技术、数据库和信息处理技术、移动通信及卫星通信技术、数字微波技术、高性能并行计算机系统和接口技术、图像库和高清晰度电视技术、多媒体技术。

1.3.4　国家信息技术水平的衡量

世界已步入信息时代，一个国家信息技术水平的高低已越来越重要，那么应该如何衡量一个国家信息技术水平的高低呢？

衡量一个国家信息技术水平高低的标准有以下几点。

1. 计算机网络技术

计算机网络技术的发展，已经使"更好地工作"向"协同工作"转变，计算机和通信之间的界限正在消失。计算机网络技术水平的高低是衡量一个国家信息技术水平高低的首要标准。

2. 通信技术

随着信息技术的发展，功能越来越强大的计算机正在进入办公室和家庭。计算机能够识别自然语言、进入家庭的网络价格降低到消费者能够接受的程度，以及计算机通信带宽的增加和成本的降低，这一切都表明了通信技术水平的高低是衡量一个国家信息技术水平高低的标准。

3. 数据库技术

数据库技术水平的高低也是衡量一个国家信息技术水平高低的标准。利用数据库系统，用户只要回答计算机的问题，就能迅速地浏览大量的信息。数据库系统是信息网络中最鲜明、最具有代表性的部分。在信息技术领域里，数据库就是一个典型的大规模多媒体信息库。

4. 传媒技术

衡量一个国家信息技术的高低，传媒技术的作用是不容忽视的。传媒技术既把信息技术的发展告诉公众，又把公众对信息技术的反应反馈给有关方面。正在迅速发展的计算机互联网更是人们交流、分享信息的重要渠道。网络用户可通过万维网浏览 Internet 上数量极其巨大的科技信息，并通过电子邮件系统、网上论坛等索取或交流信息。

综上所述，衡量一个国家信息技术水平的标准是计算机网络技术、通信技术、数据库技术和传媒技术水平。

1.3.5 我国信息化建设

我国信息化事业发展迅速，信息化建设整体日益呈现出更加注重应用、实效以及与经济和社会协调发展的突出特征。改革开放以来，我国在企业、工业、农业、金融、军事信息化等方面取得了显著的成果，下面就我国"三金"工程和重要的信息网络进行简要介绍。

1. "金桥"工程

"金桥"工程是指国家公用经济信息网工程，1996 年 8 月，"金桥"工程被正式批准列为国家的 107 个重点工程项目之一，它是我国经济信息化的基础，是"天地一体化"的网络结构，天网（卫星）和地网（光纤网）在统一网管系统下实行互联互通。

金桥工程的主要项目有：

（1）金桥地面骨干网项目；

（2）金桥卫星通信网项目；

（3）金桥无线移动数据用户接入网项目；

（4）金桥光纤城域用户接入网项目；

（5）金桥网络电话/传真项目；

（6）金桥 Internet 信息服务项目；

（7）国有大型企业综合信息网技术改造项目。

2. "金卡"工程

1993 年 6 月国务院启动了以发展我国电子货币为目的、以电子货币应用为重点的各类卡基应用系统工程即我们常说的"金卡"工程。"金卡"工程广义是金融电子化工程，狭义上是电子货币工程。它是我国的一项跨系统、跨地区、跨世纪的社会系统工程。它以计算机、通信等现代科技为基础，以银行卡等为介质，通过计算机网络系统，以电子信息转账形式实现货币流通。

"金卡"工程建设的总体目标是要建立起一个现代化的、实用的、比较完整的电子货币系统，形成和完善符合我国国情、又能与国际接轨的金融卡业务管理体制，在全国 400 个城市覆盖 3 亿城市人口的广大地区，基本普及金融卡的应用。

3. "金关"工程

"金关"工程即外贸专门信息网联网工程，用以对对外贸易业务和管理实行有效的监控和宏观调控，推行电子数据交换（EDI），实现单证自动化和无纸贸易，实现与国际 EDI 业务的接轨。

1993 年，国务院提出实施"金关"工程，"金关"工程就是要推动海关报关业务的电子化，取代传统的报关方式以节省单据传送的时间和成本。2001 年，“金关”工程正式启动。“金关”的核心有两块，一是海关内部的通关系统；二是外部口岸电子执法系统。基于海关内部的联通基础上，由海关总署等 12 个部委牵头建立电子口岸中心，该中心又称“口岸电子执法系统”，利用现代信息技术，借助国家电信公网，将外经贸、海关、工商、税务、外汇、运输等部门分别掌握的进出口业务信息流、资金流、货物流的电子底账数据，集中存放在一个公共数据中心，各行政管理机关可以进行跨部门、跨行业的联网数据核查，企业可以上网办理出口退税、报关、进出口结售汇核销、转关运输等多种进出口手续。

2012 年年初，海关总署启动了海关“金关”工程（二期）立项申请工作。海关“金关”工程（二期）的建设目标是：在海关“金关”工程（一期）建设的基础上通过总体设计、丰富应用、整合资源、创新科技、强化安全，将“金关”工程建设成进出口环节的企业诚信监督系统、海关服务进出口企业、优化口岸管理的辅助系统、口岸及进出口管理部门协作共建、信息共享、提升公信度的管理系统，不断优化海关监管和服务，保持国内相关领域领先，并达到国际海关先进水平。

4．中国公用分组交换数据网

中国公用分组交换数据网（China Public Packet Switched Data Network，ChinaPAC）是中国信息产业部经营管理的公用分组交换网。它是为了满足中国国内以及中国与国外其他国家之间的计算机通信的要求而建立的。它的建成标志着中国的计算机通信正逐步跨入世界的先进行列，同时为中国国内及国际间的联网计算机资源的共享和信息产业的发展打下良好的基础。

中国公用分组交换数据网（ChinaPAC）1993 年 9 月开通，它是原邮电部建立的第一个公用数据通信网络。骨干网建网初期端口容量有 5 800 个，网络覆盖 31 个省会和直辖市。随后，各省相继建立了省内的分组交换数据通信网。该网业务发展速度迅猛，到 1998 年 9 月，用户已超过 10 万。从网络开通业务至今，分组交换网络端口从 5 800 个发展到近 30 万个，网络覆盖面从 31 个城市扩大到通达全国 2 278 个县级以上的城市，与 23 个国家和地区的分组数据网相连，网络规模和技术水平已进入世界先进行列。

近年来，中国的公用数据通信网建设速度很快。电信部门建立的 ChinaPAC、ChinaDDN、ChianFRN 等数字通信网络，形成了我的公用数据通信网。目前部分城市已经实现了光纤到户，并开始建立“无线城市”。

1.4　信息化战争与军队信息化

人类战争经过徒手作战、冷兵器作战、热兵器作战、机械化战争几个阶段之后，随着社会的发展，正在进入信息化阶段，信息化战争作为一种全新的战争形态，开始走向现代战争的舞台。

1.4.1　信息化战争

信息与战争，这两个概念在人类开始书写战争的历史时就已经有了密切的关系。几乎所有的战争都有信息的使用，所有的军事家都重视信息在战争中的作用，所谓“知己知彼，百战不殆”就是战争对信息利用的最好见证。信息是战争不可缺少的要素，这就如同物质和能量是战争不可缺少的要素一样。但是，人们从前只对信息中的一个组成部分，或某种形式的信息——消息和情报更为重视。

信息化战争是信息时代的产物，是社会生产力发展到信息社会以后的必然产物。信息化战争，是交战双方在信息化战场上，以信息化军队为主要作战力量、以信息化武器装备为主要作战手段、以信息战为主要作战形式、以信息主导权为主要争夺对象的一种战争。1991年1月美国发动的对伊拉克的海湾战争，美军信息化武器仅占8%左右，主战武器依然是机械化武器；1999年对南联盟的入侵军事行动中，美军动用了多种武器装备包括军用卫星、作战飞机、预警飞机、电子战飞机、精确制导武器、巡航导弹及航空母舰，是以信息战为主要特征的高技术的战争；2001年对阿富汗的战争，美军使用了过半数的信息化武器，基本实现了信息化作战；2003年的入侵伊拉克战争，美军投入了90%的信息化武器，美军的主体已经基本上实现了从机械化向信息化的转型。美国发动的2003年的入侵伊拉克战争，将信息化战争逐步展现在世人面前，在世界范围内掀起了一场深刻的新军事变革，对世界军事形势及国际战略格局产生了巨大的影响。

有人定义信息化战争为：它是信息时代的基本战争形态，是由信息化军队在陆、海、空、天、信息、认知、心理等七维空间，用信息化武器装备进行的，以信息和知识为主要作战力量的、附带杀伤破坏减到最低限度的战争。信息化战争也可以定义为：它是指交战双方或一方以信息化军队为主要作战力量，以信息化武器装备为主要作战手段，以信息攻防为主要作战方式进行的战争。

火力、机动、信息、指挥和保障是现代战争的几大作战要素。信息作战能力已成为衡量作战水平的重要标志。信息作战能力，表现在作战部队对信息的获取、处理、传输、利用、控制和对抗等方面的综合能力。对信息优势的争夺，实质就是在保证"知己知彼"的同时，制止敌方"知己知彼"的行为，这是一种动态的对抗过程。信息作战已成为争夺包括制陆权、制空权、制海权和制太空权在内的地域和空间控制权的不可缺少的行动。信息作战将伴随着整个战争的始终，直接影响着整个战争的进程和结局。

与大量使用大规模机械化兵团进行大规模杀伤摧毁的机械化战争不同，信息化战争的突出特点有如下几个。

（1）制信息权成为夺取战场主动权进而夺取战争胜利的关键。在历次信息化条件下的局部战争中，美军都是凭借强大的信息能力而取得战场主动权的。在入侵南联盟战争中，美军甚至凭借信息优势达到了"不战而屈人之兵"的目的。美军参谋长联合会《2020联合构想》提出，制信息权将取代制空权成为"未来作战的第一步骤"。俄军认为现在评价军队的作战能力时，如果不考虑信息能力，兵力之间战斗潜力的比较变得毫无意义。

（2）借助一体化指挥信息系统进行作战指挥控制的一体化联合作战成为基本作战形态，基于信息系统的作战体系成为基本作战样式和战斗力的基本形态。

信息化条件下的作战体系主要包括侦察预警、指挥控制、火力打击、网电对抗、综合保障等子系统，这一体系涉及的可变因素数量巨大、关系极为复杂。只有靠信息系统才能将各类子系统集成在一起，它不仅是作战体系的重要构成部分，而且是各系统有机连接的公共信息平台，对各作战系统有效运转起着基础支撑作用。

① 侦察预警系统。这是作战体系的"耳目"。随着不断升级的信息技术越来越广泛地应用于军事领域，各类侦察预警装备的性能随之提升，表现为探测灵敏度强、距离远、精确度高。当今，高效灵敏的信息系统将分布于陆、海、空、天的多维侦察平台，诸平台统一联接到情报信息处理中心，形成多维分布、功能强大、信息共享的侦察预警系统，实现了对战场态势的实时

感知。

② 指挥控制系统。指挥与控制决定体系作战的成效。通信、计算机等信息网络是指挥控制系统的主要依托，它不仅提供文电处理、指令传输，而且也能进行战场态势分析、作战进程控制与辅助作战决策等。新一代指挥控制系统借助现代仿真模拟技术，能够根据参战双方的作战企图、兵力编成与装备性能，模拟作战过程，自动生成作战态势图，逼真显示作战结果，协助指挥员推演作战行动、优选作战方案，为指挥控制提供有力支撑。

③ 火力打击系统。作战体系的决定性力量最终表现为精确、强大的火力打击。现代坦克、火炮、战机、导弹、舰艇等火力打击平台，已经普遍采用了计算机火控、数据链通信、雷达制导等高新技术，从而实现了超视距精确打击，武器装备的作战效能成几何级数增长。此外，信息系统还能够根据预选打击目标的特点和毁伤需求，为不同的武器平台分配打击任务，实时监控打击过程，准确评估毁伤效果，并提出实施第二次毁伤的建议。火力打击行动借助现代信息系统登上了自动化、智能化和精确化的新台阶。

④ 网电对抗系统。信息化条件下作战，自始至终贯穿着激烈的网电对抗。网电对抗是电磁空间和信息网络领域的斗争，不论通信对抗、雷达对抗还是网络攻击，都是以电子技术和计算机技术为核心，通过信息网络联接成作战系统。随着信息技术的发展，网电对抗系统开始向卫星对抗、数据链对抗、红外对抗等新的领域扩展，在体系作战日趋复杂的同时，对信息系统的依赖性也更加凸显。

⑤ 综合保障系统。体系作战是一种综合性系统对抗，一刻也离不开包括测绘、气象、后勤、装备等保障要素在内的综合保障。在信息化条件下，各类保障要素凭借信息系统，开始向网络化、精确化、可视化方向发展。测绘、气象保障广泛运用卫星遥感技术和计算机仿真技术，形成精确、高效的保障网络；而后勤、装备保障则通过信息化管理系统和视频辅助系统，使自动查询、远程维修、远程医疗等成为现实。

随着信息技术和军事理论的发展，指挥信息系统的内涵也在不断地发生着变化，演变出许多术语和概念。

C^2——指挥与控制（Command and Control）

C^3——指挥、控制与通信（Command，Control and Communication）

C^3I——指挥、控制、通信与情报（Command，Control，Communication and Intelligence）

C^4I——指挥、通信、计算机与情报（Command，Control，Communication，Computer and Intelligence）

C^4ISR——指挥、控制、通信、计算机、情报、监视与侦察（Command，Control，Communication，Computer，Intelligence，Surceillance and Reconnaissance）

C^4KISR——指挥、控制、通信、计算机、杀伤、情报、监视与侦察（Command，Control，Communication，Computer，Killing，Intelligence，Surceillance and Reconnaissance）

一个典型的指挥信息系统是由信息获取、信息传输、信息处理、组织指挥、装备和兵力控制等几方面组成。美国陆军的战术指挥控制系统（ATCCS）是美国陆军作战指挥系统（ABCS）的 3 个组成部分之一，该系统将防空、战斗勤务支援、情报/电子战和机动控制 5 个独立的自动化指挥系统统一合成，形成从师到营的无缝连接，实现了从陆军作战最高指挥官到单兵的作战指挥与控制。

（3）信息化武器装备（包括信息系统、信息化主战平台、精确制导武器、信息作战装备等）成为主要作战手段，精确打击作战、信息作战、空间战或天战、机器人或无人化作战等已经或将成为主要作战方式。例如，在入侵伊拉克的战争中，美军将数以千计的信息化主战飞机、直升机、无人机、坦克、军舰投入作战，其使用的精确制导弹药已占所使用弹药总量的 68%。在阿富汗和伊拉克，美军已将 700 多架无人作战飞机投入作战，"网络瞄准作战"和无人机的"遥控操作作战"等成为新的作战方式。随着美国反导系统的部署和 X-37B 空天战斗机以及其他作战航天器的研制成功，空间攻防作战将登上信息化战争舞台。

（4）战场空间多维化，空间将成为战争新的制高点。信息化战场的空间从过去的三维扩大到陆、海、空、天、电（电磁和网络空间）等五维，而且由于空间在获取信息优势和火力打击优势上具有得天独厚的优越条件，因而将取代空中成为信息化战争的制高点。例如，两年一度的"斯里弗"太空战演习和美国国土安全部举行的"网络风暴"大规模网络战演习等表明，信息化战争的战场空间将扩展到太空和网络空间。

又如，在入侵伊拉克的战争中，美军所需信息 80% 是依靠天基信息系统提供的。如果将来天基作战平台研制成功并用于对地、对空、对海作战，无疑会拥有巨大优势。

在信息化条件下，信息化战争的典型作战模式包括以下几个方面。

1. 电子战

电子战是为削弱、破坏敌方电子设备使用效能和保护己方电子设备正常工作而采取的综合措施，是敌对双方利用电子设备、在电磁全频谱上进行的电磁斗争。它主要包括：电子侦察与反侦察、电子干扰与反干扰、摧毁与反摧毁。随着通信设备、雷达设备、导航设备、制导设备、遥控遥测设备、指挥自动化设备以及红外、激光、夜视等光电设备的普及与装备，电子战作用日益明显。

2. 空间战

空间战又称天战或太空战，是指运用或针对空间军事力量实施的攻防作战行动。它主要包括两项内容：一是争夺制天权的斗争，即在保护己方天基系统和保证己方在空间行动自由的同时，干扰、破坏、摧毁敌方天基系统和限制敌方在空间的行动自由的作战行动；二是运用空间军事力量达成整个战争目的的行动。交战双方运用空间军事力量为整个战争系统提供侦察、监视、导航、通信、指挥、控制等方面的支援，以及运用天基武器系统对地面、海上、空中目标实施攻击。例如美国实施的星球大战、TMD 与 NMD 计划；美军击毁美国的在轨卫星等。在第四次中东战争中，以色列根据美国"大鸟"侦察卫星提供的战场情报，偷渡苏伊士运河，一举扭转战局。在科索沃战争中，北约有 50 多颗卫星的支援，对方 5 架米格 29 战机升空 5 分钟就被击落，C300 战机也只有 5 分钟的生存时间。

3. 情报战

从本质上讲，情报战是对信息获取权、知情权的争夺，是信息全流程争夺中的第一环。广义情报战包括敌对双方在政治、经济、军事、科技、文化、外交等各个领域展开的情报争夺；狭义情报战是在军事领域展开的军事情报信息斗争。

4. 心理战

心理战作为战争的"夺志"思想和谋略精髓，几乎同人类战争的历史一样悠长，在我国的兵学发展史上，蕴藏着丰富的心理战思想和典籍。自战国以来，流传下来的兵书战册就有 6 000 多卷，其中，对"伐谋"、"伐交"、"形示"、"攻心"的思想多有论述。

信息化战争中的心理战是以往战争形态中传统心理战的继承和发展，是未来信息化战争中一种非常重要的作战样式。在任何形态的战争中，心理战的最终目标都是攻击敌方领导人、部队官兵和民众的认识系统和信念系统。

5. 网络战

网络战是指为干扰、破坏敌方网络化信息系统并保证己方网络化信息系统的正常运行而采取的一系列行动。未来的网络战将是信息化战争的核心作战样式之一。

随着人类社会向信息时代迈进，网络战的雏形已悄然来临。1988 年 11 月 2 日，美国康奈尔大学计算机系的研究生莫里斯，对美国防部战略 C^4I 系统的计算机主控中心和各级指挥中心实施病毒攻击，共约 8 500 台计算机染毒，其中 6 000 台无法正常工作。首次将网络战用于实战的战争是 1991 年的海湾战争。开战前，美国中央情报局派特工将伊拉克从法国购买的供防空系统使用的打印机的芯片换上了有病毒的芯片。在战略空袭发起前，美军用遥控手段激活了病毒，致使伊防空指挥中心主计算机系统程序错乱，防空系统的 C^3I 系统失灵，为美军顺利实施空袭创造了条件。

1.4.2　信息技术在现代战争中的应用

信息作战的基本目的是：对己方的信息隐真示假，对敌方的信息去伪存真；真正做到"知己知彼"和不被彼知。围绕这些目的展开的信息斗争有几类典型的手段、方式和过程，如：侦察、潜入、窃听、引诱、干扰、反干扰等。在这些斗争领域，信息技术发挥着不可替代的作用。

1. 信息技术与侦察

侦察是为了查明敌情、友情、地形、天候等情况而采取的有关活动。通过侦察可以比较全面地了解敌方的部署、行动和意图，了解作战区域自然和人为设置的条件等。侦察是一种组织严密、目的明确、手段讲究、直接为解决决策服务的军事活动，监视则是一种持续不断的侦察活动。

自从有战争以来，侦察就成为军事行动中不可缺少的一环。侦察手段不断更新，凡是人类所研究的最新尖端的科学技术成果，如有可能，都首先利用到侦察领域。光学技术最初应用在望远镜上，无线电技术促使了雷达的发明和利用，飞机最初出现在战场上是为了侦察对方的行动，而卫星等航天器在轨道上第一个任务是侦察和监视地面及海洋情况。在 2003 年的入侵伊拉克的战争中，英美联军组成了包括侦察卫星、高空侦察机、无人侦察机、地面侦听站、装甲侦察车、海上电子侦察船和特种部队在内的严密侦察体系，采用多种技术手段，从多个途径和多个层次对伊拉克政治、军事、经济、社会情况进行侦察。对伊拉克的雷达、通信、导弹、指挥系统以及道路、桥梁、街区等实施了全方位、不间断的侦察，有力地配合了空中打击和地面突击，为精确投送兵力和精确打击提供了全面的保障。

现代战争中实施侦察有多种手段。可以按照手段的不同，分为人工侦察、技术侦察、火力侦察等；按照层次的不同，分为战略侦察、战役侦察和战术侦察等；按照侦察装备所在作战与区域不同，分为地面侦察、海上侦察、空中侦察和太空侦察；按照侦察主体所在战场的位置，分为前线侦察、敌后侦察、区域侦察等；按照任务需要分为敌情侦察、友情侦察、地形侦察、气象侦察、道路侦察等。也可以根据作战需要实施主动式的火力侦察和机动侦察等。采用现代信息技术改进各种侦察手段，可以使侦察和监视领域的技术和装备逐步实现数字化信息化。

（1）雷达技术

在信息化的战争中，精确打击是以精确侦察为基础的。雷达作为 20 世纪侦察领域的宠儿，几经更新换代，仍然是战场侦察的主力，它是发现目标、指示目标、跟踪制导、提供射击诸元的"火眼金睛"。雷达是英文 randar 的音译，其意为：用无线电对目标进行探测和定位。它出现在第二次世界大战初期，开始是为了海岸防空的需要专门研制的。后来人们把它搬上了飞机和卫星，使其应用范围越来越广泛。雷达的发明，使人类有了超出视力以外的信息获取能力，它是侦察技术史上的一个重大发明。

在第二次世界大战的英国防空作战中，英国空军以区区 700 架防空歼击机的劣势兵力，挫败了数以千计的德国空军飞机的空中进攻，其重要原因就是英国使用了防空雷达，建立了比较可靠的防空预警网。第二次世界大战之后，雷达在战争中的作用变得愈发突出。在英国与阿根廷的马尔维纳斯群岛战争中，最著名的战例是英军先进的"谢菲尔德"号驱逐舰被阿根廷"超级军旗"式飞机发射的"飞鱼"式反舰导弹所击沉。技术上的关键原因是，"超级军旗"机载雷达的探测距离为 50km，而"谢菲尔德"号驱逐舰舰载雷达的探测距离仅为 40～48km。"超级军旗"飞机在 50km 处发现目标，至 40km 处发射导弹，然后以低空迅速脱离战场。

常见的雷达种类包括相控阵雷达、低截获率雷达、无源雷达、双（多）基地雷达、合成孔径雷达等。

目前，在海军舰艇上常用的雷达包括警戒雷达、引导指挥雷达、火控雷达、导航雷达、着舰雷达、潜望雷达和敌我识别器等，如图 1.2、图 1.3 所示。

图 1.2　荷兰 WM – 20 搜索和跟踪雷达

图 1.3　法国海虎型火控雷达

（2）光电侦察技术

光电侦察技术是可以见光和红外光作为侦察载体的技术侦察手段，其主要的技术有光学技术、激光技术、红外技术、微光技术、紫外技术、照相技术、电视摄像技术等。光电侦察技术的主要优点是精度高、分辨力强，主要缺点是必须通视。光电侦察技术与雷达技术形成相辅相成的两大类侦察技术，在地面、海上、空中和太空中侦察平台上都得到使用。光电侦察装备有：光学观察镜、激光测距机、红外热像仪、微光夜视仪、光谱分析仪等。近年来将激光技术和雷达技术结合起来的激光雷达成为新秀，在美国的导弹防御计划和防控领域频频亮相。

夜视仪是我们常见的光电技术应用。美军为每个单兵都配备了三代微光夜视镜，有的连甚至配置了 3 种式样的夜视装备。美军的 AH-64 "阿帕奇"武装直升机配备的前视红外热像仪安装在机头上方，它可以使飞行员在夜间通过头盔显示瞄准具看到 12km 以外的坦克。

目前在海军舰艇上常用的光电侦察设备有光电跟踪仪、激光测距仪、红外跟踪仪、红外警戒系统、潜望镜和潜艇光电桅杆等，如图 1.4、图 1.5 所示。

（3）无线电侦察技术

这是一种通过接收无线电信号测量敌方无线点发射装备的位置、频率、编码和信息量变化等参数的技术侦察手段，主要用于侦听敌方的雷达系统和通信系统。无线电侦察是使用较早的技术侦察手段，现在已得到非常广泛的应用。该技术既可以单独使用，用于刺探敌方的通信和确定雷达的位置，也可以与电磁干扰技术配合使用，有针对性地对敌方的通信和雷达系统进行电磁控制。

图 1.4　舰载光电系统的传感器

图 1.5　加拿大 AN/SAR-8 型红外告警系统

（4）密码破译技术

这项技术是用无线电侦察技术、计算机网络侦察技术和其他侦察手段获取敌方原始通信信息后，将其真实信息从层层覆盖的密码中解读出来。暴露在战场上电磁环境中的无线电磁波被无线电侦察装备获得，载波上传递的信息都以各种方法进行加密，破译密码就成为一项重要的侦察手段。随着密码学理论和计算机技术的发展，加密技术和解密技术都有了飞速的进步，也推动了计算机技术的发展。因为计算机的运算速度和信息处理能力直接影响到加密和解密的效率，所以，有人说一个国家最快最好的计算机是用于保密和侦察的。更有人得到结论：衡量一个国家加密和解密水平的重要标志之一是该国计算机技术水平。

（5）传感器侦察技术

这项技术是指利用声音、磁场、压力、放射、化学、生物等传感器进行侦察的手段。声传感器作为窃听器材以人为主要侦察体的谍报领域已经有一定的历史了。微电子技术和传感器技术的进步为以特定物理量作为测量源的侦察提供了各种侦察手段，如可以利用放射线传感器侦察核辐射的剂量，用化学传感器侦测化学武器的情况等。这些传感器既可以人工携带或车载，也可以人工布撒或用飞机和火炮将其投射的方式送到指定的敌方区域，进行无人职守式的侦察。

目前在海军舰艇上常用的水下探测传感器侦察设备为声呐系统，它能够对水中目标进行探测、定位、跟踪、识别、导航、测速、通信等。常见的声呐包括舰壳声呐、拖曳声呐、吊放声呐和浮标声呐等，它们广泛的应用到海军的水面舰艇、潜艇和侦察飞机上。如图 1.6、图 1.7 所示。

图 1.6　潜艇舰部的柱状声呐阵

图 1.7　直升机吊放声呐跟踪引导示意图

（6）信息融合技术

这项技术是用数学物理的方法，将各种侦察装备获得的目标信息进行量化，然后综合处理，去粗取精，去伪存真，以求一个真实、全面、系统的侦察结果。信息融合技术一般分为像素级融合、特征级融合和决策级融合。信息融合技术的诞生为过去那种只能定性地对各种侦察装备获得的目标信息进行综合分析的做法找到了一种更为科学、合理、快速的方法，它可以作为指挥员辅助判断敌情和进行决策的一个重要技术手段。

侦察和监视的平台有许多种。从太空中的卫星到空中的飞机、地面的车辆、海洋上的军舰和水下的潜艇，都可以做侦察和监视系统平台。美军在最近的几次战争中主要使用的是 RC-135C、U-2 和 EP-3B/E "猎户座" 战略侦察机，RF-4C/B "鬼怪式"、EA-3B/C "空中战士" 和 ES-3A "北欧海盗" 战术侦察机。如图 1.8、图 1.9 所示。

图 1.8　E－2A/C "鹰眼" 预警机

图 1.9　美国 EA-6 徘徊者电子战飞机

2. 信息技术与通信

在通信领域，按传播媒介不同，可以分为有线通信和无线通信两大类。有线通信主要以电线和光纤等基本介质。无线通信主要以辐射的电磁波和光波为基本介质，一般分为短波通信、超短波通信、中长波通信、微波通信和激光大气通信等，按照通信转发平台，还可以分为卫星通信和现在流行的、依托蜂窝式转发台站的移动通信。

（1）无线电通信

① 短波通信。其波长为 10m～200m，频段为 1.5～30MHz。它可以利用地面波和电离层反射波进行传播，最远可传至上万千米，如按气候、电离层的电子密度和高度的日变化以及通信距离等因素选择合适的频率，就可用较小功率进行远距离通信。短波通信的链路建立比较方便，通信器材的构造也比较简单，适合移动通信，但短波频段容易受电离层和环境条件的影响，也容易被干扰，解决这些问题主要采用跳频技术和扩频技术。

② 超短波通信。其波长一般为 1m～10m，频段一般为 1.5～30MHz。它不能利用地面波和电离层反射的特点，超短波电磁波只能靠直线方式传输，称为视距通信，传输距离约 50km，不受自然环境的影响，比较稳定，适合在移动中实现通信。但它应在没有遮挡的条件下使用，所以要进行远距离通信，必须建立接力站或中继站。超短波通信的工作带宽比较大，可以传送 30 路以下的话音信号或数据信号。

③ 微波通信。微波波长一般为 3cm～30cm，频段一般在 1 000～10 000MHz。它的带宽比较大，通信的容量很大，但必须在视距内通信，一般用于中继通信。

④ 蜂窝式移动通信。其典型的频率为 450MHz、900MHz 和 1 800MHz 等。这是一种新型的通信系统，可以直接服务于个人，所以也叫个人移动通信系统。

目前在海军舰艇上常用的无线通信可划分为超低频、甚低频和低频通信（用于对潜通信）、高频通信（用于远程通信，如舰岸通信）、甚高频、特高频视距通信（用于舰舰、舰空视距通信）。如图 1.10、图 1.11 所示。

图 1.10　潜艇升降天线　　　　　　图 1.11　水面舰艇短波宽带双鞭天线

（2）卫星通信

卫星通信是利用卫星作为中继站转发无线通信信号的通信技术，一种是使用移动电话直接通过卫星转发信号的卫星通信系统，如美国的"铱"星系统；另一种是利用地面中继站转发通信信号的综合卫星通信系统。卫星通信系统主要由装载转发器的卫星和地面站组成。

一般的通信卫星都被置于 35 000 多千米的太空同步轨道，转发来自地面站的信号。一颗通信卫星可以装载若干个转发器，每个转发器的带宽为 36MHz，可提供 7 200 对电话服务。卫星通信的特点是距离远、容量大、不受大气和天候环境的影响、覆盖面宽等。

"铱"星系统是美国摩托罗拉公司提出的第一代真正依靠卫星通信系统提供联络的全球个人通信方式，旨在突破现有基于地面移动通信的局限，通过太空向任何地区、任何人提供语音、数据、传真及寻呼信息。"铱"星系统由 66 颗低轨道卫星组成，覆盖着整个地球，在其他卫星通信系统和地面无线系统无法覆盖的边远偏僻地区或系统受损时，"铱"星系统就会利用卫星信号进行联络。卫星在现代海军中的应用如图 1.12 所示。

图 1.12　卫星在现代海军中的应用示意图

（3）光纤通信

光纤通信是利用光导纤维作为介质，利用激光作载波的有线通信手段。它是近20年兴起的一种新型技术，在信息技术领域和信息产业中有着举足轻重的地位。

光纤通信系统主要由光端机（包括激光光源和调制解调器）、光导纤维和中继器等组成。光纤通信的基本原理是，由光端机将电信号转换为光信号，经过振幅、频率、相位和偏振态的调制，变为受调光源，进入光纤传输。在传输过程中，为了增加传输距离，使用中继器将光信号放大。接收端的光端机将光信号再转换为电信号，并解调出原来的初始信号。光纤的种类比较多，按激光的模数来划分，有单模光纤、双模光纤和多模光纤。

光纤通信一般用于舰艇内部信息传输，组成舰艇内部的局域网，光纤通信系统能够提供较大的带宽，保证数据传输的快速性。

3. 信息技术与指挥自动化

指挥自动化是军队信息化的一个重要标志。指挥的自动化依赖于指挥控制的自动化系统。指挥自动化系统是伴随着信息技术的发展而发展起来的，其核心是计算机。20世纪50年代，美国和前苏联分别建立了SAGE和"天空一号"半自动防空指挥系统。这是指挥自动化系统的雏形。

随着信息技术和军事理论的发展，指挥自动化系统的内涵也在不断地发生着变化，演变出许多术语和概念（见1.4.1中C^2、C^3、C^3I、C^4I、C^4ISR和C^4KISR的介绍）。

一个典型的指挥自动化系统是由信息获取、信息传输、信息处理、组织指挥、装备和兵力控制等几方面组成。美国陆军的战术指挥控制系统（ATCCS）是美国陆军作战指挥系统（ABCS）的3个组成部分之一，该系统将防空、战斗勤务支援、情报/电子战和机动控制5个独立的自动化指挥系统统一合成，形成从师到营的无缝连接，实现了从陆军作战最高指挥官到单兵的作战指挥与控制。

指挥信息系统在现代化舰艇上得到了广泛的应用，是现代化舰艇作战系统的核心装备。根据舰艇的使命、认为和功能，在中、大型主战舰艇上，舰艇指控信息系统一般分成作战指挥系统和火力控制系统两个分系统，其中火力控制系统与控制对象（武器）构成了武器系统。在较小的舰艇和军辅船上，往往把指控系统与作战系统及火力控制合为一体，形成舰艇综合信息系统。

一个典型的综合指挥信息系统如图1.13所示。

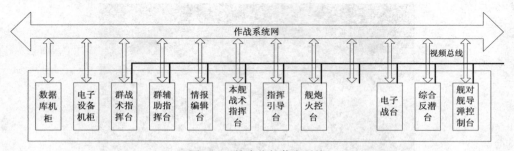

图1.13　综合指挥信息系统

4. 信息技术与精确制导

从侦察到通信，从干扰到安全，从指挥到保障，军队的作战终将落实到能够消灭敌人和摧毁敌方设施装备的弹药送到目标上。这是作战中最具决定性的环节，是一个以信息引导物质和能量的攻击过程。精确制导技术包含了信息获取技术，信息传输技术，信息对抗技术，信息处理技术等。

在伊拉克战争中，美英联军使用的精确制导弹药的比例比以往任何一次战争都高。精确打击已经成为一种主要的打击手段。美军在海湾战争时使用的精确制导弹药只占弹药总投送量约 8%，制导方式主要以激光、电视、地形匹配制导为主。在伊拉克战争中使用的空袭弹药，精确制导的占 70%～80%。这些弹药普遍采用了 GPS/INT 制导技术，加上电视、红外和激光制导，在确保较高命中精度的同时，还提高了弹药的全天候作战能力、同时降低了成本。导弹实例如图 1.14、图 1.15 所示。

图 1.14　美国标准 II 型中程舰空导弹　　　　　图 1.15　以色列怪蛇 III 空空导弹

5. 信息的对抗与反对抗

自从第一次世界大战使用烟雾来迷惑炮兵以来，采用技术手段干扰对方的侦察、监视、瞄准、跟踪、制导等做法越来越普遍。1905 年，德国舰队在北海海域与英国舰队频频交战，对面强大的敌手，德国舰队总是处于下风。为了减少作战中的损失，德国军舰在遭遇英国舰队的攻击和包围时，就释放滚滚浓烟，以降低被英舰击中的概率，同时逃之夭夭。

现在，信息的对抗技术五花八门，以下是几种常见的干扰技术。

（1）无线电干扰技术

① 被动式无线电干扰。被动的无线电干扰技术一般是在指定区域（空域）设置较强的无线电波反射体，使无线电波不能有效穿过该区域，不能形成信息链路。如用飞机或火炮投射的金属箔条等。干扰箔条是将金属箔切割成符合特定无线电频率谐振的尺寸，在空中布撒后，可以阻挡无线电波的传播。大范围地布撒箔条，可以使雷达在这一区域失去侦察探测的作用，很显然，这是一种物质型的干扰技术。如图 1.16、图 1.17 所示。

图 1.16　舰船干扰弹发射　　　　　　　图 1.17　飞机箔条干扰弹发射

② 主动式无线电干扰。这是一种利用无线电波作为干扰体的一种干扰手段。主动的无线电干扰技术是在得知敌方雷达或通信设备的频率之后，以相同的频率和更大的功率辐射无线电波，使敌方雷达或通信设备等系统的接收机因信噪比下降而无法接收到所需要的信号，从而实现切断敌

方利用无线电做载体的信息链路。无线电干扰技术还可以干扰使用无线电作信息载体的武器系统，
如无线电制导导弹、采用无线电引信的炮弹、无线
电定位系统等。无线电干扰机分窄带和宽带噪声干扰
系统。窄带干扰是针对单个或几个频率进行干扰；宽
带干扰是对一个较宽的频率范围进行干扰。如图 1.18
所示。

图 1.18　英国乌鸦座舰载雷达诱铒弹系统

（2）光电干扰技术

光电干扰技术与无线电干扰技术的原理基本相同，
是一种利用光波等作为干扰体的一种干扰手段。主动的
光电干扰技术是在得知敌方光电系统的波长之后，以
可覆盖该波长的更大光功率辐射光波，干扰敌方的光电系统。光电干扰技术同样可以干扰使用
光电技术的武器系统，如激光制导的炮弹和导弹等。被动的光电干扰技术一般是向指定区域（空域）
投放烟幕弹，使光波不能穿过该区域，从而达到干扰的目的。这是目前经常利用的一种光电干扰手段。

各国海军都在大、中型舰艇上装备一定数量的电子干扰设备，用于对敌雷达或来袭导弹进行
干扰，如在美军海军的舰艇上，最常见的是一种称为 AN/SLQ-32（V）的电子战系统，它主要是
对来袭的导弹进行干扰。另外，舰艇上经常配置的其他干扰装备有箔条、红外干扰弹和诱铒等。

6. 信息技术与计算机网络战

20 世纪末的一天，我国新浪网的电子邮件系统遭到了黑客袭击。由于当时正是春节放假期间，
导致用户无法收发邮件长达 17h。几天后，黑客再次袭击新浪网，有备而来的网站工程师同黑客
斗争了 3 个多小时，才将黑客击退。该网站的技术负责人事后形容那次事件说："简直就像一场战争。"

1999 年的一天，美国 8 家著名网站相继遭到黑客的袭击，震惊了世界。当时的美国总统克林顿亲
自主持召开了 Internet 安全高级会议，紧急探讨应付黑客的对策。黑客的行为越来越引起人们的注意。

现代计算机之父冯·诺依曼在 1946 年发明计算机的时候就指出，计算机的指令应该和数据一
样存放在存储器里然后按序取用，指令也像数据一样可以被修改。这是一个创举，它克服了世界
上第一台电子数字计算机 ENIAC 的最大的局限性，为现代计算机的开发奠定了体系结构的基础，
是一个光辉的里程碑。然而也正是这一点为未来计算机的安全带来了隐患。

长期以来，人们设计计算机的主要目标是追求信息处理能力的提高和生产成本的降低。在相
当长一段时间没有特别考虑计算机的安全问题。因此计算机系统的各个组成部分、接口和界面，
各个层次的相互转换，都存在着不少漏洞和薄弱环节。

正因为如此，遍布全球的计算机网络，不仅改变着人类的生产和生活方式，也在改变着战争的形
式。信息化战争的发展，促使一种新的战争式样——计算机网络战的出现。在计算机网络战中，计算
机是主要的作战工具，是战斗堡垒，也是进攻和防御的节点。网络则是路线，是战场对方的计算机系
统，包括各种服务器和工作站是受攻击的主要目标、以网络技术为基本手段，在网络空间上所进行的
各类信息攻防作战是网络战的总称。也有人称其为计算机网络战、计算机空间战和网络空间战等。

常见的网络战方式包括以下几种。

（1）计算机病毒

目前，许多国家都在研究和试验用于军事目的的计算机病毒。对计算机病毒武器的研究重点是
如何将病毒注入敌方的信息系统之中，如美国国防部正在重点研究如何通过网络，特别是由无线
电台组成的无线网络将计算机病毒注入预定攻击目标的计算机中。美军声称，这种武器一旦研制
成功，对付米格-33 这样的世界一流的战斗机，只需 10s 就可使其成为空中废物。

（2）逻辑炸弹

逻辑炸弹是按一系列特定条件设计的、蓄意埋置在系统内部的一段特定程序。逻辑炸弹一旦以某种方式"植入"计算机系统中，一般情况下并不对系统产生任何危害，使用者也很难探测到它的存在。可是，在一定条件下，如接到有关的指令，遇到特定的参数，或在特定的日期和时间突然触发，释放出计算机病毒或干扰性的程序等，以这样的攻击方式造成计算机系统的混乱。

由于目前计算机使用的中央处理器芯片、存储器芯片、主要的逻辑电路芯片和硬盘驱动器等硬件及操作系统软件、数据库、通信软件、应用开发软件等通用软件产品，主要是由美国和少数西方国家的几个大公司研制生产的，而他们又完全有能力也有可能把逻辑炸弹埋伏在产品中（预置或固化），再出售给其他国家，所以，对此不能不引起警惕。平时无事，当发生战争时，这些逻辑炸弹就会引爆，造成不堪设想的后果。

（3）陷井门

陷井门（Trap Door）又称后门（Back Door），它是计算机系统设计者预先在系统中构造的一种机构，供设计者插入一些特殊的调试程序，以方便程序开发时的调试和修改。一般情况下，程序开发完成后，应关闭这些"后门"。然而，为了达到攻击对方国家计算机网络系统的目的，特意留下少数陷井门，供熟悉系统的人员用以越过对方正常的系统保护而潜入系统，进行信息的窃取和破坏活动。美国的一些大公司就有可能受美国安全情报部门的指使在某些加密芯片上设置"后门"，以方便这些部门对驻留在此种芯片上的加密数据进行解密，从而获取用户的信息。澳大利亚海军技术安全检查部门曾发现，美国微软公司的 Windows 95 操作系统上预留有遥控窃密窗，通过 Internet 可对安装了 Windows 95 操作系统的计算机进行窥视和窃密。日本向我国出口的一种传真机，其软件可通过遥控装置将加密接口接到旁路，以达到偷窃原文的目的。

（4）黑客

目前，黑客是网络正常运行最主要的破坏者，将来从事网络战的"信息战士"可能就是现在的黑客。黑客侵袭计算机网络事件触目惊心。1994 年，2 名黑客渗透到美国战略空军司令部纽约控制中心设施达 150 次，控制了整个实验室网络，最后导致 33 个分网络停机脱网达数天之久。据美国总审计署报告，1995 年黑客企图渗透美国军事计算机网络高达 25 万次，其中 65%获得了成功。

（5）纳米机器人和芯片细菌

纳米机器人是一些外形类似黄蜂和苍蝇，会飞、会爬的纳米系统，可以被导弹或炸弹等武器投放到敌方信息系统或武器系统附近，通过缝隙或插口钻进计算机，破坏电子线路。

芯片细菌是经过特殊培育的、能毁坏计算机硬件的一种微生物，可以通过某种途径进入计算机，能像吞噬垃圾和石油废料的微生物一样，嗜食硅集成电路，对计算机系统造成破坏。更值得人们注意的是，在 1999 年科索沃战争期间，美军炸毁了南斯拉夫的电视台、广播电台，却保留了南斯拉夫的 Internet 系统。美军的目的是通过计算机网络，破坏南斯拉夫的信息系统。目前这种新型"计算机战争"的各项准备工作正在高速进行，而这主要取决于计算机的硬件及软件发展水平。专门研究这种"计算机战争"的美国中央情报局和国家安全局得到了美军各兵种和联邦调查局的大力支持。

7．信息技术与战场评估和模拟训练

信息技术在直接作用于战场的时候，也催生了新的量化分析战场问题和精确描绘作战过程的科学方法，这为检验作战方案和战法的合理性提供了崭新的技术手段，这种手段叫战场评估。美军的中央司令部在阿富汗战争和伊拉克战争中，对各种作战预案和作战过程进行反复评估。评估主要是在计算机上进行，借助各种侦察装备，将真实情况再现在屏幕上，再利用已编入计算机程序的作战原则、指挥决策、武器参数、极限指标等，对即将发生的军事行动进行运筹。

评估也发生在作战行动完成以后，这主要是为了发现行动中的偏差和为了总结经验教训，同时也是为了完善评估程序本身。

信息技术为评估所需的信息获取、存储、传输、处理等提供了快捷方便的平台。指挥员和参谋在计算机前用手指轻轻敲击键盘，就可以完成大部分的评估过程。

除了评估，信息技术也为军事训练提供了更加快速精确的方法。近些年来，世界许多国家都在大力加强作战实验室建设，这已成为加强军队质量建设的一项重要举措。美军从 20 世纪 70 年代就陆续建立了计算机模拟训练系统，它们主要应用于作战训练、条令检验和力量分析等。后来，陆军、空军、海军和海军陆战队又分别建立起作战试验基地和实验室，研制了多种作战模拟系统。

在入侵伊拉克的战争中，除了美军中央司令部的评估和作战模拟推演以外，各级指挥机构都在作战行动之前进行模拟演练，以求找出最优行动方案。在美军进入巴格达之前，各部队都进行了包括巷战在内的模拟演练，分析可能出现的情况，找出应对的战术。这种方法都源于依托信息技术的作战模拟体系。

美军平时也经常实施大规模的模拟训练，如"机上演兵"演习、"集中派遣"演习和"沙漠铁锤Ⅵ"演习等。2003 年年初，在入侵伊拉克的战争开始前，美军中央司令部专门组织了一次名为"内窥"的军事演习，其中很大一部分是在计算机上进行的，主要是利用计算机仿真作战系统检验美军各级指挥系统的应变能力，检验和训练美军进行信息化战争的能力。

目前，我军也陆续建立了各级作战训练仿真系统，开发研制了许多作战训练软件和指挥训练模拟系统，在训练中发挥了重要的作用，并初步形成了与之相适应的组织实施对抗演习的新理论和新方法。这些标志着我军在模拟作战训练领域走上了健康发展的道路，为我军培养新一代高素质复合型军事指挥人才提供了有效的途径和手段。但也应该看到，我军在这个领域与发达国家的差距还很大，必须加速推进我军作战模拟训练系统的建设。这既是军事斗争准备的迫切需求，也是加强我军现代化建设的一项刻不容缓的重大工程。

计算机生成兵力（CGF）是战场仿真环境中，由计算机系统及其应用软件产生并控制的半自动或自动仿真实体（如坦克、飞机、车辆、导弹、步兵、航天器等），它在军用仿真领域得到了越来越广泛的应用，为人们在一个近乎真实的虚拟世界里提供了一种有效的训练、演习、评估和嵌入战争运行的仿真技术手段。如图 1.19 所示。

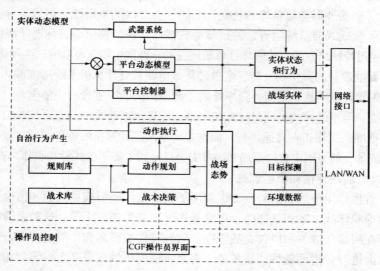

图 1.19　CGF 系统原理框图

1.4.3　军队信息化建设

军队信息化建设（或简称为军队信息化），是在军队各个领域广泛运用信息技术，通过提高信息能力来提高军队的战斗力和执行各种军事任务的能力，推进传统军队向信息化军队转型发展的事业。

军队信息化建设是建设信息化军队的过程，信息化军队是军队信息化建设的最终结果。信息化军队，是信息时代的主要军队形态，是规模小、质量高，装备信息化武器装备体系，由新型军事人员构成，以信息力为作战力量最重要构成要素，适于打信息化战争的网络化、知识化、一体化武装集团。目前，军队信息化建设的内涵主要有 6 项。

1．在军事理论方面

要变工业时代以机械化战争为核心的军事理论为信息时代以信息化战争为核心的军事理论。在这一方面，发达国家军队已取得很大进展，主要是：拓宽了国家安全的内涵，使军事战略像核武器问世后出现了"核化"趋势一样出现了"信息化"趋势；战争与作战理论已开始深度创新，有关新概念层出不穷等。

2．在军事技术方面

要积极开发和利用高技术特别是信息技术。当前，包括信息技术在内的各项高技术正在飞速发展，各国军方在积极利用民用信息技术的同时，正在大力开发军用信息技术，以便为进行装备信息化建设提供持续的技术支撑。

3．在武器装备方面

要把机械化武器装备体系逐步改造为信息化武器装备体系。世界各国军队尽管装备信息化建设起步有早有晚，发展水平很不平衡，但都走上了装备信息化建设之路。

4．在军事人才生成方面

要大力培养信息时代的新型军事人员。这些军事人员要有强烈的信息意识、丰富的信息知识和高超的信息技能，适于建设信息化军队和打信息化战争。培养途径或做法是：改革院校教育，增设信息战和信息技术课程；在训练和演习中增加信息战攻防演练课目，提高部队的夺取和保持信息优势技能；充分利用地方教育资源，加大依托国民教育培养军事人才的力度。

5．在军事组织体制方面

要考虑建立信息时代的信息化军队体制编制，以便使信息在军队内部和战场上快速、顺畅、有序地流动，以适应打信息化战争的要求。目前，美国等西方国家军队将重点放在解决：如何变纵长形"树"状领导指挥体制为扁平形"网"状领导指挥体制；如何进行陆军的结构改革，使其适应高技术战争和信息化战争的要求，以及如何组建信息战攻防部（分）队等。

6．在后勤保障方面

要全力打造"数字化后勤"。西方发达国家军队已经全面启动"数字化后勤"建设。数字化后勤是以数字信息技术和系统为主要管理手段的可视化后勤，其基本内涵是后勤管理的数字化。即一方面要求管理信息数字化，另一方面要求管理系统和过程数字化。后勤管理数字化的基础是后勤和后勤管理的标准化、制度化和后勤管理数据库建设，关键是要建立开放的、实时的、面向部队的数字化后勤管理综合信息系统。

总地来说，军队信息化建设是一项长期的艰巨的系统工程，必须兼顾国家信息化建设与发展的全局，结合各国信息技术的发展与应用水平，注重体系、发展特色。纵观各国信息化建设与发展的道路，可以看出当今各主要国家军队信息化建设所围绕的关键点，逐渐集中在不断加强顶层设计的能力上，同时突出具有特色能力的总体体系建设。尤其需要关注在加强信息化顶层设计的同时，重视国防信息基础设施建设和体系结构建设，并根据各国军队的实际，发展自己独特的一体化信息系统和专用的电子信息装备。

实际上，军队信息化建设的基本趋势可以简单归结为 4 句话，即武器装备信息化、信息装备武器化、信息系统一体化以及基础设施现代化。所谓武器装备信息化，就是要不断提升精确打击武器的数量与质量，并使武器平台信息化、网络化。信息装备武器化就是使电子战装备软硬化、综合化、网络化，包括网络攻防主动化、精确化以及激光、微波武器等实用化。信息系统一体化：如美军的 DII – GIG – C^4KISR 等信息系统一体化，信息系统与武器系统一体化，传感、指挥、交战一体化。基础设施现代化主要包括信息传输和处理的宽带、容量、按需分配以及标准、软件、元器件、质量、测试等的不断突破与发展。

1.4.4　信息化战争对军事人才的素质的要求

作为人类未来的战争形态，信息化战争呈现出许多新的特点和规律，对现代军事人才的素质提出了许多新标准新要求，除了要求可靠的政治素质、广博的科学文化素质、强健的身心素质、综合的军事素质等外，还要具有优良的信息素质，要求当代军人要能够熟练地了解和掌握信息的采集、传输、整合、运用等各种技术。

军事人才的信息素质主要由信息意识、信息知识、信息能力、信息道德和信息心理等基本要素构成。

① 信息意识

信息意识，是指军事人才对信息及信息行为的根本观点、看法和价值的认识。信息意识在军事人才的信息素质中居先导地位，对其信息行为起导向和控制作用，并且直接影响军人信息行为的方向和效果，乃至影响军队信息化建设的效果和核心军事能力的生成。军人要树立正确先进的信息意识，建立"信息就是优势"、"信息就是战争资源"、"信息就是战斗力"、"信息就是核心军事能力"的信息价值观，努力锤炼、锻造强烈的信息需求意识和敏锐的信息洞察能力。

② 信息知识

信息知识是军事人才在军队信息化建设、军事斗争准备中为获取、存储、处理、传递和控制各类信息所必须具备的知识、方法的总称。信息技术的快速发展及其应用，推动了军队由体能军队、技能军队向智能军队的转变，表现在信息化战争中，知识也由潜在的间接战斗力跃升为现实的直接战斗力，战争的准备与实施更多地表现为知识能量的积聚和释放。这从客观上要求军事人才必须掌握信息技术基础知识，包括信息科学知识、计算机知识、网络知识、自动化指挥知识以及其他各种现代信息技术知识等；了解信息化战争的特点和规律，包括信息化条件下作战的战略、战役、战术和军兵种知识等；熟悉敌我双方信息作战武器装备的战术技术性能，熟知与个人从事岗位密切相关的各类军事信息系统信息操控知识，熟练使用多种通信工具和指挥自动化系统知识等。

③ 信息能力

信息能力是指军事人才在军事实践活动中，运用现代信息技术，开发军事信息资源，提高军队工作效率和作战效果的能力。信息化战争的过程是一个运用信息、信息系统、信息化武器装备的一体化综合作用过程，信息作战的过程是一个将各种"信息势"、"信息能"向"作战能"、"战斗力"转化的过程。因此，在信息化条件下，军事人才必须具备运用信息和转化信息的能力，包括获取信息的能力、信息处理能力、信息传递能力、信息转化能力等。

④ 信息道德

信息道德是指军事人才在军事信息活动过程中应遵循的行为规范和伦理道德。信息化战争中，作战对手会利用各种手段释放大量虚假信息、误导信息、反动信息，如果没有一定的道德约束，军人在利用信息的过程中，就很容易产生与伦理道德、与正确决策指挥相悖的现象。这对军事人才的信息文明程度、道德水平和政治责任感等提出了更高的要求。军事人才的信息道德是培养信息素质的基本条件，关系到其信息素质发展的正确方向。良好的信息道德是其在信息化条件下正确行使信息行为、履行军人职责、提高作战能力、塑造良好形象的重要保证。

⑤ 信息心理

信息与心理在战争中的融合应用，形成了信息心理战的新型作战样式，即以各种高新军事技术为心理信息载体，以心理信息能为主要作用方式，重点攻击对方的认识与信念，瓦解其战斗意志。其实质是运用信息武器实施心理攻击，旨在削弱和瓦解对手的整体战斗力，保护并增强己方战斗力，以达到"不战而屈人之兵"。信息心理攻击和信息心理防护能力已经成为军事人才应对信息化战争与信息化建设所必须具备的素质，因此，我们要通过强化军事人才信息心理素质，来逐步提高部队应对信息心理攻击和信息心理防护的能力。

军事人才的信息素质，在不同类型人才身上的侧重点是不相同的，准确把握不同类型军事人才信息素质的特征，对于有效提升军事人才的信息素质，将起到事半功倍的作用。

① 指挥人才的信息素质

指挥人才是以从事指挥管理活动为主的军官群体，平时负责部队的训练、管理和组织协调工作，战时负责部队的决策、指挥和联合协同工作，主要包括负责军事工作、政治工作、后勤工作、武器装备工作的各级领导干部。指挥人才是信息化建设和信息化战争的组织者和实施者，其信息素质和信息能力，直接影响到整个军队信息化建设的水平，影响到信息化条件下作战能力的生成和发挥。实践证明，指挥人才的信息素质是有效利用信息资源形成科学决策和精确指挥的基础。由于信息技术的快速发展及其在军事指挥中的广泛运用，使得传统的指挥手段、指挥方式、指挥机构、指挥活动等均发生了以信息为主导的革命性变化。信息的能量释放及其分配，主要取决于指挥员运用指挥信息的途径和方法而信息对武器装备的控制，也是以指挥主体的既定决心所形成的指挥信息为依据的，即对侦察、预警、导航、测距、定位、识别、跟踪、计算、瞄准、制导等各个环节所产生的各类信息进行综合形成多种指令，并通过这种"指令"对武器装备实施精确的信息控制，这一过程完成的质量和水平，取决于指挥员的信息素质和信息能力。随着信息化程度越来越高，信息的采集、传递和处理越来越趋于一体化，而指挥控制、情报侦察、预警探测、通信、电子对抗、武器装备等各个领域的相互作用过程也更加强调综合集成化，具体表现为指挥体制的"扁平化"、指挥控制的"集约化"、指挥机构编组的"小型化"、指挥手段的"信息化"。这些都对指挥人才的信息素质和信息能力提出了新的更高的要求。因此，当前指挥人才信息素质的培养，应着力在提高掌控宏观军事信息的战略素质、掌控动态信息的应变素质和掌控综合信息的决断素质等方面下工夫。

② 参谋人才的信息素质

参谋人才是军队管理干部的重要组成部分，要适应信息化条件下履行出谋划策和辅助决策的职责，必须具有准确获取并随时掌控综合动态信息、第一手情报资料并在此基础上进行上情下达、下情上传的素质和能力。

当前，参谋人才的信息素质突出表现在一是善于分析判断情况，辅助实施准确指挥的信息素质和能力。重点是能够及时发现平时和战时特别是战场环境中微小异常现象和征候变化的洞察力、捕捉力。善于在信息泛滥的情况下，抓住事关指挥重心、当时战局、兵力部署的关键信息，即发现并确定高值信息。善于在信息矛盾的情况下，排除敌军事欺骗信息和敌强电子干扰下产生的失真信息，科学识别信息。并在此基础上，积极地给指挥员建言献策，提供正确的决策辅助和咨询。二是善于掌控信息流程，辅助实施一体化指挥的信息素质和能力。由于信息化条件下军事作战的指挥地域广、跨度大，军事作战信息流程要尽可能与军事作战指挥流程保持同步，协调的难度大、精度高。要达到广域即时发现、快速高效决策、实时一体机动攻击的目的，客观上要求不断强化参谋人才信息素质和信息能力，只有这样，参谋人才才能真正履行好信息化条件下参谋决策、辅助咨询的职责。三是善于因情施变，辅助实施精确指挥的信息素质和能力。参谋人员要善于利用侦察监视手段不间断地搜集敌我情报，善于运用信息化指挥工具定量定性分析判断敌我情况，善于运用人工智能系统和辅助决策系统精确计算时间、空间和行动速度、进程，正确预测战场敌我态势的发展趋势和变化，善于利用先进的侦察预警系统、信息传输系统、指挥决策系统、作战评估系统，使军事指挥、政治指挥、后装指挥更加精确、科学、高效。

③ 技术人才的信息素质

军事技术人才的信息素质和信息能力直接关系到我军能否建设信息化军队、打赢信息化战争的历史使命。因此，其信息素质突出表现在一是信息创新素质。要拥有扎实的军事信息化知识和技术，熟悉侦察与监视、隐身与反隐身、作战模拟、精确制导、指挥自动化、军事信息系统等一系列军事高技术熟悉掌握信息探测、传输、处理、利用技术，以及与本专业相近的信息化武器装备。熟练使用各种数字化设备仪器、识别图像、入网运行，熟悉各类管理程序和方法，保证各种数字化武器装备良好运行。与此同时，还应具有军事思想、作战理论等思维形态以及作战样式、各种战法和指挥谋略等方面的军事创新的素质。二是信息作战素质。在信息化战争中，无论是支援保障还是各种信息战的展开，技术人才始终处在作战的一线，经受着前所未有的各种困难和艰险的考验。他们既是"钢铁战士"，更是具备较高信息技术、信息战术和驾驭信息化武器装备素质能力的"知识斗士"。三是信息拓展素质。建设信息化军队，打赢信息化战争，需要技术人才具备不断挖掘知识潜力、拓展信息价值、共享信息资源的素质和能力，这也是技术人才信息素质的核心内容。要建立专业与信息知识"多元"、"复合"的素质结构要根据军事技术人员所学专业和岗位职责要求，不断提升学习新知识、掌握新技术和新技能的素质能力同时，还要具有信息技术研究、开发与应用的素质和能力。

习　题

1. 数据、消息、信号与信息的区别在哪儿？
2. 信息的特点与分类是什么？
3. 什么是信息技术？
4. 信息技术在现代战争中的主要应用包括哪些？
5. 信息化战争对军事人才素质的要求有哪些？

第2章
信息的表示与存储

信息表示是计算机科学中的基础理论，通过对本章的学习，可以了解到计算机科学中的常用数制及其相互之间的转换，以及字符信息在计算机中的表示方法。

2.1　计算机计数制

2.1.1　信息的基本单位——比特

1. 比特和字节

比特是计算机和其他数字系统处理、存储、传输数据时使用的二进制信息度量单位，它是计算机中最小的数据单位。比特的英文为"bit"，它是 binary digit 的缩写，可译为"二进位数字"或"二进位"，在不引起混淆时也可以简称为"位"。比特只有 0 或者 1 两种状态（取值），也就是说 1bit 等于 1 或者 0。

虽然计算机可以提供比特操作，但在实际应用中，每个西文字符需要用 8bit 表示，每个汉字至少需要用 16bit 表示，而图像和声音则需要更多比特才能表示。因此，通常以多个比特的集合——字节（Byte）来存储数据和执行指令，字节通常用大写的 B 表示，每个字节包含 8bit。为什么一个字节中有 8bit 呢？其类似的问题是：为什么一打鸡蛋有 12 个呢？每 8bit 为 1 个字节是人们在过去 50 年中不断对试验及错误进行总结而确定下来的。

2. 比特的运算

比特的取值只有"0"和"1"两种，这两个值不是数量上的概念，而是表示两种不同的状态。在数字电路中，点位的高或低以及脉冲的有或无经常用"1"或"0"来表示。在人们的逻辑思维中，命题的真或假也可以用"1"和"0"来表示。

与数值计算中使用的加、减、乘、除四则运算不同，对比特的运算需要使用逻辑代数这个数学工具。逻辑代数中最基本的逻辑运算有 3 种：逻辑加（也称"或"运算，用符号"OR"、或"+"表示）、逻辑乘（也称"与"运算，用符号"AND"、或"·"表示）以及取反（也称"非"运算，用符号"NOT"或"−"表示）运算。它们的运算规则如表 2.1、表 2.2 所示。

表 2.1　逻辑加

A	B	$A+B$
0	0	0
0	1	1

表 2.2　逻辑乘

A	B	$A \cdot B$
0	0	0
0	1	0

		续表
A	B	$A + B$
1	0	1
1	1	1

		续表
A	B	$A \cdot B$
1	0	0
1	1	1

取反运算最简单，"0"取反后为"1"，"1"取反后为"0"。

3. 比特的存储

存储一个比特需要使用具有两种稳定状态的设备，如开关、继电器等。在计算机等数字系统中，比特的存储经常使用一种称为触发器的双稳态电路来完成。触发器有两个稳定状态，可分别用来表示 0 和 1，在输入信号的作用下，它可以记录一个比特。使用集成电路制成的触发器工作速度极快，其工作频率可达到 GHz 的水平。

一个触发器可以存储一个比特，一组触发器可以存储一组比特，它们称为"寄存器"。计算机的中央处理器中就有几十个甚至上百个寄存器。

另一种存储二进位信息的方法是使用电容器。当电容的两级被加上电压，电容将被充电，电压撤销以后，充电状态仍会保持一段时间。这样，电容的充电和未充电状态就可以分别表示 0 和 1。

使用各种类型的存储器存储二进位信息时，存储容量是一项很重要的性能指标。存储容量使用 2 的幂次作为单位有助于存储器的设计。经常使用的单位如下。

千字节（kilobyte，简写为 KB）：$1KB = 2^{10}B = 1\ 024B$

兆字节（megabyte，简写为 MB）：$1MB = 2^{20}B = 1\ 024KB$

吉字节（gigabyte，简写为 GB）：$1GB = 2^{30}B = 1\ 024MB$（千兆字节）

太字节（terabyte，简写为 TB）：$1TB = 2^{40}B = 1\ 024GB$（兆兆字节）

需要引起注意的是，由于 kilo、mega、giga 等倍数在其他领域（如距离、频率的度量）中是以 10 的幂次来计算的，因此有些计算机设备制造商也采用 $1MB = 1\ 000KB$，$1GB = 1\ 000\ 000KB$，这种差异容易造成概念的误解和混淆。

4. 比特的传输

近距离传输比特时可以直接传输（基带传输），远距离或者无线传输时就需要用数字数号（0、1）对载波进行数字调制后进行传输（频带传输）。

需要注意的是，在数据通信和计算机网路中传输二进位信息时，由于是一位一位串行传输的，传输速率的度量单位是每秒多少比特，且 kilo、mega、giga 等也作为 10 的幂次计算。经常使用的传输速率单位如下。

比特/秒（bit/s）。

千比特/秒（kbit/s），$1kbit/s = 1\ 000bit/s$

兆比特/秒（Mbit/s），$1Mbit/s = 1\ 000kbit/s$

吉比特/秒（Gbit/s），$1Gbit/s = 1\ 000Mbit/s$

太比特/秒（Tbit/s），$1Tbit/s = 1\ 000Gbit/s$

2.1.2　计数制的基本概念

在日常生活中，人们习惯于用十进制计数。十进制数的特点是"逢十进一"。在一个十进制数中，需要用到 10 个数字符号 0~9，即十进制数中的每一位数字都是这 10 个数字符号之一。

一个十进制数可以用位权表示。什么叫位权呢？我们知道，在一个十进制数中，同一个数字符号处在不同位置上所代表的值是不同的，例如，数字 3 在十位数位置上表示 30，在百位数位置上表示 300，而在小数点后第 1 位上则表示 0.3。同一个数字符号，不管它在哪一个十进制数中，只要在相同位置上，其值是相同的，例如，135 与 1235 中的数字 3 都在十位数位置上，而十位数位置上的 3 的值都是 30。通常称某个固定位置上的计数单位为位权。例如，在十进制数中，十位数位置上的位权为 10，百位数位置上的位权为 10^2，千位数位置上的位权为 10^3，而在小数点后第 1 位上的位权为 10^{-1} 等。由此可见，在十进制计数中，各位上的位权值是基数 10 的若干次幂。例如，十进制数 269.13 用位权表示为：

$$(269.13)_{10} = 2 \times 10^2 + 6 \times 10^1 + 9 \times 10^0 + 1 \times 10^{-1} + 3 \times 10^{-2}$$

在日常生活中，除了采用十进制数外，有时也采用别的进制来计数。例如，计算时间采用六十进制，1 小时为 60 分，1 分钟为 60 秒，其特点为"逢六十进一"。

计算机是由电子器件组成的，考虑到经济、可靠、容易实现、运算简便、节省器件等因素，在计算机中的数都使用二进制表示而不用十进制表示。这是因为，二进制计数只需要两个数字符号 0 和 1，在电路中可以用两种不同的状态——低电平（0）和高电平（1）——来表示它们，其运算电路的实现比较简单，而要制造出具有 10 种稳定状态的电子器件分别代表十进制中的 10 个数字符号是十分困难的。电路状态与二进制数之间的关系如图 2.1 所示，低电平表示 0，高电平表示 1，这两种稳定状态之间能够互相转换，既简单又可靠。

图 2.1　电路状态与二进制数

2.1.3　计算机常用计数制

在计算机科学中，常用的数制是十进制、二进制、八进制和十六进制 4 种。

人们习惯于采用十进制，但是由于技术上的原因，计算机内部一律采用二进制表示数据，而在编程中又经常使用十进制，有时为了表述上的方便还会使用八进制或十六进制。因此，了解不同计数制及其相互转换是十分重要的。

1．十进制

十进制的英文为 Decimal，为与其他进制数有所区别，可在十进制数字后面加字母"D"，如 16.7D。日常生活中，我们所使用的十进制数是由 10 个不同的符号（0，1，2，3，4，5，6，7，8，9）组合表示的，这些符号位于十进制数中的不同位置时，其权值各不相同。

一般来说，一个十进制数 S 可以表示为：$K_n K_{n-1} \ldots K_1 K_0 K_{-1} K_{-2} \ldots K_{-m}$。

S 的实际数值是：

$$S = K_n \times 10^n + K_{n-1} \times 10^{n-1} + \cdots + K_1 \times 10^1 + K_0 \times 10^0 + K_{-1} \times 10^{-1} + K_{-2} \times 10^{-2} + \cdots + K_{-m} \times 10^{-m}$$

其中，$K_j (j = n, n-1, \ldots, 1, 0, -1, -2, \ldots -m)$.是 0～9 这 10 个数字中的任何一个。

在十进制计数制中，基数是"10"，它表示这种计数制一共使用 10 个不同的数字符号，低位计满十之后就要向高位进一，即日常所说的"逢十进一"。

【例 1】十进制数 $(2376.82)_{10}$ 的表示。

$$(2376.82)_{10} = 2 \times 10^3 + 3 \times 10^2 + 7 \times 10^1 + 6 \times 10^0 + 8 \times 10^{-1} + 2 \times 10^{-2}$$

这个式子称为十进制数 2836.52 的按权展开式。

2. 二进制

在日常生活中人们通常使用十进制计数，这是人们长期生活形成的习惯。那么为什么计算机采用二进制，而不采用人们熟悉的十进制呢？

首先，二进制中只有 0 和 1 这两个数字符号，使用有两个稳定状态的物理器件就能表示二进制数的每一位，而制造有两个稳定状态的物理器件要比制造有多个稳定状态的物理器件容易得多，且易于实现高速处理。

其次，二进制的运算规则非常简单。

再次，二进制的 0 和 1 与逻辑代数的"真"和"假"相吻合，适合计算机将算术运算和逻辑运算联系在一起，统一处理。

二进制的基数是"2"，使用两个不同的数字符号即 0 和 1，采用"逢二进一"的计数规则。二进制的英文为 Binary，数字后面加"B"即表示二进制数。例如，二进制数（1010.1）$_2$ 也可以表示为 1010.1B，它代表的实际数值是

$$(1010.1)_2 = 1\times 2^3 + 0\times 2^2 + 1\times 2^1 + 0\times 2^0 + 1\times 2^{-1} = (10.5)_{10}$$

一般地，一个二进制数 S 可以表示为：$S=K_nK_{n-1}...K_1K_0K_{-1}K_{-2}...K_{-m}$ 所表示的实际数值是：

$$S = K_n\times 2^n + K_{n-1}\times 2^{n-1} + ... + K_1\times 2^1 + K_0\times 2^0 + K_{-1}\times 2^{-1} + K_{-2}\times 2^{-2} + ... + K_{-m}\times 2^{-m}$$

其中，$K_j(j=n,\ n-1,...,1,0,-1,-2,...-m)$ 只可以是 0 或 1 这两个数字符号中的任意一个。

3. 二进制数的算数运算与逻辑运算

（1）二进制数的算术运算

二进制的算术运算包括加法、减法、乘法和除法。

① 加法运算

二进制数的加法法则有以下 3 条：

$$0+0=0$$
$$0+1=1+0=1$$
$$1+1=10\ （按"逢二进一"原则向高位进位）$$

【例2】计算 $(110001)_2 + (011101)_2$。

```
    110001
 +  011101
   1001110
```

② 减法运算

二进制数的减法法则有以下 3 条：

$$0-0=1-1=0$$
$$1-0=1$$
$$0-1=1\ （向高位借 1 当 2 后相减）$$

【例3】计算 $(110101)_2 - (011001)_2$。

```
    110101
 -  011001
    011100
```

③ 乘法运算

二进制数的乘法法则有以下 3 条：

$$0 \times 0 = 0$$
$$0 \times 1 = 1 \times 0 = 0$$
$$1 \times 1 = 1$$

【例 4】计算 $(100)_2 \times (101)_2$。

```
        100
   ×)   101
        100
       000
     100
     10100
```

④ 除法运算

二进制数的除法与十进制基本相似，在用竖式作二进制数除法运算时，要用到二进制数的乘法和减法运算。

【例 5】计算 $(111101)_2 \div (1011)_2$。

```
            101
      1011)111101
           1011
           10001
            1011
            110
```

最后得商为（101）$_2$，余数为（110）$_2$。

（2）二进制数的逻辑运算

二进制数的逻辑运算主要有或（逻辑加）、与（逻辑乘）、非（逻辑否定）及异或 4 种运算。其中前三种是最基本的运算，由它们可以推出其他的逻辑运算（如异或运算）。特别要指出的是，二进制数的逻辑运算是按二进制位进行的。

① 或（逻辑加）运算。或运算通常用 "+" 或来表示。

或运算的运算规则为：

$$0 + 0 = 0$$
$$0 + 1 = 1 + 0 = 1 + 1 = 1$$

即在两个量中，只要有一个为 1，或运算的结果就为 1；只有当两个量都为 0 时，或运算的结果才为 0。

或运算的作用在日常生活中也经常遇到。例如，为一盏电灯装了两个并联的开关，则在这两个开关中，任何一个开关接通或两个开关都接通，电灯都会亮。

要注意的是，在算数运算的加法中，1+1 的结果为 1，并且还有一个进位；在逻辑或运算中，1+1 的结果虽然也为 1，但没有进位。

② 与（逻辑乘）运算。

与运算通常用 "×" 来表示。

与运算的运算规则为：

$$1 \times 1 = 1$$
$$0 \times 1 = 1 \times 0 = 0 \times 0 = 0$$

即在两个量中，只有当两个量都为 1 时，与运算的结果才为 1；只要有一个量为 0 或两个量都为 0，与运算的结果为 0。

与运算的作用在日常生活中也经常遇到。例如，只有当电源总闸与分闸同时接通时才能通电供使用。

③ 非（逻辑否定）运算。非运算通常在逻辑量的上方加一条短横线表示。

非运算的运算规则为：

$$\bar{1} = 0$$

$$\bar{0} = 1$$

④ 异或运算。异或运算通常用"⊕"表示。

异或运算的运算规则为：

$$0 \oplus 0 = 1 \oplus 1 = 0$$

$$0 \oplus 1 = 1 \oplus 0 = 1$$

即当两个量相同时，其异或运算的结果为 0；当两个量不同时，其异或运算的结果为 1。

最后需要指出的是，当对具有多个二进制位的数据进行逻辑运算时，只需要逐位按上述规则进行运算即可，不同位之间不会发生任何关系。

4. 十六进制

十六进制数中有 16 个数字符号 0～9 以及 A、B、C、D、E、F，其特点是"逢十六进一"。其中符号 A、B、C、D、E、F 分别代表十进制数 10、11、12、13、14、15。与十进制计数一样，在十六进制数中，每一个数字符号在不同的位置上具有不同的值，各位上的权值是基数 16 的若干次幂。例如：

$$(1CB.D8)_{16} = 1 \times 16^2 + 12 \times 16^1 + 11 \times 16^0 + 13 \times 16^{-1} + 8 \times 16^{-2} = (459.84375)_{10}$$

5. 八进制

在八进制数中有 8 个数字符号 0～7，其特点是"逢八进一"。在八进制数中，每一个数字符号在不同的位置上具有不同的值，各位上的权值是基数 8 的若干次幂。例如：

$$(154.11)_8 = 1 \times 8^2 + 5 \times 8^1 + 4 \times 8^0 + 1 \times 8^{-1} + 1 \times 8^{-2} = (68.765625)_{10}$$

2.1.4 数制的转换

虽然计算机内部使用二进制来表示各种信息，但计算机与外部的交流仍采用人们熟悉和便于阅读的形式。接下来将讨论各种计数制之间的转换问题。

1. R 进制数转换为十进制数

根据 R 进制数的按位权展开式可以很方便地将 R 进制数转换为十进制数。

【例 1】将（110.101）$_2$、（16.24）$_8$、（5E.A7）$_{16}$ 转化为十进制数。

$$(110.101)_2 = 1 \times 2^2 + 1 \times 2^1 + 0 \times 2^0 + 1 \times 2^{-1} + 0 \times 2^{-2} + 1 \times 2^{-3} = 6.625$$

$$(16.24)_8 = 1 \times 8^1 + 6 \times 8^0 + 2 \times 8^{-1} + 4 \times 8^{-2} = 14.3125$$

$$(5E.A7)_{16} = 5 \times 16^1 + 14 \times 16^0 + 10 \times 16^{-1} + 7 \times 16^{-2} = 94.6523 （近似数）$$

即将其他进制数转换为十进制数可归结为：按权展开求和。

2. 十进制数转换为 R 进制数

将十进制数转换为 R 进制数，只要对其整数部分采用除以 R 取余法，将结果由高位向低位（即逆向）输出，注意一定要除到商为 0 为止；而对其小数部分采用乘以 R 取整法，将结果由高位向低位（即顺向）输出即可，注意，一定要乘到小数部分为 0 或达到所要求的位数为止。

【例 2】将（97.6875）$_{10}$ 转换为二进制数。

整数部分 97 除以 2 取余：

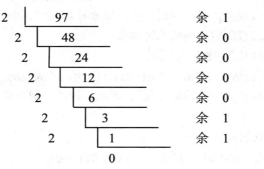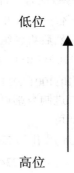

小数部分 0.6875 乘 2 取整

0.6875×2=1.3750　　取 1	高位
0.3750×2=0.7500　　取 0	
0.7500×2=1.5000　　取 1	
0.5000×2=1.0000　　取 1	低位

即 $(97.6875)_{10} = (1100001.1011)_2$

【例 3】将（179.48）$_{10}$ 转换为八进制数。

整数部分 179 除以 8 取余：

小数部分 0.48 乘 8 取整

0.48×8=3.84　取 3	高位
0.84×8=6.72　取 6	
0.72×8=5.76　取 5	
0.76	低位

即 $(179.48)_{10} = (362.365)_8$

【例 4】将（179.48）$_{10}$ 转换为十六进制数。

整数部分 179 除以 16 取余：

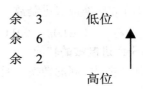

小数部分 0.48 乘 16 取整

0.48×16=7.68　　取 7	高位
0.68×16=10.88 取 A	
0.88	低位

即 $(179.48)_{10} = (3B.7A)_{16}$

即将十进制数转换为其他进制数可归结为：整数除基取余，逆向写出；整数乘基取整，顺向写出。

3. 二进制和八进制之间的转换

由于 8 是 2 的整数次幂，即 $2^3 = 8$。因此，二进制数转换成八进制数时，以小数点为中心向左右两边延伸，每三位一组，小数点前不足三位时，前面添 0 补足三位；小数点后不足三位时，后面添 0 补足三位。然后将各组二进制数转换成八进制数。

【例5】将（10110011.011110101）$_2$ 化为八进制。

$$(10110011.011110101)_2 = 010\ 110\ 011.011\ 110\ 101 = (263.365)_8$$

八进制转换成二进制数则可概括为"一位拆三位"，即把一位八进制写成对应的三位二进制，然后按顺序连起来即可。

【例6】将（1234）$_8$ 化为二进制数。

$$(1234)_8 = 001\ 010\ 011\ 100 = (1\ 010\ 011\ 100)_2$$

4. 二进制和十六进制之间的转换

类似于二进制转换为八进制，二进制转换成十六进制时也是以小数点为中心向左右两边延伸，每四位一组，小数点前不足四位时，前面添 0 补足四位；小数点后不足四位时，后面添 0 补足四位。然后，将各组的四位二进制数转换成十六进制数。

【例7】将（10110101011.011101）$_2$ 转换成十六进制数。

$$(10110101011.011101)_2 = 0101\ 1010\ 1011.0111\ 0100 = (5AB.74)_{16}$$

十六进制数转换成二进制数时，将十六进制数中的每一位拆成四位二进制数，然后按顺序连接起来。

【例8】将（3CD）$_{16}$ 转换成二进制数。

$$(3CD)_{16} = 0011\ 11001101 = (1111001101)_2$$

5. 八进制数与十六进制数的转换

关于八进制与十六进制之间的转换，通常先转换为二进制数作为过渡，再用上面所讲的方法作转换。

【例9】将（3CD）$_{16}$ 转换成八进制数。

$$(3CD)_{16} = 0011\ 1100\ 1101 = (1111001101)_2 = 001\ 111\ 001\ 101 = (1715)_8$$

6. 各种计算机计数制之间的转换

前面介绍了计算机常用计数制以及它们与十进制之间的转换。

表 2.3 列出了十进制以及计算机常用计数制的基数、位权和所用的数字符号。

表 2.3　　　　　　　　计算机常用计数制的基数、位权和所用的数字符号

	十进制	二进制	八进制	十六进制
基数	10	2	8	16
位权	10^k	2^k	8^k	16^k
数字符号	0～9	0, 1	0～7	0～9 与 A～F

表 2.4 提供了在二进制、八进制、十六进制数之间进行转换时经常用到的数据，熟练掌握这些基本数据是非常必要的。

表 2.4　　　　　　　　二进制、八进制、十六进制数之间的转换

十进制	二进制	八进制	十六进制	十进制	二进制	八进制	十六进制
0	0000	0	0	8	1000	10	8
1	0001	1	1	9	1001	11	9

续表

十进制	二进制	八进制	十六进制	十进制	二进制	八进制	十六进制
2	0010	2	2	10	1010	12	A
3	0011	3	3	11	1011	13	B
4	0100	4	4	12	1100	14	C
5	0101	5	5	13	1101	15	D
6	0110	6	6	14	1110	16	E
7	0111	7	7	15	1111	17	F

2.2　数据在计算机中的表示

任何形式的数据，如数值、文字、声音、图形等，为了利用计算机来处理，必须要将其用二进制表示，即进行二进制编码。本节主要介绍数值型与文字型数据在计算机中的表示。

2.2.1　数值的表示

1．带符号数的表示

由于计算机只能直接识别和处理用"0"和"1"两种状态表示的二进制形式的数据，所以在计算机中无法按人们日常的书写习惯用"+"、"−"符号来表示数值，而与数字一样，需要用"0"和"1"来表示"+"和"−"。这样，在计算机中，表示带符号的数值数据时，数符和数据均采用"0"和"1"进行了代码化。这种采用二进制表示形式的连同数符一起代码化的数据，在计算机中统称为机器数或机器码，而与机器数对应的用"+"、"−"加绝对值表示的实际数值为真值。

在计算机中，为便于带符号数的运算和处理，对带符号数的机器数有各种定义和表示方法，下面将介绍带符号数的原码、补码和反码表示。

（1）原码表示

原码表示是一种简单、直观的机器数表示方法，其表示形式与真值形式最为接近。原码表示规定机器数的最高位为符号位，"0"表示正数，"1"表示负数，数值部分在符号位后面，并以绝对值形式给出。例如：

$(+50)_{10}$ 的 8 位二进制原码为（00110010）$_{原}$；

$(-50)_{10}$ 的 8 位二进制原码为（10110010）$_{原}$；

$(+33)_{10}$ 的 8 位二进制原码为（00100001）$_{原}$。

原码表示具有以下 3 个特点。

① 用原码表示直观、易懂，与真值的转换容易。一般来说，如果用 n 位二进制来存放一个定点整数的原码，能表示的整数值范围为（$-2^{n-1}+1$）～（$2^{n-1}-1$）。

② 原码表示中 0 具有两种不同的表示形式，给具体的使用带来了不便。通常 0 的原码用（+0）$_{原}$表示，但若在计算过程中出现了（−0）$_{原}$，则需要用硬件将（−0）$_{原}$转换为（+0）$_{原}$。

③ 原码表示的数据加减运算较为复杂。利用原码进行两位数相加运算时，首先要判断两数的符号，若同号则做加法，若异号则做减法。在利用原码进行两数相减运算时，不仅要判断两数符号，使得同号相减，异号相加；还要判断两数绝对值大小，用绝对值大的数减去绝对值小的数，取绝对值大的数的符号为结果的符号。

（2）补码表示

由于原码表示中 0 的表示形式的不唯一和原码加减运算的不方便，造成实现原码加减运算的硬件比较复杂。为了简化运算，让符号位也作为数值的一部分参加运算，并使所有的加减运算均以加法运算来代替实现，人们提出了补码表示方法。补码表示法规定：正数的补码和原码相同；负数的补码是对其原码逐位取反，但符号位除外，然后整个数加 1。例如：

$(+50)_{10}$ 的 8 位二进制补码为（00110010）$_{补}$；

$(-50)_{10}$ 的 8 位二进制补码为（11001110）$_{补}$。

补码表示具有以下 4 个特点。

① 在补码表示中，用符号位表示数值的正负，形式与原码表示相同，即"0"为正，"1"为负。但补码的符号可以看作是数值的一部分参与运算。

② 在补码表示中，数值 0 只有一种表示方法，即 00…0。

③ 负数补码的表示范围比负数原码的表示范围略宽。纯小数的补码可以表示到-1，纯整数的补码可以表示到-2^n。

④ 一个数的补码的补码还是原码本身。

由于补码表示中的符号位可以与数值为一起参与运算，并且可以将减法转换为加法进行运算，简化了计算过程，因此计算机中均采用补码进行加减运算。

（3）反码表示

反码表示也是一种机器数，它实质上是一种特殊的补码，反码表示法规定：正数的反码与其原码相同；负数的反码是对其原码逐位取反，但符号位除外。例如：

$(+50)_{10}$ 的 8 位二进制反码为（00110010）$_{反}$；

$(-50)_{10}$ 的 8 位二进制反码为（11001101）$_{反}$；

反码表示具有以下 3 个特点。

① 在反码表示中，用符号位表示数值的正负，形式与原码表示相同，即"0"为正，"1"为负。

② 在反码表示中，数值 0 有两种表示方法。

纯小数+0 和-0 的反码表示为：

$(+0)_{反}=0.00…0$　　　　　$(-0)_{反}=1.11…1$

纯整数+0 和-0 的反码表示为：

$(+0)_{反}=000…0$　　　　　$(-0)_{反}=111…1$

③ 反码表示范围与原码的表示范围相同。注意，纯小数的反码不能表示-1，纯整数的反码不能表示-2^n。

反码表示在计算机中往往作为数码变换的中间环节。

2. 定点表示

实际中使用的数通常既有整数部分又有小数部分，在计算机中为了便于处理，通常不希望小数占用空间，因此机器数的小数点往往默认隐含在数据的某一固定位置上。

（1）定点整数

在定点整数中，一个数的最高二进制位是符号位，用以表示数的符号；而小数点的位置默认为在最低的二进制位的后面，但小数点不单独占一个二进制位。因此，在一个定点整数中，符号位右边的所有二进制位数表示的是一个整数值。定点整数的格式 $x_0 x_1 x_2 … x_{n-1} x_n$ 如图 2.2 所示。

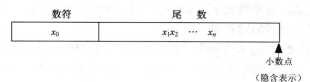

图 2.2　定点整数格式

设定点整数代表的是纯整数 $x_0 x_1 x_2 \ldots x_{n-1} x_n$，二进制机器数的字长为 $n+1$，则定点整数的原码和反码表示范围为：$0 \leqslant |x| \leqslant 2^n - 1$；定点整数的补码表示范围为：$-2^n \leqslant x \leqslant 2^n - 1$。字长为 $n+1$ 的定点整数的原码和补码的典型数据如表 2.5 所示。

表 2.5　　　　　　　　　　　　　　定点整数原码和补码的典型数据

典 型 数 据	原　　码	真　　值	补　　码	真　　值
最小正数	0 00…001	+1	0 00…001	+1
最大正数	0 11…111	$+(2^n - 1)$	0 11…111	$+(2^n - 1)$
最小负数	1 11…111	$-(2^n - 1)$	1 00…000	-2^n
最大负数	1 00…001	-1	1 11…111	-1
+0	0 00…000	0	0 00…000	0
−0	1 00…000	0		

（2）定点小数

在定点小数中，一个数的最高二进制位是符号位，用以表示数的符号；而小数点的位数默认为在符号位的后面，它也不单独占一个二进制位。因此，在一个定点小数中，符号位右边的所有二进制位数表示的是一个纯小数。定点整数的格式为 $x_0 . x_1 x_2 \ldots x_{n-1} x_n$，如图 2.3 所示。

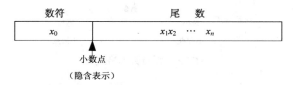

图 2.3　定点小数格式

不同码制下定点小数表示的数值范围也是不同的，对于字长为 $n+1$ 的二进制机器数，则定点小数的原码和反码表示范围为：$0 \leqslant |x| \leqslant 1 - 2^{-n}$，定点小数的补码表示范围为：$-1 \leqslant x \leqslant 1 - 2^{-n}$。字长为 $n+1$ 的定点小数的原码和补码的典型数据如表 2.6 所示。

表 2.6　　　　　　　　　　　　　　定点小数原码和补码的典型数据

典型数据	原码	真值	补码	真值
最小正数	0.00…001	$+2^{-n}$	0.00…001	$+2^{-n}$
最大正数	0.11…111	$+(1 - 2^{-n})$	0.11…111	$+(1 - 2^{-n})$
最小负数	1.11…111	$-(1 - 2^{-n})$	1.00…000	-1
最大负数	1.00…001	-2^{-n}	1.11…111	-2^{-n}
+0	0.00…000	0	0.00…000	0
−0	1.00…000	0		

我们将硬件上只考虑定点小数或定点整数运算的计算机称为定点机。其优点在于运算简单,硬件结构比较简单。但存在的问题有如下几个。

① 所能表示的数据范围小。由于小数点的位置固定,在有限的字长下,定点数所能表示的数据范围较窄。例如,一台 16 位字长的计算机所能表示的定点整数的范围为-32 768～32 767,而实际使用中需要运算的数据范围可能要大得多。

② 使用不方便,运算精度较低。实际参加运算的数据不可能都是定点小数或定点整数,用户在利用定点机进行编程时,必须选择一个适当的比例因子,将参与运算的数据统一化为定点小数或定点整数,然后再进行运算;运算外币,还需要将运算结果再根据所选择的比例因子转换为正确的值,这就极大地影响了数据运算的精度。

③ 存储单元利用率低。例如,在采用定点小数的机器中,必须把所有参加运算的数据至少都除以这些数据中的最大数,才能把所有数据都转化为纯小数,但这样可能会造成很多数据出现大量的前置 0,从而浪费了许多存储单元。

正是基于定点表示的以上几个缺点,引入了浮点表示法。

3. 浮点表示

所谓浮点表示就是指数据中的小数点位置是可以浮动的。典型的浮点表示的数据格式包括阶码 E 和尾数 S 两部分。其中阶码 E 用于表示小数点的实际位置,尾数 S 用于表示数据的有效数字,则数据表示为 $N=S \times R^{E}$。数据的正负和阶码的正负分别用数符和阶符表示。浮点表示中,阶码的基数均为 2,即阶码采用二进制表示;尾数的基数 R 是计算机系统设计时约定的,R 可取值为 2、4、8、16。常用的浮点数据主要采用如图 2.4 所示的格式来表示,其中,尾数一般采用定点小数,可用补码或原码的形式表示;阶码一般采用定点整数,可用补码或移码的形式表示。

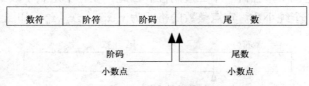

图 2.4 浮点数据格式

若不对浮点数的表示作出明确规定,同一个浮点数的表示方式就不是唯一的。例如,0.5 可以表示为 0.05×10^{1},50×10^{-2} 等。为了提高数据的表示精度,也为了便于浮点数之间的运算与比较,规定计算机内浮点数的尾数部分用纯小数形式给出,而且当尾数的值不为 0 时,其绝对值应大于或等于 0.5。对于不符合规定的浮点数,要通过修改阶码并同时左右移尾数的办法使其能够满足这一要求的表示形式,这种表示方式称为浮点数的规格化表示,这一过程称为规格化操作。对浮点数的运算结果经常需要进行规格化处理。

当一种浮点表示数据格式确定以后,该浮点数所能表示的数据范围也就确定了。设浮点表示的数据格式如图 2.5 所示。其中基数 $R=2$,数符和阶符各占 1 位,阶码为 m 位,尾数为 n 位。

图 2.5 浮点表示的数据格式举例

(1)阶码与尾数均采用原码表示时,典型数据的机器数形式和对应的真值如表 2.7 所示。

表 2.7   阶码与尾数均采用原码表示

典 型 数 据	机器数形式	真 值
非规格化最小正数	0 1 11...1 00...01 m 位 n 位	$+2^{-n} \times 2^{-(2^m-1)}$
规格化最小正数	0 1 11...1 10...00	$+2^{-1} \times 2^{-(2^m-1)}$
最大正数	0 0 11...1 11...11	$+(1-2^{-n}) \times 2^{+(2^m-1)}$
非规格化最大负数	1 1 11...1 00...01	$-2^{-n} \times 2^{-(2^m-1)}$
规格化最大负数	11 11...1 10...00	$-2^{-1} \times 2^{-(2^m-1)}$
最小负数	1 0 11...1 11...11	$-(1-2^{-n}) \times 2^{+(2^m-1)}$

（2）阶码与尾数均采用补码表示时，典型数据的机器数形式和对应的真值如表 2.8 所示。

表 2.8   阶码与尾数均采用补码表示

典 型 数 据	机器数形式	真 值
非规格化最小正数	0 1 00...0 00...01 m 位 n 位	$+2^{-n} \times 2^{-2^m}$
规格化最小正数	0 1 00...0 10...00	$+2^{-1} \times 2^{-2^m}$
最大正数	0 0 11...1 11...11	$+(1-2^{-n}) \times 2^{+(2^m-1)}$
非规格化最大负数	1 1 00...0 11...11	$-2^{-n} \times 2^{-2^m}$
规格化最大负数	11 11...1 01...11	$-(2^{-1}+2^{-n}) \times 2^{-2^m}$
最小负数	1 0 11...1 00...00	$-1 \times 2^{+(2^m-1)}$

由于不同的机器选用的基数、尾数位长度和阶码位长度不同，对浮点数的表示有较大差别，这不利于软件在不同计算机之间的移植。为此，美国 IEEE（电气及电子工程师协会）提出了一个从系统结构支持浮点数的表示方法，称为 IEEE754 标准，当今流行的计算机几乎采用这一标准。IEEE 754 标准规定在表示浮点数时，每个浮点数均由 3 个部分组成：符号位 S、指数部分 E 和尾数部分 M。

按照 IEEE 754 标准，常用的浮点数的格式可采用以下 4 种基本格式。

（1）单精度格式（32 位）：E=8 位，M=23 位；

（2）扩展单精度格式：$E \geqslant 11$ 位，M=31 位；

（3）双精度格式（64 位）：E=11 位，M=52 位；

（4）扩展双精度格式（32 位）：$E \geqslant 15$ 位，$M \geqslant 63$ 位。

计算机在对浮点数进行处理的过程中，值得注意的是"机器零"的问题。所谓"机器零"是指：如果一个浮点数的尾数全为 0，则不论其阶码为何值；或者如果一个浮点数的阶码小于它所能表示的最小值，则不论其尾数为何值，计算机在处理时都把这种浮点数当作零看待，这样有利于简化机器中判 0 电路。从浮点表示的数据格式中可以看出，尾数的位数决定了数据表示的精度，增加尾数的位数可增加有效数字的位数，即提高数据表示的精度。阶码的位数决定了数据表示的范围，增加阶码的位数，可扩大数据表示的范围。因此在字长一定的条件下，必须合理地分配阶码和尾数的位数以满足应用的需要。

2.2.2　文本信息的表示

人类的文字中包含着大量重复字符，而在计算机中对其进行表示时，为了减少需要保存的信息量，可以使用一个数字编码来表示每个字符。通过对每个字符规定一个唯一的数字编码，然后为该编码建立对应的输出图形，那么在文件中仅需保存字符的编码就相当于保存了文字。在需要显示时，先取得编码，通过编码表查到字符对应的图形，然后将图形显示出来，人们就可以看到文字了。

1.西文的表示方法

西文字符包括拉丁字母、数字、标点符号和一些特殊符号，统称为"字符"（Character）。所有字符的集合称为"字符集"。字符集中每一个字符对应一个编码，构成编码表。

显然编码表是用二进制表示的，人们理解起来很困难。为保证人和计算机之间能进行正确的信息交换，人们编制了统一的信息交换代码。目前使用最广泛的（但并不是唯一的）西文字符集代码表是美国人制定的 ASCII 码表，其全称是"美国信息交换标准代码"（American Standard Code for Information Interchange）。

表 2.9 即为 ASCII 码表，表头中的"高"代表一个字节的高 4 位（b7～b4），"低"代表该字节的低 4 位（b3～b0）。从表中可以看出，一个字节的编码对应一个字符，最高位在计算机内部一般为"0"，故 ASCII 码是 7 位的编码，共可表示 128 个字符。

表中的前 2 列字符和最后一个字符（DEL）称为"控制字符"，在传输、打印或显示输出时其控制作用；剩下的 95 个字符是可打印（显示）的字符，并可在键盘上找到对应的按键。

表 2.9　　　　　　　　　　　ASCII 码表

低＼高	0000	0001	0010	0011	0100	0101	0110	0111
0000	NUL	DLE	SP	0	@	P	`	p
0001	SOH	DC1	!	1	A	Q	a	q
0010	STX	DC2	"	2	B	R	b	r
0011	ETX	DC3	#	3	C	S	c	s
0100	EOT	DC4	$	4	D	T	d	t
0101	ENQ	NAK	%	5	E	U	e	u
0110	ACK	SYN	&	6	F	V	f	v
0111	BEL	ETB	'	7	G	W	g	w
1000	BS	CAN	(	8	H	X	h	x
1001	HT	EM	)	9	I	Y	i	y
1010	LF	SUB	*	:	J	Z	j	z
1011	VT	ESC	+	;	K	[	k	{
1100	FF	FS	,	<	L	\	l		
1101	CR	GS	-	=	M	]	m	}
1110	SO	RS	.	>	N	^	n	~
1111	SI	US	/	?	O	-	o	DEL

ASCII 码顺利解决了英语国家的字符表示问题，但其不能帮助非英语国家解决编码问题，如法语中就有许多英语中没有的字符。因此，人们借鉴 ASCII 码的设计思想，使用 8 位二进制数表示字符的扩充字符集，这样就可以使用 256 种数字代号来表示更多的字符。在扩充字符集中，从

0～127 的代码与 ASCII 码保持兼容，从 128～255 用其他的字符和符号。由于不同语言有各自不同的字符，于是人们为此制定了大量不同的编码表，其中国际标准化组织的 ISO8859 标准得到了广泛的使用。

2. 汉字的表示方法

计算机只能识别二进制码 0 和 1，任何信息在计算机中都是以二进制形式存放的，汉字也不例外。这就需要对汉字进行编码。

（1）输入码

目前，输入汉字的设备主要是键盘。所谓汉字的输入码，是指利用键盘输入汉字时对汉字的编码，有时也称为汉字的补码。汉字输入码一般是用键盘上的字母和数字进行描述。目前已经有许多种各有特点的汉字输入码，但真正被广大用户所接受的也只有十几种。在众多的汉字输入码中，按照其编码规则主要分为形码、音码与混合码 3 类。

① 形码。形码也称为义码。它是一类按照汉字的字形或字义进行编码的方法。常用的形码有五笔字型码、郑码、表形等。在按汉字字形进行编码时，一般采用字根法或笔画法。所谓字根法是将一个汉字拆成若干偏旁、部首与字根。所谓笔画法是将一个汉字拆成若干笔画。但无论是采用字根法还是笔画法，总是将拆分成的偏旁、部首、字根或笔画与键盘上的键对应编码，从而按字形输入汉字的编码。

按字形方法输入汉字的优点是重码率低，速度快，只要能看见字形就可以拆分输入，因此，这种输入方法受到专业录入员的普遍欢迎。但是，这种方法要求记忆大量的编码规则和汉字拆分原则。

② 音码。音码是一类按照汉字的读音进行编码的方法。常用的音码有标准拼音（即全拼拼音）、全拼双音、双拼双音等。以汉语拼音作为汉字的编码，从而可以通过输入拼音字母来实现汉字的输入。这种方法对于学过汉语拼音的人来说，一般不需要经过专门的训练就可以掌握。但对于不会拼音或不会讲普通话的人来说，使用拼音方法输入汉字显然是困难的。另外，用汉语拼音方法输入汉字时，其同音字比较多，需要通过选字才能得到合适的汉字，而且对于那些读不出音的汉字也就无法输入。

③ 混合码。这是一类将汉字的字形（或字义）和字音相结合的编码，也称为音形码或结合码。常用的有自然码等。这种编码方法一般以音为主，以形为辅，音形结合，取长补短。由于这种编码兼顾了音码和形码的优点，既降低了重码率，又不需要做大量的记忆，不仅使用起来简单方便，而且输入汉字的速度比较快，效率比较高。

除以上常用的 3 类汉字编码外，还有其他一些编码，如电报码是用数字进行编码的，称为数字码等。由此可以看出，由于汉字编码方法的不同，一个汉字可以有许多不同的输入码。

（2）机内码

汉字的机内码是计算机内部对汉字信息进行各种加工、处理所使用的编码，简称内码。从输入设备输入汉字的代码后，一般要有相应的软件系统将它转换成机内码后才能进行存储、传递、处理，一个汉字的机内码一般用两个字节来表示。目前，汉字的机内码尚未标准化，在不同的计算机系统中，其汉字的机内码可能是不同的，这有待于统一标准。

（3）交换码

在各计算机系统之间交换信息时，也要交换汉字信息。由于各计算机系统所使用的机内码还未形成一个统一的标准，因此，如果使用汉字的机内码进行交换汉字信息，就有可能使各计算机之间不认识对方的汉字机内码，从而使信息交换失败。因此，为了便于各计算机系统之间能够准确无误的交换汉字信息，必须规定一种专门用于汉字信息交换的统一编码，这种编码称为汉字的交换码。

目前，我国已经制定了"中华人民共和国国家标准信息交换汉字编码"，称为国标码。在国标码的字符集中收录了汉字和图形符号共 7 445 个，其中一级汉字 3 755 个，二级汉字 3 008 个，图形符号 682 个。

在国标码中，全部国标汉字与图形符号组成一个 94×94 的矩阵，矩阵的每一行称为一个"区"，每一列称为一"位"。这样就形成了 94 个区（01 区～94 区），每个区内有 94 位（01 位～94 位）的汉字字符集。一个汉字所在位置的区号和位号组合在一起就构成一个 4 位数的代码，前 2 位数字为"区码"（01～94），独立占一个字节，后两位数字为"位码"，也独立占一个字节，这种代码称为"区位码"。例如，汉字"啊"的区位码为"1601"，表示该汉字在 16 区的 01 位。如果用十六进制表示，则汉字"啊"的区码为"10H"，位码为"01H"，即该汉字的区位码为"1001H"。特别要注意的是，一个汉字的区位码中，其区码与位码均是独立的，在将它们转换成十六进制时，不能作为整体来转换，只能区码与位码分别进行转换，因为区位码中的区码与位码分别占两个独立的字节。

所有国标汉字与图形符号的 94 个区划分为以下 4 个组。

① 01～15 区。图形符号区。其中 01～09 区为标准区，10～15 区为自定义符号区。

② 16～55 区。一级常用汉字区，包括一级常用汉字 3 755 个。这些区中的汉字是按汉语拼音排序的。其中 55 区的 90～94 位未定义汉字。

③ 56～87 区。二级非常用汉字区，包括二级非常用汉字 3 008 个。这些区中的汉字是以首部排序的。

④ 88～94 区。自定义汉字区。

如果在区位码的区码与位码的基础上分别加 20H，就形成了国标码，这主要是为了避免与基本 ASCII 码中的控制码冲突。

前面提到，汉字的机内码还没有形成一个标准，但我国绝大部分汉字系统中的汉字机内码是在区位码的基础上演变来的。为什么不直接用区位码或国标码作为机内码呢？这是因为一般的汉字系统还要兼顾处理西文字符，必然会导致汉字的区位码或国标码中用 2 个字节值的范围都与西文字符的基本 ACSII 码相冲突。一般的汉字机内码也占用 2 个字节，分别称为高位字节和低位字节，它们分别是在区码与位码的基础上加 A0H，即在国标码中两个字节值的基础上再加 80H（即最高位均置"1"）。由此可见，机内码与区位码的关系为：

$$机内码高位 = 区码 + 20H + 80H = 区码 + A0H$$
$$机内码低位 = 位码 + 20H + 80H = 位码 + A0H$$

其中加 20H 是为了避免与基本 ASCII 码中的控制码冲突，加 80H 是为了区别于基本 ASCII 码。例如，汉字"啊"的区位码为"1001H"，其机内码为"B0A1H"。

（4）汉字的输出码与汉字库

汉字的输出码实际上是汉字的字型码，它是由汉字的字模信息所组成的。

在输入汉字的过程中，实际上包括了将汉字的输入码转换成机内码的工作，只不过此项工作是由汉字系统中的专门程序来完成的。在需要输出一个汉字时，则首先要根据该汉字的机内码找出其字模信息在汉字库中的位置，然后取出该汉字的字模信息在屏幕上显示或在打印机上打印输出。

汉字是一种象形文字，每一个汉字可以看成是一个固定的图形，这种图形可以用点阵、轮廓向量、骨架向量等多种方法来表示，而最基本的方法是用点阵表示。例如，如果用 16×16 点阵来表示一个汉字，则一个汉字占用 16 行，每一行有 16 个点，其中每一个点用一个二进制位表示，"0"表示暗，"1"表示亮。由于计算机存储器的每个字节有 8 个二进制位，因此，16 个点要用两个字节来存放，16×16 点阵的一个汉字字形需要用 32 个字节来存放，这 32 个字节中的信息就构成了一个 16×16 点阵汉字的字模。同样的道理，32×32 点阵的一个汉字字形需要用 128 个字节来存放，这 128 个字节中的信息就构成了一个 32×32 点阵汉字的字模。

所有汉字字模信息的集合就构成了汉字库。一般高点阵汉字字库能够满足打印不同字体或不同字型的需要。

2.3　多媒体信息在计算机内的表示

2.3.1　声音

声音是通过空气的振动发出的，通常用模拟波的形式来表示。它有两个基本参数：振幅和频率。振幅反映声音的音量；频率反映声音的音调。频率为 20Hz～20kHz 的波称为音频波；频率小于 20Hz 的波称为次音波；频率大于 20kHz 的波称为超音波。

声音的质量是根据声音的频率范围来划分的。

电话质量：200Hz～3.4kHz。

调幅广播质量：50Hz～7kHz。

调频广播质量：20Hz～15kHz。

数字激光唱盘（CD-DA）质量：10Hz～20kHz。

音频是连续变化的模拟信号，而计算机只能处理数字信号，要使计算机能处理音频信号，必须把模拟音频信号转换成用"0"、"1"表示的数字信号，这就是音频的数字化。音频的数字化涉及采样、量化及编码等多种技术。具体如下。

1. 采样

音频是随时间变化的连续信号，要把它转换成数字信号，必须先按一定的时间间隔对连续变化的音频信号进行采样。一定的时间间隔 T 为采样周期，$1/T$ 为采样频率。根据采样处理，采样频率应大于等于声音最高频率的两倍。

采样频率越高，在单位时间内计算机取得的声音数据就越多，声音波形表达得就越精确，而需要的存储空间也就越大。

2. 量化

声音的量化是把声音的幅度划分成有限个量化阶距，把落入统一阶距内的样值归为一类，并指定同一个量化值。量化值通常用二进制表示。表达量化值的二进制位数称为采样数据的比特数。采样数据的比特数越多，声音的质量就越高，所需的存储空间也就越多；采样数据的比特数越少，声音的质量就越低，而所需的存储空间就越少。例如，市场上销售的 16 位的声卡（量化值的范围为 0～65 536）就比 8 位的声卡（量化值的范围为 0～256）质量高。

3. 编码

计算机系统的音频数据在存储和传输中必须进行编码，但是编码会造成音频质量下降及计算量的增加。

音频的编码方法有很多，音频的无损编码包括不引入任何数据失真的各种编码，而音频的有损编码包括波形编码、参数编码和同时利用这两种技术的混合编码。

与存储文本文件一样，存储声音数据也需要有存储格式。目前比较流行的是以 wav、au、aif、snd、rm、mp3、mid、mod 等为扩展名的文件格式。wav 格式主要用在 PC 上；au 主要用在 UNIX 工作站上；aif 和 snd 主要用在苹果机和美国视算科技有限公司（Silicon Graphics Inc，简称 SGI）的工作站上；rm 和 mp3 是 Internet 上流行的音频压缩格式；mid、mod 是按 MIDI 数字化音乐的国际标准来记录和描述音符、音道、音长、音量和触键力度等音乐信息的文件格式。

用 wav 为扩展名的文件格式称为波形文件格式（WAVE File Format）。波形文件格式支持存储各种采样频率和样本精度的声音数据，并支持声音数据的压缩。波形文件由许多不同类型的文件构造块组成，其中最主要的两个文件构造块是 Format Chunk（格式块）和 Sound Data Chunk（声音数据块）。格式块包含有描述波形的重要参数，如采样频率和样本精度等；声音数据块则包含有实际的波形声音数据。

目前主要的音频处理软件有 Cakewalk Pro Audio、Cool Edit Pro、Sound Forge、Logic Audio 和 Nuendo 等。

2.3.2 图像

计算机的图像就是数字化的图像，它包括两种，一种是图像，另一种是图形。图像又被称为"位图"，是直接量化的原始信号形式，是由像素点组成的。将这种图像放大到一定程度，就会看到一个个小方块，这就是我们所说的像素，每个像素点由若干个二进制位进行描述。由于图像对每个像素点都要进行描述，因此数据量比较大，但表现力强、色彩丰富，通常用于表现自然景观、人物、动物、植物等一切自然的、细节的事物。

图形又被称为"矢量图"，是由计算机运算而形成的抽象化结果，由具有方向和长度的矢量线段组成，其基本的组成单元是锚点和路径。由于图形是使用坐标数据、运算关系及颜色描述数据，因此数据量较小，但在表现复杂图形时就要花费较长的时间，同时由于图形无论放大多少始终能表现光滑的边缘和清晰的质量，故常用来表现曲线和简单的图案。与图像相比，图形需要的存储空间小很多，因为它们是以数学公式而不是大型数据集来表示的。图像需要的存储空间之所以更大，是因为其中的每个像素都需要一组单独的数据来表示。

计算机图像是以多种不同的格式储存在计算机里的，每种格式都有自己相应的用途和特点。其主要的格式有如下几种。

1. BMP 格式

BMP（Windows Bitmap）格式是常用的一种标准图像格式，能被大多数应用软件所支持。它支持 RGB、索引颜色、灰度和位图色彩模式，不支持透明，需要的储存空间比较大。

2. JPEG 格式

JPEG（Joint Photographic Expret Group，联合图像专家组）格式是 24 位的图像文件格式，也是一种高效率的压缩格式。该文件格式是 JPEG 标准的产物，该标准由 ISO 与原 CCITT（国际电报电话咨询委员会，现为国际电信联盟——ITU）共同制定，是面向连续色调静止图像的一种压缩标准。它可以储存 RGB 或 CMYK 模式的图像，但不能储存 Alpha 通道，不支持透明。JPEG 是一种有损的压缩，图像经过压缩后存储空间变得很小，但质量会有所下降。

3. GIF 格式

GIF（Graphic Interchange Format）即图形交换格式。它用来储存索引颜色模式的图形图像，就是说只支持 256 色的图像。GIF 格式采用的是 LZW 的压缩方式,这种方式可使文件变得很小。GIF89a 格式包含一个 Alpha 通道,支持透明,并且可以将数张图存储成一个文件,从而形成动画效果。这种格式的图像在网络上被大量地使用,是最主要的网络图像格式之一。

4. PNG 格式

PNG(Portable Network Graphics)是一种能储存 32 位信息的位图文件格式,其图像质量远胜过 GIF。同 GIF 一样,PNG 也使用无损压缩方式来减少文件的大小。目前,越来越多的软件支持这一格式,在不久的将来,它可能会在整个 Web 上广泛流行。PNG 图像可以是灰阶的(16 位)或彩色的(48 位),也可以是 8 位的索引色。PNG 图像使用的是高速交替显示方案,显示速度很快,只需要下载 1/64 的图像信息就可以显示出低分辨率的预览图像。与 GIF 不同的是,PNG 图像格式不支持动画。

5. TGA 格式

TGA(Tagged Graphic)是 True Vision 公司为其显卡开发的一种图像文件格式。它创建时间较早,最高色彩数可达 32 位,其中 8 位 Alpha 通道用于显示实况电视。该格式已经被广泛应用于 PC 机的各个领域,使它在动画制作、影视合成、模拟显示等方面发挥着重要的作用。

6. PSD 格式

PSD(Adobe PhotoShop Document)格式是 PhotoShop 内定的文件格式,它支持 PhotoShop 提供的所有图像模式,包括多通道、多图层和多种色彩模式。

通过了解多种图像格式的特点,我们在设计输出时就能根据自己的需要,有针对性地选择输出格式。目前主要的图像处理软件有 PhotoShop、CorelDraw、Painter 等。

2.3.3　视频

视频利用了人眼的视觉滞留效应,用一系列图像形成连续的影像。它与动画不同的是它的每一帧都是真实图像。根据存储和处理的方式不同,视频可分为模拟视频和数字视频。数字视频是用数字信号进行存储和处理的视频,它之所以被广泛使用,主要有两方面的原因:一方面是能够对数字视频进行非线性编辑,从而造成以假乱真的效果;另一个重要的方面就是数字视频具备有效的压缩技术。模拟的视频图像数字化后所产生的海量数据,使传输、存储和处理都很困难,要解决这一问题,除了提高数据传输速率外,一个很重要的方法就是采用压缩编码,即对数字化视频图像进行压缩编码。没有压缩编码,数字视频及其非线性编辑几乎是不可能实现的。

视频文件的使用一般与标准有关,如 AVI 与 Video for Windows,MOV 与 QuickTime for Windows,而 VCD 和 MPEG 则使用自己专用的格式。视频文件主要有以下几种格式。

1. AVI 格式

Video for Windows 所使用的文件称为音频-视频交错(Audio-Video Interleaved),文件扩展名为 AVI,所以也简称为 AVI 文件或 AVI 格式。顾名思义,AVI 格式支持将视频和音频信号混合交错地存储在一起。

AVI 文件使用的压缩方法有几种,主要使用有损压缩方法,压缩率比较高,但与 FLIC 格式的动画相比,画面质量不太好。

2. MOV 格式

MOV 文件原是 QuickTime for Windows 的专用文件格式,也使用有损压缩方法。一般认为 MOV 文件的图像质量较 AVI 格式的要好,只要实际播放几段 AVI 和 MOV 电影就不难得出结论。

3. MPEG（MPG）格式

PC 机上的全屏幕活动视频的标准文件为.MPG 格式文件，也称为系统文件或隔行数据流。MPG 文件是使用 MPEG 方法进行压缩的全运动视频图像，在适当的条件下，可于 1024×768 的分辨率下以每秒 24、25 或 30 帧的速率播放有 128 000 种颜色的全运动视频图像和同步 CD 音质的伴音。随着 MPG 文件的日益普遍，像 CorelDRAW 这样的大型图像软件已经开始支持 MPG 格式的视频文件。

常用的视频编辑软件有 Premiere、After Effects 和绘声绘影等。

2.4 信息的存储

2.4.1 传统信息存储介质

1. 软盘

软盘（Floppy Disk）是个人计算机中最早使用的可移动存储介质。软盘有 26cm、17.5cm 寸、11.6cm 寸之分，常用的是容量为 1.44MB 的 8.9cm 软盘。软盘存取速度慢，容量也小，但可装可卸、携带方便。软盘的读写是通过软盘驱动器完成的。作为一种可移动存储方式，它是存储那些需要被物理移动的小文件的理想选择。软盘的外观如图 2.6 所示。

2. 光盘

光盘以光信息作为存储物的载体，用来存储数据的一种物品。高密度光盘（Compact Disc）是近代发展起来不同于磁性载体的光学存储介质，用聚焦的氢离子激光束处理记录介质的方法存储和再生信息，又称激光光盘，分不可擦写光盘（如 CD-ROM，DVD-ROM 等）和可擦写光盘（如 CD-RW，DVD-RAM 等）。我们听的 CD 是一种光盘，看的 VCD、DVD、HODVD 也是光盘。

CD 光盘的最大容量大约是 700MB，DVD 盘片单面 4.7GB，最多能刻录约 4.59G 的数据（DVD 的 1GB = 1 000MB，而硬盘的 1GB = 1 024MB），蓝光（BD）DVD 容量则比较大，其中 HD DVD 单面单层 15GB、双层 30GB；BD 单面单层 25GB、双面 50GB。

光盘的存储原理比较特殊，里面存储的信息不能被轻易地改变。也就是说我们常见的光盘生产出来的时候是什么样，就一直是那样了。那我们有没有办法把自己的文件存在光盘上呢？只要你有一个 CD 刻录机和空的 CD-RW 光盘，就能将自己的文件写在光盘上。其他像 DVD 等介质的刻录也是一样的，要注意的是，绝大部分 DVD 刻录机都能刻录 CD，即所谓的"向下兼容"。光盘的外观如图 2.7 所示。

图 2.6 软盘

图 2.7 光盘

3. 硬盘

硬盘（Hard Disc Drive，HDD）是电脑主要的存储媒介之一，由一个或者多个铝制或者玻璃制的碟片组成。这些碟片外覆盖有铁磁性材料。绝大多数硬盘都是固定的，被永久性地密封固定在硬盘驱动器中。硬盘的外观如图 2.8 所示。

硬盘的物理结构如下。

（1）磁头

磁头是硬盘中最昂贵的部件，更是硬盘技术中最重要和最关键的一环。传统的磁头是读写合一的电磁感应式磁头，但是，硬盘的读、写却是两种截然不同的操作，为此，这种二合一磁头在设计时必须要同时兼顾到读/写两种特性，从而造成了硬盘设计上的局限。而 MR 磁头（Magnetoresistive heads），即磁阻磁头，采用的是分离式的磁头结构：写入磁头仍采用传统的磁感应磁头（MR 磁头不能进行写操作），读取磁头则采用新型的 MR 磁头，即所谓的感应写、磁阻读。这样，在设计时就可以针对两者的不同特性分别进行优化，以得到最好的读/写性能。另外，MR 磁头是通过阻值变化而不是电流变化去感应信号幅度，因而对信号变化相当敏感，读取数据的准确性也相应提高。而且由于读取的信号幅度与磁道宽度无关，故磁道可以做得很窄，从而提高了盘片密度，达到 1 290MB/cm^2，而使用传统的磁头只能达到 129MB/cm^2，这也是 MR 磁头被广泛应用的最主要原因，而采用多层结构和磁阻效应更好的材料制作的 GMR 磁头（Giant Magnetoresistive heads）也逐渐普及。磁头的外观如图 2.9 所示。

图 2.8　硬盘

2.9　磁头

（2）磁道

当磁盘旋转时，磁头若保持在一个位置上，则每个磁头都会在磁盘表面划出一个圆形轨迹，这些圆形轨迹就叫做磁道。这些磁道用肉眼是根本看不到的，因为它们仅是盘面上以特殊方式磁化了的一些磁化区，磁盘上的信息便是沿着这样的轨道存放的。相邻磁道之间并不是紧挨着的，磁道挨得太近时磁性会相互影响，同时也为磁头的读写带来困难。

（3）扇区

磁盘上的每个磁道被等分为若干个弧段，这些弧段便是磁盘的扇区。磁盘驱动器在向磁盘读取和写入数据时，以扇区为单位，每个扇区可以存放 512B 的信息。磁道与扇区的外观如图 2.10 所示。

（4）柱面

硬盘通常由重叠的一组盘片构成，每个盘面都被划分为数目相等的磁道，并从外缘的"0"开始编号，具有相同编号的磁道形成一个圆柱，称为磁盘的柱面。磁盘的柱面数与一个盘单面上的磁道数是相等的。由于每个盘面都有自己的磁头，因此，盘面数等于总的磁头数。所谓硬盘的 CHS，即 Cylinder（柱面）、Head（磁头）、Sector（扇区），只要知道了硬盘的 CHS 的数目，即可确定硬盘的容量，硬盘的容量 = 柱面数 × 磁头数 × 扇区数 × 512B。柱面的外观如图 2.11 所示。

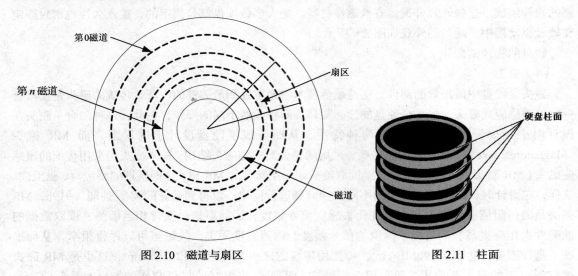

图 2.10　磁道与扇区　　　　　　　　　　　　图 2.11　柱面

4．内存条

内存是电脑中的主要部件，它是相对于外存而言的。我们平常使用的程序，如 Windows XP 系统、打字软件、游戏软件等，一般都是安装在硬盘等外存上的，但仅此是不能使用其功能的，必须把它们调入内存中运行，才能真正使用其功能。通常把要永久保存的、大量的数据存储在外存上，而把一些临时的或少量的数据和程序放在内存上。

内存分为 DRAM 和 ROM 两种。前者又叫动态随机存储器，它的一个主要特征是断电后数据会丢失，我们平时说的内存就是指这一种；后者又叫只读存储器，我们平时开机首先启动的是存于主板上 ROM 中的 BIOS 程序，然后再由它去调用硬盘中的 Windows，ROM 的一个主要特征是断电后数据不会丢失。内存条的外观如图 2.12 所示。

图 2.12　内存条

2.4.2　新型信息存储介质

1．闪存卡

闪存，即 Flash Memory，是一种 EEPROM（电可擦写）芯片。它包含纵横交错的栅格，其中单元格的每一个交叉点都有两个晶体管。这两个晶体管被一层薄薄的氧化物隔开，分别称为栅极和控制极。栅极通过控制极直线相连。一旦发生连接，单元格的值即为"1"。单元格的值变为"0"需要经过一个"空穴运动"来改变栅极上电子的位置，此时栅极上通常需要施加 10～13V 的电压。这些电荷从位线进入栅极和漏极再流向地。这些电荷使得栅极的晶体管像一把电子枪，被激活的电子被推向并聚集在氧化层的另一面，并形成一个负电压。这些带负电的电子将控制极和栅极隔离开。专门的单元格传感器监控通过栅极的电荷的电压大小，如果高于前述电压的 50%，则值为"1"；反之则为"0"。一个空白的 EEPROM 所有门极都是完全打开的，其中每一个单元格的值为"1"。

闪存卡（Flash Card）是利用闪存技术存储电子信息的存储器，一般应用在数码相机、掌上电脑、MP3 等小型数码产品中。根据不同的生产厂商和不同的应用，闪存卡大概有 SmartMedia（SM 卡）、Compact Flash（CF 卡）、MultiMedia Card（MMC 卡）、Secure Digital（SD 卡）、Memory Stick（记忆棒）、XD-Picture Card（XD 卡）和微硬盘（MICRODRIVE）等，如图 2.13 所示。

闪存卡具有许多优点：小巧便于携带、性能可靠、存储容量大、价格便宜。闪存卡体积，仅大拇指般大小，重量极轻，特别适合随身携带；闪存卡中无任何机械式装置，抗震性能极强。此外，它还具有防潮防磁、耐高低温等特性，安全可靠性很好。许多闪存卡支持写入保护的机制。这种在外壳上的开关可以防止计算机写入或修改卡上的数据，从而有效地防止计算机病毒的传播。这类的闪存卡使用 USB 大量存储设备标准，在近代的操作系统如 Linux、Mac OS X、Unix 与 Windows2000、Window XP、Window 7 中皆有内置支持。

2. 固态硬盘

固态硬盘（Solid State Drive 或 Solid State Disk，SSD）俗称固态驱动器，是一种基于永久性存储器（如闪存）或非永久性存储器（如同步动态随机存取存储器 SDRAM）的计算机外部存储设备，如图 2.14 所示。它由控制单元和存储单元组成，简单地说就是用固态电子存储芯片阵列而制成的硬盘，用来在便携式计算机中代替常规硬盘。虽然在固态硬盘中已经没有可以旋转的盘状结构，但是依照人们的命名习惯，这类存储器仍然被称为"硬盘"。固态硬盘的接口规范和定义、功能及使用方法上与普通硬盘的相同，在产品外形和尺寸上也与普通硬盘一致。目前广泛应用于军事、车载、工控、视频监控、网络监控、网络终端、电力、医疗、航空、导航设备等领域。

图 2.13　闪存卡　　　　　　　图 2.14　固态硬盘

基于闪存的固态硬盘采用 FLASH 芯片作为存储介质，其最大的优点是可以移动，而且数据保护不受电源控制，能适应于各种环境，但是使用年限不高，适合个人用户使用。

基于 SDRAM 的固态硬盘采用 SDRAM 作为存储介质，目前应用范围较窄。它仿效传统硬盘的设计、可被绝大部分操作系统的文件系统工具进行卷设置和管理，并提供工业标准的 PCI 和 FC 接口用于连接主机或者服务器。它是一种高性能的存储器，而且使用寿命很长，美中不足的是需要独立电源来保护数据安全。

和传统硬盘相比，固态硬盘具有低功耗、无噪声、抗震动、低热量的特点。这些特点不仅使得资料能更加安全地得到保存，而且也延长了靠电池供电的设备的连续运转时间。例如，三星半导体公司于 2006 年 3 月推出的容量为 32GB 的固态硬盘，采用了和传统硬盘相同的 6cm 规格。但其耗电量只有常规硬盘的 5%，写入速度是传统硬盘的 1.5 倍，读取速度是传统硬盘的 3 倍，并且没有任何噪音。固态硬盘也有一个比较致命的缺点，数据损坏后是难以修复的，当负责储存资料的快闪存储器颗粒有毁损时，现时的数据修复技术不可能在损坏的芯片中救回资料，相反传统机械硬盘或许还能挽回一些资料。

习　题

1. 比特的运算、存储、传输分别是怎样定义的？
2. 计算机常用的计数制有哪几种？不同进制之间的转换原则是什么？
3. 数值在计算机中的表示形式有几种？转换原则有哪些？
4. 文字信息在计算机中的表示形式有哪几种？
5. 多媒体信息在计算机中的表示形式有哪几种？
6. 汉字的编码分为哪几种？
7. 将下列十进制数分别转换为二进制数及十六进制数。

   87　　　　　　23.25　　　　　　97.165
8. 分别写出二进制数+1001011 和−1100010 的原码、反码和补码。

第3章
信息处理工具——计算机系统

计算机系统由计算机硬件和计算机软件两部分组成。硬件是计算机的"躯体",是构成计算机系统的各种物理设备的总称。软件是计算机的"灵魂",是为了运行、设计、管理和维护计算机而编制的程序和各种文档的集合。只有把二者结合起来,计算机才能正常工作。

3.1 计算机发展概述

计算机产生的动力是人们想发明一种能进行科学计算的机器,因此称之为计算机。它一诞生就立即成了先进生产力的代表,掀开了自工业革命后的又一场新的科学技术革命。

3.1.1 第一台计算机的诞生

随着生产的发展和社会的进步,人类所使用的计算工具经历了从简单到复杂、从低级到高级的发展过程,相继出现了如算盘、计算尺、手摇机械计算机、电动机械计算机等。公元前5世纪,中国人发明了算盘,广泛应用于商业贸易中,算盘被认为是最早的计算机,并一直使用至今,算盘的发明体现了我们中国人民无穷的智慧。直到17世纪,计算设备才有了第二次重要的进步。1645年,法国人 Blaise Pascal(1623—1662)发明了自动进位加法器,称为 Pascalene。后来,德国数学家 Gottfried Wilhemvon Leibniz(1646—1716)对其进行了改进,使之可以计算乘法。现代计算机的真正起源来自英国数学教授 Charles Babbage。他制造出了第一台差分机(如图3.1所示),它可以处理3个不同的5位数,计算精度达到6位小数。后来他又提出分析机(如图3.2

图 3.1 Babbage 差分机

图 3.2 Babbage 分析机复制品

所示）的概念，并提出其包含堆栈、运算器、控制器 3 个部分，勾画出了现代通用计算机的基本功能部分。其设计理论非常超前，类似于百年后的电子计算机，特别是利用卡片输入程序和数据的设计被后人所采用。1890 年，美国人 Herman Hollerith 借鉴 Babbage 的发明，利用卡片穿孔来存储数据，开发了卡片制表系统，这一系统被认为是现代计算机的雏形。值得一提的是，这一时期的计算机都是基于机械运行方式的，尽管有个别产品开始引入一些电学内容，却都是从属于机械的，还没有进入计算机灵活的逻辑运算领域。

1906 年，美国人 Lee De Forest 发明了电子管，这为电子计算机的发展奠定了基础。在这之后，随着电子技术的飞速发展，计算机就开始了由机械向电子时代的过渡，电子逐渐成为计算机的主体，机械逐渐成为从属，二者的地位发生了变化，计算机也开始了质的转变。1924 年，一个具有划时代意义的公司——IBM 成立。后来，该公司推出了 IBM 601 机，它是一台能在 1 秒钟算出乘法的穿孔卡片计算机。这台机器无论在自然科学还是在商业意义上都具有重要的地位。1936 年，英国剑桥大学的图灵（如图 3.3 所示）提出了被后人称之为"图灵机"的数学模型，从理论上证明了制造出通用计算机的可能性。它完全忽略硬件状态，考虑的焦点是逻辑结构，它可以模拟其他任何一台解决某个特定数学问题的"图灵机"的工作状态。他甚至还想象在带子上存储数据和程序。"万能图灵机"实际上就是现代通用计算机的最原始模型。1939 年，美国的 Atanasoff 研究制造了世界上第一台电子计算机 ABC，其中采用了二进制位，电路的开与合分别代表数字 0 与 1，并运用电子管和电路执行逻辑运算等，这也是"图灵机"的第一个硬件实现。1946 年，世界上第一台电子数字式计算机在美国宾夕法尼亚大学研制成功，它的名称叫 ENIAC（埃尼阿克，如图 3.4 所示），是电子数值积分式计算机（The Electronic Numberical Intergrator and Computer）的缩写。它使用了 17 468 个真空电子管，耗电 174kW，占地 170m²，重达 30t，每秒钟可进行 5 000 次加法运算。虽然它还比不上今天最普通的一台微型计算机，但在当时它已是运算速度的绝对冠军，并且其运算的精确度和准确度也是史无前例的。以圆周率（π）的计算为例，中国的古代科学家祖冲之利用算筹，耗费 15 年心血，才把圆周率计算到小数点后 7 位数。一千多年后，英国人香克斯以毕生精力计算圆周率，才计算到小数点后 707 位。而使用 ENIAC 进行计算，仅用了 40s 就达到了这个纪录，还发现香克斯的计算中，第 528 位是错误的。

图 3.3　图灵年轻时

图 3.4　埃尼阿克

3.1.2　计算机的发展历程

ENIAC 诞生后短短的几十年间，计算机的发展突飞猛进。主要电子器件相继采用了真空电子管，晶体管，中、小规模集成电路和大规模、超大规模集成电路，引起计算机的几次更新换代。每一次更新换代都使计算机的体积和耗电量大大减小，功能大大增强，应用领域进一步拓宽。特别是体积小、价格低、功能强的微型计算机的出现，使得计算机迅速普及，进入了办公室和家庭，在办公室自动化和多媒体应用方面发挥了很大的作用。如今，计算机的应用已扩展到社会的各个领域。下面将计算机的发展过程分成以下几个阶段做介绍。

1. 电子管计算机（1946—1958 年）

第一代计算机的逻辑元件采用电子管，主存储器采用汞延迟线、磁鼓、磁芯；外存储器采用磁带；软件主要采用机器语言、汇编语言；应用以科学计算为主。第一代计算机（如图 3.5 所示）的特点是体积大、耗电大、可靠性差、价格昂贵、维修复杂，操作指令是为特定任务而编制的，每种机器有各自不同的机器语言，功能受到限制，速度也慢。还有一个明显特征是使用真空电子管和磁鼓储存数据。虽然在当今人们看来相当笨拙，体积大，造价高，操作困难，但它所采用的二进位制与程序存储等基本技术思想，奠定了现代电子计算机技术基础，使人类社会生活发生了巨大变化。

2. 晶体管计算机（1956—1963 年）

1948 年，晶体管的发明使之代替了体积庞大的电子管，大大促进了计算机的发展。1956 年，晶体管在计算机中使用，晶体管和磁芯存储器促进了第二代计算机（如图 3.6 所示）的产生。第二代计算机全部采用晶体管作为电子器件，其运算速度比第一代计算机的速度提高了近百倍，体积为原来的几十分之一。后来又采用了磁芯存储器，使速度得到进一步的提高。在软件方面开始使用高级程序设计语言，比如 FORTRAN、COBOL 等，并提出了操作系统的概念。这一代计算机不仅用于科学计算，还用于数据处理和事务处理及工业控制。计算机设计出现了系列化的思想，缩短了新机器的研制周期，降低了生产成本，实现了程序的兼容，方便了新机器的使用。

图 3.5　世界上最后一台电子管计算机——IBM709　　图 3.6　世界上第一台晶体管计算机——TRADIC

中国第一台晶体管计算机是由当年的哈尔滨军事工程学院研制的"441-B"，也是中国首次自主创新且实现工业化批量生产的计算机。它应用于"两弹一星"、歼六、海军、空军、二炮，以及中国电信、大庆油田等领域和项目，以生产 100 余台的数量创造了当时的全国第一。

3. 集成电路计算机（1964—1971 年）

1958 年德州仪器发明了集成电路（IC），他们将 3 种电子元件结合到一片小小的硅片上。这个时期的计算机硬件采用中、小规模集成电路（IC）作为基本器件，计算机的体积更小，寿命更长，功耗、价格进一步下降，而速度和可靠性相应地有所提高，计算机的应用范围进一步扩大。软件方面出现了操作系统，软件出现了结构化、模块化程序设计方法。软、硬件都向系统化、多样化的方面发展。由于集成电路成本迅速下降，生产了成本低而功能比较强的小型计算机供应市场，占领了许多数据处理的应用领域。其中，1965 年问世的 IBM360（如图 3.7 所示）系列是最早采用集成电路的通用计算机，也是影响最大的第三代计算机。它的主要特点是通用性、系列化和标准化。美国控制数据公司（CDC）1969 年 1 月研制成功的超大型计算机 CDC7600，速度达每秒 1 千万次浮点运算，是这个时期最成功的计算机产品。

图 3.7   第一台集成电路计算机——IBM360

4. 大规模集成电路计算机（1971 年至今）

采用超大规模集成电路（VLSID）和极大规模集成电路（ULSID）、中央处理器 CPU 高度集成化是这一时期的计算机的主要特征。大规模集成电路（LSID）可以在一个芯片上容纳几百个元件。超大规模集成电路（VLSID）在芯片上容纳了几十万个元件，后来的 ULSID 将数字扩充到百万级。这时计算机发展到了微型化、耗电极少、可靠性很高的阶段。大规模集成电路使军事工业、空间技术、原子能技术得到发展，这些领域的蓬勃发展对计算机提出了更高的要求，有力地促进了计算机工业的空前大发展。随着大规模集成电路技术的迅速发展，计算机除了向巨型机方向发展外，还朝着超小型机和微型机方向飞越前进。1971 年 Intel 公司制成了第一批微处理器 4004，这一芯片集成了 2 250 个晶体管组成的电路，特别是 IBM-PC（Personal Computer，缩写为 PC，又常称为个人计算机，如图 3.8 所示）系列机诞生以后，几乎一统世界微型机市场，各种各样的兼容机也相继问世。

图 3.8   IBM-PC

5. 第五代计算机

目前人们使用的计算机都属于第四代计算机，而新一代计算机即第五代计算机正处在设想和研制阶段。它是把信息采集、存储、处理、通信同人工智能结合在一起的智能计算机系统。它能进行数值计算或处理一般的信息，主要能面向知识处理，具有形式化推理、联想、学习和解释的能力，能够帮助人们进行判断、决策、开拓未知领域和获得新的知识。人—机之间可以直接通过自然语言（声音、文字）或图形图像交换信息。第五代计算机系统结构将突破传统的诺伊曼机器的概念。这方面的研究课题应包括逻辑程序设计机、函数机、相关代数机、抽象数据型支援机、数据流机、关系数据库机、分布式数据库系统、分布式信息通信网络等。

3.1.3　计算机的特点

计算机之所以具有如此强大的功能，这是由它的特点所决定的。概括地说，计算机主要具备以下几方面的特点。

1. 运算速度快

计算机的运算部件采用的是电子器件，其运算速度远非其他计算工具所能比拟，而且，由电子管升级到晶体管，再升级到小规模集成电路、中规模集成、大规模集成电路等，其运算速度还以每隔几年提高一个数量级的水平不断提高。现在高性能计算机每秒能进行超过 10 亿次的加法运算。

2. 存储容量大

计算机的存储器可以把原始数据、中间结果、运算指令等存储起来，以备随时调用。存储器不但能够存储大量的信息，而且能够快速准确地取出这些信息。计算机的应用使得从浩如烟海的文献、资料、数据中查找并且处理信息成为容易的事情。

3. 具有逻辑判断能力

计算机能够根据各种条件来进行判断和分析，从而决定以后的执行方法和步骤，还能够对文字、符号、数字的大小、异同等进行判断和比较，从而决定怎样处理这些信息。计算机被称为"电脑"，便是源于这一特点。

4. 工作自动化

计算机内部的操作运算是根据人们预先编制的程序自动控制执行的。只要把包含一连串指令的处理程序输入计算机，计算机便会依次取出指令，逐条执行，完成各种规定的操作，直到得出结果为止。

此外，计算机还具有运算精度高、工作可靠等优点。

3.1.4　计算机的发展趋势

计算机的发展将趋向超高速、超小型和智能化。量子、光子、分子和纳米计算机将具有感知、判断、思考、学习以及一定的语言表达能力，这种新型计算机将推动新一轮计算技术革命，对人类社会的发展产生深远的影响。

1. 巨型化

巨型化是指其高速运算、大存储容量和强功能的巨型计算机。其运算能力一般在每秒百亿次以上、内存容量在几百兆字节以上。巨型计算机主要用于天文、气象、地质和核反应、航天飞机、卫星轨道计算机等尖端科学技术领域和军事国防系统的研究开发。巨型计算机的发展集中体现了计算机科学技术的发展水平，推动了计算机系统结构、硬件和软件的理论和技术、计算数学以及计算机应用等多个科学分支的发展。研制巨型计算机的技术水平是衡量一个国家科学技术和工业发展水平的重要标志。因此，工业发达国家都十分重视巨型计算机的研制。目前运算速度为每秒几十亿次的巨型计算机已经投入运行，每秒几百亿次的巨型计算机也在研制中。我国自行研制的巨型机"银河三号"已达到每秒百亿次的水平。而曙光 2000 二型超级计算机其尖峰运算数值已达千亿次。

2. 微型化

20 世纪 70 年代以来，由于大规模和超大规模集成电路的飞速发展，微处理器芯片连续更新换代，微型计算机连年降价，加上丰富的软件和外部设备，操作简单，使微型计算机很快普及到社会各个领域并走进了千家万户。随着微电子技术的进一步发展，微型计算机将发展得更加迅速，其中笔记本型、掌上型等微型计算机必将以更优的性能价格比受到人们的欢迎。按照计算机发展的有效经验法则之一贝尔定律的描述，大约每过 10 年，技术进步就会促成一个全新的尺度更小、成本更低的计算机平台的出现，从大型主机、个人电脑、笔记本直至智能手机，这一定律得到了充分印证。

3．网络化

计算机网络可以实现资源共享。资源包括：硬件资源，如存储介质、打印设备等，软件资源和数据资源，如系统软件、应用软件和各种数据库等。所谓资源共享是网络系统中提供的资源可以无条件地或有条件地为联入该网络的用户使用。计算机网络在交通、金融、企业管理、教育、邮电、商业等各行各业中，甚至是我们的家庭生活中都得到广泛的应用。目前各国都在致力于三网合一的开发与建设，即将计算机网、通信网、有线电视网合为一体。将来通过网络能更好地传送数据、文本资料、声音、图形和图像，用户可随时随地拨打可视电话或收看任意国家的电视和电影。近几年计算机联网形成了巨大的浪潮，它使计算机的实际效用得到大大的提高。事实表明，网络的应用已成为计算机应用的重要组成部分，现代的网络技术已成为计算机技术中不可缺少的内容。

4．智能化

计算机智能化就是要求计算机能模拟人的感觉和思维能力，也是第五代计算机要实现的目标。智能化的研究领域很多，其中最有代表性的领域是专家系统和机器人。目前已研制出的机器人可以代替人从事危险环境的劳动，运算速度为每秒约十亿次的"深蓝"计算机在 1997 年战胜了国际象棋世界冠军卡斯帕罗夫。智能化计算机在一定程度上能够模仿人的推理、联想、学习等思维功能，并具有声音和图像识别能力。

3.2　计算机的系统结构

3.2.1　冯·诺依曼体系结构

ENIAC 诞生后，数学家冯·诺依曼（如图 3.9 所示）提出了重大的改进理论，主要有两点。其一是电子计算机应该以二进制为运算基础。其二是电子计算机应采用"存储程序"方式工作，并且进一步明确指出了整个计算机的结构应由 5 个部分组成：运算器、控制器、存储器、输入装置和输出装置。冯·诺依曼的这些理论的提出，解决了计算机的运算自动化的问题和速度配合问题，对后来计算机的发展起到了决定性的作用。直至今天，绝大部分的计算机还是采用冯·诺依曼方式工作。根据冯·诺依曼体系结构构成的计算机必须具有如下功能：

（1）把需要的程序和数据送至计算机中；

（2）必须具有长期记忆程序、数据、中间结果及最终运算结果的能力；

（3）能够完成各种运算、逻辑运算和数据传送等数据加工

图 3.9　冯·诺依曼

处理的能力；

（4）能够根据需要控制程序走向，并能根据指令控制机器的各部件协调操作；

（5）能够按照要求将处理结果输出给用户。

3.2.2 计算机系统

计算机系统由硬件系统和软件系统两大部分组成，如图 3.10 所示。其中，计算机硬件系统是计算机系统的基础。软件系统是计算机系统的灵魂。

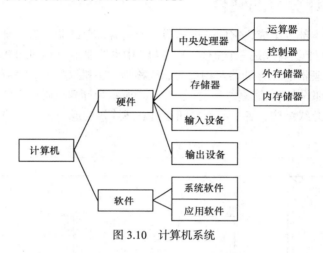

图 3.10 计算机系统

计算机硬件系统是组成一台计算机的各种物理装置，是计算机进行工作的物质基础。从第一代电子计算机到第四代计算机的体系结构都是相同的，一个计算机系统的硬件一般是由运算器、控制、存储器、输入设备和输出设备五大部分组成的，如图 3.11 所示。

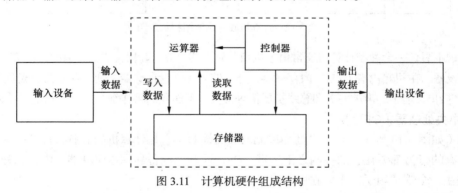

图 3.11 计算机硬件组成结构

软件系统由系统软件、支撑软件和应用软件组成，包括操作系统、语言处理系统、数据库系统、分布式软件系统和人机交互系统等。

操作系统用于管理计算机的资源和控制程序的运行。语言处理系统是用于处理软件语言等的软件（如编译程序等）。数据库系统是用于支持数据管理和存取的软件，它包括数据库、数据库管理系统等。数据库是常驻在计算机系统内的一组数据，它们之间的关系用数据模式来定义，并用数据定义语言来描述；数据库管理系统是用户可以把数据作为抽象项进行存取、使用和修改的软件。分布式软件系统包括分布式操作系统、分布式程序设计系统、分布式文件系统、分布式数据库系统等。人机交互系统是提供用户与计算机系统之间按照一定的约定进行信息交互的软件系统，可为用户提供一个友善的人机界面。操作系统的功能包括处理器管理、存储管理、文件管理、设备管理和作业管理。

3.3 微型计算机的系统组成

3.3.1 微型计算机的硬件

计算机由五大基本部分组成，它们是运算器、控制器、存储器、输入设备和输出设备，但人们习惯上把运算器和控制器看成是一个整体，称之为"中央处理器"（Central Processing Unit，CPU）。有时人们还将中央处理器、内存储器及相关的总线称为"主机"，相对地将外存储器、输入/输出（I/O）设备称为"外部设备"，简称"外设"。图 3.12 所示为计算机硬件系统结构图，可以看出，计算机硬件系统采用总线结构，各个部件之间通过总线连接构成一个统一的整体。

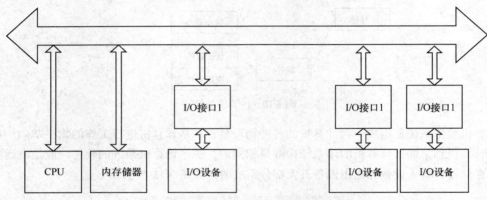

图 3.12　计算机硬件系统结构示意图

从外观上看，一台微型计算机通常由主机箱、显示器、键盘和鼠标组成，有时还配有打印机、音箱等外部设备。主机箱内有 CPU、内存储器、外存储器（软盘存储器、硬盘存储器、光盘存储器）、主板、I/O 接口（显卡、声卡等）和总线扩展槽等部件。下面我们将详细介绍计算机的各个硬件部件。

1. 中央处理器（CPU）

CPU（如图 3.13 所示）是中央处理单元的英文缩写。它是计算机的心脏。计算机一旦通电运行，则所有的行为都要在它的控制之下运行。CPU 同其他设备和磁盘驱动器、内存和开关稳压电源等被装在一个铁"箱子"中。在中文里，这个"箱子"被称为主机。在主机箱的背后有各种端口，用于主机和其他输入输出设备的连通。

（1）CPU 是计算机的核心部件，由运算器和控制器组成。

（2）CPU 通过总线连接内存构成微型计算机的主机。总线分为内部总线和系统总线。系统总线又分为地址总线、控制总线和数据总线。

CPU 是计算机中最关键的部件，是由超大规模集

图 3.13　CPU

成电路（VLSI）工艺制成的芯片，它由控制器、运算器、寄存器组和辅助部件组成。

运算器又称算数逻辑单元，简称 ALU。运算器是用来进行算术运算和逻辑运算的元件。

控制器负责从存储器中取出指令、分析指令、确定指令类型并对指令进行译码，按时间先后顺序负责向其他各部件发出控制信号，保证各部件协调工作。

寄存器组是用来存放当前运算所需的各种操作数、地址信息、中间结果等内容的。将数据暂时存于 CPU 内部寄存器中，加快了 CPU 的操作速度。

微处理器按字长可以分为 8 位、16 位、32 位和 64 位微处理器。

（3）CPU 的主要性能指标：字长和主频。

2. 总线结构

微型计算机结构是以总线为核心将微处理器、存储器、I/O 设备智能地连接在一起的。所谓总线是指微型计算机各部件之间传送信息的通道。CPU 内部的总线称为内部总线，连接微型计算机系统各部件的总线称为外部总线。

微型计算机的系统总线从功能上分为地址总线、数据总线和控制总线。

（1）地址总线

CPU 通过地址总线把地址信息送出给其他部件，因而地址总线是单向的。地址总线的位数决定了 CPU 的寻址能力，也决定了计算机的最大内存容量。例如，16 位地址总线的寻址能力为 64KB，而 32 位地址总线的寻址能力是 4GB。

（2）数据总线

数据总线用于传输数据。数据总线的传输方向是双向的，是 CPU 与存储器、CPU 与 I/O 接口之间的双向传输。数据总线的位数和微处理器的位数是相一致的，是衡量微机运算能力的重要指标。

（3）控制总线

控制总线是 CPU 对外围芯片和 I/O 接口的控制以及这些接口芯片对 CPU 的应答、请求等信号组成的总线。控制总线是最复杂、最灵活、功能最强的一类总线，其方向也因控制信号不同而有差别。

3. 存储器

存储器是计算机的记忆部件，负责存储程序和数据，并根据控制指令提供这些程序和数据。存储器分两大类：一类和计算机的运算器、控制器直接相连，称为主存储器（内部存储器），简称计算机的主存（内存）；另一类存储设备称为辅助存储器（外部存储器），简称辅存（外存）。

内存一般由半导体材料构成，存取速度快，价格较贵，因而容量相对小一些。

辅存一般由磁记录设备构成，如硬盘、软盘、磁盘、光盘等，容量较大，价格便宜，但速度相对慢一些。辅助存储器有磁盘存储器和光盘存储器。磁盘存储器又分为软盘存储器和硬盘存储器。

在计算机内部，一切数据都是用二进制数的编码来表示。字是计算机内部作为一个整体参与运算、处理和传送的一串二进制数，字是计算机内 CPU 进行数据处理的基本单位。

4. 显示器

显示器是微型计算机必需的输出设备。显示器类似于电视屏幕，也被称为视频显示终端（VDTS），显示器有单色和彩色之分。单色显示器屏幕上仅显示一种颜色，它可能是白色或是一种悦目的绿色。彩色显示器通常提供许多种可供选择的颜色。

显示器有两种：阴极射线管（CRT）和液晶显示器（LCD）。

（1）CRT 显示器的重要技术指标：尺寸和分辨率（800×600、1280×1024 等）。

（2）LCD 显示器的主要技术参数：亮度、对比度、可视角度、信号反应时间和色彩等。

显示卡也称显示适配器（见图 3.14），它是显示器与主机通信的控制电路和接口，主要有 MDA、CGA、EGA、VGA、AGP、SVGA、AVGA 等。

图 3.14　显示器

5．打印机

打印机（如图 3.15 所示）是除显示器外最常用的输出设备。打印机可以将程序运行的结果打印出来，从而成为永久的纸复制。打印机可以打印程序列表和图像。通常有 3 种类型的打印机可供选择：针式打印机、喷墨打印机和激光打印机。

打印机的主要性能指标：打印速度和打印分辨率。

6．键盘和鼠标

键盘（如图 3.16 所示）是计算机的一个必不可少的输出设备，也是最常用的一种输入设备，是人与计算机对话的工具。我们可以通过键盘把数据、资料等需要计算机处理或保存的信息送入计算机。

图 3.15　打印机　　　　　　　　图 3.16　键盘和鼠标

键盘包括一组位于键盘中间的标准键、许多功能键和一些附加键。功能键和附加键在不同的软件中有不同的作用。

另一个常用的输入设备是鼠标。通过它可以在屏幕上移动光标或者选中菜单上的某项功能。

3.3.2　微型计算机的软件

微型计算机的系统软件是管理、监控、维护计算机资源（包括硬件与软件）的软件。它包括操作系统、各种语言处理程序（微机的监控管理程序、调试程序、故障检查和诊断程序、高级语言的编译和解释程序）以及各种工具软件等。

1. 操作系统

操作系统在系统软件中处于核心地位，操作系统是由厂商随硬件提供的一组程序，它有两方面的基本作用。

（1）使计算机更易于使用操作系统的部分作用在于：把程序设计者从非常复杂的程序设计中解脱出来，给他提供一种"扩充型"的机器。

（2）使硬件资源的使用更有效。许多操作系统提供了多道程序功能，即可以将一系列不同程序同时调入计算机，从而更有效地使用 CPU。

常见的操作系统有 DOS、Windows XP、Linux、Unix 等。

2. 程序设计语言

程序设计语言是软件系统的重要组成部分。程序的作用就是向计算机转达用户的意图，指挥计算机工作，也就是说，程序是人机对话的语言工具，是人与电脑交流信息的桥梁。通常，程序设计所使用的符号、短语及语法规则通称为程序设计语言；而相应的各种语言处理程序属于系统软件。程序设计语言一般分为机器语言、汇编语言、高级语言和第四代语言 4 类。

（1）机器语言

机器语言（Machine Language）是最底层的计算机语言，使用二进制代码指令表达的计算机语言，指令是用 0 和 1 组成的一串代码，能被计算机硬件直接识别并执行，由操作码和操作数组成。机器语言程序编写的难度较大且不容易移植，即针对一种计算机编写的机器语言程序不能在另一种计算机上运行。用机器语言编写程序，编程人员要首先熟记所用计算机的全部指令代码和代码的含义。手编程序时，程序员得自己处理每条指令和每一数据的存储分配和输入输出，还得记住编程过程中每步所使用的工作单元处在何种状态。这是一件十分烦琐的工作，编写程序花费的时间往往是实际运行时间的几十倍或几百倍。而且，编出的程序全是些 0 和 1 的指令代码，直观性差，还容易出错。现在，除了计算机生产厂家的专业人员外，绝大多数的程序员已经不再去学习机器语言了。

（2）汇编语言

汇编语言（Assembly Language）是面向机器的程序设计语言。它是用助记符代替操作码，用地址符代替操作数的一种面向机器的低级语言，一条汇编指令对应一条机器指令。由于汇编语言采用了助记符，它比机器语言易于修改、编写和阅读，同时也具有机器语言执行速度快，占内存空间少等优点，但在编写复杂程序时具有明显的局限性，汇编语言依赖于具体的机型，不能通用，也不能在不同机型之间移植。使用汇编语言编写的程序，机器不能直接识别，要由一种程序将汇编语言翻译成机器语言，这种起翻译作用的程序叫汇编程序，汇编程序是系统软件中语言处理系统软件。汇编程序将汇编语言翻译成机器语言的过程称为汇编。

（3）高级语言

由于汇编语言依赖于硬件体系，且助记符量大难记，于是人们又发明了更加易用的高级语言。直接面向过程的程序设计语言称为高级语言，它与具体的计算机硬件无关，用高级语言编写的源程序可以直接运行在不同机型上，因而具有通用性。高级语言并不是特指的某一种具体的语言，而是包括很多编程语言，如目前流行的 C，C++，Pascal，Python，LISP，Prolog，FoxPro，Delphi 等，这些语言的语法、命令格式都不相同。高级语言与计算机的硬件结构及指令系统无关，它有更强的表达能力，可方便地表示数据的运算和程序的控制结构，能更好地描述各种算法，而且容易学习掌握。但高级语言编译生成的程序代码一般比用汇编程序语言设计的程序代码要长，执行的速度也慢。计算机不能直接识别和运行高级语言，必须经过"翻译"。所谓"翻译"是由一种特殊程序把源程序转换为机器码，这种特殊程序就是语言处理程序。高级语言的翻译方式有两种：一种是"编译方式"；另一种是"解释方式"。编译方式是通过编译程序将整个高级语言源程序翻译成目标程序（.obj），再经过连接程序生成可以运行的程序（.exe）。解释方式是通过解释程序边解释边执行，不产生可执行程序。

（4）第四代语言

第四代语言（Fourth-Generation Language，简称 4GL）的出现是出于商业需要。它以数据库管理系统所提供的功能为核心，进一步构造了开发高层软件系统的开发环境，如报表生成、多窗口表格设计、菜单生成系统、图形图像处理系统和决策支持系统，为用户提供了一个良好的应用开发环境。它提供了功能强大的非过程化问题定义手段，用户只需告知系统做什么，而无需说明怎么做，因此可大大提高软件生产率。进入 20 世纪 90 年代，随着计算机软硬件技术的发展和应用水平的提高，大量基于数据库管理系统的 4GL 商品化软件已在计算机应用开发领域中获得广泛应用，成为了面向数据库应用开发的主流工具，如 Oracle 应用开发环境、Informix-4GL、SQL Windows、Power Builder 等。它们为缩短软件开发周期、提高软件质量发挥了巨大的作用，为软件开发注入了新的生机和活力。

3. 数据库

数据库就是相互联系着的一些文件的集合，这些文件是由数据库管理系统（DBMS）创建的。数据库的内容是通过把一个组织中不同数据源的数据加以组合得到的，以便所有的用户可用，冗余数据可被消除，或者将之缩至最小。数据库中的数据被不同的程序所共享，用户可从数据库的不同部分检索数据，因为存储在数据库中的文件之间有着直接或间接地联系。

数据库管理系统（DBMS）是数据库系统的主要软件成分，是许多相互关联的软件例行程序的集合，每个软件例行程序负责一项专门任务。DBMS 基本功能有：

（1）创建和组织数据库；
（2）建立和维护数据库的访问路径，以便迅速访问数据库中的任何一部分数据；
（3）按照用户的要求处理数据；
（4）维护数据完整性和安全性。

数据库管理系统解释和处理用户的请求，以便从数据库中检索信息。数据管理系统在用户请求和数据库之间起到了接口作用。对数据库的查询有多种形式。在访问物理数据库之前，查询要求必须穿过数据库管理系统的几层软件和操作系统。数据库管理系统是通过调用恰当的子程序来响应用户查询的，每个子程序完成其特定的功能。解释查询之后，定位到所需要的数据，并把数据以期望的顺序提交。这样，数据库管理系统就使数据库用户脱离了烦琐的程序设计。

3.4 操作系统

3.4.1 操作系统的概念

概括地说，操作系统就是为了对计算机系统的硬件资源和软件资源进行控制和有效的管理，合理地组织计算机的工作流程，以充分发挥计算机系统的工作效率和方便用户使用计算机而配置的一种系统软件。操作系统向用户提供了一个良好的工作环境和友好的接口。

硬件资源包括中央处理器（CPU）、存储器（包括主存和外存）、打印机、显示器、键盘、鼠标和输入输出设备以及网络资源等物理设备。软件资源是以文件形式保存在存储器上的程序或程序库、知识库、数据、共享文件、系统软件和应用软件等信息。

操作系统有两个重要的作用：

（1）通过资源管理，提高计算机系统的效率；

（2）改善人机界面，向用户提供良好的工作环境。

3.4.2　操作系统的类型

操作系统可根据处理方式、运行环境、服务对象和功能的不同分为批处理操作系统（简称批处理）、分时操作系统、实时操作系统、网络操作系统、分布式操作系统、微机操作系统、嵌入式操作系统和手持系统。

1. 批处理操作系统

它是计算机初期所配置的操作系统，如 IBM 公司的磁盘操作系统 DOS/360 和微型计算机的操作系统 CP/M 等。这类操作系统的功能主要是操作命令的执行、文件服务、支持高级程序设计语言编译程序和控制外部设备等。

2. 分时操作系统

它支持位于不同终端的多个用户同时使用一台计算机，彼此独立互不干扰，用户感到好像一台计算机全为他所用。

3. 实时操作系统

它是为实时计算机系统配置的操作系统。其主要特点是资源的分配和调度，首先考虑实时性，然后才是效率。此外，实时操作系统应有较强的容错能力。

4. 网络操作系统

它是为计算机网络配置的操作系统。在其支持下，网络中的各台计算机能互相通信和共享资源。其主要特点是与网络的硬件相结合来完成网络的通信任务。

5. 分布式操作系统

它是为分布计算系统配置的操作系统。它在资源管理、通信控制和操作系统的结构等方面都与其他操作系统有较大的区别。由于分布计算机系统的资源分布于系统的不同计算机上，操作系统对用户的资源需求不能像一般的操作系统那样等待有资源时直接分配的简单做法而是要在系统的各台计算机上搜索，找到所需资源后才可进行分配。对于有些资源，如具有多个副本的文件，还必须考虑一致性。所谓一致性是指若干个用户对同一个文件所同时读出的数据是一致的。为了保证一致性，操作系统须控制文件的读、写操作，使得多个用户可同时读一个文件，而任一时刻最多只能有一个用户在修改文件。分布操作系统的通信功能类似于网络操作系统。由于分布计算机系统不像网络分布得很广，同时分布操作系统还要支持并行处理，因此它提供的通信机制和网络操作系统提供的有所不同，它要求通信速度高。分布操作系统的结构也不同于其他操作系统，它分布于系统的各台计算机上，能并行地处理用户的各种需求，有较强的容错能力。

6. 微机操作系统

微型计算机拥有巨大的使用量和广泛的用户。配置在微型计算机上的操作系统称为微机操作系统。常用的微机操作系统有 MS-DOS、MS Windows、SCO UNIX、Linux 等。

7. 嵌入式操作系统

嵌入式操作系统是运行在嵌入式智能芯片环境中，对整个智能芯片及其控制的各种部件装置等资源进行统一协调、处理、指挥和控制的系统软件。

8. 手持系统

手持设备包括个人数字助理（PDA），智能手机等，如 Palm 是可与网络相连的手机。由于尺寸有限，绝大多数手持设备内存小，处理器速度慢，且屏幕小。因此，手持设备操作系统的应用程序开发人员面临着许多挑战。个人手持设备操作系统有 Palm OS、Pocket PC 等。智能手持设备操作系统有 Windows Mobile 系列、Embedded Linux、Mobilinux、Symbian OS 系列、Andriod 等。

3.4.3　操作系统的功能

操作系统的主要功能是资源管理、程序控制和人机交互等。计算机系统的资源可分为设备资源和信息资源两大类。设备资源指的是组成计算机的硬件设备，如中央处理器、主存储器、磁盘存储器、打印机、磁带存储器、显示器、键盘输入设备和鼠标等。信息资源指的是存放于计算机内的各种数据，如文件、程序库、知识库、系统软件和应用软件等。以现代观点而言，一个标准微型计算机的操作系统应该提供以下的功能。

1. 资源管理

系统的设备资源和信息资源都是操作系统根据用户需求按一定的策略来进行分配和调度的。操作系统的存储管理就负责把内存单元分配给需要内存的程序以便让它执行，在程序执行结束后将它占用的内存单元收回以便再使用。对于提供虚拟存储的计算机系统，操作系统还要与硬件配合做好页面调度工作，根据执行程序的要求分配页面，在执行中将页面调入和调出内存以及回收页面等。

处理器管理或称处理器调度，是操作系统资源管理功能的另一个重要内容。在一个允许多道程序同时执行的系统里，操作系统会根据一定的策略将处理器交替地分配给系统内等待运行的程序。一道等待运行的程序只有在获得了处理器后才能运行。一道程序在运行中若遇到某个事件，如启动外部设备而暂时不能继续运行下去，或一个外部事件的发生等，操作系统就要来处理相应的事件，然后将处理器重新分配。

操作系统的设备管理功能主要是分配和回收外部设备以及控制外部设备按用户程序的要求进行操作等。对于非存储型外部设备，如打印机、显示器等，它们可以直接作为一个设备分配给一个用户程序，在使用完毕后回收以便给另一个需求的用户使用。对于存储型的外部设备，如磁盘、磁带等，则是提供存储空间给用户，用来存放文件和数据。存储性外部设备的管理与信息管理是密切结合的。

信息管理是操作系统的一个重要的功能，主要是向用户提供一个文件系统。一般说，一个文件系统为用户提供创建、撤销、读写、打开和关闭文件等功能。有了文件系统后，用户可按文件名存取数据而无需知道这些数据存放在哪里。这种做法不仅便于用户使用而且还有利于用户共享公共数据。此外，由于文件建立时允许创建者规定使用权限，这就可以保证数据的安全性。

2. 程序控制

一个用户程序的执行自始至终是在操作系统控制下进行的。一个用户将他要解决的问题用某一种程序设计语言编写了一个程序后，就将该程序连同对它执行的要求输入到计算机内，操作系统就根据要求控制这个用户程序的执行直到结束。操作系统控制用户的执行主要的内容有：调入相应的编译程序，将用某种程序设计语言编写的源程序编译成计算机可执行的目标程序，分配内存储等资源将程序调入内存并启动，按用户指定的要求处理执行中出现的各种事件以及与操作员联系请示有关意外事件的处理等。

3．人机交互

操作系统的人机交互功能是决定计算机系统"友善性"的一个重要因素。人机交互功能主要靠 I/O 设备和相应的软件来完成。可供人机交互使用的设备主要有键盘、显示器、鼠标及各种模式识别设备等。与这些设备相应的软件就是操作系统提供人机交互功能的部分。人机交互部分的主要作用是控制有关设备的运行和理解并执行通过人机交互设备传来的有关的各种命令和要求。早期的人机交互设施是键盘、显示器。操作员通过键盘输入命令，操作系统接到命令后立即执行并将结果通过显示器显示。输入的命令可以有不同方式，但每一条命令的解释是清楚的、唯一的。随着计算机技术的发展，操作命令也越来越多，功能也越来越强。随着模式识别如语音识别、汉字识别等输入设备的发展，操作员和计算机在类似于自然语言或受限制的自然语言这一级上进行交互成为可能。此外，通过图形进行人机交互也吸引着人们去进行研究。这些人机交互可称为智能化的人机交互。这方面的研究工作正在积极开展。

4．进程管理

不管是常驻程序或者应用程序，他们都以进程为标准执行单位。早期每个中央处理器最多只能同时执行一个进程。现代的操作系统，即使只拥有一个 CPU，也可以利用多进程（Multitask）功能同时执行复数进程。越多进程同时执行，每个进程能分配到的时间比率就越小。进程管理通常实现了分时的概念，大部分的操作系统可以利用指定不同的特权等级（Priority），为每个进程改变所占的分时比例。特权越高的进程，执行优先级越高，单位时间内占的比例也越高。交互式操作系统也提供某种程度的回馈机制，让直接与使用者交互的进程拥有较高的特权值。

5．内存管理

根据帕金森定律："你给程序再多内存，程序也会想尽办法耗光"，因此程序设计师通常希望系统给他无限量且无限快的内存。大部分的现代电脑内存架构都是阶层式的，最快且数量最少的寄存器为首，然后是高速缓存、内存以及最慢的磁盘储存设备。而操作系统的内存管理提供寻找可用的内存空间、配置与释放内存空间以及交换内存和低速储存设备的数据等功能。此类又被称做虚拟内存管理的功能大幅增加使每个进程可获得较大的内存空间（通常是 4GB，即使实际上RAM 的数量远少于这数目）。内存管理的另一个重点活动就是借由 CPU 的帮助来管理虚拟位置。如果同时有许多进程储存于内存设备上，操作系统必须防止它们互相干扰对方的内容（除非通过某些协议在可控制的范围下操作，并限制可存取的内存范围）。

3.4.4　典型操作系统

1．DOS 操作系统

DOS（Disk Operation System）即是磁盘操作系统（如图 3.17 所示），主要包括 Shell（command.com）和 I/O 接口（io.sys）两个部分。Shell 是 DOS 的外壳，负责将用户输入的命令翻译成操作系统能够理解的语言。DOS 的 I/O 接口通常实现了一组基于 int21h 的中断。目前常用的DOS 有：MS-DOS，PC-DOS，FreeDOS 以及 ROM-DOS 等。DOS 的优点是快捷。熟练的用户可以通过创建 BAT 或 CMD 批处理文件完成一些烦琐的任务，通过一些判断命令甚至可以编一些小程序。

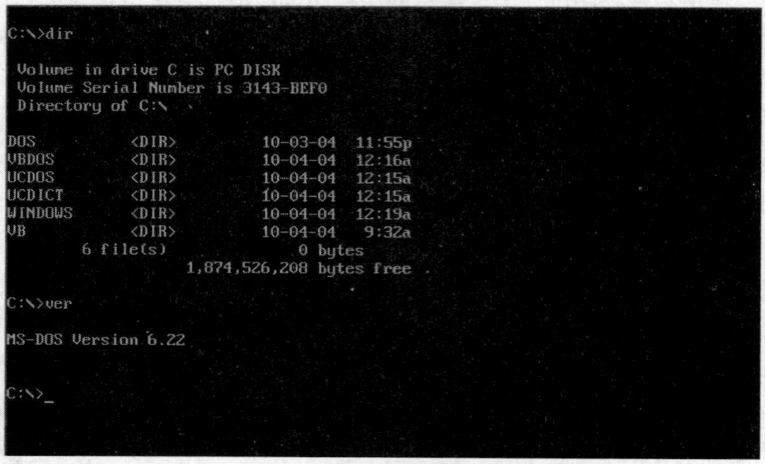

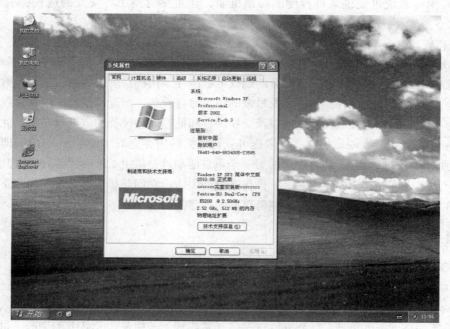

图 3.17　DOS 操作系统界面

2. Windows XP 操作系统

　　Windows 操作系统（如图 3.18 所示）是一款由美国微软公司开发的窗口化操作系统。它采用了 GUI 图形化操作模式，比起从前的指令操作系统如 DOS 更为人性化。Windows 操作系统是目前世界上使用最广泛的操作系统。Windows 操作系统自开发以来，经历了多个版本的变更及升级，其中的 Windows XP 是目前较为流行且具有较高市场占有率的操作系统之一，字母 XP 表示英文单词的"体验"（experience）。它于 2001 年发布，拥有新的用户图形界面（月神 Luna），包括家庭版（Home）和专业版（Professional）两个版本。

图 3.18　Windows XP 操作系统

　　Home 版是面向家庭用户的版本。由于是面向家庭用户，因此家庭版在功能上有一定的缩水，主要表现为：没有组策略、远程桌面、EFS 文件加密、多语言、连接 Netware 服务器的功能，只支持 1 个 CPU 和 1 个显示器，不具备访问控制和 IIS 服务以及不能归为域等。

Professional 版是面向企业、开发人员的版本，与 Home 版相比提供更加全面的功能，是 Windows XP 的全功能版本。市面上所采用的盗版均以 Professional Edition 的 VOL 版本为基础进行修改的。Windows XP Professional Edition 支持双 CPU 系统。

Windosw XP 系统除了开始采用新的窗口标志外，也开始使用新式开始菜单，搜索性能也被重新设计，并加上很多视觉的效果，包括：

（1）在资源管理器中，有一个半透明蓝色选取矩形；

（2）在桌面上，图标标签有它们的阴影；

（3）在资源管理器窗口增加侧边栏；

（4）锁定任务栏及其他工具栏，防止意外修改；

（5）开始菜单中，对最近安装的程式反白显示；

（6）功能表下的阴影（Windows 2000 在光标上有阴影，而在功能表没有阴影）。

此外，微软偶尔会为其 Windows 操作系统发布服务包（Service Packs）以修正问题和增加特色。每个服务包（及其最新修订版）都是之前所有服装包和修补程式的超集，所以只需安装最新的服务包。安装最新版本前也无需移除旧版本的服务包。目前最新的 Windows XP 服务包为 Service Pack 3，即是我们常说的 SP3。

3. Windows Server 2003 操作系统

Windows Server 2003（如图 3.19 所示）是目前微软推出的使用最广泛的服务器操作系统。Windows Server 2003 有多种版本，如 Web 版、标准版、企业版、数据中心版，每种都适合不同的商业需求。

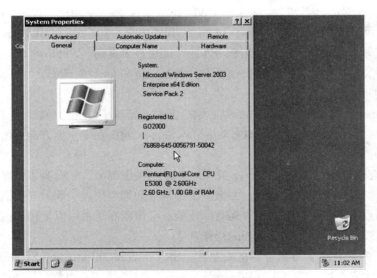

图 3.19　Windows Server 2003 操作系统

Web 版用于构建和存放 Web 应用程序、网页和 XML Web Services。它主要使用 IIS 6.0 Web 服务器并提供快速开发和部署使用 ASP.NET 技术的 XML Web services 和应用程序。支持双处理器，最低支持 256MB 的内存，最高支持 2GB 的内存，但是 Web 版不能用作打印服务器，且没有发布 Web 版的简体中文版。

标准版的销售目标是中小型企业，支持文档和打印机共享，提供安全的 Internet 连接，允许集中的应用程序部署。支持 4 个处理器，最低支持 256MB 的内存，最高支持 4GB 的内存。

企业版与标准版的主要区别在于：企业版支持高性能服务器，并且可以群集服务器，以便处理更大的负荷。通过这些功能实现了可靠性，有助于确保系统即使在出现问题时仍可用。在一个系统或分区中最多支持 8 个处理器、8 节点群集，最高支持 32GB 的内存（安全模式下为 4GB）。

数据中心版主要针对要求最高级别的可伸缩性、可用性和可靠性的大型企业或国家机构等而设计。它是最强大的服务器操作系统，分为 32 位版与 64 位版：

32 位版支持 32 个处理器，支持 8 节点群集；最低要求 128M 内存，最高支持 512GB 的内存；

64 位版支持 Itanium 和 Itanium2 两种处理器，支持 64 个处理器与支持 8 节点群集；最低支持 1GB 的内存，最高支持 512GB 的内存。

它具有可靠性、可用性、可伸缩性和安全性，这使其成为高度可靠的平台。

（1）通用性

Windows Server 2003 系列增强了群集支持，从而提高了其可用性。对于部署业务关键的应用程序、电子商务应用程序和各种业务应用程序的单位而言，群集服务是必不可少的，因为这些服务大大改进了单位的可用性、可伸缩性和易管理性。在 Windows Server 2003 中，群集安装和设置更容易也更可靠，而该产品的增强网络功能提供了更强的故障转移能力和更长的系统运行时间。

Windows Server 2003 系统支持多达 8 个节点的服务器群集。如果群集中某个节点由于故障或者维护而不能使用，另一节点会立即提供服务，这一过程即为故障转移。Windows Server 2003 还支持网络负载平衡（NLB），它在群集中各个结点之间平衡传入的 Internet 协议（IP）通讯。

（2）可伸缩性

Windows Server 2003 系列通过由对称多处理技术（SMP）支持的向上扩展和由群集支持的向外扩展来提供可伸缩性。内部测试表明，与 Windows 2000 Server 相比，Windows Server 2003 在文件系统方面提供了更高的性能（提高了 140%），其他功能（包括 Microsoft Active Directory 服务、Web 服务器和终端服务器组件以及网络服务）的性能也显著提高。Windows Server 2003 是从单处理器解决方案一直扩展到 32 路系统的。它同时支持 32 位和 64 位处理器。

（3）安全性

通过将 Intranet、Extranet 和 Internet 站点结合起来，超越了传统的局域网（LAN）。因此，系统安全问题比以往任何时候都更为严峻。Windows Server 2003 在安全性方面提供了许多重要的新功能和改进。

① 公共语言运行库。这是 Windows Server 2003 的关键部分，它提高了可靠性并有助于保证计算环境的安全。它降低了错误数量，并减少了由常见的编程错误引起的安全漏洞。因此，攻击者能够利用的弱点就更少了。公共语言运行库还验证应用程序是否可以无错误运行，并检查适当的安全性权限，以确保代码只执行适当的操作。

② IIS 6.0。为了增强 Web 服务器的安全性，IIS（Internet Information Services）6.0 在交付时的配置可获得最大安全性。IIS 6.0 为 Windows Server 2003 提供了最可靠、最高效、连接最通畅以及集成度最高的 Web 服务器解决方案，该方案具有容错性、请求队列、应用程序状态监控、自动应用程序循环、高速缓存以及其他更多功能。

4. UNIX 操作系统

UNIX（如图 3.20 所示）是较早广泛使用的计算机操作系统之一，它的第一版于 1969 年在 Bell 实验室产生，1975 年对外公布，1976 年以后在 Bell 实验室外广泛使用。UNIX 操作系统是一种非常流行的多任务、多用户操作系统，其结构由 Kernel（内核）、Shell（外壳）和工具及应用程序三大部分组成，其主要特点有如下几个。

图 3.20　UNIX 操作系统

（1）多任务（Multi-tasking）

UNIX 是一个多任务操作系统，在它内部允许有多个任务同时运行；而 DOS 操作系统是单任务的操作系统，不能同时运行多个任务。早期的 UNIX 操作系统的多任务是靠分时（Time Sharing）机构实现的，现在有些 UNIX 系统除了具有分时机制外，还加入了实时（Real-time）多任务能力，用于实时控制、数据采集等实时性要求较高的场合。

（2）多用户（Multi-users）

UNIX 又是一个多用户操作系统，它允许多个用户同时使用。在 UNIX 中，每位用户运行自己的或公用的程序，好像拥有一台单独的机器；而 DOS 操作系统是单用户的操作系统，只允许一个用户使用。

（3）并行处理能力

UNIX 支持多处理器系统，允许多个处理器协调并行运行。

（4）管道

UNIX 允许一个程序的输出作为另外一个程序输入，多个程序串起来看起来好像一条管道一样。通过各个简单任务的组合，就可以完成更大更复杂的任务，并极大提高了操作的方便性。后来 DOS 操作系统也借鉴并提供了这种机制。

（5）功能强大的 Shell

UNIX 的命令解释器由 Shell 实现，UNIX 提供了 3 种功能强大的 Shell，每种 Shell 本身就是一种解释型高级语言，通过用户编程就可创造无数命令，使用方便。

（6）安全保护机制

UNIX 提供了非常强大的安全保护机制，防止系统及其数据未经许可而被非法访问。

（7）稳定性好

在目前使用的操作系统中，UNIX 是比较稳定的。UNIX 具有非常强大的错误处理能力，保护系统的正常运行。

（8）用户界面

传统的 UNIX 用户界面采用命令行方式，命令较难记忆，很难普及到非计算机专业人员，这也是长期以来 UNIX 遭受指责的主要原因，但现在大多数的 UNIX 都加入了图形界面，可操作性大大增强。

（9）强大的网络支持

UNIX 具有很强的联网功能，目前流行的 TCP/IP 就是 UNIX 的缺省网络协议，正是因为 UNIX 和 TCP/IP 的完美结合，促进了 UNIX、TCP/IP 以及 Internet 的推广和普及。目前 UNIX 一直是 Internet 上各种服务器的首选操作系统。

（10）移植性好

UNIX 操作系统的源代码绝大部分用 C 语言写成，非常便于移植到其他计算机上，再加上初期 UNIX 组织对 UNIX 源代码宽松的管理政策，促进了 UNIX 的发展和普及。很早以前，就应用到几乎所有 16 位及以上的计算机上，包括微机、工作站、服务器、小型机、多处理机和大型机等。

5. Linux 操作系统

Linux 是一种自由和开放源码的类 Unix 操作系统。目前存在着许多不同的 Linux，但它们都使用了 Linux 内核。Linux 可安装在各种计算机硬件设备中，从手机、平板电脑、路由器和视频游戏控制台，到台式计算机、大型机和超级计算机。Linux 是一个领先的操作系统，世界上运算最快的 10 台超级计算机运行的都是 Linux 操作系统。严格来讲，Linux 这个词本身只表示 Linux 内核，但实际上人们已习惯了用 Linux 来形容整个基于 Linux 内核，并且使用 GNU 工程各种工具和数据库的操作系统。Linux 的基本思想有两点：第一，一切都是文件；第二，每个软件都有确定的用途。其中第一条详细来讲就是系统中的所有都归结为一个文件，包括命令、硬件和软件设备、操作系统、进程等，对于操作系统内核而言，都被视为拥有各自特性或类型的文件。

此处需要说明的是，Linux 是一种外观和性能与 UNIX 相同或更好的操作系统，但 Linux 不源于任何版本的 UNIX 的源代码，并不是 UNIX，而是一个类似于 UNIX 的产品。Linux 产品成功地模仿了 UNIX 系统和功能，具体讲 Linux 是一套兼容于 System V 以及 BSD UNIX 的操作系统，其中 System V 是 Unix 操作系统众多版本中的一个。它最初由 AT&T 开发，在 1983 年第一次发布；BSD UNIX 也是 UNIX 操作系统的一个分支，它是由美国加州大学伯克利分校的研究者开发的。对于 System V 来说，目前把软件程序源代码拿到 Linux 中重新编译之后就可以运行，而对于 BSD UNIX 来说它的可执行文件可以直接在 Linux 环境下运行。另外 Linux 与 UNIX 的两大区别是：

（1）Linux 可运行在多种硬件平台上，而 UNIX 系统大多是与硬件配套的；

（2）Linux 是自由软件，免费、公开源代码的，而 UNIX 有些版本比如 AIX、HP-UX 是商业软件、闭源的（不过 Solaris，BSD 等 UNIX 都是开源的）。

目前，国内常用的 Linux 系统是红旗 Linux（如图 3.21 所示），包括桌面版、工作站版、数据中心服务器版、HA 集群版和红旗嵌入式 Linux 等产品，它是中国较大、较成熟的 Linux 发行版之一。

6. Mac OS

Mac OS 是一套运行于苹果 Macintosh 系列电脑上的操作系统，Mac OS 是首个在商用领域应用成功的图形用户界面。它基于 Unix 内核开发，一般情况下在普通 PC 上无法安装的操作系统。现在疯狂肆虐的电脑病毒几乎都是针对 Windows 的，由于 MAC 的架构与 Windows 不同，所以很少受到病毒的袭击。Mac OS 可以被分成以下两个系列。

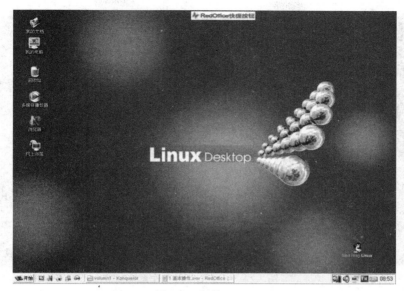

图 3.21　红旗 Linux

一个是已不被支持的 "Classic" Mac OS（系统搭载在 1984 年销售的首部 Mac 与其后代上，终极版本是 Mac OS 9）。采用 Mach 作为内核，在 OS 8 以前用 "System x.xx" 来称呼。"classic" Mac OS 的特点是完全没有命令行模式，它是一个 100% 的图形操作系统，预示它容易使用，它也被指责为几乎没有内存管理、协同式多任务（Cooperative Multitasking）和对扩展冲突敏感。"功能扩展"（Extensions）是扩充操作系统的程序模块，譬如：附加功能性（如网络）或为特殊设备提供支持。某些功能扩展倾向于不能在一起工作，或只能按某个特定次序载入。解决 Mac OS 的功能扩展冲突可能是一个耗时的过程。

另一个是新的 Mac OS X（如图 3.22 所示），它结合 BSD Unix、OpenStep 和 Mac OS 9 的元素。它的最底层建基于 Unix 基础，其代码被称为 Darwin，实行的是部分开放源代码。它带来 Unix 风格的内存管理和先占式多工（Pre-emptive Multitasking），大大改进了内存管理，允许同时运行更多软件，而且实质上消除了一个程序崩溃导致其他程序崩溃的可能性。这也是首个包括 "命令行" 模式的 Mac OS，除非执行单独的 "终端"（Terminal）程序，否则可能永远也见不到。但是，这些新特征需要更多的系统资源，按官方的说法 Mac OS X 只能支持 G3 以上的新处理器（它在早期的 G3 处理器上执行起来比较慢）。Mac OS X 有一个兼容层，负责执行老旧的 Mac 应用程序，名为 Classic 环境（也就是程序员所熟知的 "蓝盒子"）。它把老的 Mac OS 9.x 系统的完整拷贝作为 Mac OS X 里一个程序执行，但执行应用程序的兼容性只能保证程序在写得很好的情况下，在当前的硬件中不会产生意外。苹果机现在的操作系统已经到了 OS 10，代号为 MAC OS X（X 为 10 的罗马数字写法），这是 MAC 电脑诞生 15 年来最大的变化。新系统非常可靠，许多特点和服务都体现了苹果公司的理念。

该操作系统涉及的关键技术主要有以下几种。

（1）QuickDraw：首个供应大众市场所见即所得的成像模型。

（2）Finder：浏览文件系统和执行应用程序的界面。

（3）MultiFinder：首个支持多任务软件执行的版本。

（4）Chooser：访问网络资源的工具（如开启 AppleTalk）。

图 3.22　MAC OS　X 操作系统

（5）ColorSync：确保颜色匹配的技术。

（6）Mac OS 内存管理：在转到 UNIX 前管理 Mac 内存和虚拟内存的方式。

（7）PowerPC 模拟执行 Motorola 68000：Mac 处理从 CISC 到 RISC 结构转变的方式（请看 Mac 68K 模拟器）。

（8）桌面附件：在 MultiFinder 或 System 7 出现前，与其他软件协作运行的小"助手"软件。

3.5　Windows XP 的基本操作

3.5.1　Windows XP 操作系统简介

微软公司于 2001 年 11 月 9 日正式推出 Windows XP 操作系统，其中的 XP 是英文 Experience 的缩写，中文翻译为"体验"，寓意是这个全新的操作系统将会带给用户全新的数字化体验，引领用户进入更加自由的数字世界。

Windows XP 通过集成 Windows 2000 的所有优点（基于标准的安全性、可管理性和可靠性）与 Windows 98 和 Windows Me 的最佳功能（即插即用、易用的用户界面、创新的支持服务），实现了 Windows 操作系统的统一，创建了最优化的视窗操作环境。其主要家庭成员有：Windows XP Home Edition、Windows XP Professional、Windows XP Sever、Windows XP Advanced Sever 以及 Windows XP Data Center 等。除此之外，还有适用于 Intel 64 位处理器的 64 位 Windows XP 和适用于便携式设备的嵌入式 Windows XP。

下面将对两种常用的版本进行介绍。

（1）Windows XP Home Edition 即家庭版，主要针对个人及家庭用户设计，包括数字多媒体、家庭联网和通信等方面的功能。它集成了具有媒体任务栏、自动调整图像尺寸和个性栏等新功能的浏览器 IE，以及将常用数字媒体功能整合在一起的 Windows Media Player，为音频和视频的数字化处理提供了较为有利的条件。同早期版本的 Windows 操作系统相比较，Windows XP 新增了两个文件夹——"我的图片"和"我的音乐"。其照片打印向导、Web 发布向导为数字图片的共享、发布、下载和打印提供了快捷和方便。为了使用户快速、方便地操作，新的"开始"菜单把用户经常使用的文件和应用程序组织在一起，以提高访问的效率。它的 Internet 连接共享功能，允许家中的多台计算机经由同一个宽带或拨号连接访问 Internet。

（2）Windows XP Professional 版即专业版，除具备 Home Edition 版的功能外，还增加了远程桌面功能、管理功能、防病毒功能以及多语言特性，从而为办公用户高效、安全地使用计算机提供了更多的方便。为满足在视觉、听觉、行动、感觉等方面具有一定障碍的用户的需要，专业版提供了较强的辅助特性，改进了放大镜、讲述人、屏幕键盘和辅助工具管理器的功能，通过"辅助功能向导"、"辅助功能选项"图标和"控制面板"中的其他图标来更改 Windows 的外观和特性，包括键盘、显示器、声音和鼠标功能设置。如不特别指明，本书所提到的 Windows XP 均是指 Windows XP Professional 版本。

3.5.2　汉字输入法简介

汉字输入法是采用一定的编码规则，通过键盘进行汉字输入的方法。在显示器屏幕的右下角有一个浮动的输入法工具栏图标，单击输入法选择图标（默认情况下为英文输入状态），在打开的列表中选择一种输入法，即可使用该输入法进行汉字输入。

Windows XP 提供了多种汉字输入法，主要包括微软拼音、全拼、郑码、智能 ABC 以及双拼等，这类输入法的特点是只要知道汉字的拼音就能输入该汉字到计算机中。除此之外还有五笔输入法，该输入法的编码原理属于形码，即把汉字拆分为字根，然后根据字根来输入。

1. 汉字输入法的分类

Windows XP 内汉字输入是根据汉字的特点，按照某种特定的规律将汉字拆分为一些编码，然后根据这些编码来输入汉字。编码按照不同的规律分为音码、形码和音形码 3 种，其特点分别如下。

（1）音码是以汉字拼音为基准对汉字进行编码，通过输入拼音字母来输入汉字，微软拼音和全拼输入法便是基于音码的汉字输入法。该类输入法的特点是简单、易学，需记忆的编码信息量少，对学习过汉语拼音的人来说容易上手。缺点是重码率高，录入的速度相对比较低。

（2）形码是根据汉字字形的特点，将汉字拆分成若干偏旁、部首及字根或者笔画，并使偏旁、部首、字根或者笔画和键盘上的按键一一对应，形成汉字编码。常见的基于形码的输入法是五笔字型输入法。该类输入法的特点是重码率低，且能达到高速的录入效果，缺点是需记忆大量的编码规则、拆字的方法和原则，并且要经过大量的练习才能上手，因此相对来说难度大一些。

（3）音形码是将音码的简单易学和形码录入速度快的特点相结合的一种编码，如智能 ABC 输入法就是一种基于音形码的输入法。音形码使音形相互结合，取长补短，既降低了重码，又无需大量记忆。

2. 操作语言栏

语言栏是显示和切换输入法的场所，默认状态它以工具条的形式浮动在 Windows XP 桌面最前面。在语言栏中可进行如下几种操作。

（1）将鼠标光标移至语言栏最左侧的■部分，当鼠标光标变成✥时拖动鼠标可将其移动。

（2）单击"输入法选择"图标■，在打开的列表框中选择一种输入法。

（3）单击语言栏右上角的"最小化"按钮■，可将语言栏最小化到任务栏中。

3. 切换输入法

切换输入法是输入汉字的前提，其操作方法为：单击任务栏中的"输入法选择"图标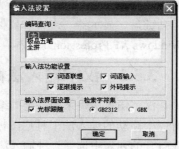，在打开的列表框中选择所需的输入法。在默认情况下，按【Ctrl+空格】组合键可以在中文输入法与英文输入法之间切换，按【Ctrl+Shift】组合键可以在多种中文输入法之间进行切换。

4. 设置输入法

根据不同的需要，还可对输入法的属性进行设置。

☞ 案例操作1　设置五笔字型输入法的编码查询为全拼。

（1）通过输入法列表切换至五笔字型输入法状态，在其输入法状态栏上的任意位置（除▓图标外）单击鼠标右键，在弹出的快捷菜单中选择快捷菜单中的"设置"命令。

（2）打开"输入法设置"对话框，如图3.23所示，在其中可进行词语联想、词语输入、逐渐提示、外码提示和光标跟随等功能的设置。在"编码查询"列表框中选择"全拼"选项，单击"确定"按钮完成设置。

"输入法设置"对话框中各复选框的功能分别如下。

①"词语联想"复选框：选中该复选框将启用词语联想功能，这样在输入汉字时可以在提示框中显示相关的词组。如当输入"感"字后，在提示框中将出现以"感"字开头的词语"感情"、"感受"等词，按所需词语前面的序号键即可输入相应的词。

②"词语输入"复选框：开启词语输入功能，如果取消选中该复选框，则只能输入单个的汉字。

③"逐渐提示"复选框：选中该复选框，将在提示框中显示所有以已输入编码开始的字和词，以方便使用者选择。

④"外码提示"复选框：选中该复选框，将在提示框中显示所有以已输入编码开始的字词的其他编码，这样可以方便使用者进行学习。

⑤"光标跟随"复选框：选中该复选框后，汉字编码的输入框与提示框将跟随光标位置的改变而移动。如果取消选中该复选框，则输入框与提示框始终在窗口中的固定位置显示。

☞ 课堂练习1　设置全拼输入法的编码查询为五笔字型。

5. 输入特殊符号与生僻字

用前面介绍的输入法可以输入常用的汉字，但一些符号或生僻字是不能运用这些方法进行输入的，这时可以使用软键盘或字符映射表来进行输入。

（1）通过软键盘输入特殊符号

通过软键盘输入特殊符号的方法是在软键盘的选择菜单中选择合适的软键盘，然后在打开的软键盘中找到要输入的特殊符号，单击鼠标即可输入。在软键盘中有的键与真实键盘一样有上下挡字符，这是可以按住键盘上的【Shift】键，再按软键盘上特殊字符所对应的键，这样就会输入相应键位的上挡字符。

（2）通过字符映射表输入生僻字

在输入文言文等文章时，遇到某些生僻字，可通过 Windows XP 的字符映射表程序来输入。

☞ 案例操作2　在字符映射表程序中找到汉字"霾"。

① 选择"开始"→"所有程序"→"附件"→"系统工具"→"字符映射表"命令，启动字

图 3.23　输入法设置

符映射表程序。

②　在字符映射表的"字体"下拉列表框中选择"宋体"选项，选中"高级查看"复选框，在其下方显示高级设置选项。

③　在高级设置选项中的"分组"下拉列表框中选择"按偏旁部首分类的表意文字"选项，这时在字符音色表窗口的右侧将打开"分组"对话框，如图 3.24 所示。

图 3.24　"分组"对话框

④　在"分组"对话框中向下拖动滚动条，选择"龍"，在左侧的字符映射表中便会显示出和"龍"有关的生僻字，在字符映射表中找到"䨇"，单击该字然后单击"选择"按钮，该字便会出现在"复制字符"文本框中。如图 3.25 所示，单击"复制"按钮复制该字，再将其粘贴到需要的位置即可。

图 3.25　字符映射表

✍ 课堂练习 2 在字符映射表程序中找到汉字"灿"。

3.5.3 Windows XP 桌面

启动计算机进入 Windows XP 后，显示在显示器屏幕上的图形被称为桌面。Windows XP 的桌面是由桌面图标、鼠标光标、任务栏和桌面背景等 4 部分组成的，如图 3.26 所示。在桌面上可以移动桌面图标、重命名桌面图标以及设置任务栏等。

图 3.26　Windows XP 桌面

1. Windows XP "开始" 菜单

在任务栏上单击"开始"按钮将打开"开始"菜单，如图 3.27 所示，再单击其中某个图标，可以打开相应的窗口或程序。

如果用户对"开始"菜单的样式不满意，可以通过设置自定义"开始"菜单。

✍ 案例操作 1 将"开始"菜单更改为经典"开始"菜单，然后程序图标设置为小图标，再将程序数设置为 5，最后设置提示安装新程序。

（1）在任务栏上的空白区域单击鼠标右键，在弹出的快捷菜单中选择"属性"命令。

（2）打开"任务栏和「开始」菜单属性"对话框，单击"「开始」菜单"选项卡，在其中选中"经典「开始」菜单"单选项，经典"开始"菜单是为了方便习惯使用 Windows 系列以前版本的用户，如图 3.28 所示。

图 3.27　Windows XP "开始" 菜单

（3）单击"自定义"按钮，再打开的"自定义「开始」菜单"对话框的"为程序选择一个图标大小"栏中，选中"小图标"单选项，如图 3.29 所示。

（4）在"程序"栏中单击"「开始」菜单上的程序数目"数值框的按钮🔼，可以改变"开始"菜单中显示的程序数目，这里单击🔽按钮或直接输入 5，更改显示程序数为 5 个，如图 3.30 所示。

图 3.28　"任务栏和「开始」菜单属性"对话框

图 3.29　"自定义「开始」菜单"对话框

（5）在 Windows XP 中安装了新程序后，系统会自动在"开始"菜单中以黄色背景显示出该程序。在"自定义「开始」菜单"对话框中单击"确定"按钮，如图 3.31 所示。此后在安装了新程序以后，系统会显示提供信息，并且在"开始"菜单中以黄色背景显示新安装的程序。

图 3.30　"自定义「开始」菜单"对话框

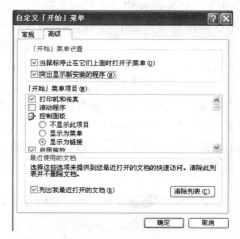

图 3.31　"自定义「开始」菜单"对话框

2. 创建桌面图标

桌面图标是打开窗口或启动应用程序的快捷方式，用户在计算机中安装 windows XP 后默认情况下桌面中只有"回收站"图标，用户可自行添加其他图标和创建需要的桌面快捷方式图标。

✍　案例操作 2　在桌面上创建 IE 浏览器图标，然后为"我的电脑"更改图标。

（1）在桌面的空白区域单击鼠标右键，在弹出的快捷菜单中选择"属性"命令，打开"显示属性"对话框，如图 3.32 所示，单击"桌面"选项卡，单击"自定义桌面"按钮。

（2）在打开的"桌面项目"对话框中单击"常规"选项卡，在"桌面图标"栏中选中"Internet Explorer"复选框，在中间的列表框中选择"我的电脑"选项，然后单击"更改图标"按钮，如图 3.33 所示。

图 3.32 "显示属性"对话框

图 3.33 "桌面项目"对话框

（3）打开"更改图标"对话框，如图 3.34 所示，在其中选择地球状图标，依次单击"确定"按钮完成创建系统图标和更改"我的电脑"图标的操作，在桌面上查看效果。

Windows 桌面图标在默认状态下时按一定的顺序排列在桌面的左侧，用户可根据需要移动它，还可为其重新命名。

☞ 案例操作 3　为"画图"创建桌面快捷方式图标，然后将其移动至右侧，再将其重命名。

（1）选择"开始"→"所有程序"→"附件"命令，将鼠标光标移至弹出的子菜单中的"画图"选项上，单击鼠标右键，在弹出的快捷菜单中选择"发送到"→"桌面快捷方式"命令，如图 3.35 所示。

图 3.34 "更改图标"对话框

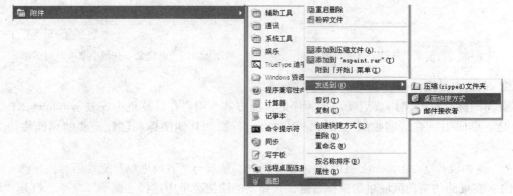

图 3.35 "画图"

（2）在桌面空白区域单击鼠标右键，在弹出的快捷菜单中依次单击"排列图标"子菜单中的"自动排列"和"对齐到网格"命令，它们前面的黑色勾号被取消了。

（3）选择桌面上的"画图"图标，在其上按下鼠标左键不放，将其拖动到桌面右侧，然后释放鼠标。

（4）在"画图"图标上单击鼠标右键，在弹出的快捷菜单中选择"重命名"命令，此时名称变为可编辑状态，输入法切换到中文输入状态，输入"绘图程序"。然后用鼠标单击桌面其他任意位置或按【Enter】键即可完成操作。

3.5.4　Windows XP 窗口

在 Windows XP 中启动一个应用程序、双击某程序快捷方式图标或双击一个文件夹名称都会打开一个窗口。

1．窗口的组成

Windows XP 中的窗口由标题栏、菜单栏、工具栏、地址栏、工作区、滚动条和状态栏组成。例如双击桌面上的"我的电脑"图标，打开"我的电脑"窗口，如图 3.36 所示，在其中"硬盘"栏中显示了计算机中所有的磁盘分区，通过这些分区可以访问计算机上存储的所有文件与文件夹，双击某个磁盘图标即可打开该磁盘窗口。

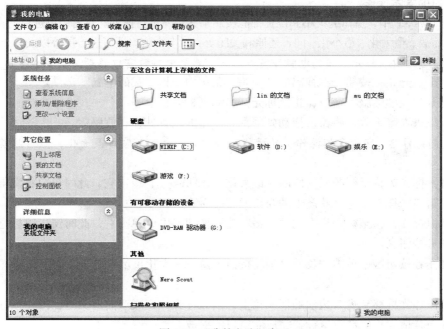

图 3.36　"我的电脑"窗口

（1）标题栏

标题栏位于窗口最上方，右上角的三个按钮分别是"最小化"按钮、"最大化/还原"按钮（　）和"关闭"按钮，用于控制窗口的大小。标题栏用于显示应用程序或文档的名称，以便区分不同的窗口。当打开多个窗口时，处于高亮度状态的窗口为当前窗口，此时在该窗口中可进行所有的操作。

（2）菜单栏

通过选择菜单栏中的命令可对窗口或窗口中的内容进行操作。

（3）工具栏

工具栏是将一些处理窗口内容的常用工具以按钮的形式显示出来，单击其中的按钮可快速对窗口进行操作。

（4）地址栏

地址中显示的是当前窗口的具体位置。在地址栏中输入或在其下拉列表框中选择相应文件夹路径或网址，单击"转到"按钮或按【Enter】键，将打开对应的窗口。

（5）工作区

工作区中显示当前窗口中的内容及执行操作后的结果。

（6）任务窗格

任务窗格时 Windows XP 新增的一项功能之一，其作用在于为窗口操作提供一些及时或常用的快捷命令等，常以链接的方式显现。

（7）滚动条

拖动滚动条可改变窗口显示区域。

（8）状态栏

状态栏位于窗口底部，显示当前窗口状态，如窗口中的对象数目、容量等。

2．窗口的基本操作

在 Windows XP 中，窗口的大小和位置都能按照某些规律进行排列。对窗口可进行的操作包括打开、移动、缩放、最大化、最小化、向下还原和关闭等，对多个窗口还可进行层叠以及横、纵向排列。

◎ 案例操作 1　打开"我的电脑"窗口，将"我的电脑"窗口移动至屏幕右下角。

（1）单击"开始"按钮，在弹出的"开始"菜单中选择"我的电脑"选项。

（2）打开"我的电脑"窗口，将鼠标光标移动到标题栏上。

（3）按住表左键不放，将窗口拖动到屏幕右下角的位置处，释放鼠标。

◎ 案例操作 2　继续案例操作 1 的操作，将"我的电脑"窗口最大化，然后将其最小化，最后还原窗口。

（1）将鼠标光标移至标题栏右侧的"最大化"按钮□上，单击它，此时窗口将满屏显示，不能进行移动窗口的操作，这种状态下的窗口便于查看和编辑。

（2）将鼠标光标移至标题栏右侧的"最小化"按钮■上，单击它，此时窗口以标题按钮的形式缩放到任务按钮区。

（3）在任务按钮区中单击"我的电脑"按钮，窗口最大化显示，单击"向下还原"按钮回将还原窗口的大小。

（4）将鼠标光标移到窗口边框的任一角上，当鼠标光标变成双向箭头时，按住鼠标左键不放并拖动，拖至合适大小后释放鼠标，完成对窗口的缩放。

（5）单击"我的电脑"窗口标题栏上的"关闭"按钮⊠、按【Alt+F4】组合键或在任务按钮区中"我的电脑"按钮上单击鼠标右键，在弹出的快捷菜单中选择"关闭"命令，将窗口关闭。

◎ 案例操作 3　打开几个文件窗口，先进行切换窗口操作，然后排列窗口。

（1）打开几个文件窗口。

（2）在任务按钮区中单击需要进行操作的窗口按钮或按【Alt+Tab】组合键，可以选择需要切换到的窗口。

（3）在任务栏上的空白区域单击鼠标右键，在弹出的如图 3.37 所示的快捷菜单中，选择"横向平铺窗口"命令。

（4）将窗口以横向平铺窗口排列形式显示，如图 3.38 所

图 3.37　选择"横向平铺窗口"命令

示。使用类似的方法将窗口以纵向平铺显示或层叠显示。

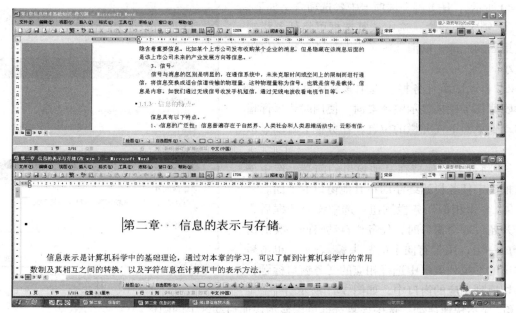

图 3.38　横向平铺窗口

◎　课堂练习　打开"我的文档"窗口，对窗口进行移动、缩放、排列等操作。

3.5.5　Windows XP 任务栏

在默认情况下，Windows XP 的任务栏位于桌面的最下方，通过任务栏可以启动应用程序、切换窗口、切换输入法和查看系统的时间信息等。任务栏的操作包括锁定任务栏、改变任务栏的位置和大小、隐藏和显示任务栏、分组相似任务栏按钮、显示快速启动区及设置通知区域显示内容等，如图 3.39 所示。

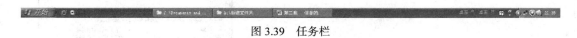

图 3.39　任务栏

任务栏中各项含义如下。

（1）快速启动区：用于显示常用的应用程序，单击相应的图标即可启动程序。在快速启动区中默认有 3 个快速启动图标、和。

（2）任务按钮区：在 windows 中打开窗口或启动程序时，在任务按钮区会显示一个相应名称的任务图标按钮。单击相应任务图标按钮可以显示该任务的操作窗口。

（3）语言栏：用于切换和显示系统使用的输入法，单击输入法图标，在弹出的菜单中可以选择一种输入法，单击"还原"按钮可将语言栏还原为桌面上的工具条，单击"最小化"按钮，可将语言栏最小化到任务栏中。

（4）系统通知区域：也称"提示区域"，用于提示当前的系统工作状态，包括当前的日期时钟图标 0:02 。系统通知区域也显示一些正在运行的程序图标。

为了提高工作效率，用户可以对任务栏进行个性化的设置。在任务栏上的空白区域单击鼠标右键，在弹出的快捷菜单中选择"属性"命令，打开"任务栏和「开始」菜单属性"对话框，如图 3.40 所示。"任务栏"选项卡中各选项含义如下。

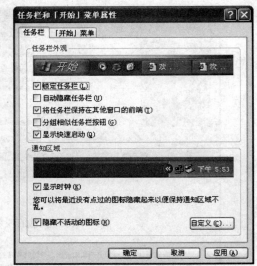

① 锁定任务栏：选中该复选框可将任务栏锁定在桌面的底部，取消选中可以改变任务栏的位置和大小。

② 自动隐藏任务栏：选中该复选框可以通过自动隐藏任务栏来显示整个桌面，使用时将鼠标指针移动到桌面下任务栏的位置，任务栏会自动显示出来。

③ 将任务栏保持在其他窗口的前端：选中该复选框确定任务栏始终浮动在其他窗口的上面。

④ 分组相似任务栏按钮：选中该复选框后，当打开超过 6 个窗口时，任务栏自动将同一类的窗口分成一组，用带有向下的箭头 ▼ 表示，单击后在弹出的下拉列表框中选择相应的任务窗口标题，即可切换到相应的窗口中，如图 3.41 所示。

图 3.40　任务栏属性

⑤ 显示快速启动：选中该复选框可以显示快速启动区上的图标。

⑥ 显示时钟：可以在系统通知区域中显示当前时间。

⑦ 隐藏不活动的图标：在系统通知区域中会自动隐藏一些不常用的图标，单击 ⊘ 按钮则隐藏图标。在该复选框后单击"自定义"按钮，将打开"自定义通知"对话框，在此可以设置系统通知区域中各个图标的显示或隐藏状态，如图 3.42 所示。

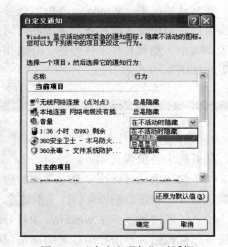

图 3.41　分组相似的任务栏按钮　　　　　图 3.42　"自定义通知"对话框

✐　案例操作　移动任务栏至桌面上方，然后调整其大小，将其锁定。

（1）将鼠标光标指向任务栏上的空白区域，按住鼠标左键不放并拖动到桌面的上方，释放鼠标左键，如图 3.43 所示，完成移动任务栏位置的操作。

（2）将鼠标光标指向任务栏的上边缘，当指针变成双向箭头时按住鼠标左键不放并向下拖动，到适当的位置后释放鼠标左键，即可调整任务栏大小，如图 3.44 所示。

图 3.43　改变任务栏位置

图 3.44　改变任务栏大小

（3）在任务栏上单击鼠标右键，在弹出的快捷菜单中选择"锁定任务栏"命令。

3.5.6　Windows XP 菜单和对话框

除以上组件以外，菜单和对话框也是 Windows XP 的重要元素，下面详细讲解。

1．菜单

使用鼠标单击菜单栏上相应的菜单项，弹出下拉菜单，移动鼠标光标到所需位置的菜单命令上，该菜单命令以蓝底白字显示，单击鼠标左键即可执行该菜单的命令。图 3.45 所示为"我的电脑"窗口中的"查看"菜单命令。

在菜单命令中包括某些符号标记，下面分别介绍这些符号标记的含义。

（1）分隔线标记：下拉菜单中某些命令之间有一条灰色的线，称为分隔线标记，它将菜单中的命令分为几个命令组。同一组中的菜单命令功能一般比较相似。

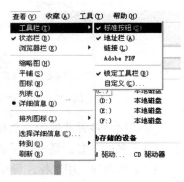

图 3.45　"查看"菜单命令

（2）对勾标记：菜单命令的左侧出现一个对勾标记 ✓，表示选择了该菜单命令。该标记是一个复选标记，可以同时选中多个同类菜单命令。

（3）圆点标记：选择该符号标记，表示当前选择的是相关菜单组命令中的一个，此命令组的其他命令则不能同时被选择。

（4）省略号标记：该符号标记表示在执行这类菜单命令时，系统将打开一个对话框，在对话框中进一步设置参数以后，才能实现该命令的功能。

（5）右箭头标记：该符号标记表示还有下一级菜单。将鼠标光标移动到有 ▸ 标记的菜单上会弹出下一级菜单。

（6）下拉箭头标记：如果某个菜单非常长，不利于选取常用的命令，该应用程序会将不常用的菜单命令隐藏起来，并在该菜单的下方显示一个标记，单击该标记可以显示全部菜单命令。

执行菜单命令有以下两种方法。

① 用键盘选择菜单命令。

在选择菜单命令时，可以单击鼠标进行选择，也可以通过键盘进行选择。如打开"我的电脑"窗口，菜单栏中的菜单名后的括号中都有一个带下划线的字母，如 编辑(E)。表示按下【Alt】键的同时按菜单名后的字母键，可打开相应的菜单项。如按【Alt+E】组合键可打开"编辑"菜单。

② 快捷菜单的使用。

当用鼠标右键单击某个对象时，会弹出一个快捷菜单，其中包括一些常用的命令，选择这些命令可以快速执行相应操作。

2. 对话框

在对话框中可以通过选择某个选项或输入信息来达到某种效果。执行命令的不同，打开的对话框也不同，图 3.46 所示为操作系统的"性能选项"对话框，图 3.47 所示为"启动和故障恢复"对话框。

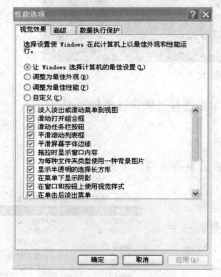 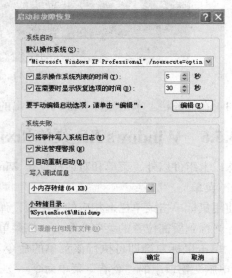

图 3.46 "性能选项"对话框　　　　图 3.47 "启动和故障恢复"对话框

对话框中各种选项的含义和使用方法如下。

（1）对话框名：显示该对话框的名称。

（2）单选项：用鼠标左键单击该按钮，选中单选项为 ⊙，取消选中为 ○，在同一组中只能选中一个单选项。

（3）文本框：一个空白方框，用于输入文本。

（4）下拉列表框：单击右侧的 ▾ 按钮，在弹出的下拉列表中可选择所需的选项。

（5）复选框：用于询问是否选择该选项，可以同时选中一个或多个复选框。

（6）选项卡：在某些对话框中会按功能分几个选项卡。每个选项卡都有一个名称，用鼠标单击其中一个选项卡，会显示相应的选项。

（7）数值框：右侧有一个按钮 ⬍，单击 ▲ 按钮将增加数值，单击 ▼ 按钮将减小数值，也可以直接在数值框中输入数值，但有些数值框有取值范围限制。

（8）命令按钮：上面显示了命令按钮的名称。单击命令按钮即可完成相关的操作，如单击"确定"按钮表示确认并应用对话框中的设置。

3.5.7　文件与文件夹

计算机中的数据都是以文件的形式进行保存的，而文件夹是用来存放文件的，用户可以通过资源管理器对它们进行管理。

1．认识资源管理器

资源管理器是用来组织和管理文件和文件夹的工具，用户可以通过它查看各本地磁盘（硬盘的一个分区）、文件、文件夹以及它们之间的相互关系，还可以对文件与文件夹进行新建、选择、复制、移动以及删除等操作。

✐　案例操作 1　启动资源管理器，查看 D 盘内容。

（1）选择"开始"→"所有程序"→"附件"→"Windows 资源管理器"命令，默认情况下打开"我的文档"窗口，如图 3.48 所示。

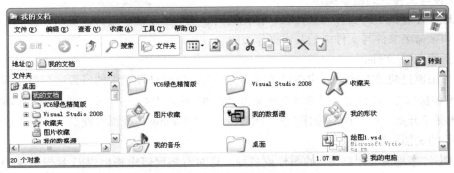

图 3.48　打开资源管理器窗口

（2）单击"我的电脑"前的"展开"按钮 ⊞，展开显示其中的目录。

（3）单击"本地磁盘（D：）"，在右侧窗格中将出现该盘目录中的内容。

（4）单击"本地磁盘（D：）"前的"展开"按钮 ⊞，将在左侧窗格中展开 D 盘下所包含的文件夹。单击文件夹图标，将在右侧窗格中显示出文件夹所包含的文件和子文件夹。

✐　课堂练习 1　启动资源管理器，查看"我的文档"中"图片收藏"文件夹中的内容。

2．文件与文件夹的概念

文件时用来存储一系列数据的一个集合，这些数据可以是一张图片、一段文字或一段视频等。

为了方便文件的管理和使用，每个文件都有其特有的属性，包括文件名称和扩展名等信息，它们之间用圆点"."隔开。文件名称可以使用中文或英文，如"第 2 章.doc"。"第 2 章"是文件名称，"doc"是扩展名。同一类文件有相同的扩展名，如用 Word 文字处理软件写信息或文章时，该软件程序将自动在文件后添加一个扩展名".doc"。因此，可以根据不同的文件扩展名（大小写字母视为相同）来判断某个文件的类型。

文件夹就是用来存储文件或子文件夹的"容器"。用户可以将同类的文件或子文件夹放置在同一文件夹中，便于对计算机中的资源进行有效地管理，文件夹的属性包括文件夹图标和文件夹名称。

3. 文件与文件夹的路径

根据文件或文件夹的路径可以查找到需要的文件或文件夹，同一个文件夹中是不允许有名称相同和扩展名完全相同的文件存在的，因为无法区分。而不同文件夹中的文件可以重名，因为根据路径可以区分开。文件路径是指文件或文件夹存放的位置。路径的结构一般包括本地磁盘名称、文件夹名称和文件名称等，它们中间用斜杠"\"隔开。图 3.49 所示为本地磁盘（D：）我的文档下桌面"第二章"中的"计算机图片"文件夹。

图 3.49　文件或文件夹路径示意图

4. 文件与文件夹的基本操作

要管理好计算机中的文件与文件夹，首先我们必须掌握新建、选择、复制、移动、删除、恢复、查看和重命名文件与文件夹的基本操作方法。

（1）新建文件/文件夹

用户可用通过快捷方式来创建空白文件或文件夹，以对计算机中的资源进行整合和管理。

✆　案例操作 2　在 D 盘根目录下创建名为"文档"的文件夹，在其中新建名为"帮助"的文件。

① 选择"开始"→"所有程序"→"附件"→"Windows 资源管理器"命令，在默认情况下打开"我的文档"窗口。

② 单击"本地磁盘（D：）"的图标或名称，这时右侧窗口中将出现 D 盘根目录的内容。在右侧窗格的空白位置处单击鼠标右键，在弹出的快捷菜单中选择"新建"→"文件夹"命令，如图 3.50 所示。

③ 默认情况下新建的文件夹的名称为"新建文件夹"，此时文件名呈蓝底白字显示的可编辑状态。切换到熟悉的输入法，输入"文档"，然后按【Enter】键完成为其命名的操作。

④ 在右侧窗格中单击"文档"文件夹，在右侧窗格中空白位置处单击鼠标右键，在弹出的快捷菜单中选择"新建"→"文本文档"命令。

⑤ 默认情况下文件夹名称为"新建文本文档.txt"，将鼠标光标移至".txt"前，输入"帮助"，然后按【Enter】键完成操作，如图 3.51 所示。

✆　课堂练习 2　在"文档"文件夹中新建一个子文件夹，名为"系统"。

（2）选择文件/文件夹

选择文件与文件夹是对其进行进一步操作的前提条件。

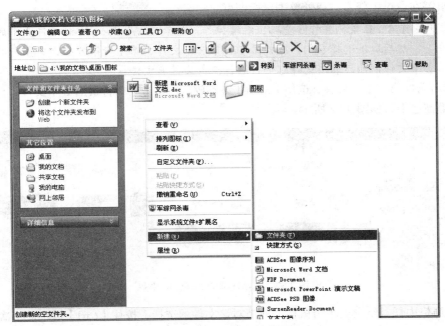

图 3.50　新建文件夹

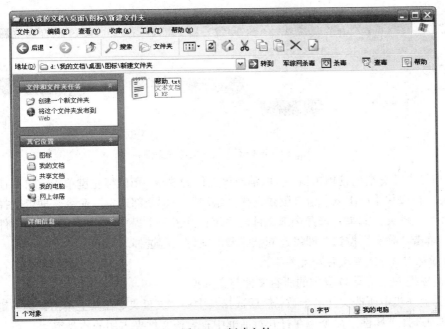

图 3.51　新建文件

    ⑥　**案例操作 3**　选择 C:\Windows\Web\tips.gif 文件。

    ① 在"开始"按钮上单击鼠标右键，在弹出的快捷菜单中选择"资源管理器"命令。在默认情况下将打开"C:\Documents and Settings\Administrator\「开始」菜单"窗口。

    ② 单击"Windows"文件夹前的"展开"按钮 ⊞，展开该文件夹下所包含的的文件和文件夹。单击"Wed"文件夹，在右侧单击"tips.gif"文件的图标，即可选择该文件，若要取消对该文件

的选择，只需在窗口中任意空白处单击鼠标即可。

    ❻ **案例操作 4** 在案例操作 3 基础上继续操作，选择 C:\Windows\Wed 文件夹中的前面两排文件或文件夹，然后取消选择它们，选择第 1 行第 3 个文件、第 1 行第 5 个、第 1 行第 6 个文件和第 2 行第 2 个文件，然后取消选择它们，选择全部文件和文件夹。

    ① 单击选择第 1 个文件夹，按住【Shift】键不放，再单击第 2 行最后 2 个文件，它们之间所有的文件都被选中，如图 3.52 所示。

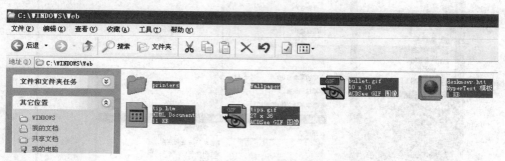

图 3.52　选择连续的文件或文件夹

    ② 在窗格中任意空白处单击鼠标，取消对该文件的选择，按住【Ctrl】键不放依次在第 1 行第 3 个文件、第 1 行第 5 个、第 1 行第 6 个文件和第 2 行第 2 个文件上单击鼠标，即可选择它们，如图 3.53 所示。

图 3.53　选择不连续的文件或文件夹

    ③ 在窗格中任意空白处单击鼠标，取消对该文件的选择，用鼠标左键单击窗口中任意一个文件与文件夹，再按住【Ctrl+A】组合键或选择"编辑"→"全部选定"命令，即可选择当前窗口中所有文件与文件夹。如果在选择全部文件时系统打开了一个提示对话框，表示该文件夹下有隐藏的文件，单击"确定"按钮，即可连同被隐藏的文件一起选择。

    ❻ **课堂练习 3** 选择文件和文件夹。

    ① 用鼠标拖动法选择 D 盘中的所有文件与文件夹。

    ② 查看上一步中所选文件的个数，然后选择其中一个文件夹，在其上单击鼠标右键，在弹出的快捷菜单中选择"属性"命令，在打开对话框中查看该文件夹占用的磁盘空间。

（3）复制和移动文件/文件夹

    复制文件和文件夹是指文件/文件夹在某个位置创建一个备份，而原来位置的源文件/文件夹仍然保留。移动文件/文件夹是指将文件/文件夹移动到其他磁盘中去。移动和复制文件/文件夹可以通过剪贴板和鼠标拖动两种方法进行。

    ❻ **案例操作 5** 在案例操作 4 基础上继续操作，移动"系统"文件夹中后缀名为".htt"的文件到"文档"文件夹中。

① 选择"编辑"→"复制"命令或按【Ctrl+C】组合键，单击左侧窗格 D 盘"文档"文件中的"系统"文件夹。选择"编辑"→"粘贴"命令或按【Ctrl+V】组合键完成复制操作，如图 3.54 所示。

图 3.54　复制文件

② 在"系统"文件夹中选择后缀名为".htt"的文件，选择"编辑"→"移动到文件夹"命令。

③ 打开"移动项目"对话框，单击 D 盘前的"展开"按钮，在其子目录下选择"文档"文件夹，如图 3.55 所示，单击"移动"按钮完成移动文件的操作。

图 3.55　移动文件

◎ 案例操作 6　继续案例操作 5 的操作，移动"系统"文件夹至 D 盘根目录下。

① 单击工具栏中的"向上"按钮，选择"系统"文件夹。

② 按住鼠标左键不放，将其拖动到左侧窗格中的 D 盘上，释放鼠标左键即可。

选择"编辑"→"剪切"命令或按【Ctrl+X】组合键可将要移动的文件粘贴到 Winodows XP 的剪切板中，再打开目标文件夹，选择"编辑"→"粘贴"命令（或按【Ctrl+V】组合键）也可完成移动文件的操作。复制文件与文件夹分两种情况：若源文件/文件夹与目标文件夹位于同一磁盘分区中，在拖动时按住【Ctrl】键即可；若源文件/文件夹与目标文件夹不在同一磁盘分区中，只需直接将源文件/文件夹拖动至目标文件夹即可。

◎ 课堂练习 4　复制和移动文件/文件夹。

① 在 E 盘根目录下创建文件夹，然后将其命名为 Image。

② 至少使用两种方法复制"C:\我的文档\图片收藏"文件夹中的所有文件到"Image"文件夹中。

③ 移动 D 盘"文档"文件夹至桌面上。

④ 删除与恢复文件/文件夹。

删除文件/文件夹，可以释放更多硬盘空间。默认删除文件/文件夹的操作，是将文件/文件夹移动到"回收站"中。通过管理"回收站"可以将其中的文件/文件夹彻底删除或还原。该操作并不是永久性删除，只有在回收站中执行了清除命令才是将该文件永久性删除了。

◎ 案例操作 7　删除桌面上的"文档"文件夹。

① 在桌面上选择"文档"文件夹，然后按【Delete】。

② 在打开的"确定文件夹删除"对话框中，单击"是"按钮，确定删除。

◎ 案例操作 8　还原已删除的"文档"文件夹。

① 双击桌面上的"回收站"图标，打开"回收站"窗口。

② 选择"文档"文件夹，在"回收站任务"窗格中单击"还原此项目"超链接即可。

◎ 案例操作 9 设置直接彻底删除文件。

① 在"回收站"图标上单击鼠标右键，在弹出的快捷菜单中选择"属性"命令。

② 打开"回收站属性"对话框，默认打开"全局"选项卡，在其中选中"删除时不将文件移入回收站，而是彻底删除"复选框，如图 3.56 所示。在其中选中"独立配置驱动器"单选项还可每个磁盘分配一个独立的回收站。

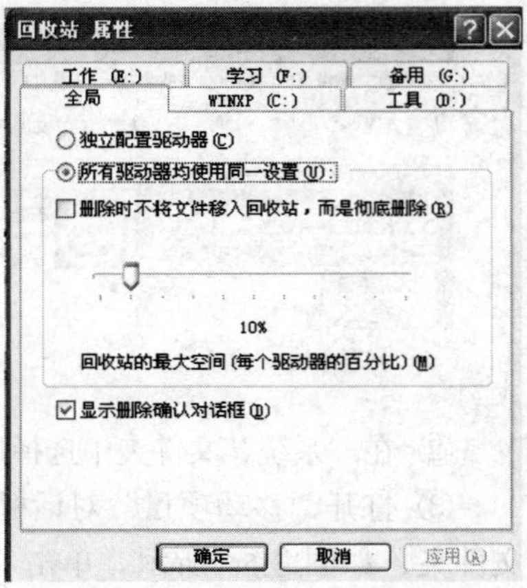

③ 单击"确定"按钮完成设置，设置后每次删除文件/文件夹时提示确定删除后，将不经过"回收站"而直接删除该文件或文件夹。

（4）查看文件/文件夹

查看文件/文件夹，首先要通过"资源管理器"找到目标所在的位置，然后用不同的显示方式来查看文件/文件夹。

◎ 案例操作 10 打开 D 盘，查看其中的文件/文件夹。

① 打开"资源管理器"窗口，双击 D 盘图标。

图 3.56 "回收站属性"对话框

② 在工具栏中单击"查看"按钮，在弹出的列表中选择不同的查看方式，这里选择"缩略图"选项。

③ 文件夹的显示方式已改变，若文件夹中包含图片等文件，则将部分缩小图在文件夹上显示。双击"系统"文件夹，在打开的窗口中可以看到文件夹中的显示方式已改变，如图 3.57 所示。

图 3.57 设置查看方式

（5）重命名文件/文件夹

用户可以对每个文件/文件夹进行重命名，文件名可以包含字母、数字和汉字等，最多包含 256 个字符（包括空格），即 128 个汉字，但不能包含\/:*?"<>和 | 这些字符。

◎ 案例操作 11 把 D 盘中的"系统"文件夹的名字改为"WWW"。

① 在"资源管理器"窗口的左侧窗格中单击"本地磁盘（D:）"。

② 在其子目录下"系统"文件夹上单击鼠标右键，在弹出的快捷菜单中选择"重命名"命令。

③ 此时该文件夹名称将反白显示，键入新的名称"WWW"，然后按【Enter】键完成重命名操作。

◎ 课堂练习 5 为自己计算机上的一个文件夹重命名。

5．管理文件/文件夹

对文件/文件夹的管理包括设置文件/文件夹的属性、设置文件夹选项以及查找文件/文件夹。

（1）设置文件/文件夹属性

文件与文件夹的属性包括"只读"、"隐藏"和"存档"3 种，用户可以根据需要进行选择。

◎　**案例操作 12**　将 D 盘中的"WWW"文件夹设置为隐藏属性。

① 打开 D 盘，在"WWW"文件夹上单击鼠标右键，然后在弹出的快捷菜单中选择"属性"命令。

② 打开"系统属性"对话框，默认打开常规"选项卡"，在该选项卡中的"属性"栏中选中"隐藏"复选框，如图 3.58 所示，然后单击"应用"按钮。

③ 打开"确认属性更改"对话框，在其中选中"将更改应用于该文件夹、子文件夹和文件"单选项。单击"确定"按钮，完成将该文件夹及其中的全部内容设为隐藏属性的操作。返回"系统属性"对话框，单击"应用"按钮关闭该对话框。

文件夹的 3 种属性的作用分别如下。

① 只读：该文件与文件夹只能打开并阅读其内容，不能修改文件的内容。

② 隐藏：设置隐藏属性后，文件将被隐藏起来，打开其所在的文件夹窗口时不会被看见。

③ 存档：不仅能打开该文件进行查看，还可以修改其内容并进行保存。

◎　**课堂练习 6**　将桌面上的"文档"文件夹设置为只读属性。

（2）设置文件夹选项

通过设置文件夹选项可以更改文件夹的显示形式、浏览方式以及文件夹类型等，还可以用于查看隐藏的文件和文件夹。

◎　**案例操作 13**　设置文件夹选项。

① 双击桌面上的"我的电脑"图标，打开的窗口中双击 D 盘图标，在打开的窗口中选择"工具"→"文件夹选项"命令或在工具栏中单击"文件夹选项"按钮。

② 打开"系统 属性"对话框，默认打开"常规"选项卡，在其中"浏览文件夹"栏中选中"在不同窗口中打开不同的文件夹"单选项，单击"查看"选项卡。

③ 在"高级设置"列表框中，拖动右侧的滚动条，在"隐藏文件和文件夹"下方选中"显示所有文件和文件夹"单选项，如图 3.59 所示，单击"应用"按钮关闭该对话框。

图 3.58　设置文件属性

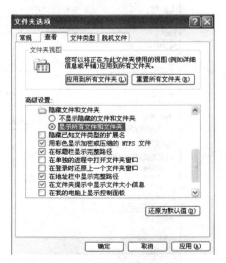

图 3.59　设置文件夹选项

④ 返回到 D 盘窗口中，其中以半透明显示的文件和文件夹均为隐藏文件夹。在其中可以看到上例中被隐藏了的"WWW"文件夹，如图 3.60 所示。

图 3.60 设置后的效果

🖝 课堂练习 7 设置文件夹选项为不显示隐藏文件和文件夹。

（3）搜索文件/文件夹

计算机中有成千上万的文件与文件夹，查找一些不常用的文件/文件夹是很费时间的，此时可以使用 Windows XP 的搜索功能。

在学习"查找"功能之前先介绍一下通配符。通配符是指可以代替某一类字符的通用代表符。常用的通配符有两个：星号（*）和问号（？）。星号代表一个或多个字符，问号只能代表一个字符，其含义分别如下。

.：表示计算机中所有的文件夹/文件。

*.jpg：表示所有扩展名为 jpg 的文件。

？ss.doc：表示文件名为 3 位，其中第 1 个字符不限，后两个字符为 ss，文件类型为 doc 的文件。

🖝 案例操作 14 查找计算机中所有扩展名为 xls 的 Excel 文件。

① 单击"开始"按钮，在打开的"开始"菜单中选择"搜索"命令或按【Win+F】组合键打开"搜索结果"窗口。

② 在"全部或部分文件名"文本框中输入"*.xls"，如图 3.61 所示。

图 3.61 输入查找参数

③ 单击 "搜索" 按钮, 系统开始查找, 并在右侧的窗口中显示出查找的文件, 如图 3.62 所示。

图 3.62　正在查找

④ 文件搜索结束后, 任务窗格会显示搜索到的所有符合要求的文件。

✐　课堂练习 8　查找计算机中所有扩展名为 doc 的 Word 文件。

习　　题

1. 计算机从诞生至今经历了哪几代? 都有哪些特点?
2. 计算机系统的组成有哪些?
3. 微型计算机的软、硬件分别包含哪几部分?
4. 操作系统的作用、类型及功能有哪些?
5. 汉字的编码分为哪几种?
6. 操作系统的概念是什么? 操作系统的功能是什么? 都有哪些操作系统?
7. 文件与文件夹的概念是什么?
8. 文件名的命名规则是什么?
9. 文件的扩展名的作用是什么? 有那些常见的文件扩展名, 举出 5 个以上的例子。

第二篇
信息处理技术

第4章
程序设计方法和软件

4.1 基 本 概 念

4.1.1 计算机程序、语言和软件

1. 计算机程序

程序是使用正确的计算机高级语言中的语句（指令）序列使计算机明确应完成的具体任务及其执行的具体步骤。

程序一般包括两方面内容。

（1）数据描述：明确涉及数据的类型及其组织形式，即建立正确的数据结构。

（2）操作描述：明确操作（执行）步骤，即建立合适的算法。

因此，程序=算法+数据结构。

程序具有以下特点：

（1）完成某一确定的信息处理任务；

（2）使用某种计算机语言描述如何完成该任务；

（3）存储在计算机中，并在程序执行后启动运行后才能起作用。

程序在计算机中是以 0、1 组成的指令码存储在计算机中来表示的，即程序是 0、1 组成的序列，可这个序列能够被计算机所识别和执行。程序与数据一样，共同存储在存储器中。当程序要运行时，按照目前绝大多数计算机采用的冯·诺依曼模型的存储程序概念，当前准备运行的指令依次从内存被调入 CPU 中，由 CPU 顺序处理和执行这些指令序列，完成特定的计算机任务。这种将程序与数据共同存储的思想就是绝大多数计算机采用的冯·诺依曼模型的存储程序概念。

程序由计算机中指令组成的原因在于：一方面，通过定义计算机可直接实现的指令集使得程序在计算机中的执行变得简单，计算机硬件系统只要实现了指令就能方便地实现相应的程序；另一方面，需要计算机实现的任务成千上万，如果每一个任务都相对独立，与其他程序之间没有公共的内容，编程工作将十分困难。指令体现了计算机科学中一个重要概念——"重用"。

总地来说，计算机程序是人们为解决特定任务、某种问题而采用计算机可以识别的代码编排的一系列数据处理步骤，计算机能严格按照这些步骤去做。

2．计算机语言

计算机的工作必须要接受人的操纵和控制，而人们为了让计算机按自己的意愿工作，就必须与计算机之间交流信息，这个交流信息的工具就是计算机语言。目前所使用的计算机语言有数百种之多，但大致可分为机器语言、汇编语言和高级语言三类。这几种语言会在后续章节详细阐述。

3．计算机软件

（1）对计算机软件的理解

软件的含义比程序更宏观、更物化一些。一般情况下，软件往往指设计比较成熟、功能比较完善、具有某种使用价值的程序。而且，人们不仅将程序，也将与程序相关的数据和文档统称为软件。其中，程序当然是软件的主体，单独的数据或文档一般不认为是软件；数据指的是程序运行过程中需要处理的对象和必须使用的一些参数；文档指的是与程序开发、维护及操作有关的一些资料。通常，软件必须是完整、规范的文档作为支持。

软件和程序本质上是相同的。因此，在不会发生混淆的场合下，软件和程序两个名称经常可以互换使用，并不严格加以区分。

相对于计算机硬件而言，软件是计算机的无形部分，但它的作用是很大的。例如，人们为了看电视，就必须有电视机，这是硬件条件；但仅有电视机还不行，还必须有电视节目，这是软件条件。由此可知，如果只有好的硬件，但没有好的软件，计算机是不可能显示出它的优越性的。

（2）软件的性质

在计算机系统中，软件和硬件是两种不同产品。硬件是有形的物理实体，软件是人们解决信息处理问题的原理、规则与方法的体现，它具有许多与硬件不同的特性。

① 不可见性。软件是原理、规则、方法的体现，它是无形的，不能被人们直接观察、欣赏和评价。软件以二进位编码形式表示并通过电、磁或光的机理进行存储，人们看到的只是它的物理载体，而不是软件本身。它的价值不是以物理载体的成本来衡量的。

② 适用性。一个成功的软件往往不是只满足特定应用的需要，而是可以适应一类应用问题的需要。

③ 依附性。软件不像硬件产品那样能独立存在于运行，它要依附于一定的环境。这种环境由特定的计算机硬件、网络和其他软件组成。没有一定的环境，软件就无法正常运行，甚至根本不能运行。

④ 复杂性。正是因为软件本身不可见，功能上又要具有一定程度的适用性，再加上在软件设计和开发时还要考虑它对运行环境多样性和易变性的适应能力，因此现今的任何一个商品软件几乎都相当复杂。

⑤ 无磨损性。软件在使用过程中不像其他物理产品那样会有损耗或者产生物理老化现象，理论上只要它依赖以运行的硬件和软件环境不变，它的功能和性能就不会发生变化，就可以永远使用。

⑥ 易复制性。软件是以二进位表示，以电、磁、光等形式存储和传输的，因而软件可以非常容易且毫无失真地进行复制，这就使软件的盗版行为很难绝迹。

⑦ 不断演变性。由于计算机技术发展很快，社会又在不断地变革和进步，软件投入使用后，其功能、运行环境和操作使用方法等通常都处于不断的发展变化之中。

⑧ 有限责任。由于软件的正确性无法采用数学方法予以证明，目前还没有人知道怎样才能写

出没有任何错误的程序来，因此软件功能是否百分之百正确，它能否在任何情况下稳定运行，软件厂商无法给出承诺。通常，软件包装上会印有如下一段典型的"有限保证"的声明。

⑨ 脆弱性。随着 Internet 的普及，计算机之间相互通信和共享资源在给用户带来方便的同时，也给系统的安全带来威胁。例如，黑客攻击、病毒入侵、信息盗用、邮件轰炸等。

4.1.2 指令与指令系统

计算机的程序是由一系列的指令组成的，指令是引起计算机执行某种操作的最小功能单位。换句话说，指令就是告诉计算机从事某一特殊运算的命令代码。

指令系统是指一台计算机中全部指令的集合，它反映了计算机所拥有的基本功能，决定了一个 CPU 能够运行什么样的程序，是 CPU 的根本属性。其格式与功能不仅直接影响机器的硬件结构，也直接影响系统软件，还影响机器的适用范围。从实际的机器工作来考虑，计算机就是数字电路加上指令系统。因此，在实际机器研制的同时，也要对指令系统进行设计。

1. 复杂指令集计算机和精简指令集计算机

（1）复杂指令集计算机

在 20 世纪 50 年代，指令系统只有定点加减、逻辑运算、数据传送、转移等十几至几十条指令；60 年代后期，增加了乘除运算、浮点运算、十进制运算、字符串处理等指令，指令数目多达一两百条，寻址方式也趋多样化；70 年代末期，大多数计算机的指令系统多达几百条。这种采用进一步增强原有指令的功能并设置更为复杂的指令使计算机系统具有更强的功能和更好的性能价格比的方法，就是复杂指令集计算机（Complex Instruction Set Computer，CISC）的指令设计风格。CISC 的思路是由 IBM 公司提出的，并以 IBM 在 1964 年研制的 IBM360 系统为代表。按照这种思路，机器指令系统将变得越来越庞杂。PC 多是用这种设计风格的指令系统，如 MMX 多媒体扩展指令等就是增加进去的指令，是复杂指令。

（2）精简指令集计算机

20 世纪 70 年代的研究发现，80%的指令只在 20%的运行时间里用到。不断增加指令复杂度的办法并不能使系统性能得到很大提高，反倒使指令系统的实现更困难和费时。庞杂的指令系统也给超大规模集成电路的设计带来困难。它不但延长了设计周期，增加了成本，也容易增加设计中出现错误的机会，降低了系统的可靠性。在 70 年代中期，Patterson 等人提出通过减少指令总数和简化指令的功能，降低硬件设计的复杂度，而提高指令的执行速度的设计思路。其基本思想是：指令系统只需由使用频率高的指令组成，简单的指令能执行得更快。采用这种设计思路的计算机被称为精简指令集计算机（Reduced Instruction Set Computer，RISC）。

与 CISC 技术相比，RISC 简化了指令系统，适合超大规模集成电路的实现；它提高了机器执行的速度和效率；降低了设计成本，提高了系统的可靠性；此外，它还提供了直接支持高级语言的能力，简化了编译程序的设计。RISC 技术现已成为计算机结构设计中的一种重要思想。实际上，现在的大多数 CPU 的内核都是基于 RISC 技术。

2. 指令的分类

现代 CPU 的指令系统一般有以下几种类型的指令。

（1）算术逻辑运算指令

算术逻辑运算指令是每台计算机必须要有的。这样指令不仅给出运算结果，还有结果的有关特征。该类指令包括加、减、乘、除等算术运算指令，以及与、或、非、异或等逻辑运算指令。现在的指令系统还加入了一些十进制运算指令以及字符串运算指令等。

（2）浮点运算指令

浮点运算要比整数运算复杂，所以 CPU 中一般还会有专门负责浮点运算的浮点元素单元。现在的浮点指令中一般还加入了向量指令，用于直接对矩阵进行运算，对于现在多媒体和 3D 处理很有用。

（3）移位操作指令

移位操作指令包括算术移位（主要是右移）指令、逻辑移位指令、循环移位指令 3 种。对于计算机内部以二进制编码表示的数据来说，这种操作是非常简单快捷的。

（4）其他指令

上面 3 种都是运算型指令，除此之外还有许多非运算的其他指令。这些指令包括数据传送指令、堆栈操作指令、转移类指令、输入/输出指令和一些比较特殊的指令，如特权指令、多处理器控制指令和等待、停机、空操作等指令。

3．指令的格式

一般来说，机器指令由操作码和操作数两部分组成。操作码告诉计算机进行什么样的操作，如算术运算、逻辑运算、存数、取数、转移等。操作数是将要被操作的对象。操作数可以用地址码表示，地址码告诉计算机到什么地方取数。根据指令操作数部分中显式指明的地址个数，则可形成零地址、单地址、双地址、三地址及四地址等指令。

（1）零地址指令：指令中不涉及地址或使用的约定的地址，如停机指令、空操作指令、关中断及堆栈操作指令。

（2）单地址指令：指令中只涉及一个地址或还使用另一约定的地址，如寄存器内容加 1、减 1 指令；与外设交换数据的指令，只在指令中指明外设地址，而把接收或送出的寄存器约定下来；另外一种情况是采用单一累加器的计算中约定目的地址和保存结果都使用唯一的累加器，指令中只表示一个源地址。

（3）双地址指令：指令中指出目的地址和源地址，其中目的地址还用于保存运算结果。

（4）多地址指令：如三地址码指令，指令中不仅要指出目的地址和源地址，还要指出保存运算结果的地址。

4．指令系统的设计

指令系统的性能决定了计算机的基本功能，它的设计直接关系到计算机的硬件结构和用户的需要。指令系统的设计就是要确定指令格式、类型、操作以及操作数的访问方式。

指令系统的设计原则：应特别注意如何使编译系统高效、简易地将源程序翻译成目标代码。一个完善的指令系统应满足如下 4 个方面的要求。

（1）完备性。用汇编语言编写的各种程序时，指令系统直接提供的指令足够使用，而不必使用软件来实现。完备性要求指令系统丰富、功能齐全、使用方便。

（2）有效性。利用该指令系统所编写的程序能够高效率的运行。

（3）规整性。规整性包括指令系统的对称性、匀齐性、指令格式和数据格式的一致性。其中，对称性是指在指令系统中所有的寄存器和存储器单元都可同等对待，所有的指令都可使用各种寻址方式；匀齐性是指一种操作性质的指令可以支持各种数据类型；指令格式和数据格式的一致性是指指令长度和数据长度有一定关系，以方便处理和存取。

（4）兼容性。系列机各机种之间具有相同的基本结构和共同的基本指令集，因而指令系统要求是兼容的，即各机种上的基本软件可以通用。

5．指令格式的优化

确定指令格式主要就是选择指令字中操作码的长度和地址数。指令格式的优化，就是以较少的格式，以尽可能短或尽可能一致的码来实现各种指令编码。指令字的长度有定长和变长两种。指令字包括操作码和地址码，对这两部分都采取优化措施。

操作码有 3 种组织方式。

（1）定长的操作码

定长操作码的每条指令的操作码长度均相同，即用固定长度的若干位表示操作码。这种方式的优点是简化了计算机的硬件设计，提高了指令译码和识别速度；缺点是当指令长度较短时，操作数地址的位数就会严重不足。

定长的操作码适用于字长较长的计算机指令系统。

（2）变长的操作码

变长的操作码每条指令的操作码长度不尽相同，将使用频率较高而地址码要求较多的指令用较少位表示操作码；而对那些地址码位数要求较少的指令，用较多的位表示操作码；对那些无操作数的指令，整个指令字均用作操作码。其优点是比较短的指令字中，既能表示出比较多的指令条数，又能尽量满足操作数地址的要求；缺点是增加了硬件设计的复杂性。

以上两种方案，操作码一般在指令字的最高位部分。

（3）操作码与操作数地址有所交叉

该方案的特点是不同的指令操作码长度不同，而且与表示操作数地址码的字段有所交叉。

在操作码的优化中，使用了霍夫曼压缩法。霍夫曼压缩法是一种与频率相关的编码方法，即出现频率高的字符编码短，频率低的字符编码长，这样可以缩短平均码长。

由于操作码优化后是变长的编码，如果整条指令是定长的，那么地址码的宽度应随不同指令变化，以配合操作码形成定长指令；也可以通过改变指令字中的地址数和地址码的长度，以使单地址及多地址都可以在一条指令中使用；如果操作码和地址码之外还有空余的码位，则设法用来存放立即操作数或常数。

当今的 RISC 指令系统中，全都使用定长指令格式。

4.1.3 程序、算法和数据结构

1. 数据结构

数据结构是指数据对象及其相互关系和构造方法。程序的数据结构描述了程序中的数据间的组织形式和结构关系。

计算机程序处理的对象是描述客观事物的数据。由于客观事物的多样性，会有不同形式的数据，如整数、实数、字符以及所有计算机能够接收和处理的各种各样的符号的集合。

在程序中，形式不同的数据采用数据类型来标识。数据类型是指一组形式相同的数据集，对这组数据可施行同一组操作集。例如，变量的数据类型说明变量可能的取值集合，以及可能施于变量的操作的集合。

2. 程序 = 数据结构 + 算法

程序的构成和数据结构是不可分割的。程序在描述算法的同时，也必须完整地描述作为算法的操作对象的数据结构。对于一些复杂的问题，常有因数据的表示方式和结构的差异，问题的抽象求解算法也完全不同。

数据结构与算法也有密切的关系。算法是建立在数据结构基础上的，未确定对数据进行如何操作就无法决定如何构造数据。只有明确了问题的算法，才能较好地设计数据结构。但要选择好的算法，又常常依赖于合理的数据结构，数据结构也是构造算法的基础。

总之，程序与数据结构和算法之间存在密切关系。数据结构是数据构造的逻辑表示形式，算法是处理问题的方法和步骤，最后问题的解由计算机程序给出。这是程序员在程序设计时应考虑的主要问题。

4.1.4　程序设计一般过程

程序设计的一般步骤如下。

1. 分析问题

对要解决的问题，首先必须分析清楚，明确题目的要求，列出所有已知量，找出题目的求解范围、解的精度等。

2. 建立数学模型

对实际问题进行分析之后，找出它的内在规律，就可以建立数学模型。只有建立了模型的问题，才能利用计算机来解决。

3. 确定算法

建立数学模型后，还不能着手编写程序，必须根据数据结构确定解决问题的算法。一般确定算法要注意以下问题。

（1）算法的逻辑结构尽可能简单。

（2）算法所要求的存储量应尽可能少。

（3）在满足题目条件要求下，使所需的计算量最小。

（4）编写程序。把整个程序看做一个整体，先全局后局部，自顶向下，一层一层分解处理，如果某些子问题的算法相同而仅参数不同，可以用子程序来表示。

（5）调试运行。

（6）分析结果。

（7）写出程序的文档。主要是对程序中的变量、函数或过程进行必要的说明，解释编程思路，需要时给出程序流程图，并讨论运行结果。

4.2　算 法 基 础

4.2.1　算法定义

1. 算法的概念

通常说："软件的主体是程序，程序的主体是算法。"这是因为计算机解决某个问题，首先必须针对问题设计一个解题步骤，然后再据此编写程序并交给计算机执行。这里所说的解题步骤就是"算法"，采用某种程序设计语言对问题的对象和解题步骤进行描述就是程序。因此，设计算法和描述问题的对象（称为"数据结构"），是编写程序时必须首先考虑的两个重要方面。

简单地说，算法是解决问题的方法和步骤。算法一旦给出，人们就不再需要考虑它所依据的原理是什么，而直接按照算法解决问题，因为解决问题所需要的智能已经包含在算法之中，因此只需要严格地按照算法的指示执行。这意味着算法是一种将智能与他人共享的途径。一旦有人把解决某个问题的智能放入了算法，其他人无须成为该领域的专家就可以使用该算法去解决问题。

在计算机学科中，算法指的是用于完成某个信息处理任务的一组有序而明确的、可以由计算机执行的操作（或指令），它能在有限时间内执行结束并产生结果。这里所说的操作（指令），必须是计算机可以执行的而且是十分明确的（什么样的输入一定得到什么样的输出）。计算机算法是一个有终结的过程，它必须在有限步骤内得到所求问题的解答。

这个定义可以用一幅简单的图说明，如图 4.1 所示。

定义中使用了"指令"这个词，这意味着有人或物能够理解和执行所给出的命令，我们将这种人或物称为"computer"。请记住，在电子计算机发明以前，"computer"的含义是指那些从事数学计算的人。现在，"computer"当然是特指那些做每件事情都不可或缺的、无所不在的电子设

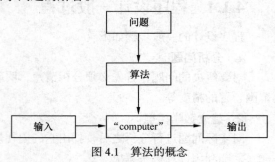

图 4.1　算法的概念

备。但要注意的是，虽然绝大多数算法最终会靠计算机来执行，但算法的概念本身并不依赖于这样一个假设。

2．算法的特征

尽管由于需要求解的问题不同而使得算法千变万化、简繁各异，但它们必须满足下列基本要求，即算法最起码应该具备以下特性。

（1）确定性：算法中的每一步操作必须有确切的定义，即每一步运算应该执行的操作必须是明确的，无二意性的。

（2）有穷性：一个算法总是在执行了有穷步骤的操作后终止。

（3）可行性：算法中有待实现的操作都是可执行的，即在计算机的能力范围之内，且在有限的时间内能够完成。

（4）输入：算法可以有 0 个或多个输入。

（5）输出：至少产生一个输出（包括参量状态的变化）。

4.2.2　算法描述

算法可以有不同的方法表示，常用的有自然语言、流程图、伪代码和计算机语言程序等。

（1）自然语言

自然语言是人们日常使用的语言，可以是汉语、英语或其他语言。用自然语言表示通俗易懂，但文字冗长，容易出现"歧义性"。自然语言表示的含义往往不太严格，要根据上下文才能判断其正确含义。此外，用自然语言描述包含分析和循环的算法不是很方便。因此，除了很简单的问题以外，一般不用自然语言来描述算法。例如求 1+2+3+…+100 的和，设 X 表示加数，Y 表示被加数，用自然语言描述如下。

① 将 1 赋值给 X。

② 将 2 赋值给 Y。

③ 将 X 与 Y 相加，结果存放在 X 中。

④ 将 Y 加 1，结果存放在 Y 中。

⑤ 若 Y 小于或等于 100 转到步骤③继续执行，否则算法结束，结果为 X。

（2）流程图

流程图就是用一些图形符号来表示算法的每一步及各步之间联系的图形。用图形表示算法的

优点是直观形象，易于理解。图 4.2 是上例算法的描述过程。

（3）伪代码

伪代码是用介于自然语言和计算机语言之间的文字和符号来描述算法的工具。它不用图形符号，因此书写方便格式紧凑，易于理解，便于向计算机程序设计语言过渡。如下是上例的伪代码算法的描述。

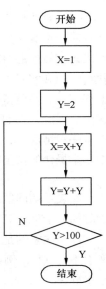

图 4.2　流程图

```
BEGIN（算法开始）
1⟹X
2⟹Y
while(Y<=100)
{
X+Y⟹X
Y+1⟹Y
}
Print X
END（算法结束）
```

计算机不识别自然语言、流程图和伪代码等算法描述语言，而设计算法的目的就是要用计算机解决问题。因此用自然语言、流程图和伪代码等语言描述的算法最终还必须转换为具体的计算机程序设计语言。描述的算法即转换为具体的程序。一般而言，计算机程序设计语言描述的算法是清晰的、简明的，最终也能由计算机处理，然而也不是完善无缺的。它需要设计者用特定程序设计语言编写的算法，限制了与他人的交流，容易陷入描述计算步骤的细节而忽视算法的本质。下面是上例的计算机程序设计语言 C 语言的算法描述。

```c
#include<stdio.h>
void main()
{
    int X,Y;
    X=1;
    Y=2;
    While(Y<=100)
{
  X=X+Y;
  Y=Y+1;
}
printf("%d",X);
}
```

4.2.3　算法分析与设计

1．算法分析

（1）算法分析意义

执行一个算法，要使用计算机的中央处理器（CPU）来完成各种运算，并使用存储器来存放程序和数据。算法分析是对一个算法需要多少计算时间和存储空间作定量的分析。分析算法不仅可以预计所设计的算法适合在何种环境中有效地运行，还可以知道在最好、最坏和平均情况下执行效率，并且对解决同一问题的不同算法的优劣做出比较判断。所以，针对某个问题而设计的算法，应该对该算法进行分析。

（2）算法分析的基本内容

对一个算法进行全面的分析可分成两个阶段来进行，即事前分析和事后测试。由事前分析，可求出该算法的时间和空间限界函数，它们是一些有关参数的函数。而事后测试可收集此算法的执行时间和实际占用空间的统计资料。由于事后测试有两个缺陷：一是必须先运行依据算法编制的程序；二是所得时间的统计量依赖于计算机硬件、软件等环境因素，有时容易掩盖算法本身的优劣。因此，人们常常采用事前分析方法。

一般情况下，执行一个算法所需要消耗的时间与该算法中基本操作重复次数成正比，而算法中基本操作的重复次数是问题规模 n 的某个函数 $f(n)$，算法的时间度量记作：

$$T(n)=O(f(n))$$

它表示随问题规模 n 的增大，算法的执行时间的增长率和 $f(n)$ 的增长率相同，称作算法的渐近时间复杂度，简称时间复杂度。

需要注意的是，初学者往往简单地认为算法的执行时间 $T(n)$ 是与问题规模 n 成正比的，而事实上不是这样。例如，将 10 个数排序如果需要 0.1s，那么将 100 个数排序所要花费的时间远远不止 1 秒钟。

类似于算法的时间复杂度，可以用空间复杂度作为算法所需要存储空间的度量，记作：

$$S(n)=O(f(n))$$

它表示随问题规模 n 的增大，算法所需要空间的增长率和 $f(n)$ 的增长率相同。

2. 算法设计

算法设计过程是根据所要解决的问题的特性，提出相应的解决方法的过程。尤其是在设计适合计算机实现的算法时，一定要考虑到计算机擅长重复进行简单的算术和逻辑运算，但不具有智能的判断和随机应变的能力的特点。

通常设计一个"好"的算法应考虑达到以下目标。

（1）正确性：算法应当满足具体问题的需求。具体问题的需求至少包括对输入、输出和加工处理等的明确的无歧义性的描述。设计的算法应当能够正确地反映这种需求。

（2）可读性：算法是为了人的阅读和交流，其次才是机器执行。可读性好有助于人对算法的理解，晦涩难懂的算法所对应的程序常常隐藏较多错误而导致难以调试和修改。

（3）健壮性：当输入数据非法时，算法也能适当地作出反应或进行处理，不会产生莫名其妙的输出结果。

（4）高效率：效率指的是算法的执行时间。对于一个问题的求解，执行时间越短，算法效率越高。

（5）低存储量需求：存储量需求是指算法执行过程中所需要的最大存储空间。采用解决同一问题的不同算法，可能会有不同的存储量需求。

4.2.4　算法问题求解步骤

1. 理解问题

从实践角度看，设计一个算法前首先要对给定的问题有完全的理解。应该仔细阅读问题描述，着手处理一些小规模的例子，考虑特殊情况，有必要提出疑问。

2. 决定计算方法、精确或近似解法以及数据结构和设计技术

了解待处理的问题后，确定采用的计算方法，选择精确算法或近似性算法；对于有些算法并不要求输入数据具有精巧的表现形式，但有些算法的确需要基于一些精心设计的数据结构；并采

用相应的算法设计的策略或一般性方法，用于解决不同领域的多种问题。

3. 设计算法

对于给出问题提出相应的解决方法。在设计算法的过程中要力求达到"好"算法的目标：正确性、可读性、健壮性、高效性以及低存储容量的需求。

4. 正确性证明

一旦完成算法的描述，需要证明算法的正确性。必须证明每一合法的输入，证明该算法在有限时间内输出一个需要的结果。

证明算法正确性的一般方法是使用数学归纳法，对于证明近似算法的正确性常常试图证明该算法所产生的误差不超出预定义的范围。

5. 分析算法

分析一个算法的好坏可以从如下几个方面进行度量：

（1）输入规模；

（2）运行时间；

（3）增长次数；

（4）算法最优、最差和平均效率。

6. 为算法写伪代码

绝大多数算法最终以计算机程序的形式实现。选择合适的语言描述算法并最终转换为机器可识别的代码。

算法在分析与设计的过程中经历的一些典型步骤如图 4.3 所示。

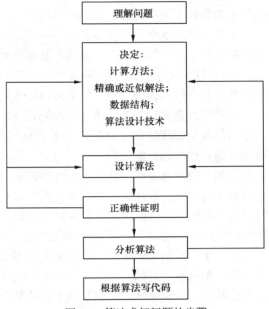

图 4.3　算法求解问题的步骤

4.3 数 据 结 构

4.3.1　数据及其类型和结构

1. 数据的发展

在程序设计中数据和运算是两个不可缺少的因素。所有的程序设计活动都是围绕着数据和其相关运算而进行的的。从机器指令、汇编语言中的数据没有类型的概念，到现在的面向对象程序设计语言中的抽象数据类型概念的出现，程序中的数据经历了一次次抽象。数据的抽象经历了 3 个发展阶段。

第一个发展阶段是从无类型的二进制数到基本数据类型的产生。在机器语言中，程序设计中所涉及的一切数据，包括字符、数、指针、结构数据和程序等都是由程序设计人员用二进制数字表达的，没有类型的概念。人们难以理解、辨别这些由 0 和 1 所组成的二进制数表达的意思是什么。这种程序的易读性、可维护性和可靠性极差。随着计算机技术的发展，出现了 Fortran、Algol 高级程序设计语言，在这些高级程序设计语言中引入了整型、实型和布尔类型等基本数据类型，程序员可以将其他的数据对象建立其上，避免了复杂的机器表达。这样，程序员不必和繁杂的二进制数字直接打交道，就能完成相应的程序设计任务。数据类型就像一层外衣，它反映了一个抽象层次，使得程序设计人员只需知道如何使用整数、实数和布尔数，而不需要了解机器的内部细节。此外，高级程序设计语言的编译程序可以利用类型信息进行类型一致性检查，及早发现程序中的语法错误。

第二个发展阶段是从基本数据类型到用户自定义类型的产生。Fortran 语言等只是引入了有限的整型、实型和布尔型等基本的类型，而在程序的开发过程中，许多复杂的数据对象难以用这些基本的类型表示，这就给程序的设计带来了很大的困难。例如，程序要实现一个数组栈（即栈中的元素为数组）上的操作，不能将数组作为基本对象来处理，必须通过其下标变量对数组的分量逐个处理。如果数组的分量又是一个数组，则还必须对这个用作分量的数组的分量逐一处理，直到最底层的整数、实数或布尔数这些基本类型的数据为止。也就是说，虽然经过第一个阶段的发展，用户可以不必涉及机器内部细节，但是，仅仅引入几种基本类型，用户在处理复杂的数据时，仍要涉及其数据结构的细节。如果可以把要处理的数据对象作为某种类型的对象来直接处理，而不必涉及其数据表达细节，将会给控制程序的复杂性带来很大的益处，并且编译程序的类型检查机制可以及早发现错误。为此，PL/I 曾试图引入更多的基本类型（如数组、树和栈等），以便将数组、树和栈作为直接处理的数据对象。但这不是解决问题的好方法。因为，一个大型系统所涉及的数据对象极其复杂，任何一个程序语言都没有办法使所有的类型作为其基本的类型。解决问题的根本方法是，程序设计语言必须提供这样一种机制，程序员可以依据具体问题，灵活方便地定义新的数据类型，即用户定义类型的机制。在大家熟知的 Pascal 和 C 语言中就引入了用户定义类型的机制，程序中允许有用户自己定义的新类型。

第三个发展阶段是从用户自定义类型到抽象数据类型的出现。抽象数据类型是用户自己定义类型的一个机制。数据和运算（即对数据的处理）是程序设计的核心，数据表示的复杂性决定了其上运算实现的复杂性，这也是整个系统复杂性的关键所在。20 世纪 60 年代末期出现的"软件危机"就是因为在软件开发中不能有效地控制数据表示，无法控制整个软件系统的复杂性，最终导致软件系统的失败。"软件危机"使人们认识到，在基于功能抽象的模块化设计方法中，模块间的连接是通过数据进行的，数据从一个模块传送到另一模块，每一个模块在其上施加一定的操作，并完成一定的功能。尽管 Pascal 和 C 语言等的用户自定义类型机制使得用户可以将这些连接数据作为某种类型的对象直接处理，然而，由于这些用户自定义类型的表示细节是对外部公开的，没有任何保护措施，程序设计人员可以随意地修改这种类型对象的某些成分，添加一些不合法的操作，而处理这些数据对象的其他模块却一无所知，从而危害整个软件系统。这些不利因素将会对由多人合作进行的大型软件系统开发产生致命的危害。为了有效地控制大型程序系统的复杂性，必须从两个方面加以考虑。一方面是更新程序设计语言中的类型定义机制，使类型的内部表示细节对外界不可见，程序设计中不需要依赖于数据的某种具体表示；另一方面要寻求连接模块的新方法，尽可能缩小模块间的界面。面向对象程序设计语言 C++中的类型就是实现抽象数据类型的机制。

2. 数据类型

数据类型（或简称类型）反映了数据的取值范围以及对这类数据可以施加的运算。在程序设计语言中，一个变量的数据类型是指该变量所有可能的取值集合。例如，Pascal 语言中布尔类型的变量可以取值为 true 或 false，而不能取其他值。C 语言中的字符型的变量可以取值为"A"，"B"，"D"等，但不能取值"ABC"。各种程序设计语言中所规定的基本数据类型不尽相同，利用基本数据类型构造组合数据类型的法则也不一样。因此，一个数据类型就是同一类数据的全体，数据类型用以说明一个数据在数据分类中的归属，是数据的一种属性，数据属性规定了该数据的变化范围。数据类型还包括了这一类数据可以参与的运算，如整数型的数据可以进行加、减、乘和除运算，而字符型的数据则不能进行这些运算。所以，数据类型包括两个方面：数据属性和在这些数据上可以施加的运算集合。

3. 数据结构

数据结构是一门研究程序设计中计算机操作的对象以及它们之间的关系和运算的学科。它在程序设计中具有十分重要的作用。

简单地说，数据结构是相互之间存在一种或多种特定关系的数据元素的集合。在任何问题中，数据元素都不是孤立存在的，而是在它们之间存在着某种关系，数据元素相互之间的这种关系称之为结构。在使用计算机解决问题时，需要确定所需要解决的问题的数学模型，还需要将问题所涉及的数据以及数据元素之间的关系使用合适的数据结构表示出来，然后才能加以解决。每种数据结构都有常用的一些算法，掌握了这些数据结构的表示方法和常用算法，就对某一类问题以及由这类问题所衍生的很多问题都有了很成熟和很方便的解法，这就是人们学习和研究数据结构的目的。

4.3.2　数据的物理结构

数据的物理结构是指数据在计算机存储器里的存储形式，主要有以下 4 种方式。

1. 顺序存储

顺序存储通常用于存储具有线性结构的数据。将逻辑上相邻的结点存储在连续存储区域的相邻存储单元中，使得逻辑相邻的结点一定是物理位置相邻。

例如，一个字符串 abc 在内存中的顺序存储如图 4.4 所示。

2. 链式存储

链式存储方式是给每个结点附加一个指针段，一个结点的指针所指的是该结点的后继存储地址，因为一个结点可能有多个后继，所以指针段可以是一个指针，也可以是多个指针。

同样一个字符串在内存中的链式存储如图 4.5 所示。字符 a 之后紧跟着的 0356 是它后面一个字符 b 的地址，而字符 b 之后紧跟着的 0422 是它后面一个字符 c 的地址。于是，当找到字符 a 后再根据它的后继字符的地址找到字符 b，以此类推，可以找到字符串的所有字符。

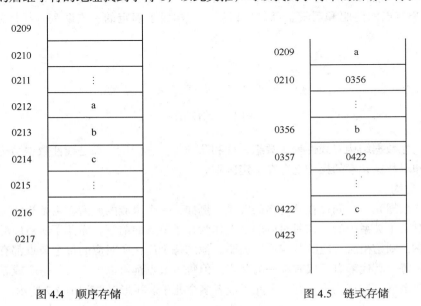

图 4.4　顺序存储　　　　　　　　　图 4.5　链式存储

3. 索引存储

在线性结构中，设开始结点的索引号为 1，其他结点的索引号等于其前继结点的索引号加 1，则每一个结点都有唯一的索引号。索引存储就是根据结点的索引号确定该结点的存储地址。例如，一本书的目录就是各章节的索引，目录中的每个章节后面标示的页码就是该章节在书中的位置。如果某本书的每个章节所占页码总数相同，那么可以由一个线性函数来去表示每个章节在书中的位置。

4. 散列存储

散列存储的思想是构造一个从集合 K 到存储区域 M 的函数 h，该函数的定义域为 K，值域为 M，K 中的每个结点 k_i 在计算机中的存储地址由 $h(k_i)$ 确定。

一个数据结构存储在计算机中，整个数据结构所占的存储空间一定不小于数据本身所占的存储空间，通常把数据本身所占存储空间的大小与整个数据结构所占存储空间的大小之比称为数据结构的存储密度。显然，数据结构的存储密度不大于 1。顺序存储的存储密度为 1，链式存储的存储密度小于 1。

4.3.3 数据的逻辑结构

数据结构定义中的"关系"所描述的是数据元素之间的逻辑关系，因此又称为数据的逻辑结构。根据数据元素之间的不同逻辑关系，通常有以下 4 种基本逻辑结构。

1. 集合

结构中的数据元素之间除了"属于同一个集体"的关系之外，别无其他关系。集合是数据元素之间关系极为松散的一种结构，因此也可用其他结构来表示。

2. 线性结构

结构中的数据元素之间存在一对一的关系。例如一个队列，它由队列的头、尾以及中间的各个节点组成。将相邻的两个节点中的前一个节点称为后一个节点的前驱，后一个节点称为前一个节点的后继。那么整个队列的各个元素中，除了头元素没有前驱元素外，其他元素都有且仅有唯一的前驱元素。除了尾元素没有后继元素外，其他元素都有且仅有唯一的后继元素。将每个节点的前驱和后继全部确定以后，就构成了确定的一支队列。线性结构如图 4.6 所示。

图 4.6 线性结构

常见的线性数据结构有线性表、数组、栈和队列等，它们虽然都是线性数据结构，但在数据元素的表示和对数据元素的操作上存在一定区别。

3. 树形结构

结构中的数据元素之间存在一对多的关系。例如，一个家族的族谱，由始祖加上它的后代组成。若将一对父子关系中的父亲所对应的节点作为儿子节点的前驱，而儿子所对应的节点作为父亲节点的后继，则始祖所对应的节点没有前驱，他的每个后代所对应的每个节点都有且仅有唯一的前驱，因为每个后代都有且仅有唯一的父亲。但每个节点都可以由零个、一个或者多个后继，相当于一个父亲可以没有儿子，有一个儿子或者多个儿子。树形结构如图 4.7 所示。

图 4.7　树形结构

树形结构与线性结构的共同点在于有一个节点没有前驱，其余节点都有唯一的前驱；不同点在于树形结构中每个节点允许有多个后继，所以前驱元素和后继元素之间存在的是一对多的关系，这不同于线性结构中的一对一关系。在树形结构中最典型的是二叉树，它的特点是每个节点至多只有两棵子树。

4. 网状结构

结构中的数据元素之间存在多对多的关系。例如，地图上的多个城市以及它们之间的交通网络。在这种结构中，既不同于线性结构，也不同于树形结构，前驱节点和后继节点之间的对应关系是多对多关系。网状结构如图 4.8 所示。

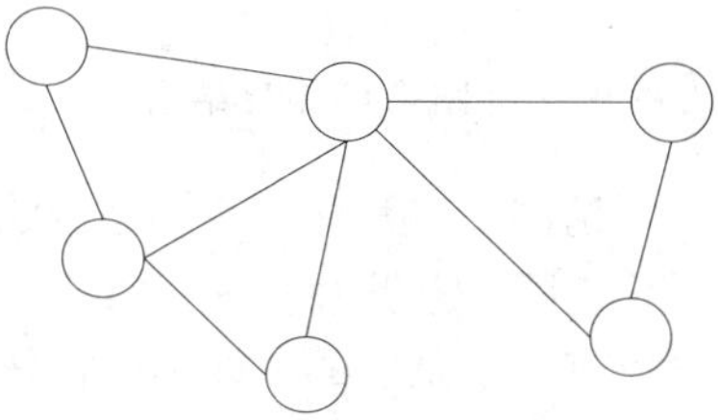

图 4.8　网状结构

可以看出，线性结构是树形结构的一种特殊形式，而树形结构又是网状结构的一种特殊形式。相对地，线性结构所对应的算法要比树形结构所对应的算法简单得多，而网状结构所对应的算法是所有结构中最复杂的。

4.4　程序设计方法

4.4.1　面向结构的设计方法

面向结构（结构化）程序设计方法主要包括程序结构的自顶向下和模块化设计方法。结构化程序设计方法首先着眼于系统要实现的功能。用自顶向下、逐步细化的方式建立系统的功能结构和相应的程序模块结构。把一个大程序按功能划分成一些较小的部分，每个完成独立功能的小部分用一个程序模块来实现。

结构化程序设计方法离不开 3 种基本程序结构：顺序结构、选择结构和循环结构。这 3 种结构是 Bohra 和 Jacopini 于 1966 年提出的。这 3 种基本结构是一个良好的程序或算法的基本单元。

顺序结构是顺序地执行各条语句，赋值语句和输入/输出语句就是最常用的顺序执行的语句。选择结构用来决定程序执行的过程分支，从而改变程序的流向。在程序中需要多次重复执行一组语句时就需要采用循环结构，这组语句称为循环体。循环体是否继续重复执行取决于循环的终止条件。

1. 顺序结构

顺序结构如图 4.9 所示，虚线框内是一个顺序结构。其中，A 和 B 两个框顺序执行的。即在执行完 A 框指定的操作后，必然接着执行 B 框所指定的操作。顺序结构是最简单的一种基本结构。

2．选择结构（分支结构）

选择结构如图 4.10 所示，虚线框内是一个选择结构。此结构中必包含一个判断框。根据给定的条件 P 是否成立而选择执行 A 框或 B 框。

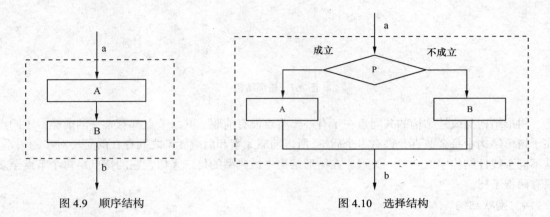

图 4.9　顺序结构　　　　　　　　　　　　　　图 4.10　选择结构

请注意：无论 P 条件是否成立，只能执行 A 框或 B 框之一，不可能既执行 A 框又执行 B 框。无论走哪一条路径，在执行完 A 或 B 之后，都经过 b 点，然后脱离本选择结构。A、B 两个框中可以有一个是空的，即不执行任何操作。

3．循环结构

循环结构，即反复执行某一部分的操作，有两种。

① 当型（While 型）循环结构：如图 4.11 所示，它的功能是当给定的条件 P1 成立时，

执行 A 框操作，执行完 A 后，再判断条件 P1 是否成立，如果依然成立，再执行 A 框，如此反复，直到某一次 P1 条件不成立为止，此时不执行 A 框，而从 b 点脱离循环结构。

② 直到型（Until 型）循环：如图 4.12 所示，它的功能是先执行 A 框，然后判断给定的条件 P2 是否成立，如果 P2 条件成立，则执行 A；然后再对 P2 条件作判断，如果 P2 条件仍然成立，再执行 A……如此反复执行 A，直到 P2 条件不成立为止，此时不再执行 A，并从 b 点脱离循环结构。

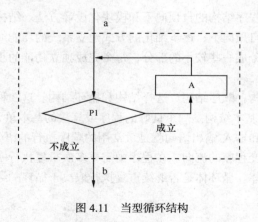　　　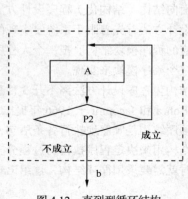

图 4.11　当型循环结构　　　　　　　　　　　图 4.12　直到型循环结构

以上两种循环基本结构，有以下共同特点。

第一，虚线框只有一个入口。图 4.11 和图 4.12 中的 a 点为入口点。

第二，虚线框只有一个出口。图 4.11 和图 4.12 中的 b 点为出口点。

第三，结构内每一部分都有机会被执行到。也就是说，对每一个框来说，都应当有一条从入口到出口的路径通过它。

第四，结构内不存在"死循环"（无终止的循环）。

已经证明，由以上 3 种基本结构顺序组成的算法结构，可以解决任何复杂问题。

由基本结构所构成的算法属于"结构化"的算法，相应的程序设计就称为结构化程序设计。它不存在无规律的转向，只在该基本结构内才允许存在分支和向前或向后的跳转。

显而易见，采用结构化程序设计可以方便地实现结构化程序设计得到的结构图。在结构化程序设计中，其主要原则有如下几个。

① 使用语言中的顺序、选择、循环这 3 种基本结构来表示程序逻辑。

② 选用的控制结构只准许有一个入口和一个出口。

③ 将程序语句组成容易识别的块，每块只有一个入口和一个出口。

④ 复杂结构应该用基本控制结构进行组合嵌套来实现。

⑤ 如果语言中没有某一专用的控制结构，可用一段等价的程序段模拟，但要求该程序段在整个系统中应前后一致。

⑥ 严格控制 GOTO 语句的使用，仅在少量情况下使用。

结构化程序设计就是在是否消灭 GOTO 语句的争论中逐步明晰起来的。大量采用 GOTO 语句实现控制路径，会使程序路径变得复杂而且混乱，从而使程序变得不易阅读，给程序的测试和维护造成困难，还会增加出错机会，降低程序的可靠性。因此，一定要控制 GOTO 语句的使用。当然，在少量情况下，如查找结束时，文件访问结束时，出现错误情况需要从循环中转出时，使用布尔变量和条件结构来实现就不如用 GOTO 语句来得简洁易懂。

4.4.2　面向对象的设计方法

1. 面向对象技术概述

随着 Internet 和计算机应用的不断发展，面向对象技术的研究和应用也不断向深度和广度方面扩展。在深度方面，分布对象技术、软件 Agent 技术、构件技术和模式与框架技术为我们的技术发展带来了良好的发展机遇。在广度方面，面向对象技术与电子商务、面向对象与 XML 和面向对象与嵌入式系统等为我们发展新的应用提供了舞台。

面向对象是当前计算机界关心的重点，它是当今软件开发方法的主流。面向对象的概念和应用已超越了程序设计和软件开发，扩展到很宽的范围。例如数据库系统、交互式界面、应用结构、应用平台、分布式系统、网络管理结构、CAD 技术、人工智能等领域。

面向对象技术包括面向对象分析（Object-oriented Analysis，OOA）、面向对象设计（Object-oriented Design，OOD）及面向对象程序设计（Object-oriented Programming，OOP）3 部分内容。

（1）面向对象分析（OOA）：软件需求分析的一种带有约束性的方法，用于软件开发过程中的问题定义阶段。其主要进行抽象建模（包括使用实例建模、类和对象建模、组件建模和分布建模等），产生一种描述系统功能和问题论域基本文档。

（2）面向对象设计（OOD）：将面向对象分析所创建的分析模型转变为作为软件构造蓝图的设计模型。面向对象设计的独特性在于其具有基于抽象、信息隐蔽、功能独立性和模块性建造系统等 4 个重要软件设计概念的能力。

（3）面向对象程序设计（OOP）：指使用类和对象以及面向对象特有的概念进行编程。

2．面向对象程序设计方法

面向对象程序设计方法与结构化方法不同，它把数据和行为看成同等重要。它是一种以数据为主线，把数据和对数据的操作紧密地结合在一起的方法。

（1）面向对象程序设计的特点

把所有对象都定义为类，每个类都定义一组数据和一组操作。类是对具有相同数据和相同操作的一组相似对象的定义。按父类与子类的关系，把若干相关类组成一个具有层次结构的系统。各个对象彼此之间仅能通过发送消息互相联系。尽可能模拟人类习惯的思维方式，使开发软件的问题空间与解题空间在结构上尽可能一致。

① 面向对象程序设计的要点

● 软件系统是由对象组成的，软件中的任何一个元素都是对象，复杂的软件对象由比较简单的对象组成。用对象分解取代了传统的功能分解。

● 把所有的对象都划分成各种对象类，每个对象类都定义一组数据和一组方法。

● 按照子类与父类的关系，把若干对象类组成一个具有层次结构的系统。

● 各个对象彼此之间仅能通过传递消息互相联系。

② 面向对象程序设计的特性

● 封装性：把数据和实现操作的代码集中起来，放在对象内部不能从外部直接访问或修改这些数据和代码。封装也就是信息隐藏。

● 继承性：指能够直接获得已有的性质和特性，而不必重新定义。

● 多态性：允许将父对象设置成和它的一个或多个子对象相等的技术，允许每个对象以适合自己的方式去响应共同的消息。这就增强了操作的透明性、可理解性和维护性，增强了软件的灵活性和重用性。多态性和继承性相结合，能使软件具有更广泛的重用性和可扩充性。

在面向对象的程序设计方法中，算法和数据结构被捆绑成一个类。从这样的角度看问题，就不用为如何实现通盘的程序功能而费心了。现实世界本身就是一个对象的世界，任何对象都具有一定的属性和操作，也就是说，总能用数据结构与算法来描述。这样，程序设计的原则可以设定为：

$$对象=算法+数据结构$$
$$程序=对象+对象+\cdots\cdots$$

也就是说，程序就是许多对象在计算机中相继表现自己，而对象又是一个个程序实体。人们不再静止地看待数据结构，而是把它看成一个程序单位，或者一个对象的象征。它本身又包含有算法与数据结构。

面向对象程序设计的一条基本原则是计算机程序必须由单个能够起到子程序作用的单元或对象组合而成。OOP达到了软件工程的3个主要目标：重用性、灵活性和扩展性。为了实现整体运算，每个对象都能够接收信息、处理数据和向其他对象发送信息。

（2）程序实例

以上简要讲解了面向对象程序设计的方法和特点。下面将使用C++的类机制来设计一个数组抽象。

第一，数组类的实现中有内置的自我意识，首先它知道自己的大小。

第二，数组类支持数组之间的复制、比较等操作。

第三，可以查询数组里面的最大植和最小值，以及需要的数值。

第四，可以排序。

```
class array{
public:
Bool operator==(const array&) const;
Bool operator!=(const array&) const;
array&operator=(const array&);
int size();
void sort();
int min();
int max();
int find(int value);
private:
//……}
```

关键字 private 和 public 控制类成员的访问，一般来说公有成员提供该类的接口—即实现这个类的行为的操作的集合。私有成员提供私有实现代码—即存储信息的数据。这种类的公共接口与私有代码的分离称为信息隐藏。这样我们就可以对数组进行整体操作，实现了数据和算法的捆绑。面向对象程序设计方法为我们提供了这样的一种能力，即继承机制和多态机制。可以把普遍和共同的属性通过基类来实现，而各种特殊的要求，我们通过继承和多态来表达需要的更多于基类的行为。

通过一个数组的演化，可以清楚的看到面向对象程序设计的核心思想：抽象数据类型，继承和多态。也可以清晰的感受到面向对象程序设计对于过程式程序设计的好处和优点。

4.4.3　面向构件的设计方法

1．面向构件技术概述

Internet 应用时代的到来，不仅仅增加了应用需求和软件的复杂性。构件技术在 Internet 时代突飞猛进，已经为实现软件复用的理想，解决软件危机带来了曙光。

面向构件技术对一组类的组合进行封装，并代表完成一个或多个功能的特定服务，也为用户提供了多个接口。整个构件隐藏了具体的实现，只用接口提供服务。这样，在不同层次上，构件均可以将底层的多个逻辑组合成高层次上的粒度更大的新构件，甚至直接封装到一个系统，使模块的重用从代码级、对象级、架构级到系统级都可能实现，从而使软件像硬件一样，能任人装配定制而成的梦想得以实现。

目前主流的软件构件技术标准有：微软提出的 COM/COM+、SUN 公司提出的 JavaBean/EJB、OMG 提出的 Corba。它们为应用软件的开发提供了可移植性、异构性的实现环境和健壮平台，结束了面向对象中的开发语言混乱的局面，解决软件复用在通信、互操作等环境异构的瓶颈问题。

2．面向构件程序设计

面向构件程序设计（COP）是一种注重构件设计和实现的程序设计方式，特别地，重视封装、多态、后期绑定和安全这些概念。

当今构件化软件领域有 3 大主流力量：对象管理组织从商业企业角度提出了基于 CORBA 的标准；Microsoft 从桌面的角度提出了基于 COM 的标准；Sun 从网络的角度提出了基于 Java 的标准。显而易见，企业、桌面和网络这 3 种解决方案最终将趋于一致。这 3 种标准的提供者各自都试图通过自我扩展或提供桥的连接的方式融合其他方案。这使得以上三者都存在一定弱点，而不足以承担全面鉴定解决方案的可行性的任务。

面向构件的程序设计本身有很大困难。构件的规模和粒度确定、构件的开发、构件的"布线"标准、构件的测试、构件的组装、构件系统的诊断和维护及支持构件安装和运行的基础设施的构建等都是面向构件的程序设计中必须要解决的问题。在目前困难且不成熟的程序设计中实现构件化更是一项极其艰巨的工作。

4.4.4 面向 Agent 程序设计

1. 概述

面向 Agent 的程序设计（Agent-Oriented Programming，AOP），最早由 Shoham 于 1989 年提出，它是基于认知和社会观点的计算，是一种新兴程序设计范例。AOP 是一种特殊的 OOP，OOP 把计算系统看成由相互间能通信，且有各自的方法处理输入消息的模块组成。AOP 使这一框架特殊化，固定模块（Agent）的状态（思维状态），其中包括信念（有关世界、自己、其他 Agent 的信念）、能力、选择及其他类似的概念，计算由这些 Agent 之间相互告知、请求、谈判、帮助等组成。Agent 的主要思想是用 Agent 理论研究提出的能表示 Agent 性质的意识态度来直接设计 Agent 和对 Agent 编程，具有便于描述、能嵌套表示及超陈述性编程的优点。

完整的 AOP 系统应包含以下 3 个方面的内容：

（1）一个逻辑系统以定义 Agent 的思维状态；

（2）一个可解释的编程语言以便对 Agent 编程；

（3）一个 Agent 实现过程，将 Agent 程序编译为低层执行代码。

2. 对软件性能影响

面向 Agent 技术对软件的可靠性、可维护性、可复用性等性能提供更好的支持。

（1）可靠性与健壮性。在多 Agent 系统中，若某一 Agent 出了问题，其工作可由其他 Agent 承担。

（2）计算效率。一个复杂的任务可由多个 Agent 协作并行完成，系统的计算效率将大大提高。

（3）可维护性。在面向 Agent 方法中，Agent 之间交互是通过通信来实现，修改 Agent 的行为不会影响其他 Agent 的行为的改变，Agent 独立性强，相互之间的耦合性弱。

（4）可重用性。Agent 提供了丰富的技术，不仅在系统部件和严格的交互（应用框架）上复用，而且 Agent 能使整个子系统和灵活的交互可重用。

3. 面向 Agent 的应用

Agent 技术的出现，给计算机科学和技术的发展产生重大影响，Oren Etzioni 认为："对于智能 Agent，99%属于计算机科学，而 1%属于人工智能"。现在 Agent 技术正大量用于网络信息处理、电子商务、交通控制、生产过程控制等领域，IBM、Microsoft 等著名计算机公司都着手基于 Agent 技术的产品开发，也已有一些具有 Agent 特性的产品出现，如 Microsoft Office 中的 Office 助手、软件 Agent 技术。

4.5 计算机语言与编译系统

语言是用来进行信息交流的工具。要想让计算机按照人们的意愿工作，就需要以适当的语言将这种意愿"告诉"计算机。就目前计算机系统的能力而言，需要告诉计算机的内容即包括要完成什么样的工作，又包括完成此工作的具体过程。相当于说，程序需要描述待完成的工作及其实现的过程，所以人们称这种语言为计算机程序设计语言。

自计算机诞生以来，先后出现很多程序设计语言。而这些语言描述的程序是不能被计算机直接执行的，它们必须被翻译成机器可以执行的程序——机器语言才能被执行。这种翻译工作需要由计算机编译系统来完成。以下将分别介绍计算机语言分类以及编译系统。

4.5.1 计算机语言分类

程序设计语言按其级别可以划分为机器语言、汇编语言和高级语言三大类。

1. 机器语言

机器语言就是计算机指令系统。用机器语言编写的程序可以被计算机直接执行。由于不同类型计算机的指令系统（机器语言）不同，因而在一种类型计算机上编写的机器语言程序，在另一种不同类型的计算机上也可能不能运行。更有甚者，机器语言程序全部用二进制（八进制、十六进制）代码编制，如图 4.13 所示。

2. 汇编语言

汇编语言用助记符来代替机器指令的操作码和操作数，如用 ADD 表示加法，SUB 表示减法，MOV 表示传送数据等。这样就能使指令使用符号表示而不再使用二进制表示。用汇编语言编写的程序比机器语言程序直观和容易记忆，如图 4.14 所示。但汇编语言是面向机器指令系统的，仍然保留了机器语言固有的缺陷。

```
B8 F01
BB 21 02
B8 1F 04
2B C3
```

图 4.13　机器语言程序（十六进制）

```
MOV AX 383
MOV BX 545
ADD BX AX
MOV AX 1055
SUB AX BX
```

图 4.14　汇编语言程序

3. 高级语言

为了克服汇编语言缺陷，提高编写程序和维护程序的效率，一种接近人们自然语言（主要是英语）的程序设计语言应运而生了，这就是高级语言。

高级语言的表示方法接近解决问题的表示方法，而且具有通用性，在一定程度上与机器无关。例如，若要计算 1055−(383+545)的值，并把结果值赋给变量 s，高级语言可将它直接写成：
s=1055−(383+545)

显然，这与使用数学语言对计算过程的描述是一致的，而且这样的描述（见图 4.15）适用于任何配置了这种高级语言处理系统的计算机。由此可见，高级语言的特点是易学、易用、易维护，人们可以更有效、更方便地用它来编制各种用途的计算机程序。

```
S=1055-(383+545)
```

图 4.15　高级语言程序

必须指出，高级语言虽然接近自然语言，但与自然语言仍有很大差距。这一差距主要表现在高级语言对于所采用的符号、各种语言成分及其构成、语句的格式等都有专门的规定，即语法规则极为严格。其主要原因是高级语言处理系统是计算机。而自然语言的处理系统则是人。发展到目前水平的计算机所具有的能力还是人预先赋予的，计算机本身不能自动适应变化的情况，缺乏高级的智能。所以，要想使高级语言和自然语言一样灵活方便，还有待将来的努力。

4.5.2　编译程序

一个编译程序就是一个语言处理程序，更简单地讲，它是一个语言翻译程序，其功能是把一种语言书写出的程序翻译成另一种语言的等价程序。语言翻译程序有很多种。有把一种高级语言程序翻译成另一种高级语言程序的，如 C++语言程序翻译成 C 语言程序；有把一种高级语言程序翻译成低级语言程序的，如把 C 语言程序翻译为某个汇编语言程序；也有在低级语言程序之间进行翻译的，如把汇编语言程序翻译成机器语言程序。通常把被翻译的语言称为源语言，翻译后的语言称为目标语言，源语言和目标语言书写的程序分别称作源程序和目标程序。如果源语言是像 FORTRAN、Pascal 或 C 那样的高级语言，目标语言是像汇编语言或机器语言那样的低级语言，则这种翻译程序称作编译程序。编译程序的一个重要任务是向用户报告翻译过程中所发现的源程序错误。如果把编译程序看成一个"黑盒子"，它所执行的工作可以用图 4.16 来说明。

当目标程序是一个可以执行的机器语言程序时，它就能由用户调用，接收输入数据而生成输出结果，如图 4.17 所示。

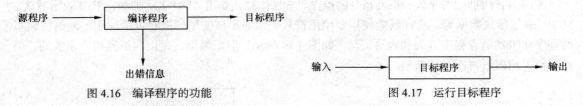

图 4.16　编译程序的功能　　　　图 4.17　运行目标程序

编译程序是现代计算机系统的基本组成部分之一，而且多数计算机系统都配有不止一个高级语言的编译程序，对有些高级语言甚至配置了几个不同性能的编译程序。

编译程序的基本任务是将源语言程序翻译成等价的目标语言程序。源语言程序的种类成千上万，从常用的诸如 FORTRAN、Pascal、Java、C++和 C 语言，到各种各样的计算机应用领域的专用语言；而目标语言也是成千上万的，加上编译程序根据它们的构造不同，所执行的具体功能的差异又分成了各种类型，比如，一趟编译、多趟编译的、具有调试或优化功能等。尽管存在这些明显的复杂因素，但是任何编译程序所必须执行的主要任务基本是一样的，通过理解这些任务，使用同样的基本技术，我们可以为各种各样的源语言和目标语言设计、构造编译程序。

20 世纪 50 年代中期出现了 FORTRAN 等一批高级语言，相应的一批编译系统开发成功。随着编译技术的发展和社会对编译程序需求的不断增长，20 世纪 50 年代末有人开始研究编译程序的自动生成工具。它的功能是以任一语言的词法规则、语法规则和语义解释出发，自动产生该语言的编译程序。目前很多自动生成工具已广泛使用，如词法分析程序的生成系统 LEX，语法分析程序的生成系统 YACC 等。20 世纪 60 年代起，不断有人使用自展技术来构造编译程序。自展技术的主要特征是用被编译的语言来书写该语言自身的编译程序。1971 年，Pascal 的编译程序采用自展技术生成后，其影响就越来越大。

随着并行技术和并行语言的发展，处理并行语言的并行编译技术及将串行程序转换成并行程序的自动并行编译技术也出现了很多研究成果。近年来，支持嵌入式系统和高性能体系结构的编译技术正在深入研究中。

4.5.3　编译过程和编译程序结构

编译程序完成从源程序到目标程序的翻译工作，是一个复杂的整体的过程。从概念上来讲，一个编译程序的整个工作过程是划分成几个阶段进行的，每个阶段将源程序的一种表示形式转换成另一种表示形式，各个阶段进行的操作在逻辑上是紧密连接在一起的。图 4.18 所示是一个编译过程的各个阶段，这是一种典型的划分方法。将编译过程划分成了词法分析、语法分析、语义分析、中间代码生成、中间代码优化、目标代码生成等阶段，我们通过观察源程序在不同阶段所被转换成的表示形式来理解编译各个阶段的任务。

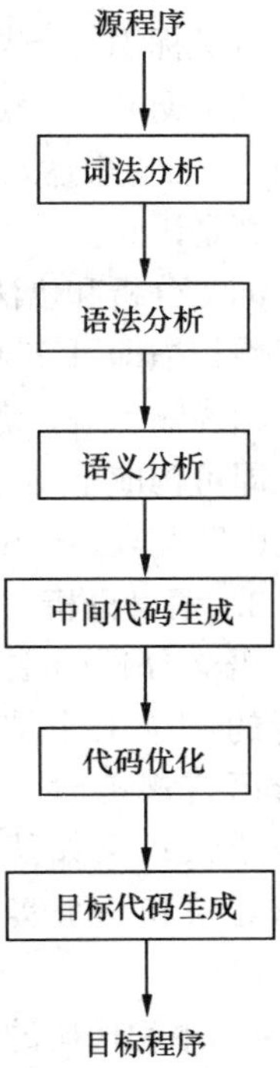

1．词法分析

词法分析是编译过程的第一个阶段。这个阶段的任务是从左到右一个字符一个字符地读入源程序，对构成源程序的字符流进行扫描和分解，从而识别出一个个单词（也称单词符号或符号），因此这个阶段也称为扫描源程序。这里所谓的单词是指逻辑上紧密相连的一组字符，这些字符具有集体含义。比如标识符是一种单词，保留字（关键字或基本字）是一种单词，此外还有算符、界符等。例如，某源程序片段为：

```
sum:=first+count*10
```

词法分析阶段将构成这段程序的字符组成了如下单词序列。

（1）标识符：sum。
（2）赋值符：:=。
（3）标识符：first。
（4）加号：+。
（5）标识符：count。
（6）乘号：*。
（7）整数：10。

图 4.18　编译的各个阶段

可以看出，5 个字符即 f、i、r、s 和 t 构成一个分类为标识符的单词 first，两个字符即+和*分别构成了表示加法和乘法的符号，两个字符:和=构成了表示赋值运算的符号。这些单词间的空格在词法分析阶段都被滤掉了。词法分析依据的是构词规则，比如，标识符是由字母字符开头，后跟字母、数字字符的字符序列组成的一种单词，保留字（关键字或基本字）是由字母字符组成的等。我们使用 id_1、id_2 和 id_3 分别表示 sum、first 和 count 这 3 个标识符的内部形式，那么经过词法分析后上述程序片段中的赋值语句则表示为 $id_1:=id_2+id_3*10$。

2．语法分析

语法分析室编译过程的第 2 个阶段。语法分析的任务是在词法分析的基础上将单词序列分解成各类语法短语，如"程序"、"语句"、"表达式"等。一般这种语法短语，也称语法单位，可表示成语法树。

语法分析所依据的是语言的语法规则，即描述程序结构的规则。通过语法分析确定整个输入串是否构成一个语法上正确的程序。

程序的结构通常是由递归规则表示的，如我们可以用下面的规则来定义表达式。

（1）任何标识符都是表达式。
（2）任何常数（正常数、实常数）都是表达式。
（3）若表达式 1 和表达式 2 都是表达式，那么：

表达式 1+表达式 2；

表达式 1*表达式 2；

（表达式 1）；

都是表达式。

类似地，语句也可以递归地定义，如：

（1）标识符:=表达式是语句；

（2）while（表达式）do 语句；

　　　if（表达式）then 语句 else 语句；

都是语句。

词法分析和语法分析本质上都是对源程序的结构进行分析。但词法分析的任务仅对源程序进行线性扫描即可完成，比如识别标识符，因为标识符的结构是以字母打头的字母和数字串，只要顺序扫描输入流，遇到的既不是字母又不是数字字符时，将前面所发现的所有子母和数字组合在一起即可构成单词标识符。但这种线性扫描不能用于识别递归定义的语法成分，比如就不能用此办法去匹配表达式中的括号。

3. 语义分析

语义分析的主要功能是审查源程序有无语义错误，为代码生成阶段收集信息。比如语义分析的一个工作是进行类型审查，审查每个算符是否具有语言规范允许的运算对象，当不符合语言规范时，编译程序应该报错。例如，有的编译程序要对实数用作数组下标的情况报告错误；又如某些语言规定运算对象类型可以被强制，那么当两目运算符施予一个整型运算对象和一个实型运算对象时，编译程序应将整型对象转换成实型对象而不能认为是源程序的错误。

4. 中间代码的生成

在进行了上述语法分析和语义分析阶段的工作之后，有的编译程序将源程序变成一种内部表示形式，这种内部表示形式叫做中间语言或中间代码。"中间代码"不同于源程序表示，也不同于目标程序表示，是一种结构简单、含义明确的记号系统。这种记号系统可以设计为多种多样的形式，重要的设计原则为两点：一是容易生成；二是容易将它翻译成目标代码。很多编译程序采用了一种近似"三地址指令"的"四元式"中间代码，这种四元式的形式为：

（运算符，运算对象 1，运算对象 2，结果）

5. 中间代码优化

代码优化的目的是使生成的目标代码更为高效，即省时间和省空间。这个工作可以在两个阶段进行，一个是在中间代码生成后，一个是在目标代码生成后。

在中间代码一级上进行的优化是与机器无关的，在目标代码生产之后，进行的目标代码优化常常根据机器本身的特点来考虑，比如利用特殊指令，像加一、减一指令来优化一些运算等。目标代码优化也称为机器有关的优化。

6. 目标代码生成

目标代码生成的任务是把中间代码变换成特定机器上的绝对指令代码或可重定位的指令代码或汇编指令代码。目标代码生成是编译的最后阶段，它的工作与硬件系统结构、指令含义有关，这个阶段的工作很复杂，涉及硬件系统功能部件的运用、机器指令的选择、各种数据类型变量的存储空间分配及寄存器和后缓寄存器的调度等。图 4.19 指明了源程序在编译过程的不同阶段的表示形式，当然，编译程序未必都要保存这些内部表示形式，我们仅通过这些表示形式来理解编译各个阶段的任务。

7. 符号表管理和出错机制

编译程序的另外两个重要的工作是符号表管理和出错机制。编译程序中的源程序的各种信息都被保留在各种不同的表格里，编译各阶段的工作都涉及构造、查找或更新符号表。符号表是一个数据结构，编译程序用来存放源程序的有关信息。这些信息在词法分析、语法分析及语义分析过程中不断积累和更新，在语义分析及后续阶段使用以完成目标代码的生成。

8. 编译阶段的组合和编译结构

图 4.19 所示的编译过程的阶段划分是一种典型的处理模式，事实上并非所有的编译程序都分成这样几个阶段，某些阶段可能组合在一起，这些阶段间的源程序的内部表示形式就没必要构造出来。比如有些编译程序并不要生成中间代码，而是在语法分析和语义分析后直接产生目标指令，有些编译程序没有优化阶段的工作等。

编译过程中阶段的划分是根据编译程序的逻辑组织。通常把编译的过程分为前端（front end）和后端（back end），前端由这样一些阶段组成：词法分析、语法分析、语义分析和中间代码生成，某些优化工作也可能在前端做，还包括与前端每个阶段相关的出错处理工作和符号表管理工作。这些阶段的工作主要依赖于源语言而与目标机无关。后端工作指那些依赖于目标机而一般不依赖于源语言，只与中间代码有关的那些阶段，即目标代码生成、目标代码优化，以及相关出错和符号表操作。若按照这种组合方式设计编译程序，则某一编译程序的前端加上相应不同的后端则可以为不同的机器构成同一个源语言的编译程序。而不同语言编译的前端生成同一种中间语言，再使用一个共同的后端，则可为同一机器生成几个语言的编译程序。

编译过程可以由一遍、两遍或多遍扫描源程序完成。所谓"遍"，也称作"趟"，是对源程序或其等价的中间语言程序从头到尾扫视并完成规定任务的过程。每一遍扫视都可完成上述一个阶段或多个阶段的工作。对于多遍的编译程序，第一遍的输入是用户书写的源程序，最后一遍的输出是目标语言程序，其余每个上一遍的输出都是下一遍的输入。在实际的编译系统中，编译的几个阶段怎样组合参考的因素主要是源语言和机器的特征。

编译程序的各个阶段的任务，再加上表格管理和出错处理的工作可分别由几个模块或程序完成，它们分别称作词法分析程序、语法分析程序、语义分析程序、中间代码生成程序、中间代码优化程序、目标代码生成程序、目标代码优化程序、表格管理程序和出错处理程序、中间代码优化程序、目标代码生成程序、目标代码优化程序、表格管理程序和出错处理程序，从而可给出一个典型的编译程序结构框图，如图 4.20 所示。

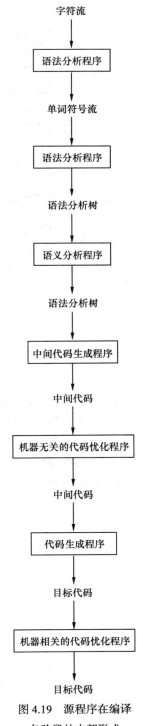

图 4.19　源程序在编译
各阶段的内部形式

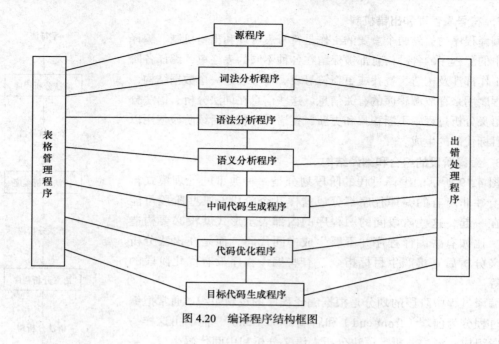

图 4.20　编译程序结构框图

习　题

1. 程序设计与数据结构、算法之间的关系是什么？
2. 什么是算法？算法求解问题的步骤有哪些？
3. 什么是数据结构？
4. 简述程序设计的方法。
5. 编译过程分几个阶段？

第5章
Office 2003 办公软件

办公软件是我们日常处理各种信息常用的软件，可以完成文字处理、表格制作、幻灯片制作、简单数据库的处理等方面的工作。常用的办公软件包括微软的 Office 系列、金山 WPS 系列、永中 Office 系列、红旗 2000 RedOffice 等。下面我们就微软的 Office 2003 中 Word、Excel 和 PowerPoint 3 个软件进行讲解。

5.1　文字处理软件 Word 2003

文字处理或文档处理是办公自动化中不可缺少的一项重要工作。文档处理的最终目的，是将用户需要表达和传递的各种文字与图形表格信息，以美观的排版格式和各种令读者易于接受的表现形式，在纸质媒介上以黑白或彩色的形式打印出来，供读者阅读。

第一个在 Windows 上运行的 Word1.0 版出现在 1989 年，经过 20 多年的不断发展，Word 已由一个简单的文字处理软件发展成为一个功能全面、可以排出精美的书报、杂志版面的桌面排版系统，许多功能能够和专业的印刷排版系统相媲美。

Word 的基本功能大致分为 3 个部分，即内容录入与编辑、内容的排版与修饰美化和效率工具。

Word 2003 是 Microsoft Office 2003 的一个组件，它具有直观、友好的操作界面和所见即所得的特性，可以制作出内容丰富、形式美观的各种类型的应用文档，可以高效地进行文字、图形、表格、声音、动画等多媒体信息的混合编辑。功能强大、简单实用和相对稳定的特点使 Word 2003 成为目前应用最广的文档处理软件之一。

5.1.1　Word 2003 的基本操作

1. 窗口

启动 Word 2003 后，屏幕上出现图 5.1 所示的 Word 2003 窗口，主要由标题栏、菜单栏、工具栏、标尺、滚动条、任务窗格、视图切换区以及状态栏等部分组成。

工具栏中包含了一些经常使用的操作命令按钮，图 5.1 显示了"常用"、"格式"、"绘图" 3 个工具栏，实际上，Word 2003 中还有许多不同的工具栏供用户使用，以协助用户完成不同方面的工作。用户可以选择"视图"—"工具栏"菜单选项，根据需要随时显示或隐藏某个工具栏，也可以随时添加或删除工具栏上的命令按钮。

菜单栏分类显示 Word 的所有操作命令。单击某个菜单项后可弹出相应的下拉菜单，提供用户选择所需的命令。

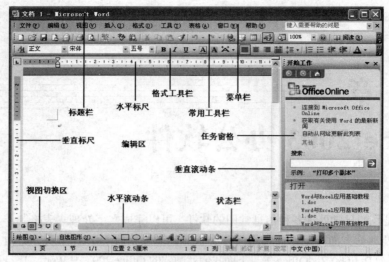

图 5.1　Word 2003 窗口

图 5.2 所示为单击"编辑"菜单项弹出的下拉菜单，有些命令选项右侧有快捷键，通常是两个或三个键的组合键，使用快捷键和在菜单中单击此命令选项效果一样。

2. 视图

所谓视图，就是查看文档的方式。不同视图方式可以满足用户在不同情况下编辑、查看文档效果的需要。

图 5.1 中视图切换区 的 5 个按钮从左到右依次代表普通视图、Web 版式视图、页面视图、大纲视图、阅读版式视图，点击某个按钮则切换到相应的视图方式。另外，单击"视图"菜单，下面也有切换到这 5 种视图以及文档结构视图的命令。

3. 普通视图

普通视图是 Word 默认的视图方式。与其他视图方式相比，该视图中只显示字体、字号大小、字形、段落缩进以及行间距等最基本的文本格式，不显示分栏效果、页边距、页眉页脚、背景、图形对象以及没有设置为"嵌入型"环绕方式的图片。

4. Web 版式视图

图 5.2　编辑"菜单的下拉菜单

Web 版式视图用来查看文档在 Web 浏览器中的外观效果。在 Web 版式视图中，文档将显示为一个不带分页符号的页面，且文本将自动换行以适应窗口的大小，与使用浏览器打开文档的画面一致。

5. 页面视图

页面视图主要用于版面设计。在此视图下，文档看上去就像写在纸上一样，可以看到文档的外观，图形、文字、页脚和页眉、脚注、尾注在页面上的精确位置以及分栏排列方式。

6. 大纲视图

大纲视图用于显示、修改或创建文档的大纲。对于一个具有多重标题的文档而言，大纲视图最大的优点是用户可以方便地查看文档的结构、修改标题内容和设置格式。

7. 阅读版式视图

阅读版式视图最大的优点是便于用户阅读文档，这是 Word 2003 新增的功能。在阅读内容连接紧凑的文档时，阅读版式能将相连的两页显示在一个版面上使得阅读非常方便，但在图文混排或包含多种文档元素的文档中不常用此视图模式。

8. 文档结构图

文档结构图常用于查看文档结构，或者寻找某个特定的主题。它有一个位于文档左边的垂直窗格，窗格中以树状结构列出了文档的所有标题，单击某一标题右面窗格便会显示出此标题所对应的内容。通过文档结构图，用户在阅读文档时就能根据目录进行有选择地阅读。文档结构图可以和前面几种视图模式结合起来共同使用。

9. 新建、打开、保存和关闭文档

（1）新建文档

Word 2003 创建的文档是以.doc 为后缀名的文件。当启动中文版 Word 2003 时，系统会自动打开一个名为"文档 1"的空白文档，标题栏上显示"文档 l-Microsoft Word"。

① 新建空白文档。新建一个空白文档常用以下几种方法。

a. 单击"常用"工具栏上的"新建空白文档"按钮 创建新文档。

b. 按 Ctrl+N 组合键。

c. 选择"文件"—"新建"菜单选项，此时屏幕将在"任务窗格"中显示"新建文档"任务窗格，如图 5.3 所示。单击"空白文档"就可以新建一个空白文档。

② 利用模板创建新文档。如果要创建的不是普通文档，而是简历、报告、传真、信函等应用文文档，则可以使用 Word 2003 提供的模板来创建。模板是 Word 2003 提供的一些按照应用文规范建立的文档，在其中已经填充了这些文体的固定内容，并且还调整好了格式。对于不太熟悉某种应用文体的用户而言，利用模板能够帮助他们迅速准确地创建符合规范的应用文档。具体操作步骤如下。

a. 在图 5.3 所示的"新建文档"任务窗格中单击"本机上的模板"，弹出图 5.4 所示的"模板"对话框。

图 5.3 "新建文档"窗口

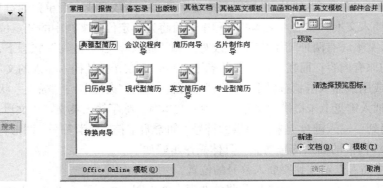

图 5.4 "模板"对话框

b. 从"模板"对话框的不同选项卡中选择新文档要使用的模板类型。

c. 从列表框中选定具体类型模板的图标后，单击"确定"按钮，即可快速创建一份自己所需的文档。

在利用模板创建的文档中，用户只需单击占位符，然后输入所需的文本即可。

（2）打开文档

对于已经保存在磁盘上的文档，要想对其进行编辑、排版和打印等操作，就需将其打开。可以通过单击"常用"工具栏上的"打开"按钮 ，或者选择"文件"—"打开"菜单选项，弹出"打开"对话框来打开文件。

（3）保存文档

在新建一个文档或对文档进行修改之后，都需要对文档进行保存。保存文档是一项很重要的工作，因为用户所做的编辑工作都是在内存中进行的，一旦计算机突然断电或者系统发生意外而非正常退出 Word 2003 时，这些内存中的信息就无法获取，所做的工作就白费了。为了永久地保存创建的文档，应该将它保存到磁盘上。

单击菜单"文件"—"保存"命令，或单击"常用"工具栏上的"保存"按钮 ，如果某文件是第一次保存，会弹出一个"另存为"对话框。

（4）关闭文档

当完成对文档的操作后，就可以关闭文档了，关闭文档的方法有以下几种。

a. 选择"文件"—"关闭"菜单选项。

b. 单击文档窗口右上角的"关闭"按钮⊠。

c. 按 Alt+F4 组合键。

d. 在任务栏上右键单击要关闭的文档名，在弹出的快捷菜单中选择"关闭"命令。

5.1.2 文档编辑

1. 输入字符

（1）移动和定位插入点

当创建了新文档后，在文本区域中不断闪烁着的一黑色竖条（或称光标）就是插入点。插入点表明输入字符将出现的位置，它将随输入字符位置的改变而改变。

（2）字符的插入

字符可以是一个汉字，也可以是一个字母、一个数字或一个单独的符号。

① 插入文本。在输入文本的过程中，可将光标定位到文档中的任意位置来进行输入操作。

输入文本时有两种工作状态："改写"和"插入"。在"改写"状态下，输入的文本将覆盖光标右侧的原有内容；而在"插入"状态下，将直接在光标处插入输入的文本，原有内容右移。按Insert 键或用鼠标双击状态栏上"改写"按钮，可在"改写"与"插入"状态之间切换。

② 插入键盘上未提供的符号。在输入文本时，除了输入英文、中文以及常用的标点符号外，经常会遇到要输入键盘上未能提供的符号（如希腊字符、数学符号、图形符号等），这就需要使用Word 2003 提供的插入符号功能。具体操作步骤如下。

a. 将插入点定位到要插入符号的位置。

b. 选择"插入"—"符号"菜单选项，弹出图 5.5 所示的"符号"对话框。

c. 在"字体"下拉列表中选择包含该符号的字体。

d. 选择符号表中所需的符号，然后单击"插入"按钮，即可将该符号插入到文档中。

（3）插入特殊符号

Word 2003 中包含了一些特殊符号，供用户使用。插入特殊符号的方法是：可以选择"插入"—"特殊符号"菜单选项，打开"插入特殊符号"对话框完成特殊符号的插入。

2.　选定文本

在对文本进行格式编辑或排版时，首先应选择要操作的文本。在 Word 2003 的编辑窗口中，被选定的文本将呈高亮显示，如在白底黑字中选中的文本呈现黑底白字状态。文本的选择操作可以用鼠标或键盘来完成。

图 5.5　"符号"对话框

常用选定操作如表 5.1 所示。

表 5.1　　　　　　　　　　　　　　　　选择文本的鼠标操作

要选定的文本	操 作 方 法
选定指定区域	在所选文字的起始位置按下鼠标左键并拖动到所选文字的结束位置松开
选定一个词	鼠标双击该单词
选定一句	按住 Ctrl 键，再单击句中的任意位置，可选中两个句号中间的一个完整句子
选定一行文本	将指针移到编辑区的最左边（选定区），当指针变成向右的白箭头时单击
选定连续多行文本	在选定区中按下鼠标左键然后向上或向下拖动鼠标
选定一段	将指针移到选定区，指向欲选定的段并双击。或者在段落的任意位置单击鼠标左键 3 次
选定连续多段	将指针移到选定区，指向一段并双击，不松左键向上或向下拖动鼠标
选定不连续区域	先选定第一个文本区域，按住 Ctrl 键，再选定其他的文本区域
选定矩形文本区域	按下 Alt 键的同时，在要选择的文本上拖动鼠标
选定整篇文档	选择"编辑"—"全选"菜单选项，或在选定区中在按住 Ctrl 键的同时单击鼠标，或在选定区中单击鼠标左键 3 次

3.　文本的复制、移动与删除

（1）复制文本

复制文本的具体步骤如下。

① 选定需要复制的文本内容。

② 选择"编辑"—"复制"菜单选项；或在选定区域上单击鼠标右键，在弹出的快捷菜单中选择"复制"；或单击"常用"工具栏中的"复制"按钮 ；或按 Ctrl+C 组合键。

③ 将插入点定位到想粘贴的位置。

④ 选择"编辑"—"粘贴"菜单选项；或在目标位置单击鼠标右键，在弹出的快捷菜单中选择"粘贴"；或单击常用工具栏中的"粘贴"按钮 ；或按 Ctrl+V 组合键，即可把所选内容粘贴

到目标位置。

（2）移动文本

移动文本需要先剪切再粘贴，具体步骤如下。

① 选定需要移动的文本内容。

② 选择"编辑"—"剪切"菜单选项；或在选定区域上单击鼠标右键，在弹出的快捷菜单中选择"剪切"；或单击常用工具栏中的"剪切"按钮🗶；或按 Ctrl+X 组合键。

③ 将插入点定位到想粘贴的位置。

④ 选择"编辑"—"粘贴"菜单选项；或在目标位置单击鼠标右键，在弹出的快捷菜单中选择"粘贴"；或常用工具栏中的"粘贴"按钮；或按 Ctrl+V 组合键即可把所选内容移动到目标位置。

移动文本也可以先选定要移动的文本，然后用鼠标直接把它拖到适当的位置便可实现。若是要进行复制操作，则在拖动的过程中按下 Ctrl 键即可。

（3）删除文本

按 Delete 键删除插入点后一个字符，按 Backspace 键删除插入点前一个字符。选定需要删除的文本内容，按 Delete 键或 Backspace 键可将选定内容全部删掉。

4. 查找与替换

在文档中查找文本，或者用其他文本替换查找到的文本内容，是经常要用到的编辑功能之一。使用 Word 2003 的"查找"、"替换"功能可以非常方便地进行修改，使文档的编辑效率迅速提高。

（1）查找

查找功能主要用于在文档中定位。查找文本的操作方法如下。

① 选择"编辑"—"查找"菜单选项或按下组合键 Ctrl+F，打开如图 5.6 所示的"查找和替换"对话框。

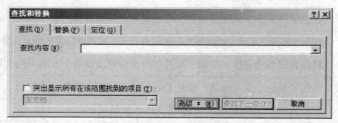

图 5.6 "查找和替换"对话框

② 在"查找内容"下拉列表框内输入要查找的文字。

③ 单击"查找下一处"按钮，Word 2003 即开始查找，找到内容后将其高亮显示并停止查找。如果所指定的内容没有找到，系统会给出相应的提示信息。

若对查找有更高的要求，则单击"查找和替换"对话框中的"高级"按钮，可以对查找的内容进行设置，如查找文档中特定的格式、区分大小写、使用通配符、全字匹配等。

（2）替换

替换与查找功能非常相似，不同的是替换是用新的文本覆盖查找到的内容。替换的具体操作步骤如下。

① 选择"编辑"—"替换"菜单选项，打开"查找和替换"对话框，并显示"替换"选项卡，如图 5.7 所示。

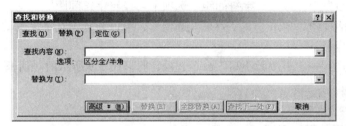

图 5.7　"替换"选项卡

② 在"查找内容"下拉列表框中输入要查找的文字，在"替换为"下拉列表框中输入替换文字。如果需要设置高级选项，可单击"高级"按钮，然后设置所需的选项。

③ 单击"替换"按钮，Word 2003 即可开始查找，并将找到第一处相应内容按照"替换为"设置的内容进行替换。单击"全部替换"按钮可将整个文档中的相应内容全部替换掉。

5．设置字符格式

字符的格式包括字符的字体、大小、粗细、字符间距及各种表现形式，使用"格式"工具栏可以设置一些简单的字符格式。如果要制作出更具有艺术性的字符效果，如变形字、旋转字等，可以通过艺术字来完成。

（1）设置字体

Word 2003 提供了很多种中英文字体供用户选择。选定要改变字体的文本，单击格式工具栏 宋体 下拉按钮单击选择合适的字体即可。

（2）选择字号

选择字号方法很简单，单击常用工具栏上的 五号 下拉列表按钮，在字号列表中选择或输入字号。

在 Word 中，表述字体大小的计量单位有两种：一种是汉字的字号，如初号、小初、一号、……七号、八号，数字越小，对应的字号越大；另一种是用国际上通用的"磅"来表示，如 5、5.5、10……48、72 等，单位为"磅"，数字越小，字符也就越小，1mm 约等于 2.83"磅"。

（3）选择字形效果

有时候为了强调和突出内容，可以通过改变字形来实现，如粗体和斜体等。效果可以叠加使用。

在"格式"工具栏中，设置字形的按钮呈选中状态表示应用字形效果，否则表示取消使用字形效果。B I U ▾ A A ᴬ ▾ A ▾ 从左到右依次表示"粗体"、"斜体"、"下划线"、"字符边框"、"字符底纹"、"字符缩放"、"字体颜色"。

单击"下划线"按钮右侧的下拉按钮可以选择下划线类型和设置下划线颜色；单击"字符缩放"右侧的下拉按钮为选定的文字设置水平方向缩放的比例。单击"字体颜色"右侧的下拉按钮可以选择不同的颜色。

（4）使用"字体"对话框设置字体格式

设置一些简单的字符格式可以使用"格式"工具栏，但一些特殊的字体格式必须通过"字体"对话框才能完成设置。单击菜单"格式"—"字体"菜单命令，弹出"字体"对话框，如图 5.8 所示。

使用此对话框可以设置简单的字符格式，如字体、字号、字形、字体颜色等，方法与使用工具栏设置相似。

在"字体"对话框中，单击"字符间距"选项卡可设置字符间距。

在"字体"对话框中，单击"文字效果"选项卡，可以为选中文字设置动态效果。

（5）更改大小写

单击菜单"格式"—"更改大小写"命令选项，打开图 5.9 所示的对话框。

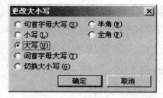

图 5.8 "字体"对话框　　　　　图 5.9 "更改大小写"选项

选择要更改字母的切换项目，如单击"切换大小写"单选按钮，则将所选内容中所有大写字母都改为小写或进行相反转换。如单击"词首字母大写"单选按钮，则将所选内容中每个单词的首字母都改为大写。如选择"大写"单选按钮，则将所有选定的文字都改为大写字母。如选择"小写"单选按钮，则将所有选定的文字都改为小写字母等。

6. 设置段落格式

按 Enter 键会输入一个的回车换行符，称为段落标记。段落指的是以段落标记为结束的内容。输入文本时，插入点自动右移，当输入的文本到达右方边界时不用按 Enter 键，文本会自动换行，只有在另起一个新段落时才按 Enter 键。回车换行符表示一个段落的结束，新段落的开始。

一般情况下，文本行距取决于各行中文字的字体和字号。如果某行包含大于周围其他文字的字符，如图形或公式等，Word 就会增加该行的行距。

如果删除了段落标记，则标记后面的一段将与前一段合并，并采用前一段的间距。

（1）段落对齐方式

Word 2003 提供了 5 种段落对齐方式，即两端对齐、左对齐、居中对齐、右对齐和分散对齐。

两端对齐：段落中除最后一行文本外，系统自动调整字符间距，使段的两边对齐。

左对齐：段落的左边保持对齐，右边允许不对齐。此对齐方式常用于英文文档排版。

居中对齐：段落从中间开始向两边对齐。常用于文档标题的排版。

右对齐：段落从右向左对齐。常用于文档末尾的签名和日期等的排版。

分散对齐：系统自动调整字符间距，使段落的左右两边对齐。如果最后一行文字不满一行的话，则将字符间距调到比较大来满足段落的左右两边对齐。

① 使用工具栏实现段落对齐操作

a. 若只设置一个段落的格式，只需将插入点置于此段落中任何位置。若要设置多个段落的格式，则先选定这几个段落。

b. “格式”工具栏上的按钮从左到右依次表示两端对齐、居中、右对齐、分散对齐，若 4 个按钮全部弹起，则进行左对齐。

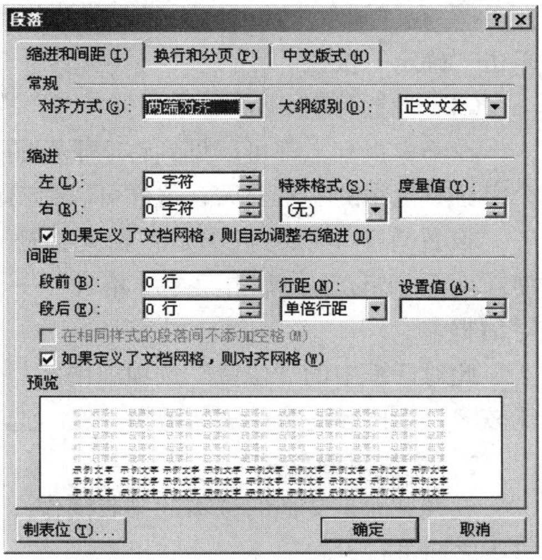

图 5.10　“格式”—“段落”菜单

② 使用格式菜单设置段落对齐

a. 选定要设置格式的段落。

b. 选择“格式”—“段落”菜单选项，切换到“缩进和间距”选项卡，如图 5.10 所示。

③ 在“对齐方式”下拉列表中选择一种段落对齐格式，单击“确定”按钮。

（2）设置段落缩进

段落的缩进是指段落两侧与文本区域内部边界的距离。段落的缩进有 4 种方式，分别为左缩进、右缩进、首行缩进和悬挂缩进。

首行缩进：指对段落中第一行第一个字的起始位置的控制。

悬挂缩进：指对段落中首行以外的其他行的起始位置的控制。

左缩进：指对整个段落左边界位置的控制。

右缩进：指对整个段落右边界位置的控制。

① 利用标尺设置段落缩进。在 Word 窗口工作区的上方，有一个水平标尺，通过选择“视图”—“标尺”菜单选项可以显示或隐藏标尺。水平标尺如图 5.11 所示，它上面有 4 个缩进标记。

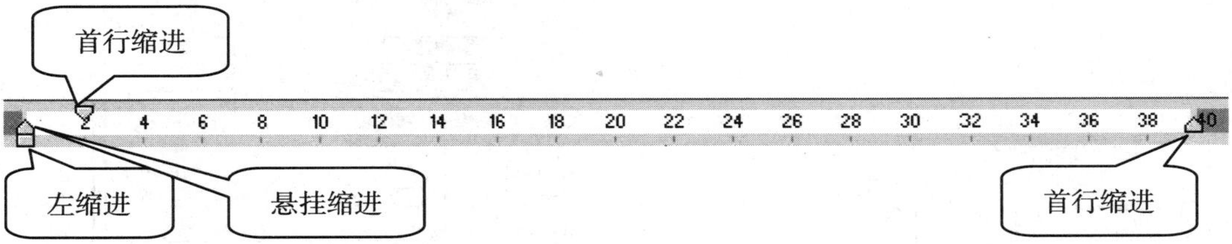

图 5.11　水平标尺

利用标尺缩进段落的操作方法为：

a. 选定欲设置缩进的段落；

b. 用鼠标单击并拖动相应的缩进标记，向左或向右移动到合适位置。

② 使用格式菜单中的段落命令设置段落缩进

a. 选定要缩进的段落。

b. 选择“格式”—“段落”菜单选项，切换到“缩进和间距”选项卡。

c. 在“缩进”选项区选择左缩进或右缩进并设置其度量值，或是在“特殊格式”列表中选择水平缩进或悬挂缩进，并输入度量值。单击“确定”按钮。

（3）设置行间距和段间距

行间距是指段落中行与行之间的距离，段间距是两个段落之间的距离。设置行间距和段间距的方法为：

① 选定欲设置行间距或段间距的段落；

② 选择"格式"—"段落"菜单选项，切换到"缩进和间距"选项卡；

③ 在"间距"选项区设置段落的前后要留的间距，在"行距"列表中设置行间距及度量值。单击"确定"按钮。

（4）设置首字下沉

在不少报刊上都可以见到首字下沉的效果。所谓"首字下沉"，就是指段落的第一个字或前两个字比其他字的字号要大，这样可以突出段落，更能吸引读者的注意。

设置首字下沉的方法是：把光标插入点定位到需要首字下沉的段落（选定前两个字可以使前两个字下沉），单击菜单"格式"—"首字下沉"命令。弹出图 5.12 所示的"首字下沉"对话框。

此对话框中的"位置"选项组中有"无"、"下沉"和"悬挂"3 个选项。一般使用"下沉"比较多，也比较适合中文的习惯。在"选项"下可以设置下沉字体及行数。

7. 设置页面格式

设置页面是文档的基本的排版操作，是页面格式化的主要任务，一般在文档的段落、字符等排版之前进行设置。

页面设置的合理与否直接关系到文档的打印效果。文档的页面设置主要包括设置页面大小、方向、页眉、页脚和页边距等。

（1）设置页边距

选择"文件"—"页面设置"菜单选项，选择"页边距"选项卡，如图 5.13 所示。分别在"页边距"区域中的"上"、"下"、"左"、"右"微调框中输入页边距数值，单击"确定"按钮即可。

图 5.12　首字下沉

图 5.13　"页面设置"菜单选项

（2）设置纸张大小

在"页面设置"菜单选项，切换到"页边距"选项卡，在"方向"选项区中可选择纸张的方向、纸张大小；若要自定义纸张大小，可以在"宽度"和"高度"文本框中指定纸张的宽度和高度。单击"确定"按钮。

（3）插入页码

对于页数较多的文档，用户在打印之前最好为每一页设置好页码，以免弄混文档的先后顺序。

插入页码的操作步骤如下。

① 选择"插入"—"页码"菜单选项，打开如图 5.14 所示的"页码"对话框。

② 在"位置"和"对齐方式"下拉列表中选择页码的位置和对齐方式。若单击"格式"按钮，则打开"页码格式"对话框，在"数字格式"下拉列表中选择页码的格式。如图 5.15 所示。

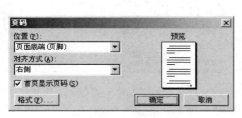

图 5.14　"页码"对话框

图 5.15　"页码格式"对话框

③ 单击"确定"按钮。

（4）添加页眉和页脚

页眉位于页面的顶部，页脚位于页面的底部。页眉和页脚中显示的信息可以是文字或图形，包括文件名、标题名、日期、页码、单位名等。

添加页眉和页脚的具体操作步骤如下。

① 切换到"页面视图"，选择"视图"—"页眉和页脚"菜单选项，这时 Word 2003 会打开"页眉和页脚"工具栏，并将文档窗口切换为页眉页脚视图方式。此时文本编辑窗口就会变成灰色的不可编辑状态，只有"页眉"和"页脚"区域可以编辑。如图 5.16 所示。

图 5.16　"页眉和页脚"工具栏

② 在插入点处输入页眉的内容并设置好页眉的格式。

③ 单击"在页眉和页脚间切换"按钮 ，切换到页脚编辑区。

④ 输入页脚的内容并设置好页脚的格式。设置好页眉页脚后单击"页眉页脚"工具栏上的"关闭"按钮。

用鼠标双击已设置好的页眉或页脚，出现页眉和页脚的编辑区，此时可以对页眉和页脚的内容、格式进行修改和编辑。

若要使奇偶页的页眉和页脚的内容不同，可以选择"文件"—"页面设置"菜单命令，或单击"页眉和页脚"工具栏中的"页面设置"按钮 ，打开"页面设置"对话框，切换到"版式"选项卡。选中"奇偶页不同"复选框，单击"确定"按钮，然后对奇偶页的页眉和页脚分别进行设置。

（5）分栏

在排版文档的操作中，也有需要使用分栏的。各种报纸杂志，分栏版面随处可见。在 Word

中可以容易地生成分栏，还可以在不同节中有不同的栏数和格式。

下面介绍分栏的操作。

① 单击"格式"—"分栏"菜单命令，弹出如图 5.17 所示的"分栏"对话框。

② 在"预设"选项组中选择分栏的格式。如果对"预设"选项组中的分栏格式不太满意，可以在"栏数"微调框中输入所要分割的栏数。

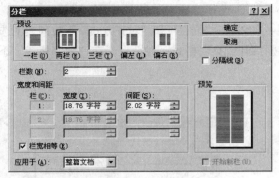

③ 选中"栏宽相等"复选框，并在"宽度和间距"中设置各栏的栏宽和间距。选中"分隔线"复选框，就可以在各栏之间设置分隔线。

图 5.17 "分栏"对话框

④ 在"应用于"下拉列表框中选择分栏的范围。单击"确定"按钮。

另外，单击"常用"工具栏中的分栏按钮▤，可以快速实现简易的分栏。

8. 格式刷的运用

如果文档中有数个不相邻的部分需要有同样的格式，可以使用常用工具栏上的"格式刷"按钮▱来进行快速格式化，完成它们的格式统一任务。

（1）复制段落格式

为段落 A 设置好格式，把插入点置于段落 A 中，用鼠标左键双击工具栏上的"格式刷"按钮。之后鼠标指针上就变成了小刷子，在其他段落上单击鼠标左键，就可以把段落 A 的段落格式应用到其他段落。

（2）复制字符格式

选中设置好字符格式的文本，双击"格式刷"按钮，然后用鼠标选定需要复制格式的文本即可。

修改完毕后，再次点击格式刷按钮或按 Esc 键，将其关闭。

9. 项目符号和编号

项目符号是放在文本前以添加强调效果的点或其他符号，在段落前添加项目符号或编号可以使文档层次分明、重点突出。项目符号和编号可以在输入内容时由 Word 自动创建，也可以在现有的文档中快速添加。

（1）自动创建项目符号或编号

自动创建项目符号或编号的操作方法如下。

① 将插入点定位到文档中要创建项目符号的位置。

② 单击"格式"工具栏上的"项目符号"按钮▤或"编号"按钮▤，此时插入点所在段落的开始处被自动添加了一个项目符号或编号。

（2）为原有文本添加项目符号或编号

使用"项目符号和编号"对话框来设置项目符号的操作步骤如下。

① 选定需要添加项目符号的文本。

② 选择"格式"—"项目符号和编号"菜单选项，单击"项目符号"选项卡，如图 5.18 所示。

③ 单击"确定"按钮。

10. 自动创建目录

目录通常是文档不可缺少的部分，有了目录，用户就能很容易地知道文档中有什么内容，如何查找内容等。

（1）创建目录

Word 2003 一般是利用标题或者大纲级别来创建目录的。因此，在创建目录之前，应确保希望出现在目录中的标题应用了内置的标题样式。也可以应用包含大纲级别的样式或者自定义的样式，如将章一级标题定为"标题 1"，节一级的标题定为"标题 2"，小节一级定为"标题 3"。

从标题样式创建目录的操作步骤如下。

① 把插入点移到要插入目录的位置。单击"插入"—"引用"—"索引和目录"菜单选项，选择"目录"选项卡，如图 5.19 所示。

图 5.18　"项目符号"选项卡

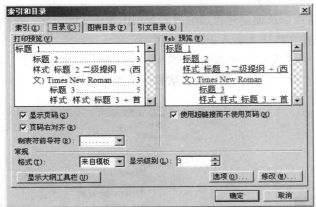

图 5.19　"索引和目录"菜单选项

② 在"格式"列表框中选择目录的风格，单击左侧的下拉箭头，可以使用内置的目录样式来生成目录。如果要改变目录的样式，可以单击"修改"按钮，修改相应的目录样式。只有选择"来自模板"选项时，"修改"按钮才有效。

如果要在目录中每个标题后面显示页码，应选择"显示页码"复选框。如果选中"页码右对齐"复选框，则可以让页码右对齐。

在"显示级别"列表框中指定目录中显示的标题层次。一般只显示 3 级标题比较恰当。

在"制表符前导符"列表框中指定标题与页码之间的制表位分隔符。

③ 单击"确定"按钮。

（2）更新目录

如果想更新目录中的数据，以适应文档的变化，可以对着目录单击鼠标右键，在弹出的快捷菜单中单击"更新域"命令。或者选择目录，按下 F9 键更新域，此时会出现如图 5.20 所示的"更新目录"对话框。

如果只是某些标题的页码发生改变，可以选择"只更新页码"单选按钮；如果增加了新的标题、删除了原有的标题或修改了的标题内容或级别，则需单击"更新整个目录"单选按钮。

图 5.20　"更新目录"对话框

5.1.3　表格制作

表格由行、列和单元格组成，通常用来组织和显示信息，由于其结构严谨、效果直观而获得广泛应用。Word 2003 提供了强大的表格功能，用户可以十分方便地制作多种形式的表格。

1．创建表格

在使用 Word 2003 排版或者编辑文档的过程中，可以使用下面几种方法创建表格。

（1）使用"插入表格"按钮创建表格

使用"常用"工具栏上的"插入表格"按钮，可以快速创建表格，操作步骤如下。

① 将插入点定位在插入表格的位置。

② 单击常用工具栏上的插入表格按钮▦。

③ 拖动鼠标选择表格所需的行和列数。如图 5.21 所示。

④ 单击鼠标左键就会在文档中出现一个满页宽的表格。

（2）使用菜单命令创建表格

使用菜单命令方法可以快速创建普通的或者套用内置格式的表格，操作步骤如下。

① 将插入点定位在文档中要插入表格的位置。

② 单击"表格"—"插入"—"表格"菜单命令，打开"插入表格"对话框。

③ 在"列数"和"行数"输入框中输入表格的行和列的数量，如图 5.22 所示。

图 5.21　常用工具栏上的插入表格

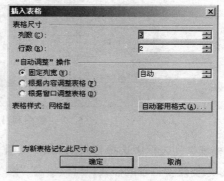

图 5.22　"插入表格"对话框

（3）使用工具栏创建表格

使用"绘制表格"工具可以创建不规则的复杂的表格，可以使用鼠标灵活地绘制不同高度或每行包含不同列数的表格，其方法是如下。

① 将插入点定位到要创建表格的位置。

② 单击常用工具栏上的"表格和边框"按钮，即可打开图 5.23 所示的"表格和边框"工具栏。或者可以单击"视图"—"工具栏"—"表格和边框"菜单命令启动该工具栏。

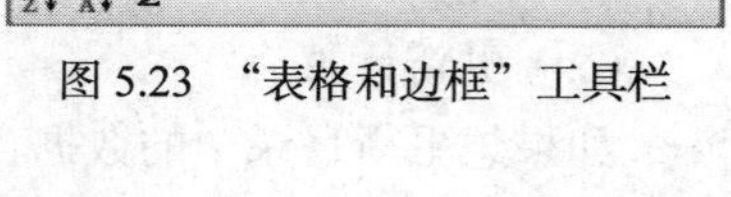

图 5.23　"表格和边框"工具栏

③ 单击工具栏上的"绘制表格"按钮，鼠标将变成笔形指针，将指针从要创建的表格的一角拖动至其对角，可以绘出表格的外围边框。

④ 在创建的外框或已有表格中，可以利用笔形指针绘制横线、竖线、斜线，绘制表格的单元格。

2．行、列、单元格的插入或删除

用户制作好的表格后，可以向表格中增加、删除行、列或单元格。

（1）使用键盘增/删行列

使用键盘增/删行、列的步骤如下。

① 如果要在表格的最后增加一行，可以将光标定位到表格最后一行最后一个单元格，然后按 Tab 键。

② 把插入点定位到表格某行的最右边外侧，然后按下 Enter 键，可以在当前行下方插入一个空行。

③ 如果要删除表格的行或列，可以选择要删除的行或列，然后按 Ctrl+X 组合键或 Backspace 键。

（2）用菜单命令在表格中插入或删除行或列

在表格中插入行或者列的操作步骤如下。

① 将插入点定位到表格中某个单元格内。

② 选择"表格"—"插入"菜单命令，弹出图 5.24 所示的子菜单。

③ 选择相应命令可以在插入点所在单元格的左侧或右侧插入一个空列，在上方或下方插入一个空行。

④ 如选择"单元格"子菜单，弹出"插入单元格"对话框，如图 5.25 所示。在该对话框中选择插入单元格的方式。

图 5.24 "表格"—"插入"菜单命令

图 5.25 "插入单元格"对话框

在表格中删除行或者列的操作方法如下。

① 将插入点定位到表格中某个单元格内。

② 单击"表格"—"删除"命令，打开图 5.26 所示的菜单。

③ 选择"列"命令，将删除光标所在的列。选择"行"，将删除光标所在的行。选择"表格"命令，则删除整个表格。选择"单元格"命令，则弹出图 5.27 所示的"删除单元格"对话框。在此对话框中选择删除的单元格的方式。

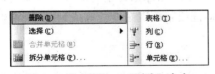

图 5.26 "表格"—"删除"命令

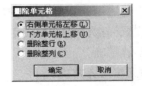

图 5.27 "删除单元格"对话框

如果要在一个 5 行 4 列的表格中插入 3 列，可以用鼠标拖曳选中 3 列，然后选择"表格"—"插入"菜单命令，在子菜单中选择"列（在左侧）"或"列（在右侧）"，则一次插入 3 列。

3. 合并和拆分表格或单元格

（1）合并和拆分表格

如要合并上下两个表格，只要删除上下两个表格之间的内容或回车符就可以了。

如要将一个表格拆分为上、下两部分的表格，先将插入点定位于拆分后的第二个表格的首行，然后选择"表格"—"拆分表格"菜单命令，或者按快捷键 Ctrl+Shift+Enter，就将表格拆分成两个。

（2）合并和拆分单元格

① 如果要合并单元格，首先选择需要合并的单元格，然后选择"表格"—"合并单元格"菜单命令，或单击"表格和边框"工具栏中的"合并单元格"按钮![icon]，则所选单元格合并成一个。

② 要拆分单元格，先将插入点定位于要拆分的单元格，然后选择"表格"—"拆分单元格"菜单选项，或单击"表格和边框"工具栏中的"拆分单元格"按钮![icon]，弹出"拆分单元格"对话框，如图 5.28 所示。

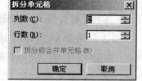

图 5.28　"拆分单元格"对话框

在这个对话框中选择要拆分的行与列数，单击"确定"按钮，则选定单元格被拆分。

如果选择多个单元格，可以在"拆分单元格"对话框中选中"拆分前合并单元格"单选项。

如果要做较为复杂的拆分或合并，可以使用"表格和边框"工具栏中的"绘制表格"按钮![icon]和"擦除"按钮![icon]，在表格中需要的位置添加或擦除表格线，同样也可以实现拆分、合并单元格。

4. 边框与底纹

在 Word 文档中，用户可为表格添加边框和底纹，以美化表格。具体操作步骤如下。

① 选定要设置边框或底纹的单元格区域。

② 选择"格式"—"边框和底纹"菜单选项。

③ 在弹出的"边框和底纹"对话框中进行相应的设置。

5. 列宽和行高

在 Word 2003 中可以调整表格中各行的高度和各列宽度，从而改变单元格的大小。具体操作步骤如下。

① 将插入点定位到要调整行高的行中，或选定该行。

② 选择"表格"—"表格属性"菜单选项，选择"行"选项卡，选中"指定高度"复选框，在右侧微调框输入行高值，如图 5.29 所示。

③ 单击"上一行"或"下一行"按钮可以改变其他行的行高。

改变列宽的方法与行高类似，在"列"选项卡中设置即可。

还可以通过用鼠标拖动来调整行高和列宽。方法是将鼠标指针指向欲改变行高或列宽的行列边线上，当鼠标指针变成![icon]或![icon]形状，单击并拖动框线就可以改变行高或列宽了。当然，这种方法明显不够精确。

6. 单元格对齐方式

在对表格中单元格的行高或列宽进行调整之后，往往还需要设置单元格中文本的对齐方式。

可以使用工具栏按钮对齐单元格，使用工具栏按钮对齐单元格步骤如下。

① 选定需要对齐操作的单元格。

② 直接单击"格式"工具栏按钮![icon]，可以像对齐段落那样对齐单元格。

7. 表格数据排序

Word 提供了列数据排序功能，但是不能对行单元格的数据进行横向排序。数据的排序有升序和降序两种，可以根据拼音、笔画、数字、日期等进行排序。操作步骤如下。

① 将插入点置于要进行排序的表格中。

② 单击"表格"—"排序"命令，弹出图 5.30 所示的"排序"对话框。

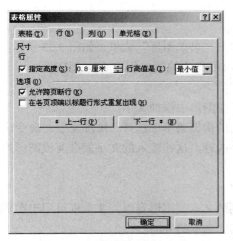

图 5.29　"表格属性"菜单选项

图 5.30　排序

③ 在"主要关键字"下拉列表框中选择列名。在"类型"列表框中，选定排序类型，如"笔画"、"拼音"、"数字"或"日期"。选择"升序"或"降序"单选项，确定排序方式。选中"有标题行"，则排序时标题行（一般是第一行）不参与排序；若选中"无标题行"，则第一行也参与排序。

④ 如果要用更多的列作为排序的依据，可以在"次要关键字"和"第三关键字"选项组中重复步骤③的设置。设置完成后单击"确定"按钮即可进行排序。

8. 表格数据的计算

在 Word 2003 中，可以对表格中的数据进行计算，步骤如下。

① 将插入点定位于放置计算结果的单元格中，选择"表格"—"公式"菜单选项，弹出"公式"对话框，如图 5.31 所示。

② 在"公式"文本框的等号后输入运算式。若单击"粘贴函数"下拉按钮选择所需函数，则将所选函数插入运算式中。在"数字格式"下拉列表中选择或输入计算结果的显示格式。

图 5.31　"公式"对话框

③ 单击"确定"按钮，即可得到计算结果。

5.1.4　图形处理

1. 插入图形和图片

利用"绘图"工具栏可以在 Word 文档中绘制各种形状的图形，并加上许多特殊的效果，还可以在图形中添加文字。

选择"视图"—"工具栏"—"绘图"菜单命令，出现"绘图"工具栏。如图 5.32 所示。

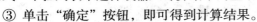

图 5.32　"绘图"工具栏

（1）插入简单几何图形

如果想绘制简单的线条、箭头、矩形或椭圆等简单几何图形，可以单击"绘图"工具栏上的相应按钮，将鼠标移动至文本编辑窗口，此时鼠标指针变成黑十字形状，按住鼠标左键并拖动合适的距离，松开左键即可。

（2）插入自选图形

单击"绘图"工具栏上的"自选图形"按钮，弹出"自选图形"菜单，如图 5.33 所示。

选择需要插入的自选图形样式，就可以在 Word 文档区中绘制出相应的自选图形。

（3）在图形中添加文字

用户除了可以绘制出任意形状的图形外，还可以在图形中添加文字。

在需要添加文字的图形上单击鼠标右键，在弹出的快捷菜单中选择"添加文字"命令。这时插入点就出现在选定的图形中，输入需要添加的文字内容。这些输入的文字就会变成图形的一部分，当移动图形时，图形中的文字也跟随移动。

（4）插入文本框

Word 2003 的文本框是一种可以移动、大小可调的文本或图形容器。文本框可用于在页面上放置多块文本，也可用于为文本设置不同于文档中其他文本的方向。

单击"绘图"工具栏上的"文本框"按钮或"竖排文本框"按钮，在文档区绘制出文本框，然后就可以在文本框中输入文字内容。

（5）插入艺术字

插入艺术字的操作步骤如下。

① 单击"绘图"工具栏上的"插入艺术字"按钮，弹出"艺术字库"对话框，如图 5.34 所示。

图 5.33 "自选图形"菜单

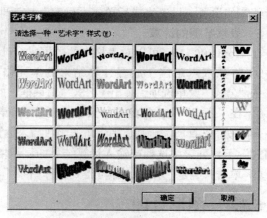

图 5.34 插入艺术字

② 选择一种艺术字式样后单击"确定"按钮。这时会弹出"编辑'艺术字'文字"对话框，设置好字体、字号和字形，然后在"文字"框中键入文字，如图 5.35 所示。

③ 单击"确定"按钮，在文档中就插入了以图片形式出现的艺术字，如图 5.36 所示。

（6）插入剪贴画

在文档中插入剪贴画的步骤如下。

① 把插入点定位到要插入剪贴画的位置。单击"插入"—"图片"—"剪贴画"菜单命令，或单击"绘图"工具栏上的"插入剪贴画"按钮，窗口右侧出现"剪贴画"任务窗格，如图 5.37 所示。

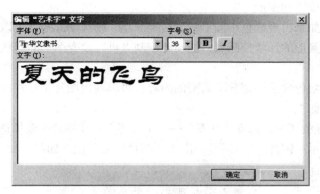

图 5.35　编辑艺术字

图 5.36　生成艺术字　　　　　　　　　　图 5.37　"剪贴画"任务窗格

②　在"搜索文字"文本框中输入描述所需剪辑的单词，还可以选择搜索范围和类型。单击"搜索"按钮，列表框中会列举出符合搜索条件的剪贴画，单击所需图像即可。

如果"搜索文字"文本框中不输入任何文字直接单击"搜索"，则列表框中会列举出所有剪贴画。

（7）插入来自文件的图片

Word 2003 中可以插入电脑上的图片文件。

选择"插入"—"图片"—"来自文件"菜单命令，弹出"插入图片"对话框。找到图片文件所在的目录，选择需要插入的图片文件，单击"插入"按钮即可将图片插入文档中。

2．编辑图形

（1）调整图形对象位置

选定需要进行调整的图形对象，将鼠标指针移到图形对象上，按住鼠标左键即可将图形拖到需要的位置。

（2）调整图形对象大小

选定图形对象时，会出现 8 个尺寸控制点。当指针显示为双向箭头时，通过拖动对象的尺寸控点可以调整对象的大小。

（3）图形对象的旋转和变形

选定图形对象，如果出现绿色小圆形的旋转控制点，则拖动此控制点可以旋转图形。有许多自选图形还具有黄色小菱形的形状控制点，拖动此控制点可以改变图形的形状。

（4）裁剪图片

有时插入的图片中包含了一部分不需要的内容，可以利用图片工具栏去掉多余的部分。裁剪图片的具体操作步骤如下。

① 选定需要剪裁的图片。选择"视图"—"工具栏"—"图片"菜单选项。或右击图片，在快捷菜单中选择"显示'图片'工具栏"，出现"图片"工具栏，如图 5.38 所示。

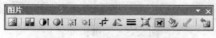

图 5.38 "图片"工具栏

② 单击"图片"工具栏中的"裁剪"按钮 。

③ 将鼠标指针移到图片的控制点处单击并拖动鼠标即可裁去图片中不要的部分。

（5）设置图片的颜色、亮度、对比度

利用"图片"工具栏，可以改变图片的颜色、亮度、对比度。"图片"工具栏中 这 5 个按钮从左到右依次表示"颜色"、"增加对比度"、"降低对比度"、"增加亮度"、"降低亮度"。

（6）设置图形对象格式

利用"绘图"工具栏可以设置图形对象的线型、线条颜色、图形内字体颜色、填充色、阴影以及三维效果等。"绘图"工具栏中 这 6 个按钮从左到右依次表示"填充颜色"、"线条颜色"、"字体颜色"、"线型"、"虚线线型"、"箭头样式"、"阴影样式"、"三维效果样式"。

（7）图文混排

在 Word 2003 中图文混排时，要确定图形和文本间关系。两者之间的关系包括环绕方式和图层方式。

环绕方式包括"四周型"、"紧密型"、"穿越型"、"上下型"、"嵌入型"。使用环绕方式则图片与文本处于同一图层，互不重叠。

图层方式包括"浮于文字上方"、"衬于文字下方"。使用图层方式则图形和文本分别处于不同的图层，在文档中移动图片不会对文本布局产生影响。

设置步骤如下。

① 鼠标右键单击需要设置的图形对象，在快捷菜单中单击"设置…格式"命令。其中"…格式"与所选择的图形对象的类型有关，可以是"设置自选图形格式"、"设置图片格式"、"设置艺术字格式"等。弹出"设置…格式"对话框。虽然各类型图形对象弹出的对话框名称不同，但对话框的内容基本一致。

② 单击"版式"选项卡，如图 5.39 所示。

③ 在"环绕方式"选项区中选择一种环绕方式。在"水平对齐方式"单选框中指定图形的对齐方式。

如果单击"高级"按钮，则弹出"高级版式"对话框，用户可以对图形位置和环绕效果作进一步设置。单击"文字环绕"选项卡，可以设置环绕方式、环绕文字的位置以及图形与文字的距离，如图 5.40 所示。

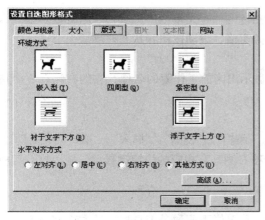
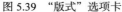
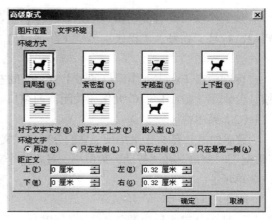

图 5.39　"版式"选项卡　　　　　　　　图 5.40　设置环绕方式

5.2　表格处理软件 Excel

Excel 是专业的电子表格制作和处理软件。用户通过使用它，不仅可以制作出整齐美观的表格，而且还能够对表格中的数据进行各种复杂计算，并能将计算结果通过图形或图表的形式表现出来。此外，Excel 还具有其他的表格处理功能，如能够对表格进行数据分析和网上发布等功能。

5.2.1　Excel 2003 的基本知识

Microsoft Office Excel 2003 是一种电子表格程序，使用它可以更加方便地访问、处理、分析、共享和显示各种业务数据，从而轻松提高工作效率并获得更好的效果。

1. Excel 2003 的界面

启动 Excel 2003，进入 Excel 2003 的工作窗口，如图 5.41 所示。

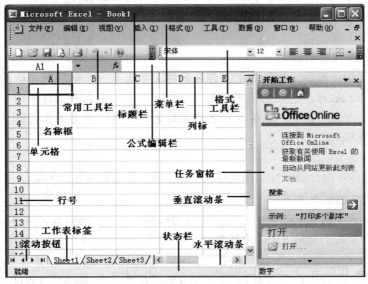

图 5.41　Excel 2003 工作窗口

该工作窗口具有文档窗口的基本特征，主要包括标题栏、菜单栏、工具栏、名称框、公式编辑栏、行号、列号、工作表标签、工作簿窗口、任务窗格、滚动按钮和状态栏等。

（1）标题栏

标题栏在 Excel 工作窗口的最上方，它的左侧显示出当前工作簿的名称，它的右侧有 3 个按钮，分别用于最小化、最大化和关闭当前窗口。

（2）菜单栏

菜单栏上共有 9 个菜单项，它们分别是"文件"、"编辑"、"视图"、"插入"、"格式"、"工具"、"数据"、"窗口"和"帮助"菜单项，且在每个菜单项右侧都有相应的快捷键提示，用以打开相应的菜单项。

（3）工具栏

工具栏分成两种，即常用工具栏和格式工具栏。菜单栏下面便是工具栏，其左面部分为常用工具栏，右面部分为格式工具栏。

通过工具栏上的图标外观，我们便会大致了解到其所对应的功能。将鼠标指针移到某个工具图标上，在该图标的右下方则会显示它的功能名称。

（4）工作簿窗口

工作簿是由一个或多个工作表组成的，它是 Excel 处理、编辑、分析、统计、计算和存储数据的工作文件。

（5）任务窗格

在工作窗口的右侧是任务窗格。在 Excel 2003 中，为用户提供了 11 种任务窗格。

（6）名称框

在名称框中显示的是当前正在操作的单元格名称。当选定某区域后，用户还可以在名称框中自行输入定义该区域的名称。

（7）公式编辑栏

公式编辑栏是用来显示、输入或编辑活动单元格数据和计算公式的。其中，若要在单元格中输入计算公式，则首先在工作表中单击某个单元格，再在公式编辑栏中输入公式，然后按下回车键。当单击公式编辑栏上的"插入函数"按钮"f_x"，便会弹出"插入函数"对话框，用户可从中选取所要插入的函数。

（8）工作表标签和滚动按钮

工作表标签是用于显示工作簿中的工作表名称，单击某一个标签即可激活相应的工作表，默认工作表标签为 Sheet*，这里"*"代表数字。当工作簿中有很多工作表时，相应的工作表标签会被水平滚动条遮住，此时，若要显示各个工作表，便可以单击工作表标签左侧的滚动按钮来实现，即"｜◄ ◄ ► ►｜"。

（9）状态栏

状态栏位于 Excel 窗口的下部，用来显示 Excel 的当前状态或使用说明。

2．Excel 2003 的基本术语

我们有必要首先了解 Excel 中的一些基本名词和术语，为后面内容的学习奠定基础。这些基本名词和术语能帮助我们理解 Excel 的基本操作。

（1）工作簿

工作簿是处理和存储工作数据的文件，打开 Excel 应用程序的同时，Excel 会相应地生成一个默认名为 Book1 的新工作簿，这就是 Excel 文件，扩展名为.xls。Excel 在打开、关闭、保存文件时，使用的便是工作簿文件。在默认情况下，一个工作簿中包含 3 个工作表，最多可以创建 255 个工作表。

（2）工作表

Excel 2003 工作窗口就是一个工作表，默认名为 Sheet1，是一个可以存放相关资料的二维表格，主要用于录入原始资料、存储统计信息、图表等。使用工作表可以显示和分析资料，用户对数据进行的处理工作都是在工作表中完成的。

一张工作表的行号从 1 到 65536，列号从 A 到 IV，共 65536 行 256 列，这样宽广的空间足够我们制作任意表格。

（3）单元格

单元格是组成工作表的基本单位。在工作表中由行与列交叉形成。用户可在单元格中存入文字、数字、日期、时间、逻辑值等不同类型的数据，也可在其中存入各种相关的计算公式。

（4）活动单元格

活动单元格是指正在使用的单元格，其外有一个黑色的方框，输入的资料会被保存在该单元格中。

Excel 只允许在当前活动工作表的当前活动单元中输入或修改数据。这就是说，当需要向某一单元格输入数据或修改某一单元格中已经保存的数据时，必须先把此单元格设置为活动单元，鼠标单击即完成。

（5）单元格地址

单元格在工作表中的位置，用列号和行号组合标识，列号在前，行号在后。对于每个单元格都有其固定的地址，比如 B5，就代表了 B 列第 5 行的单元格。

在对工作表进行处理的过程中，单元格引用是通过单元格地址进行的，因而单元格地址是 Excel 系统运行时的基本要素。

（6）单元格区域

单元格区域是指一组被选中的单元格。它们既可以是相邻的，也可以是彼此隔开的。对一个单元格区域进行操作就是对该区域中的所有单元格进行相同的操作。

（7）数据类型

在 Excel 2003 中，可以录入相关数据。而录入的数据类型包括文本、数值、日期、时间、公式和邮政编码。其中，日期就有二十多种格式，时间有十多种格式，数值也有数十种格式。

（8）填充柄

在活动单元格粗线框的右下角有一个黑色的方块，此方块便是填充柄。使用填充柄可以按照某一种规律或方式来填充其他的单元格区域，从而减少重复和繁杂的输入工作。

（9）图表

图表是工作表数据的图形描述。Excel 为用户提供了多种图表类型，如柱形图、饼图和折线图等，利用它们可以非常醒目地描述工作表中数据之间的关系和趋势。当工作表中的数据发生变化时，基于工作表的图表也会自动改变。

3. Excel 2003 的基本操作

（1）工作簿操作

现在我们知道，Excel 在打开、关闭、保存文件时，使用的就是工作簿文件。那么该如何创建、打开、保存和关闭工作簿，这就是工作簿的基本操作。

可以通过单击“文件”菜单下的“新建”命令项，则会打开“新建工作簿”任务窗格，在该任务窗格中单击"空白工作簿"项；或者直接单击常用工具栏上的"新建"按钮；或者按下 Ctrl+N 组合键，则会打开一个新的 Excel 窗口，并建立一个新的工作簿。

（2）工作表操作

从前面的内容我们可以知道，实际上工作簿是通过工作表来处理和存放数据的。所以，我们不仅要学会有关工作簿的基本操作，还要熟练掌握工作表的基本操作：打开工作表、选定工作表、重命名工作表、隐藏工作表、插入和删除工作表、移动或复制工作表、拆分与冻结工作表，以及工作表之间的切换等操作。

① 打开工作表。由于工作表包含在工作簿之中，所以打开工作表之前必须首先要打开相应的工作簿。当打开工作簿之后，便可单击指定的工作表，从而打开该工作表。

② 选定工作表。用户在对某个或某些工作表中的数据进行编辑等操作的过程中，首先要选定这个或这些工作表。

a. 选定一个工作表。

选定一个工作表的方法十分简单。只要单击该工作表对应的标签，使之成为活动的工作表即可。被选定的工作表标签以白底显示，而未被激活的工作表标签则以灰底显示。

b. 选定多个工作表。

如果要在当前工作簿中的多个工作表里同时输入相同的数据或执行相同的操作，可以首先同时选定这些工作表，再执行这类操作。

c. 选定多个相邻的工作表。

单击要选定的多个相邻工作表中的第一个工作表的标签，再按住 Shift 键，同时单击最后一个工作表的标签。然后释放 Shift 键，即可选定多个相邻的工作表。

d. 选定多个不相邻的工作表。

单击其中一个工作表的标签，按住 Ctrl 键，同时分别单击要选定的工作表的标签。然后释放 Ctrl 键，即可选定多个不相邻的工作表。

e. 选定工作簿中的所有工作表。

用鼠标右键单击工作表标签栏，则会弹出一个快捷菜单，在该快捷菜单中单击"选定全部工作表"命令项，即可选定工作簿中的所有工作表。

③ 取消选定工作表。当用户要取消对多个相邻或不相邻工作表的选定，只需单击工作表标签栏中的任意一个没有被选定的工作表标签即可。

如果要取消选定所有的工作表，则可用鼠标右键单击工作表标签栏，在弹出的快捷菜单中单击"取消成组工作表"命令项即可。

④ 重命名工作表。在 Excel 2003 中，默认的工作表以"Sheet1"、"Sheet2"、"Sheet3"、……方式命名，在完成对工作表的编辑之后，如果要继续沿用默认的名称，既不能直观地表示出每个工作表中所包含的内容，也不利于用户对工作表进行查找和分类等工作。所以用户有必要对工作表重命名，以使每个工作表的名称都能形象地表达出各自的内容含义。

a. 直接重命名。

首先双击需要重命名的工作表标签，便可输入新的工作表名称，最后按下 Enter 键即可完成对工作表的重命名操作。

b. 通过快捷菜单重命名。

用鼠标右键单击需要重命名的工作表标签，在弹出的快捷菜单中单击"重命名"命令项，便可输入新的工作表名称，最后按下 Enter 键完成对工作表的重命名操作。

⑤ 插入与删除工作表。

a. 插入工作表。

Excel 2003 新建工作簿时，会默认并自动创建 3 个工作表。如果当用户需要更多的工作表时，便可使用插入工作表功能。

首先选定将要插入新工作表的位置，再单击"插入"菜单下的"工作表"命令项，便可在当前工作簿中插入新工作表；还可以在工作表标签区单击鼠标右键，在弹出的快键菜单中单击"插入"命令项，则弹出"插入"对话框，选择"工作表"图标后，单击"确定"按钮，便可在当前工作簿中插入新工作表。

b. 删除工作表。

首先单击要删除的工作表的标签，将其设置为当前活动工作表，再单击"编辑"菜单下的"删除工作表"命令项，便可删除当前工作簿中的当前工作表；还可以在工作表标签区单击鼠标右键，在弹出的快键菜单中单击"删除"命令项，便可删除当前工作簿中的当前工作表。

⑥ 移动或复制工作表。移动或复制工作表有两种方法，可以使用菜单命令方式来进行操作，也可使用鼠标拖动方式来完成。

a. 使用菜单命令方式。

单击将要移动的工作表标签，将其设置为当前活动工作表。

单击"编辑"菜单下的"移动或复制工作表"命令项，则弹出"移动或复制工作表"对话框，如图 5.42 所示。

如果要将选中的工作表移动或复制到"Sheet2"工作表的前面，则在"下列选定工作表之前"列表中选中"Sheet2"。

如果要移动工作表，只需单击"确定"按钮，便可将该工作表移动到"Sheet2"工作表的前面；如果要复制工作表，则要选中"建立副本"复选框，然后再单击"确定"按钮，便可将该工作表复制到"Sheet2"工作表的前面，在原来的名称后面加上"（2）"即成为复制后新添的工作表名称。

图 5.42　"移动或复制
工作表"对话框

b. 使用鼠标拖动方式。

将鼠标指针放置在将要移动的工作表标签上。

按住鼠标左键并拖动工作表标签到指定的位置，然后释放鼠标，即可将工作表移动到新的位置上。

如果要复制工作表，同样按住鼠标左键，并同时按住 Ctrl 键，拖动工作表到指定的位置，拖动时鼠标指针上方会显示一个"+"号，表示是复制操作，然后释放鼠标和 Ctrl 键。

⑦ 拆分与冻结工作表。为了解决工作表内容过长或过宽问题，便会使用到拆分和冻结工作表功能，它为用户查看工作表数据提供了很大的方便。使用"拆分"功能可以拆分工作表窗口，若要查看当前窗口以外的内容，就不需滚动整个窗口；使用"冻结"功能可以将工作表内的行或列数据冻结起来，当在窗口内滚动数据时，被冻结的数据就会固定不动。

a. 拆分工作表。

拆分功能可将当前工作表窗口分割成多个窗口。

拆分窗口时，只要单击"窗口"菜单下的"拆分"命令项即可。当窗口被拆分之后，可以使用鼠标拖动窗口之间的分隔带来调整窗口的尺寸。

若要取消拆分，则可单击"窗口"菜单下的"取消拆分"命令项，便可还原窗口。

b. 冻结工作表。

冻结功能主要用于冻结行标题和列标题。

若想冻结行标题，首先需要将指定行标题右边一列的第一个单元格设置为活动单元格，然后单击"窗口"菜单下的"冻结窗口"命令项即可。

若想冻结列标题，首先需要将指定列标题下一行的第一个单元格设置为活动单元格，然后单击"窗口"菜单下的"冻结窗口"命令项即可。

若要同时冻结行标题和列标题，首先需要选择合适的单元格，然后单击"窗口"菜单下的"冻结窗口"命令项，这样当前活动单元格左侧的列和上方的行就被冻结了。

如果要取消冻结，只需单击"窗口"菜单下的"取消冻结窗格"命令项即可。

（3）单元格操作

单元格是组成工作表的基本元素和最小的独立单位，用户可在其中存入不同类型的数据。如果用户要处理和编辑相关数据，就必须与单元格打交道。可见，编辑工作表实际上就是编辑单元格中的内容。以下我们介绍单元格的基本操作。

① 选定单元格区域。只有先选定了单元格，用户才能对其进行编辑。

a. 选定单个单元格。

选定单个单元格的操作十分简单，只须用鼠标单击待选单元格即可。

b. 选定一个或多个单元格区域。

单元格区域就是由几个相邻的单元格构成的区域。

若要选定一个单元格区域，可将鼠标指针移至需要选定的单元格区域的左上角单元格上，按住鼠标左键不放并拖动鼠标至单元格区域的右下角单元格，然后释放鼠标即可；或者将鼠标指针移至需要选定的单元格区域的左上角单元格上，单击鼠标左键，然后按住 Shift 键不放，再单击单元格区域的右下角单元格即可。

选定多个单元格区域，就是选定不相邻的单元格。首先选定第一个单元格区域，再按住 Ctrl 键，并同时选定其他的单元格区域，当选中所需的单元格区域后，释放鼠标和 Ctrl 键即可。

c. 选定单行或单列。

选定单行：用鼠标单击所要选定行的行号，即可选定该行。

选定单列：用鼠标单击所要选定列的列标，即可选定该列。

d. 全部选定。

单击行号和列标相交处的"▢"按钮，可以选定当前工作表中的所有数据。选定后的工作窗口如图 5.43 所示。

② 输入数据。Excel 2003 能够接受数据的基本单位是单元格，而单元格可接受的数据类型包括文字、数字、日期和时间、逻辑值、公式和函数等。Excel 可判断所输入的数据是哪种类型，并进行适当的处理。

在输入数据时，首先要用鼠标单击将要输入数据的单元格，把它设置为活动单元格，而后便可以输入数据。当数据输入完成后，可以通过按下 Enter 键，或变换光标位置，或单击公式编辑栏上的"输入"按钮，即"✓"来确认数据输入。在确认输入之前，还可以单击编辑栏上的"取消"按钮，即"✕"或按下 Esc 键来取消输入。

a. 输入文本。

Excel 中能自动将汉字、英文字母、空格以及其他用键盘能键入的符号定义为文本；而对数字则既可当作文本也可当作数值，在默认情况下将其当作数值常量处理。输入的文本可设置格式和对齐方式，在默认情况下，文本大小为 12 磅，在单元格中靠左边对齐。而每个单元格可输入的字符个数是有限制的。

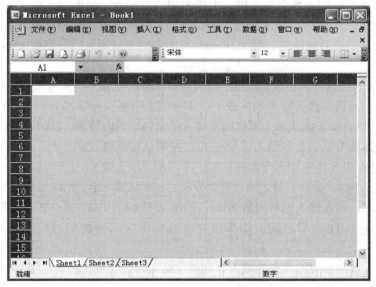

图 5.43 选定当前工作表中的所有数据

输入文本时，文本出现在活动单元格和编辑栏中，并且在单元格中会有闪动的光标提示。此时，便可使用在 Word 中编辑文本的各种方法来处理文本。输入完毕后。按下 Enter 键，或变换光标位置，或单击编辑栏上的"✓"按钮，或在活动单元格外的任何地方单击鼠标，输入的内容即确定并显示在单元格中；如果在输入内容时，想取消此次操作，可以单击编辑栏上的"✗"按钮或者按下 Esc 键。

当用户输入的文本超过了单元格宽度时，在默认情况下会产生两种结果：如果右侧相邻的单元格中没有任何数据，则超出的文本会延伸到别的单元格中去；如果右侧相邻的单元格中已有数据，则 Excel 将不再显示那些超出的文本，但是实际文本数据仍然存在，只要加大了列宽或以自动换行的方式格式化该单元格之后，就可以看到其全部的内容。

b. 输入数字。

在 Excel 中，输入单元格的数字按数值常量处理，有效数字只能包含 0~9、+、-、(、)、/、\$、%、E、e 等字符，其中 E 和 e 用于科学计数法中。默认情况下，输入的数字大小为 12 磅，在单元格中靠右边对齐。

若想输入负数，则可在数字前加一个负号，或者将数字置于括号内。例如，输入"-15"和"(15)"都可在单元格中得到-15；要输入分数 3/4，则应先输入"0"，再空一格，然后输入"3/4"，如果不输入"0"，Excel 会将该数据作为日期来处理，认为输入的是"3 月 4 日"。若想输入带整数的分数，应先输入前面的整数，再空一格，然后再输入分数。

当用户输入的数字较长时，便在单元格中显示为科学记数法，如"1.36759E+14"，这就意味着该单元格的列宽太小不能显示出整个数字，但是实际数字仍然存在，可在编辑栏中看到完整的数字形式。

若想将一个数字视为文本，如邮政编码、学生学号、课程代号和产品代号等，则可在输入时，在数字前面先输入一个英文状态下的"'"号，再输入相关数字，Excel 便会将该数字作为文本来处理。

c. 输入时间和日期。

对于时间和日期，均按数字来处理，工作表中的日期或时间的显示取决于单元格中所用的数字格式。如果 Excel 能够识别出所键入的是日期和时间，则单元格的格式将自动由常规数字格式变为内部的日期或时间格式；如果 Excel 不能识别当前输入的日期或时间，则会作为文本处理。

输入日期时，首先输入四位或二位数字作为年，再输入"/或"-"符号进行分隔，接着输入 1～12 之中的数字作为月份，然后输入 "/" 或 "-"符号进行分隔，再输入 1～31 之中的数字作为日，如输入 "05/4/9" 后，按下确认输入键或回车键，单元格中的内容为 "2005-4-9"。如果省略年份，则以当前的年份作为默认值，如输入 "4/9" 后，按确认输入键或回车键，单元格中的内容为 "4 月 9 日"。如果想在单元格中插入当前的日期，可以按下组合键 Ctrl+分号。

输入时间时，小时、分钟、秒之间用冒号分隔。在默认情况下，所输入的时间当作上午时间。若想输入下午时间，可在输入的时间后面加一空格，再输入 "PM" 或 "P" 来特指下午。当然，也可以采用 24 小时制表示时间。如果想在单元格中插入当前的时间，则可以按下组合键 "Ctrl+Shift+分号"。

若要同时输入日期和时间，则先输入日期或先输入时间均可，中间使用空格加以隔开。

d. 同时在多个单元格中输入相同的数据。

在 Excel 2003 中，可以同时在多个单元格中输入相同的数据。首先选择要输入数据的单元格（Ctrl+鼠标点击），这些单元格可以相邻，也可以不相邻，再输入数据，然后按下 Ctrl+Enter 组合键。

例如，在选定的单元格中都输入 "武汉学院" 字样，如图 5.44 所示。

e. 填充序列。

序列是指一些带有规律性的数据，如 "信管 1001" 至 "信管 1003"、"第一节" 至 "第八节" 等。Excel 2003 提供的可填充序列包括以下几种。

图 5.44 同时在多个单元格中输入相同的数据

等差序列：在等差序列中，任意相邻的两个数值之间的差是相同的，此差值称作等差序列的步长。

等比序列：在等比序列中，任意相邻的两个数值之间的商是相同的，此商值称作等比序列的步长。

日期序列：日期序列实际上是一种特殊的等差序列，它的步长可以为日、月或年。

对于填充序列，可以有两种方法进行操作。

第一，自动填充。

利用 Excel 提供的 "自动填充" 功能，可以迅速方便地输入序列。首先在要输入序列的第一个单元格中输入序列的初始值，然后便可利用该单元格右下角的填充柄，填入后面的各单元格。其具体操作步骤如下。

首先选择所要填充区域的第一个单元格并输入数据序列中的初始值。如果数据序列的步长值不是 1，则在选择区域中的第二个单元格中输入数据序列中的第二个数值，两个数值之间的差便决定了数据序列的步长值。

选择包含初始值的单元格或前两个单元格，然后将鼠标移到单元格区域右下角的填充柄上，按住鼠标左键，并在所要填充序列的区域上拖动。

释放鼠标左键后，便在该区域内完成了填充操作。

使用鼠标左键拖动填充柄自动填充的是等差序列。若想填充其他序列，如填充一个日期序列，则应按住鼠标右键，再拖动填充柄，在到达填充区域末尾时，释放鼠标右键，将出现快捷菜单，从快捷菜单中单击相应命令来选择填充的类型。

在此，具体操作一个填充日期序的例子。在 B2 单元格内输入"2010/11/12"后，按下回车键，再将鼠标指针指向 B2 单元格右下角的填充柄，单击鼠标右键，并拖动至 B10，然后释放鼠标右键，则会弹出一个快捷菜单，如图 5.45 所示，在该快捷菜单中单击"序列"命令项，则弹出"序列"对话框，在该对话框的"日期单位"栏目里，选择"年"，如图 5.46 所示，单击"确定"按钮，便将日期以年为步长填充 B2 到 B10 中，可以看到 B10 中的值为"2017-11-12"。

图 5.45　弹出的快捷菜单

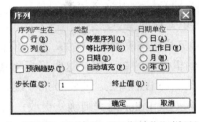

图 5.46　在"序列"对话框的"日期单位"栏目里选择"年"

第二，利用菜单命令填充。

利用菜单命令填充的具体操作步骤如下。

选择要填充区域的第一个单元格并输入数据序列中的初始值。

再选择含有初始值的单元格区域。

单击"编辑"菜单下的"填充"命令项下的"序列"子命令项，则会弹出"序列"对话框。

在"序列产生在"栏目里，选择"行"或"列"，以确定填充方向。

在"类型"栏目里，选择所需的序列类型。若选择的是"日期"项，还必须在"日期单位"栏目里选择所需的选项。

如果要指定序列增加或减少的数量，在"步长值"输入框里可输入一个正数或负数。另外，在"终止值"输入框里可以限定序列的最后一个值。

设置完毕后，单击"确定"按钮即可。

③ 复制与移动单元格数据。移动和复制单元格数据有多种方法。在此，我们主要介绍通过鼠标来复制与移动单元格数据的方法。

a. 通过鼠标来复制单元格中的数据。

首先选定要复制的单元格或单元格区域。

再将鼠标指针移动到所选定单元格或单元格区域的粗线边框上，当鼠标指针变成四个端点带有箭头的十字形时，按住 Ctrl 键，并同时按住鼠标左键不放，此时鼠标指针上方会显示一个 "+" 号，这就表示是复制操作。

然后，将鼠标拖动到目标单元格后，释放鼠标左键和 Ctrl 键即可完成复制操作。

b. 通过鼠标来移动单元格中的数据。

首先选定要移动的单元格或单元格区域。

再将鼠标指针移动到所选定单元格或单元格区域的粗线边框上，当鼠标指针变成 4 个端点带有箭头的十字形时，按住鼠标左键并拖动到目标单元格即可完成移动操作。

④ 编辑与清除单元格数据。

当在单元格中已输入了数据后，用户便可对其进行编辑、修改和清除操作。

a. 编辑单元格数据。

在进行编辑操作之前，首先必须选定编辑范围。在选定编辑范围之后，便可编辑单元格中的数据。

当要编辑某个单元格的所有数据时，则应单击该单元格，再输入新的数据，新数据则会将旧数据覆盖掉，再按下 Enter 键，或变换光标位置，或单击编辑栏上的确认 "输入" 按钮即可。

当要编辑某个单元格中的部分数据时，则应双击该单元格，或者是先单击该单元格，再按下 F2 键，便将光标置入该单元格中，此时在状态栏的最左端会显示出 "编辑" 字样。接着，便可在该单元格中移动光标，以编辑数据。

b. 修改单元格数据。

直接在单元格中修改数据。例如，将 "信息管理" 更改为 "信息系统"。其具体操作步骤如下。

双击要编辑修改的单元格，这时光标将在该单元格中闪动。

按下键盘上的 Backspace 键或 Delete 键，删除 "管理" 两字，再输入 "系统" 两字。

若按下 ✓ 键或 Enter 键，则确认更改；若按下 ✕ 键或 Esc 键，将取消所做的更改。

在编辑栏中修改单元格数据

例如：将某位学生的 "出生日期" 更改为 "1982-10-5"。其具体操作步骤如下。

单击要编辑数据所在的单元格，使得该单元格变为活动单元格。此时，该单元格中的数据将自动显示在编辑栏中。

对编辑栏中的单元格内容进行相关的更改。

若按下 ✓ 键或 Enter 键，则确认更改；若按下 ✕ 键或 Esc 键，将取消所做的更改。

c. 清除单元格数据。

在 Excel 2003 中，清除单元格数据是指仅删除该单元格中的内容，如数据和数据格式，而不会删除该单元格本身，故不会影响工作表中其他单元格的布局。

删除单元格数据的具体操作步骤如下。

首先选定将要清除数据的单元格。

接着单击 "编辑" 菜单，在其下拉菜单中选择 "清除" 命令项，则会弹出 "清除" 命令项的级联菜单，如图 5.47 所示。

若单击 "全部" 子命令项，则清除该单元格中的数据、格式、批注等全部内容；若单击 "格式" 子命令项，则只清除该单元格中的格式；若单击 "内容" 子命令项，则只清除该单元格中已有的数据；若单击 "批注" 子命令项，则只清除该单元格中的批注。

⑤ 合并单元格。在 Excel 中，用户可将跨越几行或几列的多个单元格合并成为一个大的单元格，而合并之后的单元格中将只保留选定区域最左上角的数据。为了解决这个问题，用户可以将该区域中的所有数据复制到该区域内的左上角单元格中，以在合并后的单元格中包括所有数据。

例如，在 A1 单元格中的数据内容是"阿毛"字样，在 B1 单元格中的数据内容是"文集"字样，若想合并 A1 和 B1 单元格，使合并后的单元格数据内容显示为"阿毛文集"字样，则可先将 A1 和 B1 单元格中的数据复制到 A1 单元格中，再选中 A1 和 B1 单元格，单击格式工具栏上的"合并及居中"按钮，即 按钮，则弹出一个提示对话框，如图 5.48 所示，单击"确定"按钮，便可合并所选的单元格。大家可以做一下，看结果如何。

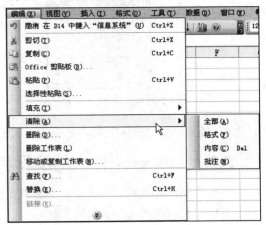

图 5.47　"编辑"菜单下的"清除"命令项的级联菜单

图 5.48　提示对话框

⑥ 插入单元格与整行（列）。在此，我们主要介绍单元格以及整行、整列单元格的插入方法。插入单元格以及整行或整列单元格的具体操作步骤如下。

a. 若要插入新的空白单元格，则先选定要插入新的空白单元格的单元格区域，且选定的单元格数目应与要插入的单元格数目相等；若要插入一行，则先选定需要插入新行的下面一行中的任意单元格；若要插入一列，则先选定需要插入新列右侧一列中的任意单元格；若要插入多行，则先选定需要插入新行的下面的若干行，且选定的行数应与要插入的行数相等；若要插入多列，则先选定需要插入新列右侧的相邻的若干列，且选定的列数应与要插入的列数相等。

b. 单击"插入"菜单下的"单元格"命令项，则会弹出"插入"对话框，如图 5.49 所示。

c. 如果被插入的单元格是单元格区域，而不是一行或一列，则可在"插入"对话框中选择单元格的移动方式。若要插入一行或一列，则选中"整行"或"整列"单选按钮。若要插入多行或多列，则单击"插入"菜单下的"单元格"命令项后即可实现，而不会弹出"插入"对话框。

d. 最后单击"插入"对话框中的"确定"按钮，完成单元格的插入操作。

⑦ 删除单元格与整行（列）。删除单元格以及整行或整列单元格的具体操作步骤如下。

a. 首先选定将要删除的单元格，或整行（列）中的某个单元格。

b. 单击"编辑"菜单中"删除"命令项，则会弹出"删除"对话框，如图 5.50 所示。

c. 在"删除"对话框中，若选中"右侧单元格左移"单选按钮，可将选定的单元格删除，即把右侧的单元格向左移动来覆盖被删除的单元格区域；若选中"下方单元格上移"，则可删除选定的单元格，这时把下方的单元格向上移动来覆盖被删除的单元格；若要删除整行，则选中"整行"单选按钮；若要删除整列，则选中"整列"单选按钮。

图 5.49 "插入"对话框

图 5.50 "删除"对话框

d. 最后单击"删除"对话框中的"确定"按钮，完成删除操作。

5.2.2 Excel 工作表的编辑和格式化

工作表制作完成后，为了使它更为直观化和规范化，则需要对它进行相关的格式编排，并有利于方便完成后期的工作表打印工作。

1. 设置文本格式

（1）设置文本的字体、字号

在默认情况下，Excel 将中文字体设置为"宋体"，而将英文字体设置为"Times New Roman"。若要改变工作表中的部分单元格的字体，其具体操作步骤如下。

① 首先选定要改变文本字体的单元格或单元格区域。

② 单击格式工具栏中的"字体"下拉列表框右边的向下箭头，则弹出其下拉列表，如图 5.51 所示的。

③ 从"字体"列表框中选择所需的字体。

④ 单击格式工具栏上的"字号"下拉列表框右边的向下箭头，则出现"字号"下拉列表。

⑤ 从"字号"下拉列表中选择所需的字号即可。

图 5.51 "字体"下拉列表

（2）设置文本的字形

Excel 在格式工具栏上提供了 3 个设置文本字形的按钮，即"加粗"、"倾斜"和"下划线"按钮。用户可以单独使用这 3 个按钮，也可以将它们组合使用，即将它们中的两个或三个都呈按下状态。

如果要将选择单元格或单元格区域的文本的字形改为加粗、倾斜或下划线，只需相应地单击"加粗"按钮、"倾斜"按钮或"下划线"按钮即可。此时，"加粗"按钮、"倾斜"按钮或"下划线"按钮呈按下状态，再次单击这些按钮又会取消选择单元格或单元格区域的加粗、倾斜或下划线字形。

（3）设置文本的颜色

首先选择要改变文本颜色的单元格或单元格区域，若要应用最近所选的颜色，则可直接单击格式工具栏上的"字体颜色"按钮；若要应用其他颜色，则要单击"字体颜色"按钮右边的向下箭头，则会出现"字体颜色"的下拉列表，在该列表中选择所需的颜色方框即可，如图 5.52 所示。此外，在该列表的顶部有一个"自动"选项框，单击它便可以使用系统的默认颜色，文本的默认颜色为黑色。

2. 设置数字格式

用户可以通过"单元格格式"对话框对数字进行比较全面的格式化。其具体操作步骤如下。

图 5.52 "字体颜色"下拉列表

① 首先选择将要格式化数字的单元格或单元格区域。

② 再单击"格式"菜单下的"单元格"命令项，则会弹出"单元格格式"对话框，如图 5.53 所示。

③ 在"数字"选项卡下的"分类"列表框中选择所需的分类项，然后在相应的数字格式设置中选取所需的选项，并可以在"示例"框中预览格式设置后的单元格格式。

④ 最后单击"确定"按钮。

3. 设置日期和时间格式

Excel 2003 为用户提供了很多内置的日期和时间格式，用户可以根据自己的需要来设置日期和时间的显示方式。

（1）设置日期格式

如果要设置日期格式，只需在"单元格格式"

图 5.53　"单元格格式"对话框

对话框的"数字"选项卡下的"分类"列表框中选择"日期"选项，然后在其右侧的"类型"列表框中选择所需的日期格式，如图 5.54 所示，最后单击"确定"按钮即可。

（2）设置时间格式

如果要设置时间格式，只需在"单元格格式"对话框的"数字"选项卡下的"分类"列表框中选择"时间"选项，然后在其右侧的"类型"列表框中选择所需的时间格式，如图 5.55 所示，最后单击"确定"按钮即可。

图 5.54　在"类型"列表框中选择所需的日期格式

图 5.55　在"类型"列表框中选择所需的时间格式

4. 设置单元格边框与背景

在 Excel 2003 中，用户还可以任意添加或删除单元格的整个外框或某一边框，而且可以选用各种不同的线条样式，如单实线、双实线和虚线等样式。

首先选中要添加边框的单元格区域，然后单击格式工具栏上的"边框"按钮右侧的下拉按钮，便可出现一个边框下拉列表，如图 5.56 所示。在该下拉列表中包含有多种不同的边框样式，单击所需的边框样式即可应用它。其中，最近选用过的边框样式显示在"边框"按钮上，直接单击"边框"按钮即可应用该样式。

当然，用户还可以在"单元格格式"对话框的"边框"选项卡下进行单元格边框的相关设置，如图 5.57 所示，设置完毕后，单击"确定"按钮即可。

图 5.56 "边框"下拉列表　　　　　图 5.57 "单元格格式"——"边框"选项卡

5. 设置行高列宽

在 Excel 2003 中，单元格默认的列宽为固定值，并不会根据数据的长度而自动调整列宽，而行高则会根据字体大小自动调整。为了方便用户的要求，Excel 允许用户可以重新设置列宽和行高。

用户可以通过使用鼠标或"列宽"对话框来设置列宽，可以使用鼠标来大致设置列宽，也可以使用"列宽"对话框来精确设置列宽。

① 首先选择要更改列宽的列。若只要改变单列的宽度，只需选择该列的任一单元格。

② 选择"格式"菜单下的"列"命令项，在其级联菜单中单击"列宽"子命令项，则弹出"列宽"对话框，如图 5.58 所示。

图 5.58 "列宽"对话框

③ 在"列宽"输入框中输入所需的列宽值。

④ 最后单击"确定"按钮即可。

5.2.3 公式与函数

Excel 2003 具有很强的数据计算功能，促使 Excel 工作更为欢迎。用户可在单元格中直接输入公式或者使用 Excel 提供的函数对工作表中的数据进行计算与分析。

1. 公式的应用

（1）公式的语法

公式语法就是指公式中各元素的结构和顺序。公式通常是以赋值符号"="开始的，其后便是参与计算的操作数和运算符。其中，操作数可以是常量、单元格或单元格区域的引用、标志、名称或工作表函数等。

（2）公式中的运算符

运算符是对公式中的元素进行某些特定运算的符号。它可分为 4 种类型，具体如下。

① 算术运算符。算术运算符主要包括：加（+）、减（−）、乘（*）、除（/）、百分比（%）等。在使用这些运算符进行计算时，是按照一般的数学计算规则进行的，即"先乘除，后加减"等。

② 比较运算符。比较运算符主要包括：等于（=）、大于（>）、大于等于（>=）、小于（<）、小于等于（<=）和不等于（<>）等。使用这些运算符可以用来比较两个数据的大小，当比较的条件成立时为逻辑值"真"（True），否则为逻辑值"假"（False）。

③ 文本运算符。文本运算符仅包括字符连接运算符，即"&"。它是用于连接两段文本以形成一段连续的文本。例如：在 A1 单元格中输入"计算机科学"，在 B1 单元格中输入"与"，在 C1 单元格中输入"技术"，然后在 D1 单元格中输入公式"=A1&B1&C1"，则在按下 Enter 键之后，D1 单元格中便会显示"计算机科学与技术"字样。

④ 引用运算符。

引用运算符包括：冒号（:）、逗号（,）和空格（space）。

其中，冒号属于区域运算符，它是用来定义一个单元格区域的，以便使其在公式中使用。例如："C2：C8"表示从 C2 单元格到 C8 单元格之间的所有单元格。

逗号属于联合运算符，它是用来连接两个或多个单元格区域的，即将多个引用合并成一个引用。例如：在 A5 单元格中输入公式"=SUM（A1：A2，B1：B2，C1：C2）"后，按下 Enter 键，其结果是对 A1 至 A2、B1 至 B2 和 C1 至 C2 共 6 个单元格内的数字进行求和。

空格是一种交叉运算符，它表示只处理各单元格区域之间互相重叠的部分，即对同时属于一个单元格区域的单元格区域进行重复引用。例如：在单元格 F1 中输入公式"=SUM（A1：D1 C1：E1）"，则在按下 Enter 键后，单元格 F1 中的计算结果为 C1+D1 的值。

（3）输入公式

在单元格中输入的数据可以是常量，也可以是公式，输入公式与输入字符数据类似。输入公式的具体操作步骤如下。

① 首先单击将要输入公式的单元格，使之成为活动单元格。

② 在单元格或公式编辑栏中键入等号（等号为公式或函数的前导字符），然后输入公式。

③ 按下 Enter 键，或变换光标位置，或用鼠标单击其他单元格，或单击编辑栏上的 ✓ 后，则在该单元格中就会显示出相应的计算结果。如果用户再次单击该单元格，则会在公式编辑栏中显示出该单元格中原来的公式，此时可在此做修改。

2．单元格区域命名及单元格引用

在 Excel 2003 中，用户可对单元格区域命名，并可在公式中引用单元格区域的名称。

（1）单元格区域命名

首先选择将要命名的单元格区域，如选择单元格区域 D1：D9。再单击公式编辑栏左边的单元格名称框，然后输入所需的名称，如输入"成绩"字样，按下 Enter 键，便将单元格区域 D1：D9 命名为"成绩"，如图 5.59 所示。

（2）在公式中引用单元格区域名称

首先选中单元格 D10，使其成为活动单元格。再在单元格 D10 中输入公式"=AVERAGE（成绩）"，按下 Enter 键或单击公式编辑栏上的"输入"按钮，便会在 D10 中显示出对应的结果，如图 5.60 所示。

（3）引用单元格地址

在公式中引用单元格地址进行计算是十分方便的。例如，我们在单元格 A1 中输入"5"，在单元格 B1 中输入"10"，然后在单元格 C1 中输入公式"=A1+B1"，再按下 Enter 键就可以求出这两数之和。用户可以任意改变单元格 A1 和 B1 中的数字，便会在单元格 C1 中自动显示出对应的计算结果。

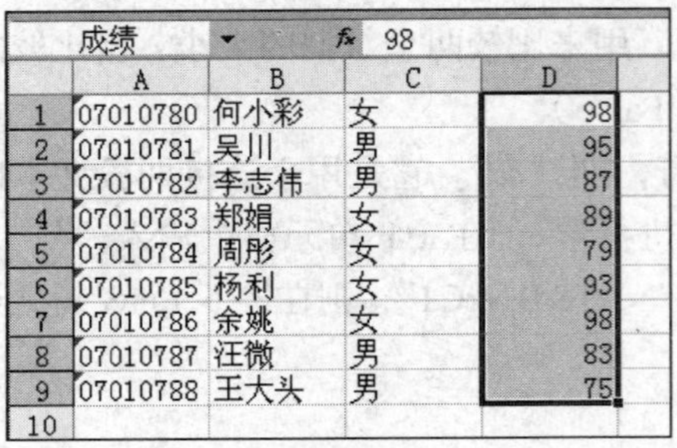

图 5.59 将单元格区域 D1：D10 命名为"成绩"

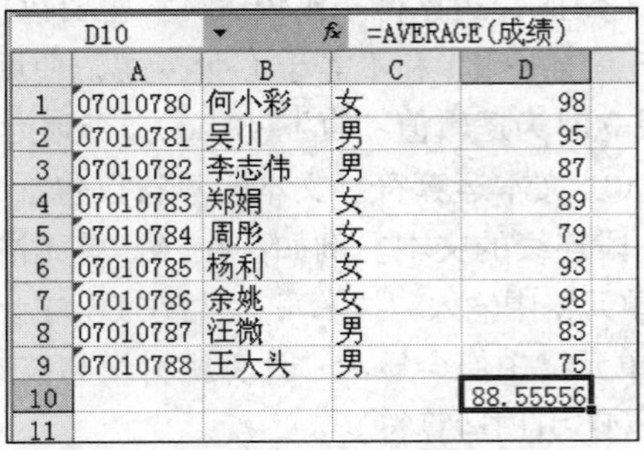

图 5.60 在公式中引用单元格区域名称

这些单元格地址就是一些变量，如上例中的 A1、B1 和 C1，可以对它们任意修改，而后便会自动显示出其函数值。

引用单元格时有两种引用样式。在默认情况下是使用"A1"、"B1"……样式，即用字母（A～IV）表示列，用数字（1～65536）表示行。另一种样式是"R1C1"、"R1C2"……样式，其中，字母"R"后的数字表示行数（1～65536），而字母"C"后的数字表示列数（1-256）。

引用单元格时可分为相对引用、绝对引用和混合引用这 3 种方式。

① 相对引用。当用户使用相对引用时，单元格引用地址是单元格的相对位置。当公式所在的单元格地址改变时，公式中引用的单元格地址也会随之发生相应地变化。例如，在单元格 A5 中的公式为"=（A1+A2+A3）/A4"，当把该单元格中的公式通过复制和粘贴命令复制到单元格 B5 中时，该公式将自动更改为"=（B1+B2+B3）/B4"。

② 绝对引用。绝对引用是指公式中引用的单元格地址不随公式所在单元格的位置变化而变化。在这种引用方式下，要在单元格地址的列号和行号前面加上一个字符"\$"。例如，在单元格 A5 中输入公式"=（\$A\$1+\$A\$2+\$A\$3）/\$A\$4"，当把该公式复制到单元格 B5 中时，它仍然为"=（\$A\$1+\$A\$2+\$A\$3）/\$A\$4"。

③ 混合引用。混合引用就是指在公式中同时包含相对引用和绝对引用。例如，"B\$2"表示行地址不变，列地址则可以发生改变；相反在"\$B2"中列地址不变，而行地址可以发生改变。

3. 复制与移动公式

复制与移动公式的具体操作步骤如下。

① 首先选定包含待复制或移动的公式的单元格。

② 将鼠标指针指向选定区域的边框。

③ 若要移动单元格，则要按住鼠标左键并拖动选定区域到粘贴区域左上角的单元格中，便将替换粘贴区域中所有的现有数据；若要复制单元格，则在拖动单元格时并按住 Ctrl 键。

4. 函数的种类

Excel 函数即 Excel 标准函数。Excel 2003 所拥有的标准函数的格式、功能等。

函数的种类是按照功能来划分的，一般分成以下 10 种。

① 常用函数：经常用到或比较简单的函数。

② 财务函数：进行财务运算的函数。

③ 日期与时间函数：用于分析、处理日期型和时间型的数据的函数。

④ 数学与三角函数：进行各种数学计算的函数。

⑤ 统计函数：用于对数据进行统计和分析的函数。

⑥ 查找与引用函数：针对指定的单元格和单元格区域，可以返回某些信息的函数或某些运算的函数。

⑦ 数据库函数：用于分析和处理数据库数据的函数。

⑧ 文本函数：用于处理公式中文字的函数。

⑨ 逻辑函数：用于真假值判断的函数。

⑩ 信息函数：用于确定单元格数据的数据类型函数。

5. 函数的应用

函数是预定的公式，其主要以参数作为运算对象。在函数中，参数可以是数字、文本、逻辑值、数组、单元格、常量、错误值、公式或其他函数。函数的语法是以函数名称开始，后面依次为左括号、以逗号隔开的参数和右括号。若函数要以公式形式出现，则只需在函数名称前键入"="即可。

（1）常用函数的简单介绍

Excel 2003 为用户提供了许多不同的函数，但是在实际应用中，只有少部分函数是比较常用的。在此，我们将简单介绍一些较为常用的函数及其各自的作用。

① SUM：用于返回某单元格区域中所有数据的和。其语法是：SUM（number1，number2，…）。

② AVERAGE：用于返回参数的算术平均值。其语法是：AVERAGE（number1，number2，…）。

③ PMT：基于固定利率及等额分期付款方式，用于返回贷款的每期付款额。其语法是：PMT（rate，nper，pv，fv，type）。

④ COUNT：用于计算参数列表中的数字参数和包含数字的单元格个数。其语法是：COUNT（value1，value2，…）。

⑤ IF：用于执行真假判断，根据逻辑计算的真假值来返回不同的结果。其语法是：IF（logical_test，value_if_true，value_if_false）。

⑥ STDEV：用于估算基于给定样本的标准偏差。其语法是：STDEV（value1，value2，…）。

⑦ SUMIF：用于根据指定条件对若干单元格求和。其语法是：SUMIF（range，criteria，sum_range）。

⑧ HYPERLINK：用于创建一个超级链接，用来打开存储在网络服务器、Intranet 或 Internet 中的文件。其语法是：HYPERLINK（link_location，friendly_name）。

⑨ MIN：用于返回一组值中的最小值。其语法是：MIN（number1，number2，…）。

⑩ MAX：用于返回一组值中的最大值。其语法是：MAX（number1，number2，…）。

⑪ SIN：用于返回给定角度的正弦值。其语法是：SIN（number）。

（2）输入函数。

输入函数有两种方法，即直接输入函数和使用"函数"下拉列表框输入函数。

① 直接输入函数。这种方法要求用户对函数及其语法要十分熟悉，可以在单元格中像输入公式一样直接输入函数，其具体操作步骤如下。

a. 双击将要输入函数的单元格。

b. 首先在该单元格中输入一个等号，即"="。

c. 再输入所需的函数名（如函数"AVERAGE"）和左括号。

d. 选定要引用的单元格或区域，此时所引用的单元格或区域名称会出现在左括号的后面。

e. 然后输入右括号。

f. 最后按下 Enter 键，便完成了函数的输入操作。

② 使用"函数"下拉列表输入函数。使用"函数"下拉列表输入函数是较为简便的方法，其具体操作步骤如下。

    a. 双击将要输入函数的单元格。

    b. 首先在该单元格中输入等号，即"="。

    c. 单击公式编辑栏左边的"函数"按钮右侧的下三角按钮，则出现其下拉列表，如图 5.61 所示。

    d. 在该下拉列表中选择要输入的函数名。在该下拉列表中若没有用户所需的函数，则可单击下拉列表中的"其他函数"选项；或者单击公式编辑栏上的"插入函数"按钮，即 *fx*；或者单击"插入"菜单下的"函数"命令项，便会弹出"插入函数"对话框，如图 5.62 所示。

图 5.61 "函数"按钮的下拉列表

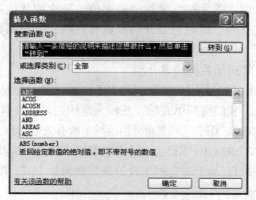

图 5.62 "插入函数"对话框

    e. 在该对话框中，可在"搜索函数"输入框中直接输入所需的函数名，然后单击"转到"按钮；也可在"或选择类别"下拉列表框中选择所需的类别，然后在"选择函数"列表框中选择所需的函数。

    f. 单击"确定"按钮，则会弹出"函数参数"对话框。

    g. 在函数的参数输入框中直接输入参数值、引用的单元格或单元格区域；或单击参数输入框右侧的按钮并使用鼠标来选定单元格区域；或直接使用鼠标在工作表中选定单元格区域，如图 5.63 所示。

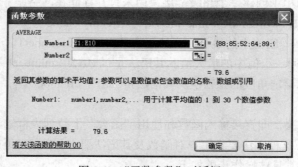

图 5.63 "函数参数"对话框

    h. 最后单击"确定"按钮即可。

5.2.4 Excel 图表

1. 创建图表

用户如果要创建图表，则可通过"图表"工具栏或"图表向导"这两种方法来创建。

（1）通过"图表"工具栏创建

通过"图表"工具栏，用户既可以创建出多种类型的图表，还可以对已有的图表进行各种修改操作。其具体操作步骤如下。

① 选择"视图"菜单下的"工具栏"命令项，在其级联菜单中单击"图表"子命令项，则会弹出"图表"工具栏，如图 5.64 所示。

② 选择要制作图表的某工作表中的数据区域，如图 5.65 所示的工作表。

	A	B	C	D	E	F
1	系别	06级	07级	08级	09级	10级
2	信息系	321	341	300	361	344
3	工商系	381	351	355	400	403
4	金融系	411	462	421	321	441
5	法律系	315	411	451	350	540
6	财税系	351	320	311	358	385
7	财会系	499	432	258	230	500

图 5.64　"图表"工具栏　　　　　　　　图 5.65　数据表

③ 在"图表"工具栏上单击"图表类型"下拉列表框右侧的下三角按钮，在出现的下拉列表中选择所需选项，如选择"柱形图"选项，则创建好了一个柱形图，如图 5.66 所示。

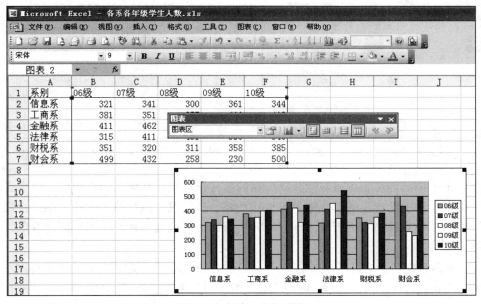

图 5.66　创建一个柱形图

（2）通过"图表向导"创建

通过以上的内容学习，我们可以看出使用"图表"工具栏方式来创建图表是相当方便和简单的。但是在"图表"工具栏上提供的可选图表类型比较单一，而"图表向导"的每种图表类型中包含了许多子图表类型，其可选图标类型较为丰富。"图表向导"是以交互方式引导用户逐步完成图表的创建工作。

另外，通过使用"图表向导"，可以生成"嵌入式图表"和"图表工作表"这两种形式。嵌入式图表是指存放在数据所在的工作表中的图表；而图表工作表则是指单独存放在一个新的工作表中的图表。

通过"图表向导"创建图表的具体操作步骤如下。

① 首先选定图表将要显示的数据所在的单元格区域。

② 单击"插入"菜单下的"图表"命令项，则会弹出"图表向导-4 步骤之 1-图表类型"对话框。在该对话框中的"图表类型"列表框中显示了在 Excel 中可以创建的所有图表类型。

当在"图表类型"列表框中选择其中任一图表类型后，在"子图表类型"列表框中将会显示该类图表的各种子类型。用户可根据自己的需要从中选择一种类型及子类型。例如，选择"柱形图"及其子图表类型中的"簇状柱形图"，如图 5.67 所示。

③ 选择好图标类型之后，单击"下一步"按钮，则会弹出"图表向导-步骤之 2-图表源数据"对话框，如图 5.68 所示。

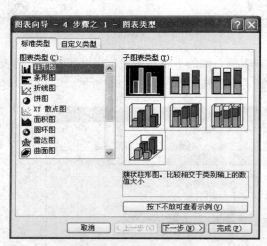

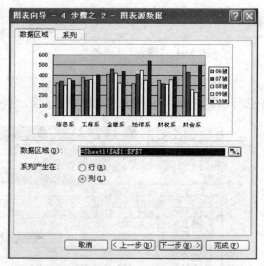

图 5.67 "图表向导-步骤之 1-图表类型"对话框   图 5.68 图表向导-步骤之 2-图表源数据"对话框

若在第①步中已选定了图表对应数据所在的单元格区域，在该对话框中的"数据区域"输入框中则会自动显示已选定的单元格区域地址；若一开始没有执行第①步骤，则用户需在"数据区域"输入框中直接输入图表要显示的单元格数据区域地址，或者使用鼠标选取单元格中的数据区域。

可在"系列产生在"栏目里，选中"行"单选按钮或者"列"单选按钮。如果选中了"行"单选按钮，则表示数据序列来自行；而如果选中了"列"单选按钮，则表示数据序列来自列。

④ 单击"下一步"按钮，则会弹出"图表向导-步骤之 3-图表选项"对话框，如图 5.69 所示。

在该对话框中有 6 个选项卡，分别是"标题"选项卡、"坐标轴"选项卡、"网格线"选项卡、"图例"选项卡、"数据标志"选项卡和"数据表"选项卡。用户可根据自身需要，在所需的选项卡中进行相关设置。

⑤ 单击"下一步"按钮，则会弹出"图表向导-4 步骤之 4-图表位置"对话框，如图 5.70 所示。在该对话框中，若选中"作为新工作表插入"单选按钮，则将创建的图表存放在新工作表中；若选中"作为其中的对象插入"单选按钮，则将创建的图表插入到当前工作表中。

⑥ 设置完毕后，单击"完成"按钮，即可创建结束并插入图表。

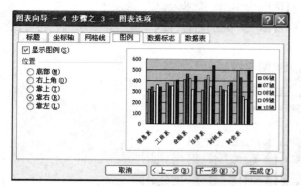

图 5.69　"图表向导-步骤之 3-图表选项"对话框

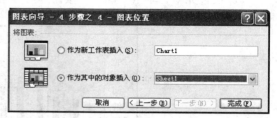

图 5.70　"图表向导-步骤之 4-图表位置"对话框

2. 编辑图表

当图表创建好以后，如果用户对所创建好的图表还不够满意，如图表的标题、分类轴上的文字和数值轴的刻度等，则用户可以对图表进行相关的修改。

（1）更改图表标题

更改图表标题的具体操作步骤如下。

① 首先选中将要更改标题的图表。

② 单击"图表"菜单下的"图表选项"命令项，则会弹出"图表选项"对话框。

③ 选择"图表选项"对话框中的"标题"选项卡，在该选项卡下可以更改图表标题、分类轴的名称以及数值轴的名称等，如在"图表标题"输入框中输入"武汉学院各系各年级学生"，在"分类轴"输入框中输入"武汉学院各系"，如图 5.71 所示。

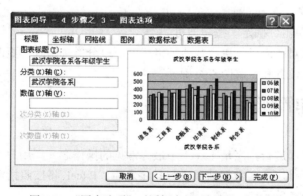

图 5.71　"图表选项"对话框中的"标题"选项卡

④ 更改完毕，单击"确定"按钮即可。

（2）向图表中添加数据标志

数据标志的类型与选定的数据系列或数据点有关联。若要向图表中添加数据标志，则其具体操作步骤如下。

① 若要向数据系列添加数据标志，则应先单击相应的数据系列；若要对单独的数据点添加数据标志，则应先单击相应的数据点所在的数据系列，再单击需要设置标志的数据点。

② 单击"格式"菜单下的"数据系列"或"数据点"命令项，则会弹出相应的"数据系列格式"或"数据点格式"对话框。

③ 在"数据系列格式"或"数据点格式"对话框中单击"数据标志"选项卡。

④ 在该选项卡下，根据需要可以选中"系列名称"、"类别名称"或"值"等复选框，还可设置有无"分隔符"以及具体的分隔符选项。

⑤ 设置完毕，单击"确定"按钮即可。结果见图 5.72。

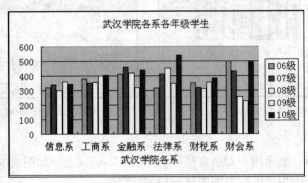

图 5.72　结果图表

（3）设置图例位置

设置图例在图表中的位置的具体操作步骤如下。

① 首先选中图表。

② 单击"图表"菜单下的"图表选项"命令项，在弹出的"图表选项"对话框中单击"图例"选项卡。

③ 在该选项卡中，选中"显示图例"复选框，然后根据需要在"位置"栏目里选择图例将放置的位置。

④ 设置完毕后，单击"确定"按钮即可。

此外，我们还可以对图表进行更改数值轴格式、更改分类轴格式、更改图表的填充颜色、图案和边框、更改图表的位置和更改图表类型等。

5.2.5　分析和管理数据

1. 数据排序

对数据清单中的数据进行排序是 Excel 中最为常见的操作之一。用户可根据一列或若干列中的数据对数据清单进行排序。对数据清单进行排序之后，Excel 将按照指定的排序顺序来重新设置和排列各行、各列和各单元格。

（1）默认排序顺序

在 Excel 中，根据单元格中的数值大小来确定排序顺序。在对文本项排序时，Excel 逐字符从左到右按 ASCII 码大小进行排序。

① 在按照升序排序时，Excel 有一定的约定。对于数字，要从最小的负数到最大的正数进行排序；对于文本以及包含数字的文本，要按照 0～9、A～Z 的顺序进行排序；对于逻辑值，要按照 False、True 进行排序；对于空格，则排在最后。

② 在按照降序排序时，Excel 也有一定的约定。对于数字，要从最大的正数到最小的负数进行排序；对于文本以及包含数字的文本，要按照 9～0、Z～A 的顺序进行排序；对于逻辑值，要按 True、False 进行排序；对于空格，则排在最后。

（2）根据一列对记录快速排序

若想快速地根据一列的数据对数据行进行排序，可以利用常用工具栏上的"升序排序"按钮和"降序排序"按钮，即 ⊉↓ 和 ⊉↓。其中，升序是从小到大排列，而降序则反之。实现这种快速排序的具体操作步骤如下。

① 在数据清单中，单击某一字段名或该字段下的任一数据。例如，想按照学生的总分成绩进行排序，则可单击"总分"单元格或该列上的任一单元格，如图 5.73 所示。

	A	B	C	D	E	F	G	H
1	学号	姓名	性别	成绩1	成绩2	成绩3	总分	平均分
2	07010780	何小彩	女	98	87	89	274	91.33333
3	07010789	汪薇	女	89	84	86	259	86.33333
4	07010781	吴川	男	80	88	83	251	83.66667
5	07010783	郑娟	女	89	82	80	251	83.66667
6	07010782	李志伟	男	81	93	71	245	81.66667
7	07010787	王凯	男	79	82	84	245	81.66667
8	07010788	刘大炮	男	76	83	85	244	81.33333
9	07010791	何屿	女	91	84	68	243	81
10	07010785	杨利	女	80	80	82	242	80.66667
11	07010790	卢斌	男	90	84	67	241	80.33333
12	07010786	余姚	女	73	81	83	237	79
13	07010784	周彤	女	73	78	81	232	77.33333

图 5.73　根据一列对记录快速排序

② 根据自己的实际需要，单击常用工具栏上的"升序"按钮或"降序"按钮即可。

（3）根据多列对记录排序

通过单击常用工具栏中的"升序"按钮或者"降序"按钮只能按照某一列的数据对记录进行排序；在实际工作中，用户很可能会遇到一列中有多个数据相同的情况，基于这两个方面，Excel 为用户提供了根据多列的数据对记录进行排序的功能。其具体操作步骤如下。

图 5.74　"排序"对话框

① 在数据清单中，选择任一单元格。

② 单击"数据"菜单下的"排序"命令项，则会弹出"排序"对话框，如图 5.74 所示。

③ 单击"主要关键字"下拉列表框右侧的向下箭头，在出现的下拉列表中选择所需的字段名以作为排序的主要关键字依据。例如选择"总分"。

④ 再在"主要关键字"下拉列表框的右边选择"升序"或"降序"选项，以确定排序的方式。例如选择"升序"选项。

⑤ 如果要以多列的数据作为排序依据，可在"次要关键字"下拉列表框中选择需要排序的字段名，同样也要选择"升序"或"降序"排序的方式。

对于比较复杂的数据清单，还可以在"第三关键字"下拉列表框中选择想排序的字段名以及排序的方式。

⑥ 设置完毕后，单击"确定"按钮，便可对数据清单中的记录进行排序了。

（4）根据行数据对数据排序

在默认情况下，Excel 对一列或多列中的数据进行排序。有时也可以根据需要，对某一行中的数据进行排序。其具体操作步骤如下。

① 选择数据清单中的任一单元格。

② 单击"数据"菜单下的"排序"命令项，则会弹出"排序"对话框。

③ 单击"排序"对话框中的"选项"按钮，则会弹出"排序选项"对话框，如图 5.75 所示。

④ 其中，在"方向"栏目里，选择"按行排序"选项，然后单击"确定"按钮返回到"排序"对话框中。

⑤ 在"主要关键字"和"次要关键字"下拉列表框中，进行所需的设置，当然，根据需要，还可设置其他内容。

⑥ 最后单击"确定"按钮即可。

图 5.75 "排序选项"对话框

2．数据筛选

数据的筛选是从工作表中查找和分析符合条件数据的过程。按照指定的条件筛选数据后，工作表中便只会显示符合条件的数据，而条件是由用户通过数据列来指定的。在 Excel 2003 中，用户可以使用两种筛选功能，即"自动筛选"和"高级筛选"功能。

数据筛选并不同于数据排序，因为它不重新排列数据，只是暂时隐藏不符和条件的数据行而已。在筛选模式下，可以对数据进行编辑、格式设置、制作图表和打印等操作。

用户若要进行数据筛选操作，则必须首先进入筛选模式。要进入筛选模式，则可单击"数据"菜单下的"筛选"命令项下的"自动筛选"子命令项，接着可以看到在每个列标题右边都会出现一个 ▼ 按钮，表明已进入了筛选模式下，如图 5.76 所示。

学号 ▼	姓名 ▼	性别 ▼	成绩1 ▼	成绩2 ▼	成绩3 ▼	总分 ▼	平均分 ▼
07010780	何小彩	女	98	87	89	274	91.33333
07010781	吴川	男	80	88	83	251	83.66667
07010782	李志伟	男	81	93	71	245	81.66667
07010783	郑娟	女	89	82	80	251	83.66667
07010784	周彤	女	73	78	81	232	77.33333
07010785	杨利	女	80	80	82	242	80.66667
07010786	余姚	女	73	81	83	237	79
07010787	王凯	男	79	82	84	245	81.66667
07010788	刘大炮	男	76	83	85	244	81.33333
07010789	汪薇	女	89	84	86	259	86.33333
07010790	卢斌	男	90	84	67	241	80.33333
07010791	何屿	女	91	84	68	243	81

图 5.76 数据筛选模式

（1）筛选数据

单击在某一列标题右边的 ▼ 按钮，则会出现一个下拉列表，其中包含的选项有："升序排列"、"降序排列"、"（全部）"、"（前 10 个）"、"（自定义）"和该列中的所有数据。而其中的筛选数据项则是："（全部）"、"（前 10 个）"、"（自定义）"和该列中的所有数据。

其中，选择"（全部）"，指列出所有的记录；选择"（前 10 个）"指列出前 10 个数据，在此用户可以自行设置列出的数据数目；选择"（自定义）"，则会弹出"自定义自动筛选方式"对话框，在其中可以设置筛选条件；选择该列中某个具体的数据时，则会在对应字段名的下方显示出该列中含此数据的所有记录条。

（2）自定义筛选条件

在选择筛选数据时，除了在有些情况下需要选择使用"全部"、"前 10 个"或指定一个具体的数据等选项，但在大多数情况下用户会选择使用"自定义自动筛选方式"对话框来筛选数据，如图 5.77 所示。

图 5.77　"自定义自动筛选方式"对话框

在"自定义自动筛选方式"对话框中，可以针对一个具体的数据列指定关系运算符和具体数据，而且最多可指定由两个单一条件表达式构成的复合条件表达式条件。

单击关系运算符下拉列表框的右侧向下箭头，可以在打开的列表中查看到关系运算符种类，包括等于、不等于、大于、大于或等于、小于、小于或等于、始于、并非起始于、止于、并非结束于、包含和不包含。而两个单一条件表达式可通过逻辑运算符"与"或"或"连接在一起。在数据输入框中，还可以使用字符通配符"？"和"*"，分别代表单个字符和代表多个字符。

当完成了数据筛选操作之后，再次单击"数据"菜单下的"筛选"命令项下的"自动筛选"子命令项，便可退出筛选模式。

（3）高级筛选

单击"数据"菜单下的"筛选"命令项下的"高级筛选"子命令项，则会弹出"高级筛选"对话框，如图 5.78 所示。

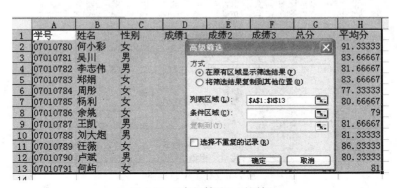

图 5.78　"高级筛选"对话框

在该对话框中，可以指定筛选结果的显示位置、列表区域范围、条件区域范围以及选择不重复的记录与否等内容。

在"方式"栏目里，如果选择了"将筛选结果复制到其他位置"选项，便激活了"复制到"输入框，并可在"复制到"输入框中指定筛选结果的具体显示位置。

3. 数据分类汇总

分类汇总是对工作表中的数据进行数据分析的一种常用方法，它对数据表中指定的字段进行分类，进而有利于汇总同类记录的相关信息。

（1）"分类汇总"对话框

单击"数据"菜单下的"分类汇总"命令项，则会弹出"分类汇总"对话框，如图 5.79 所示。

注意 进行"分类汇总"时,"分类字段"在汇总前必须进行排序,无论升序还是降序。

在"分类汇总"对话框中的"分类字段"下拉列表中可以选择用于分类汇总的字段;在"汇总方式"下拉列表中可以选择具体的汇总方式,汇总方式包括求和、计数、平均值、最大值、最小值、乘积、数值计数、标准偏差、总体标准偏差、方差和总体方差;在"选定汇总项"列表中可指定一项或多项汇总项;对"替换当前分类汇总"选项的选择与否用以决定是否用新的分类汇总数据替换以前的分类汇总数据;对"每组数据分页"选项的选择与否用以决定是否在每个分类汇总数据前插入分页符;对"汇总结果显示在数据下方"选项的选择与否用以决定是否将分类汇总结果显示在数据的下方;单击"全部删除"按钮,则可删除当前工作表中所有的分类汇总数据。

图 5.79 "分类汇总"对话框

例如,对于图 5.73 所示的"学生成绩表",先将它按照"班级"升序排序,再按照"班级"计算"考试科数"和"平均成绩"的平均值,并将分类汇总结果显示在数据下方,确认设置后,便在工作表中显示出相应的结果,如图 5.80 所示。

	A	B	C	D	E	F	G	H	I
1	学号	姓名	性别	班级	成绩1	成绩2	成绩3	总分	平均分
2	07010781	吴川	男	信管0701	80	88	83	251	83.66667
3	07010785	杨利	女	信管0701	80	80	82	242	80.66667
4	07010787	王凯	男	信管0701	79	82	84	245	81.66667
5	07010788	刘大炮	男	信管0701	76	83	85	244	81.33333
6				信管0701 平均值					81.83333
7	07010780	何小彩	女	信管0702	98	87	89	274	91.33333
8	07010782	李志伟	男	信管0702	81	93	71	245	81.66667
9	07010786	余姚	男	信管0702	73	81	83	237	79
10	07010790	卢斌	男	信管0702	90	84	67	241	80.33333
11	07010791	何屿	女	信管0702	91	84	68	243	81
12				信管0702 平均值					82.66667
13	07010783	郑娟	女	信管0703	89	82	80	251	83.66667
14	07010784	周彤	女	信管0703	73	78	81	232	77.33333
15	07010789	汪薇	女	信管0703	89	84	86	259	86.33333
16				信管0703 平均值					82.44444
17				总计平均值					82.33333

图 5.80 分类汇总结果

(2)显示和隐藏明细数据

在图 5.80 所示的列标题的左边,有"1 2 3"3 个按钮,这 3 个按钮表示该分类汇总的分级结构共分为 3 层。在 Excel 中,允许每个工作表最多有 8 个层,层号越小的,其层次越高。用鼠标单击"1 2 3"按钮中的"1"按钮或"2"按钮,则可以隐藏 2 级明细或 3 级明细,其相应的显示结果如图 5.81 和图 5.82 所示。在隐藏 2 级或 3 级明细的情况下,单击"3"按钮,则可显示出所有明细。此外,还可以单击工作表左边的"+"按钮或"-"按钮来显示或隐藏明细。

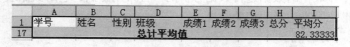

图 5.81 隐藏 2 级明细

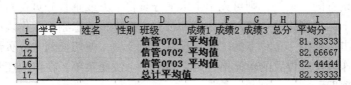

图 5.82　隐藏 3 级明细

5.2.6　打印工作表

完成工作表的创建、编辑、修改和格式化，以及图表的制作等工作后，用户若有需要，则可将工作表打印出来。在打印之前，可以先对工作表进行打印前的设置，并可以进行打印预览，以观察打印效果，用户可待满意后，再进行打印操作。

1．页面设置

通过对页面进行不同的设置，便可得到不同的打印效果。使用这类操作使得工作表具有一个合乎规范的整体外观，而且相当必要。页面设置的具体操作步骤如下。

（1）在打开工作表的情况下，单击"文件"菜单下的"页面设置"命令项，则会弹出"页面设置"对话框，如图 5.83 所示。

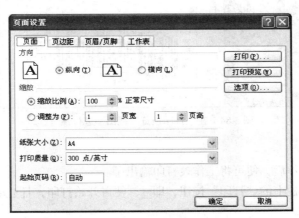

图 5.83　"页面设置"对话框

（2）在该对话框中的"页面"选项卡下，可在"方向"栏目里设置方向，如选中"纵向"单选按钮。

（3）还可调整"缩放比例"输入框中的数值，以设置打印尺寸。

（4）在"纸张大小"下拉列表框中选择所需的选项，如一般会选择"A4"选项。

（5）设置完毕后，单击"确定"按钮即可。

2．控制分页

分页是指将工作表中的数据分配在不同的页面上。用户如果要打印多页工作表，Excel 2003 将自动根据纸张大小和页边距等设置安排和处理每一页要打印的内容，此外，还可以根据需要以手工插入分页符。可见，分页符是为分页而使用的。

插入分页符的具体操作步骤如下。

（1）把插入光标定位在想要分页的位置处，如某列、行或单元格。

（2）单击"插入"菜单下的"分页符"命令项，则会根据所设定的位置强行分页。

若想删除人工设置的分页符，则可先单击水平分页符下方或垂直分页符右侧的单元格，然后单击"插入"菜单下的"删除分页符"命令项即可完成操作；若想删除工作表中的所有人工设置的分页符，可先单击"视图"菜单下的"分页预览"命令项，便切换到"分页预览"视图下，再用鼠标右键单击工作表任意位置的单元格，则会弹出一个快捷菜单，在该快捷菜单中单击"重置所有分页符"命令项即可。

3. 打印预览

在打印之前，用户若想准确查看每页的打印效果，则可以直接单击常用工具栏上的"打印预览"按钮，即 🔍；或者单击"文件"菜单下的"打印预览"命令项，便会切换到"打印预览"视图下以进行预览，如图 5.84 所示。

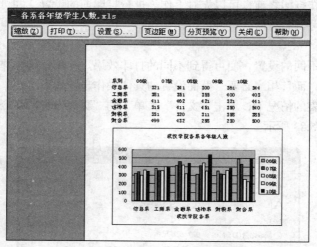

图 5.84　在"打印预览"视图下进行预览

4. 打印

当进行打印预览操作后，便可将工作表打印输出了。

直接单击常用工具栏上的"打印"按钮，即 🖨，便可开始打印，且 Excel 2003 会按照前面的设置将工作表打印 1 份。

此外，用户还可单击"文件"菜单下的"打印"命令项，则会弹出"打印内容"对话框，如图 5.85 所示。

图 5.85　"打印内容"对话框

在该对话框中，用户可以进行所需设置，如可将当前工作表打印多份、设置打印范围、选择设置打印内容（选定区域、整个工作簿、选定工作表）和是否逐份打印等，待设置完毕后，单击"确定"按钮，Excel 2003 便可开始按照设置要求进行打印。

5.3　演示文稿处理软件 PowerPoint

PowerPoint 是 Microsoft 公司的 Office 系列产品成员之一，主要用于设计制作图文并茂、生动翔实的广告宣传、产品演示、教学培训的电子幻灯片，制作好的幻灯片可以通过计算机屏幕、投影机播放，还可以召开面对面会议、远程会议或在 Web 上给人们展示演示文稿。随着办公自动化的普及，PowerPoint 的应用越来越广。

5.3.1　PowerPoint 基本操作

1．PowerPoint 2003 界面

同其他的微软产品一样，PowerPoint 2003 拥有典型的 Windows 应用程序的窗口。

窗口由标题栏、菜单栏、工具栏、"大纲/幻灯片"编辑窗格、任务窗格等部分组成，如图 5.86 所示。

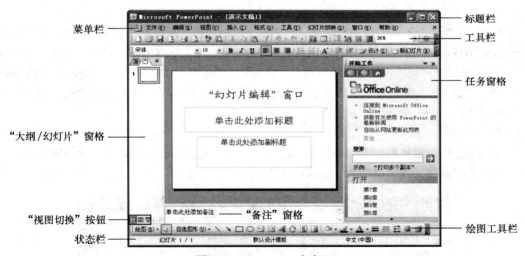

图 5.86　PowerPoint 主窗口

（1）标题栏

标题栏主要显示当前编辑文档名和窗口标题。

（2）菜单栏

PowerPoint 的菜单栏由"文件"、"编辑"、"视图"、"插入"、"格式"、"工具"、"幻灯片放映"、"窗口"和"帮助"9 个项目组成，里面包含了 PowerPoint 2003 的所有的控制功能。

（3）工具栏

工具栏主要是为方便用户操作，把最常用到的命令从菜单中挑选出来，以图标的形式排列在一起。

使用 PowerPoint 2003 时，常用的工具栏有："常用"工具栏、"格式"工具栏和"绘图"工具栏，如图 5.87 所示。

图 5.87　工具栏

（4）"大纲"编辑窗格

"大纲"编辑窗格中包含有"大纲"和"幻灯片"两个选项卡。大纲模式按一套演示文稿中的幻灯片编号将所有幻灯片显示在大纲编辑窗格中，所有的幻灯片按照层次关系显示标题等内容。幻灯片模式将演示文稿中的所有幻灯片以缩略图的形式进行排列。在窗格底部，是视图切换按钮，可以在常用的 3 个视图"普通视图"、"幻灯片浏览视图"、"幻灯片放映视图"之间进行切换。

（5）"幻灯片"编辑窗格

幻灯片编辑窗格位于 PowerPoint 窗口的中央，占据了窗口的大部分面积，在该位置进行具体的编辑工作。

（6）任务窗格

在 PowerPoint 窗口的右部，就是任务窗格，单击任务窗格中的超级链接，就可以执行相应的任务。在任务窗格右上角有个下三角按钮，单击它，可以选择不同的任务窗格，用来实现不同的任务，比如"幻灯片版式"任务窗格、"幻灯片切换"任务窗格等。

2．视图

PowerPoint 能够以不同的视图方式来显示演示文稿的内容，使演示文稿易于浏览、便于编辑。PowerPoint 2003 常用的视图方式有 4 种。在左下角有一个由 3 个小按钮组成的细长条"视图切换按钮"，这就是前三种视图方式切换组合按钮，从左到右分别为"普通视图"、"幻灯片浏览视图"、"幻灯片放映视图"，用鼠标单击相应的按钮，就会进入相应的视图方式。菜单栏的"视图"菜单除了包含刚才提到的 3 种视图，还包含"备注页视图"。

（1）普通视图

普通视图是用来编辑幻灯片的视图，如图 5.88 所示。普通视图将幻灯片、大纲和备注页等内容集成到一个视图中，既可以输入、编辑和排版文本，也可以输入备注信息。以后的操作如果没

图 5.88　普通视图

有特别说明，均是在这种模式下操作。普通视图包含大纲模式和幻灯片模式两种模式。

（2）幻灯片浏览视图

在幻灯片浏览视图中，可以在屏幕上同时看到演示文稿中的所有幻灯片，这些幻灯片是以缩略图显示的。这样，就可以很容易地在幻灯片之间添加、删除和移动幻灯片。在幻灯片浏览视图中，可以使用"幻灯片浏览"工具栏中的按钮来设置幻灯片的放映时间、选择幻灯片的动画切换方式等，如图 5.89 所示。

图 5.89　幻灯片浏览视图

（3）备注页视图

如图 5.90 所示，在备注页视图中，可以输入演讲者的备注。其中，幻灯片缩略图的下方带

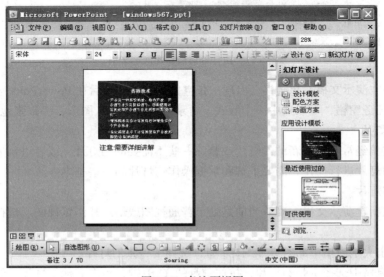

图 5.90　备注页视图

有备注页方框，可以通过单击该方框来输入备注文字。当然，用户也可以在普通视图中输入备注文字。

（4）幻灯片放映视图

在该视图下，整张幻灯片的内容占满整个屏幕。幻灯片就是以这种方式在计算机屏幕上演示的，也是将来制成胶片后用幻灯机放映出来的效果。

5.3.2　创建演示文稿

1．创建演示文稿

了解了 PowerPoint 2003 的基础知识以后，就可以开始创建演示文稿了。

在 PowerPoint 2003 中，有多种创建演示文稿的方法，而且是非常方便的。

根据用户的不同需要，系统提供了多种新文稿的创建方式，供人们选择使用。常用的有"内容提示向导"、"设计模板"等。

下面以创建空白演示文稿为例介绍演示文稿的创建。

创建演示文稿最基本的操作就是创建空白演示文稿。操作步骤如下。

（1）启动 PowerPoint 2003，从"文件"菜单中选择"新建"命令，在 PowerPoint 窗口的右边出现"新建演示文稿"任务窗格，如图 5.91 所示。

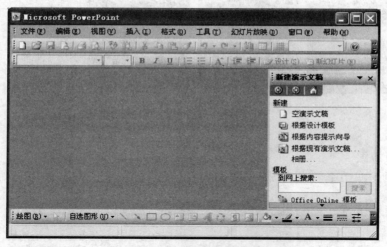

图 5.91　由任务窗格创建演示文稿

（2）单击"空演示文稿"超链接，出现一张空白幻灯片，然后在 PowerPoint 窗口的右边出现"幻灯片版式"任务窗格，可以选中一个版式。再录入文字或插入图形，一张张地制作幻灯片。

2．管理幻灯片

一套演示文稿经常要插入新的幻灯片或删除一些不需要的幻灯片，或者进行复制移动操作。要想正确地对幻灯片进行操作，需要了解和掌握操作幻灯片的一些基本方法。

（1）选择幻灯片

首先打开或新建演示文稿，确认当前是处于普通视图或幻灯片浏览视图。选择幻灯片有以下几种方法。

① 鼠标单击大纲窗格中的幻灯片图标1▦，选择了一张幻灯片。

② 在大纲窗格中选择一张幻灯片，按住键盘的 Ctrl 键，单击其他幻灯片，即可选择多张幻

灯片。

③ 选择一张幻灯片，按住键盘的 Shift 键不放，按键盘上的上、下光标键就可以连续地选择多张幻灯片。

④ 选择一张幻灯片，按住键盘的 Shift 键不放，再选择另一张幻灯片，则可以选中两张幻灯片之间的所有幻灯片。

（2）插入与删除幻灯片

插入新幻灯片的操作步骤如下。

① 选择一张幻灯片。

② 单击"常用工具栏"的新幻灯片 🗋 。

③ 出现"新幻灯片"对话框，选择一种版式，按确定，这样就在当前选择的幻灯片下面插入了一张新幻灯片。

删除幻灯片的操作步骤如下。

在大纲窗格中选择需要删除的幻灯片，鼠标单击菜单栏的"编辑"→"删除幻灯片"就可以了。也可用"常用工具栏"的剪切图标 ✂ ，剪除此幻灯片。

（3）复制与移动幻灯片

有时一张幻灯片只是另一张幻灯片的细微变动，如只是变换图形、文字更动等，那么只要复制这张幻灯片，再做适当调整就可以。

复制幻灯片的操作步骤如下。

① 在大纲窗格中选择需要复制的幻灯片。

② 鼠标单击"常用工具栏"的复制图标 🗐 ，复制此幻灯片到剪贴板中。

③ 在大纲窗格中选择某张幻灯片，鼠标单击粘贴图标 🗐 ，幻灯片就粘贴到当前选定的幻灯片的后面。

移动幻灯片（调整幻灯片的前后顺序）的操作步骤为：

① 在大纲窗格中用鼠标左键按住要调整顺序的幻灯片不放；

② 拖动到合适的位置松开鼠标。

5.3.3　编辑演示文稿

对于新创建的演示文稿，还需要在其中加入文本、图片、声音等对象，才能够完整地表达演示的内容。

1．编排文本

（1）认识占位符

在输入文本或者插入其他对象的时候，都要使用到占位符。占位符是幻灯片编辑窗口中带有虚线边框的方框，它能够容纳标题、正文、图片以及表格等对象，如图 5.92 所示。

（2）输入文本

单击占位符中的提示，提示将自动消失，光标变成闪烁的

图 5.92　占位符

状态，接着就可以直接输入文字。如果需要在占位符以外的地方输入文本，就需要借助文本框。

使用文本框的操作可以选择"插入"菜单下"文本框"命令的"水平"菜单项；或者选择"插入"菜单下"文本框"命令的"垂直"菜单项；或者单击绘图工具栏中的文本框图标 🄰 。🄰 代表文字横排的文本框；🄰 代表文字竖排的文本框。

（3）文本排版

在 PowerPoint 中，可以像 Word 一样，对文字进行排版。具体步骤如下。

① 选中待排版的文字。

② 选择"格式"菜单的"字体"命令，出现字体对话框，如图 5.93 所示。

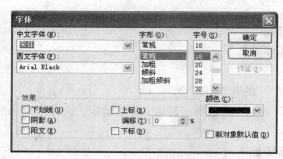

图 5.93　字体对话框

③ 在对话框中，可以设置字体的名称、大小、颜色、风格等项目，单击"确定"按钮完成设置。

④ 选择"格式"菜单的"字体对齐方式"命令，出现 4 个菜单项，如图 5.94 所示。

⑤ 如果选中的是段落，选择"格式"菜单的"行距"命令，出现"行距"对话框，如图 5.95 所示，完成对段落的行间距的设置。

图 5.95　行距

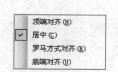

图 5.94　字体对齐方式

2. 编排图形表格

在演示文稿中，适当地加入图形、表格等内容，可以大大增强文稿的表现力，提高演示的效果。

（1）插入图片

在 PowerPoint 的剪辑库中包含着大量的剪贴画，可以根据内容的需要在幻灯片页面上添加相应的剪贴画，丰富页面效果。

插入剪贴画的操作步骤如下。

① 选择被编辑的幻灯片。

② 选择"插入"菜单的"图片"命令下的"剪贴画"菜单项，出现"剪贴画"任务窗格，如图 5.96 所示。

③ 在"搜索文字"编辑框中输入说明剪贴画的文字，在"搜索范围"中选择目录的搜索范围，在"结果类型"中选择要搜索的剪贴画的格式类型。

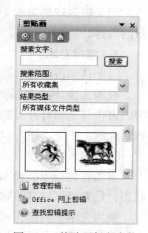

图 5.96　剪贴画任务窗格

④ 单击"搜索"按钮，则搜索到的剪贴画出现在下面的滚动框中，选择一幅图片单击，以插入到幻灯片中。

PowerPoint 中剪贴库的剪贴图数量有限，仅靠 PowerPoint 中的剪贴库是不能满足所有的制作需要，所以 PowerPoint 还提供了插入图片、艺术字等的功能，可以通过菜单栏的"插入"—图片来选择所需要插入的内容。

（2）绘制自定义图形

经常要在 PowerPoint 中使用一些图形，如箭头、矩形、圆、标注、按钮等，我们可以使用绘图工具来完成这些工作。绘制图形使用的工具就是"绘图工具栏"，如图 5.97 所示。

图 5.97　绘图工具栏

（3）插入图表

图表能够将枯燥数据图形化，所以在 PowerPoint 中是经常用到的，如演示财务分析、市场份额比照、销售统计、经济趋势等。

操作步骤如下。

① 打开演示文稿。

② 选择一张幻灯片。

③ 单击"常用工具栏"的插入图表，窗口就出现数据表和图表，如图 5.98 所示。图表的数据来自数据表，可以更改数据表中的行列名称和单元格的数据；增加行或列，这些调整将直接作用在图表上。数据表的操作方法如同 Excel。

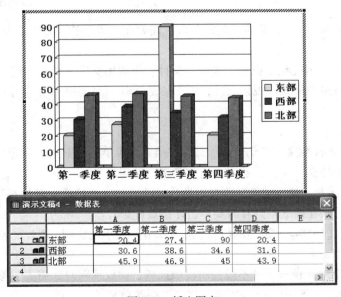

图 5.98　插入图表

鼠标双击行或列名，将屏蔽该行或该列在图表上的显示，即该行或该列的数据不在图表中显示出来。

鼠标双击图表上的任意元素，将出现相应的对话框，就可对相应元素的属性进行调整，如直方的颜色、形状、数据标志和间距，文字的颜色、大小及字型等。

鼠标单击"常用工具栏"图表格式的图标集，就可以调整图表格式并直接在图表上显示调整结果。这些图标的作用分别是：按行数据显示直方、按列数据显示直方、图表和数据标同时显示、选择图表类型、显示纵轴、显示横轴、显示直方图列。

只有数据表出现时，此图标集才可用。如幻灯片中有图表时，鼠标双击图表就可调出数据表和此图标集。

④ 鼠标单击常用工具栏的图表类型图标 ，可以从下拉列表中选择合适的图表类型。

⑤ 鼠标单击图表以外的区域，结束图表的编辑。

⑥ 保存文件。后面将使用此图表介绍图表的动画设定。

也可以在 Excel 中做好图表，选择图表，选择"复制" ，在 PowerPoint 中选择"粘贴" 的方法插入图表。如要编辑图表，鼠标双击图表即可。

3. 插入音频视频

（1）插入音频

为幻灯片配上背景音乐或旁白，可以增加幻灯片的生动效果。

操作步骤如下。

① 选择一张幻灯片。

② 选择"插入"菜单的"影片和声音"命令下的"文件中的声音"菜单项。

③ 在对话框中，找到需要的声音文件，点击"确定"按钮，将会提示"您希望在幻灯片放映时如何开始播放声音？"如图 5.99 所示，选择"自动"。如果选择"在单击时"则在播放幻灯片时要单击声音图标 才播放此声音。

④ 此时，幻灯片上出现一个声音图标 。按 F5 键，放映幻灯片。

图 5.99　提示框

也可以插入旁白解说、CD 乐曲（放映幻灯片需要在光驱中放入 CD）、MP3 音乐。

（2）插入视频

在幻灯片中可以使用视频（影片）来示范某种动作或用文字、声音和简单动画不易表达的内容。PowerPoint 支持多种格式的视频文件，常用的是 ASF、AVI 和 MPEG 等格式。

操作步骤如下。

① 打开演示文稿。

② 选择需要插入视频文件的幻灯片，选择"插入"菜单的"影片和声音"命令下的"文件中的影片"菜单项，选择视频文件，然后点击"确定"按钮。

③ 弹出一个提示框，提示"您希望在幻灯片放映时如何开始播放影片？"，选择"自动"。如果选择"在单击时"则在播放幻灯片时要单击才播放此影片。

④ 根据需要将文件移动到适当的位置，适当调节其大小及比例。调节视频大小的方法同调节图片是一样。

在 PowerPoint 中播放视频文件不能控制视频播放。播放视频时如需要暂停、停止、后退、调节音量等控制功能时，需调用 ActiveX 来实现。选择菜单栏的"视图"→"工具栏"→"控件工具箱"→中的 ，选择"MMC"控件，最好选择"Windows Media Player"控件，Windows Media Player 控件直接支持 MIDI、ASF、WMV、MPG、DAT、WAV 等音频视频格式。

4. 编辑其他对象

（1）设置超链接

为文字或者图片设置超链接的步骤如下。

① 选中要设置超链接的文字或者图片。

② 选择"插入"菜单的"超级链接…"命令，打开"插入超级链接"对话框，如图 5.100 所示。

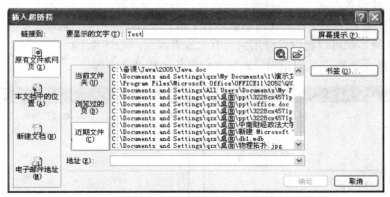

图 5.100　插入超级链接

③ 在对话框中选择、设置链接的目标位置。

④ 单击"屏幕提示…"按钮，会出现一个对话框，如图 5.101 所示。

输入提示文字，在放映的时候，当鼠标移动到设置了超级链接的内容上，这些文字就会出现。

⑤ 在放映的时候，当单击设置了超级链接的内容时，就可以像浏览网页一样链接到目标位置。

图 5.101　设置超链接屏幕提示

（2）插入动作按钮

PowerPoint 中内置了一些按钮，可以在幻灯片中加入这些按钮，在放映的过程中，单击这些按钮，可以控制放映的过程和效果，提升幻灯片演示的交互能力和趣味性。动作的作用是：观众选择了设定动作的对象，就会发生指定的事件，如跳到某个幻灯片、打开一个文件、执行程序或连接到 Internet 站等。

插入动作按钮的操作步骤如下。

① 打开演示文稿，选择一张幻灯片。

② 选择"幻灯片放映"菜单的"动作按钮"命令，在右边的子菜单中出现了许多预置的动作按钮，如图 5.102 所示。

③ 单击某个动作按钮，然后在幻灯片上按下左键不松手，拖动鼠标，调整按钮的大小。

④ 当松开鼠标后，会自动打开"动作设置"对话框，在对话框中对要执行的动作进行设置。

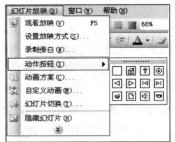

图 5.102　动作按钮

⑤ 点击"确定"按钮，完成插入过程。在放映的过程中，点击幻灯片中的这个按钮，就会执行预设的动作。

设置按钮的动作包括：链接到本演示文稿的指定幻灯片、结束放映或打开其他演示文稿中的指定幻灯片；还可以运行程序，如打开"计算器"；如果创建了宏，还可以自动运行宏；如果设置动作的对象是图表、音频视频或 ActiveX 对象，还可以指定专用的对象动作，如表的编辑、视频的播放等。

（3）编辑页眉页脚

在幻灯片上添加页眉和页脚的操作步骤如下。

选择"视图"菜单的"页眉和页脚"命令，弹出"页眉和页脚"对话框，如图 5.103 所示。

选中"幻灯片包含内容"中的复选框，相应内容就会出现，还可以通过"标题幻灯片中不显示"复选框来控制标题页的情况。在对话框的右下角，是内容的一个大致预览。单击"全部应用"或者"应用"按钮，就可以把设置应用到所有的或者当前的幻灯片上。

如图 5.104 所示，可以采用相同的办法来设置备注和讲义内容。

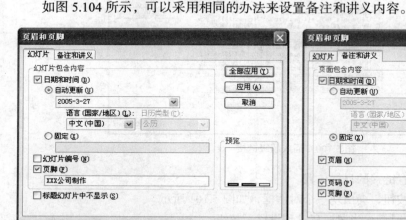

图 5.103　页眉页脚—幻灯片　　　　　　图 5.104　页眉页脚—备注和讲义

如果要调整页眉和页脚的位置，需要在幻灯片母版中进行操作。

5.3.4　演示文稿的格式化

1. 统一幻灯片外观

一个演示文稿中包含多个幻灯片，常常需要具有统一风格的外观，这样看起来才有整体性、一致性。在 PowerPoint 中提供了多种手段为演示文稿设置外观，下面具体介绍每一种方法。

（1）调整幻灯片版式

版式定义了幻灯片中文本、图形、图表等内容的布局形式。PowerPoint 中预先定义了多种版式，可以在创建新幻灯片时选用，也可以在创建幻灯片以后再统一设置，使演示文稿具有统一的外观。

应用一个新的版式后，所有的文本和对象都保留在幻灯片中，但是可能需要重新排列它们以适应新版式。

设定幻灯片版式的操作步骤如下。

① 打开演示文稿，鼠标单击一张幻灯片。

② 选择"视图"菜单的"工具栏"命令下的"任务窗格"子菜单，在窗口的右部出现任务窗格，单击任务窗格右上角的下三角按钮，以切换到"幻灯片版式"窗格，如图 5.105 所示。

"幻灯片版式"窗格中包含了"文字版式"、"内容版式"、"文字和内容版式"、"其他版式"四大类，每类中包含了多个版式，每个版式都包含了若干个占位符，而且设置好了占位符的大小与摆放位置。

③ 将鼠标移动到某个版式上，该版式的右边出现一个下三角按

图 5.105　幻灯片版式窗格

钮，点开后，选择"应用于所选定幻灯片"或者"插入新幻灯片"命令，就可以把这个版式应用到事先选定的幻灯片或者插入一个应用了该版式的新幻灯片。

④ 采取相同的办法对其他幻灯片进行版式设置，最后保存演示文稿。

（2）修改配色方案

幻灯片配色方案由 8 种颜色组成，用来设置幻灯片中 8 个要素：背景、文本和线条、阴影、标题文本、填充、强调、强调和超级链接、强调和尾随超级链接的颜色。对某张幻灯片应用配色方案之后，幻灯片中的各要素就具备了配色方案中的相应颜色。

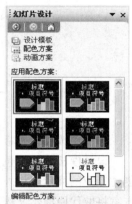

可以更改配色方案中的每个颜色，然后应用于个别幻灯片或整份演示文稿中，另外应用于不同的场合可以选择不同的配色方案，如深颜色的配色方案用于投影仪和制作胶片幻灯片；浅颜色的配色方案用于计算机监视器的显示；黑白的配色方案用于打印幻灯片前的模拟显示。

设置配色方案的操作步骤如下。

① 选择"视图"菜单的"工具栏"命令下的"任务窗格"子菜单，在窗口的右部出现任务窗格，单击任务窗格右上角的下三角按钮，以切换到"幻灯片设计—配色方案"窗格，如图 5.106 所示。

图 5.106　幻灯片设计窗格

② 任务窗格中包含了多个预先定义的配色方案。将鼠标移动到某个配色方案上，该配色方案的右边出现一个下三角按钮，点开后，选择"应用于所选幻灯片"或者"应用于所有幻灯片"命令，就可以把这个版式应用到事先选定的幻灯片或者应用到该演示文稿中的所有幻灯片。

对于"幻灯片设计—配色方案"窗格中列举出的预定义配色方案，还可以进行管理。单击任务窗格下部的"编辑配色方案"超链接，弹出的对话框如图 5.107 所示。

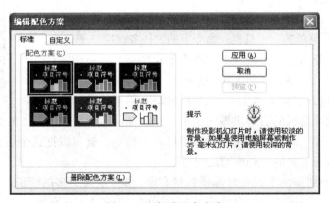

图 5.107　标准配色方案

通过"应用"按钮可以把某配色方案添加到任务窗格中，也可以通过"删除配色方案"按钮把某个配色方案从任务窗格中删除。

除了使用系统预先定义的配色方案，也可以自定义配色方案。在图 5.107 中，选择"自定义"选项卡，然后按照下面的步骤来定义。

① 如图 5.108 所示，在对话框中指定几个要素的颜色。

② 单击"应用"按钮，新的配色方案就应用到当前选择的幻灯片中，同时新的配色方案也添

加到"幻灯片设计—配色方案"窗格的配色方案列表中。

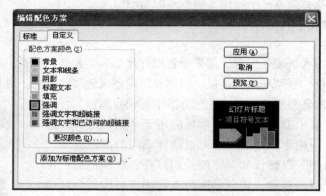

图 5.108　自定义配色方案

（3）更改设计模板

设计模板包含配色方案、具有自定义格式的幻灯片和标题母版以及字体样式，它们都可用来创建专业的演示文稿外观。当演示文稿应用设计模板时，新模板的幻灯片母版、标题母版和配色方案将取代原演示文稿的幻灯片母版、标题母版和配色方案。应用设计模板之后，添加的每张新幻灯片都会具有相同的外观、排版样式和色调，但文本内容、图片等对象保持不变。

图 5.109　幻灯片设计窗格

PowerPoint 提供了大量专业设计的模板，也可以创建自己的模板。如果为某份演示文稿创建了特殊的外观，可将它保存为模板，以备将来应用到其他演示文稿中。

使用设计模板的操作步骤如下。

① 打开幻灯片。

② 选择"视图"菜单的"工具栏"命令下的"任务窗格"子菜单，在窗口的右部出现任务窗格，单击任务窗格右上角的下三角按钮，以切换到"幻灯片设计"窗格，如图 5.109 所示。

③ 任务窗格中包含了多个预先定义的设计模板。将鼠标移动到某个设计模板上，该设计模板的右边出现一个下三角按钮，点开后，选择"应用于选定幻灯片"或者"应用于所有幻灯片"命令，就可以把这个版式应用到事先选定的幻灯片或者应用到该演示文稿中的所有幻灯片。

④ 在任务窗格中列举出来的设计模板数量有限，如果需要更多的模板，可以单击任务窗格下部的"浏览"超链接，弹出"应用设计模板"对话框，如图 5.110 所示。

⑤ 选择一个模板，同时它的预览效果在对话框的右部被显示出来，单击"应用"按钮，这个模板就应用到当前选择的幻灯片上，同时该模板也出现在"幻灯片设计"窗格中。

（4）设置背景

背景是影响幻灯片外观的一个重要因素。在 PowerPoint 2003 中，除了使用设计模板设置背景以外，还可以自己对背景进行设置，用某种颜色、纹理作背景，或者用某张图片作为背景。下面将介绍如何设置不同类型的背景。

设置彩色背景是最基本的背景设置。设置幻灯片背景颜色的操作步骤如下。

图 5.110　设计模板

① 打开要设置背景颜色的幻灯片，选择"格式"菜单的"背景"命令，打开"背景"对话框，如图 5.111 所示。在"背景"对话框里，单击"预览"按钮，可以使幻灯片应用选定的背景，且不关闭"背景"对话框。如果不满意，单击"取消"按钮，则可以回到原来的背景设置。

② 单击对话框底部的下三角按钮，从下拉菜单中选择新的背景颜色，或者选择"其他颜色"菜单命令，打开"颜色"对话框，选择颜色。

③ 单击"应用"按钮，即可完成对当前幻灯片的颜色设置，单击"全部应用"按钮，即可完成对演示文稿中所有幻灯片的颜色设置。

图 5.111　设置背景

（5）修改和设计幻灯片母板

母版可分为幻灯片母版、讲义母版和备注母版等类型。幻灯片母版用于控制在幻灯片上输入的标题和文本的格式；讲义母版用于添加或修改在每页讲义中的页眉和页脚；备注母版用于控制备注页的版式和备注文字的格式。

可以在幻灯片母版中更改幻灯片的标题、文本的格式与类型、幻灯片背景、插入对象并设置对象的动画效果等，并反映在所有的幻灯片上。

使用幻灯片母版的操作步骤如下。

选择"母版"菜单的"幻灯片母版"命令，进入母版编辑窗口，如图 5.112 所示。

① 鼠标双击文字"单击此处编辑母版标题样式"，选择文字。

② 单击"格式工具栏"的字型下拉选框，选择"隶书"，文字的字型就由"宋体"改成"隶书"。

演示文稿中所有幻灯片的标题文字的字型就为隶书。

这里不应该输入具体的文字，因为母版的文本只用于样式，实际的文本内容应当在普通视图的幻灯片上输入。

总结母版上的编辑内容，如表 5.2 所示。

图 5.112　编辑母版

表 5.2　　　　　　　　　　母版编辑内容

单击此处编辑母版文本样式	第一级别文字，可编辑样式，如颜色、字型、字号、行距等
第二级	第二级别文字，可编辑样式，如颜色、字型、字号、行距等
日期区	页眉页脚的一部分，可以输入具体日期，在每张幻灯片上显示，可编辑样式，如颜色、字型、字号、行距等。一般不输入任何内容，在页眉页脚中再自动设定
页脚区	输入一些说明文字，在每张幻灯片上显示。一般不输入任何内容，只编辑样式，如颜色、字型、字号、行距等，在页眉页脚中再输入相应文字
数字区	可输入数字，在每张幻灯片上显示。一般不输入任何内容，只编辑样式，如颜色、字型、字号、行距等，在页眉页脚中再设置自动显示页码

③ 单击"单击此处编辑母版标题样式"文本框（占位符）的外框，单击"图形工具栏"的颜色填充 🖉 ，从中选择颜色，以更改文本框的底色。

④ 单击"母版"窗口的"关闭母版视图"。结束模板编辑回到幻灯片编辑窗口。

⑤ 按 F5 键，放映幻灯片。将会发现第二张幻灯片和第三张幻灯片的样式（文字字型和颜色）都改变了。

其他母版如"讲义母版"（在"讲义母版"设置的讲义样式，一般是用于打印幻灯片讲义）、"备注母版"与"幻灯片母版"的使用方法相似。

母版可为演示文稿统一添加文字、图片、电影、动画甚至动作。母版的内容不能在幻灯片视图中修改，只能在母版中修改并作用于所有的幻灯片，但可以在幻灯片视图中用其他图形将母版内容遮住。如果要使个别幻灯片的外观与其他幻灯片不同，就直接修改该幻灯片而不用修改幻灯片母版。

2．设置幻灯片动画

（1）使用预设动画效果

PowerPoint 2003 中预先设置了很多动画方案，使用这些预先设置的动画方案，能够让幻灯片中的各个对象按照预先设计的效果动起来，进一步提高演示文稿的趣味性。

使用预设动画方案的步骤如下。

① 打开幻灯片。

② 选择"幻灯片放映"菜单的"动画方案"命令，在窗口的右部出现"幻灯片设计—动画方案"任务窗格，如图 5.113 所示。

③ 从列表中选择一种方案，单击它，则应用到当前的幻灯片上。

④ 单击任务窗格底部的"播放"按钮，可以在当前窗口中查看动画效果。单击"幻灯片放映"按钮，可以在全屏幕状态下观看动画效果。

⑤ 单击"应用于所有幻灯片"，则选择的方案应用到演示文稿的所有幻灯片上。

⑥ 如果想取消动画方案，只要在列表中选择"无动画"即可。

（2）自定义动画

预先设置的动画方案不一定能够满足个性化需求。在 PowerPoint 中，也可以对所有的文字、图片等对象单独、直接设置动画效果。

操作步骤如下。

① 打开一张幻灯片，选择一个被设置动画的对象，如图 5.114（a）所示。

图 5.113　幻灯片设计窗格

② 选择"幻灯片放映"菜单的"自定义动画"命令，如图 5.114（b）所示。在窗口的右部出现"幻灯片设计—自定义动画"任务窗格，如图 5.114（c）所示。

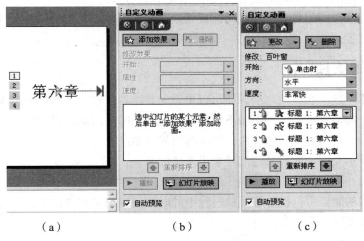

（a）　　　　　　　　　　（b）　　　　　　　　　　（c）

图 5.114　自定义动画

③ 单击"添加效果"按钮，出现一个弹出式菜单，有"进入"、"强调"、"退出"、"动作路径" 4 个菜单项，用来设置 5 种类型的动画。单击每个菜单项，又会出现相对应的子菜单，子菜单中列举出了各种具体的动画效果，选择一项，就应用到当前选择的对象上。

④ 一个对象可以设置多个动画效果，每增加一个动画效果，相应的文字前都会增加一个动画效果编号，放映的时候，按照编号顺序依次播放各动画效果。这个顺序可以通过任务窗格下面的上下箭头来改变。

⑤ 在"自定义动画"任务窗格，按照先后顺序列举出了某个对象具备的所有动画效果序列。选中任意一个动画效果，可以再进一步地进行设置。例如：在任务窗格的"开始"下拉列表框中，选中"单击时"，则在放映中单击一次鼠标，屏幕上就播放当前这个动画效果；在"方向"下拉列表框中，选中不同的方向，就可以按照设置的方向运动；在"速度"下拉列表框中，选中不同的速度，就可以按照设置的速度运动。

⑥ 在"自定义动画"任务窗格的下部，单击"播放"按钮，就会在幻灯片编辑窗格中播放动画，如果单击"幻灯片放映"按钮，就会全屏播放动画。

3. 设置放映切换效果

在 PowerPoint 2003 中，不仅可以为对象设置动画效果，而且可以在幻灯片之间切换的时候设置动画效果。操作的基本步骤如下。

① 打开演示文稿。

② 选择"幻灯片放映"菜单的"幻灯片切换"命令，在窗口的右部出现"幻灯片切换"任务窗格，如图 5.115 所示。

③ 选择"应用于所选幻灯片"下面的某种切换效果，与此同时，在幻灯片编辑窗格中会同步显示这种动画效果。

④ 在"速度"下拉列表中选择动画的速度，在"声音"下拉列表中选择在切换过程中的伴随声音。在"切片方式"中，如果选中"单击鼠标时"，则在放映的过程中，每单击一下鼠标，就切换到下一张幻灯片，也可以设置按照指定的间隔时间自动切换。

⑤ 单击"应用于所有幻灯片"，则刚才的设置就应用到演示文稿中的所有幻灯片，否则的话，刚才的设置仅仅应用到当前幻灯片。

图 5.115　幻灯片切换

如果要设置每一张的幻灯片的放映时间或切换效果都不相同，就运用以上的方法分别对每张幻灯片做具体的设置。

5.3.5　放映幻灯片

制作好幻灯片之后，在放映之前，还可以再做一些准备工作，比如：演示人员先试着演示，在演示的过程中，PowerPoint 自动记录下各幻灯片之间的时间间隔，以后可以自动按照这个时间间隔来播放；也可以为幻灯片录制旁白，放映的时候由系统自动播放；也可以采取自定义方式进行放映，仅仅把演示文稿中的部分幻灯片拿出来播放等。

1. 排练计时

通过排练计时功能，可以把排练播放过程中的时间间隔记录到文件中，以后自动按照这个时间间隔来播放。设置的步骤如下。

（1）打开演示文稿。

（2）选择"幻灯片放映"菜单的"排练计时"命令，激活排练方式。此时幻灯片放映开始，同时计时系统启动，如图 5.116 所示。

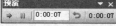

图 5.116　排练计时

前面的时间值是当前幻灯片放映的计时，后面的时间值为演示文稿放映的总计时。要求开始出现动画或切换幻灯片，单击 ; 重新记时可以单击快捷按钮 ; 暂停计时单击快捷按钮 , 如果要继续计时就再一次单击按钮 。

（3）当 PowerPoint 2003 放完最后一张幻灯片后，系统会自动弹出一个提示框，如图 5.117 所示。如果选择"是"，那么上述操作所记录的时间就会保留下来，并在以后播放这演示文稿时，以记录下来的时间放映；点击"否"，那么所做的所有时间设置将取消。

（4）按 F5 键播放幻灯片，放映用时将以排练时间为准。

如果已经知道每张幻灯片放映所需要的时间，那就可以直接在"预演"对话框内输入该时间值。

图 5.117　计时确认对话框

2．录制旁白

在自动播放或网页上播放幻灯片时，往往需要加入语音解说。在录制旁白之前，必须准备一个话筒连接计算机。

如果不需要旁白贯穿整个演示文稿，可以将其录制在选定的幻灯片上。录制完毕后，每张录有旁白的幻灯片上都会出现声音图标 。

录制声音旁白的同时也在进行排练计时。

录制旁白的操作步骤如下。

（1）选择"幻灯片放映"菜单的"录制旁白"命令。

（2）屏幕上会出现对话框，如图 5.118 所示，显示可用磁盘空间以及可录制的分钟数。

如果是首次录音，则执行以下操作：单击"设置话筒级别"，并按照说明来设置话筒的级别。

图 5.118　录制旁白

（3）如果要作为嵌入对象在幻灯片上插入旁白，旁白将作为声音对象插入演示文稿，这样演示文稿将很大；如果选中"链接旁白"复选框，声音文件将独立于演示文稿，需要时才调入播放。鼠标单击"确定"。

（4）开始旁白解说。

（5）在幻灯片放映结束时，会出现一个提示，如果要保存排练时间及旁白解说，鼠标单击"是"，幻灯片将按此排练时间放映，以前的排练时间将被取代。如果只需保存旁白不保存排练时间，鼠标单击"否"。

3．自定义放映

对于编辑好的演示文稿，针对不同的听众，选择出部分幻灯片进行适当的重新组合，就可以再组合成若干套演示文稿，而不必再重新创建。操作步骤如下。

（1）打开演示文稿。

（2）选择"幻灯片放映"菜单的"自定义放映"命令，打开"自定义放映"对话框，如图 5.119 所示，单击"新建"或者"编辑"按钮，打开"定义自定义放映"对话框。

（3）在"定义自定义放映"对话框中，可以给这个组合命名，然后把选中的幻灯片加入到这个组合中来，最后单击"确定"按钮，如图 5.120 所示。

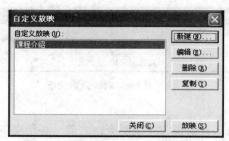
图 5.119　自定义放映

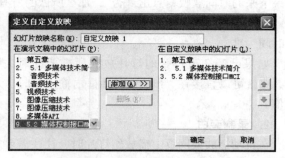
图 5.120　定义自定义放映

（4）在"自定义放映"对话框中选择一个组合方案，单击"放映"按钮就可以播放了。

4. 设置放映方式

在 PowerPoint 2003 中，幻灯片放映方式有 3 种："演讲者放映（全屏幕）"、"观众自行浏览（窗口）"和"在展台浏览（全屏幕）"，用户可根据自己不同的需要，选择放映方式。

演讲者放映：这是最常用的全屏幕放映方式（缺省方式），在该方式下演讲者具有全部的权限，可以采用人工或自动的换片方式、可以在放映过程录制旁白等。

观众自行浏览：很少使用这种方式。在这种方式下演示文稿将出现在窗口中，观众可以使用工具栏和菜单栏提供的命令在放映时移动、编辑、复制、打印幻灯片。

在展台浏览：这是不需要专人播放的全屏幕自动放映方式。在这种方式下除了鼠标单击某些对象发生指定的事件外，大多数控制都不起作用，使用户不能更改幻灯片的内容。

操作步骤如下。

（1）选择"幻灯片放映"菜单的"设置放映方式"命令出现一个对话框，如图 5.121 所示。

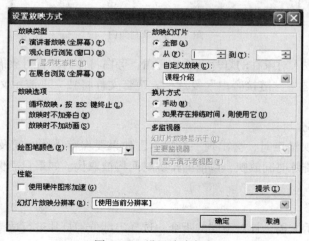
图 5.121　设置放映方式

（2）在"放映类型中"选择需要的放映方式，在"放映选项"中选择是否循环放映、是否播放旁白等，在"放映幻灯片"中选择播放的范围，在"换片方式"中选择是手动换片还是使用排练时间。

（3）单击"确定"按钮，结束设置。

5.3.6　输出演示文稿

1. 打包与还原

PowerPoint 2003 还能够把演示文稿，以及字体、链接的声音等文件打成一个完整的包，发布出去。这个包可以在其他计算机上放映，即使这台计算机上没有安装 PowerPoint。如果制作包的计算机上有刻录设备，最终的包还可以直接刻录到 CD 上。

演示文稿打包的过程如下。

（1）选择"文件"菜单的"打包成 CD"命令，弹出一个新的对话框，如图 5.122 所示。

（2）在对话框中可以为包命名，然后单击"添加文件"按钮，在随后出现的对话框中选择要加入的文件。

（3）单击"选项"按钮，弹出一个新的对话框，如图 5.123 所示。

图 5.122　打包

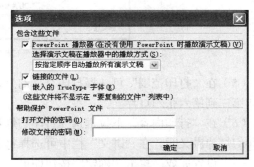

图 5.123　打包选项

如果选中了打包 PowerPoint 播放器，那么这个包可以在没有安装 PowerPoint 的计算机上进行放映；如果选中了"链接的文件"，那么旁白声音等文件也会打包进来；如果选中了"嵌入的 TrueType 字体"，演示文稿中所使用的字体文件也会打包进来，如果目的计算机上没有这些字体文件，那么这些字体文件会安装到目的计算机，以保证放映的效果；也可以为演示文稿设置密码，防止非授权人员打开或者修改演示文稿。设置完成后，单击"确定"按钮，回到前一个对话框。

（4）在图 5.122 所示的对话框中，单击"复制到 CD"，就可以把生成的包直接刻录到 CD；单击"复制到文件夹"按钮，就可以把生成的包复制到指定的路径下面。

2. 打印幻灯片

应用打印功能可以把幻灯片打印到纸上，也可以打印到其他介质上，如 35mm 幻灯片，还可以选择打印备注、讲义等。

打印演示文稿的操作步骤如下。

（1）选择"文件"菜单的"页面设置"命令，打开"页面设置"对话框，如图 5.124 所示。

（2）在"幻灯片大小"下拉框中选择纸张大小或选择其他介质，在"宽度"、"高度"等框内设置打印的大小。在"方向"框内选择幻灯片打印出来的纸张方向。

（3）设置完成，单击"确定"按钮。

（4）选择"文件"菜单的"打印"命令，弹出"打印"对话框如图 5.125 所示。

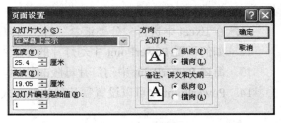

图 5.124　页面设置

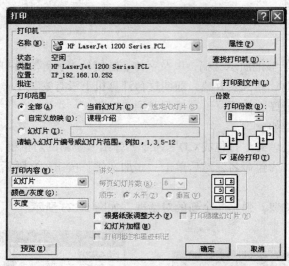

图 5.125 打印对话框

（5）在"打印范围"可选择打印全部幻灯片、当前的幻灯片或选择打印范围，如输入 3-6 即打印第三到第六张幻灯片。

（6）在"打印内容"下拉框选择打印幻灯片、备注、讲义、大纲等，并调整相应项目。例如打印幻灯片讲义时，在"讲义"栏中可选择每页打印的讲义张数及摆放顺序。

（7）设置完成，单击"确定"按钮即可。

习　　题

1. Word 的基本功能主要有哪些？

2. Word 的内容录入主要包括哪些内容？

3. Word 的排版功能主要包括哪些内容？

4. Word 的美化修饰功能主要包括哪些内容？

5. 简述 Word 文档结构图的作用。

6. Word 中如何设置首字下沉？

7. 在 Word 2003 排版或者编辑文档的过程中，可以使用哪几种方法创建表格？

8. Excel 如何创建工作簿和工作表？

9. 如何设置 Excel 中日期格式？

10. 简述 Excel 中引用单元格的 3 种引用方式，举例说明。

11. 在 Excel 中进行"分类汇总"时，可以选择具体的汇总方式有哪些？

12. 如何设置 PowerPoint 中幻灯片的背景？

13. 简述 PowerPoint 中幻灯片母版的特性。

14. PowerPoint 中可以设置哪几种放映方式？

第 6 章
数据库与信息系统

在信息处理系统中，信息技术主要是指利用电子计算机和现代通信手段实现获取信息、传递信息、存储信息、处理信息、显示信息、分配信息等的相关技术。而实现信息的存储和处理的一个重要技术就是数据库技术。基于数据库的各种信息管理系统在各个行业和领域得到了广泛的应用，基于数据库技术的信息系统使全社会的信息管理、信息检索、信息分析等达到了新的水平。

6.1 数据库技术

6.1.1 基本概念

数据、数据库、数据库管理系统、数据库应用系统和数据库系统是与数据库技术密切相关的5个基本概念。

1. 数据

数据（DATA）是数据库中存储的基本对象。数据在大多数人头脑中的第一个反应就是数字。其实数字只是最简单的一种数据，是数据的一种传统和狭义的理解。广义的理解，数据的种类很多，文字、图形、图像、声音、学生的档案记录、货物的运输情况等，这些都是数据。

可以对数据作如下定义：描述事物的符号记录称为数据。描述事物的符号可以是数字，也可以是文字、图形、图像、声音、语言等，数据有多种表现形式，它们都可以经过数字化后存入计算机。

2. 数据库

数据库（DataBase，DB），顾名思义，是存放数据的"仓库"。只不过这个"仓库"是在计算机存储设备上，而且数据是按一定的格式存放的。

所谓数据库是长期储存在计算机内、有组织的、可共享的数据集合。数据库中的数据按一定的数据模型组织、描述和储存，具有较小的冗余度、较高的数据独立性和易扩展性，并可为各种用户共享。

3. 数据库管理系统

了解了数据和数据库的概念，下一个问题就是如何科学地组织和存储数据，如何高效地获取和维护数据。完成这个任务的是一个系统软件——数据库管理系统（DataBase Management System，DBMS）。

数据库管理系统是位于用户与操作系统之间的一层数据管理软件。它的主要功能包括以下几个方面。

（1）数据定义功能

DBMS 提供数据定义语言（Data Definition Language，DDL），用户通过它可以方便地定义对数据库中的数据对象进行定义。

（2）数据操纵功能

DBMS 还提供数据操纵语言（Data Manipulation Language，DML），用户可以使用 DML 操纵数据实现对数据库的基本操作，如查询、插入、删除和修改等。

（3）数据库的运行管理功能

数据库在建立、运用和维护时由数据库管理系统统一管理、统一控制，以保证数据的安全性、完整性、多用户对数据的并发使用及发生故障后的系统恢复。

（4）数据库的建立和维护功能

它包括数据库初始数据的输入、转换功能，数据库的转储、恢复功能，数据库的重组织功能和性能监视、分析功能等。这些功能通常是由一些实用程序完成的。

4．数据库应用系统

数据库应用系统（DataBase Application System，DBAS）是指软件开发人员利用数据库技术开发出来的，面向某一对象的应用软件系统。例如，财务管理系统、火车票售票系统、银行管理系统、电子购物网站等。这些应用系统无论是面向内部的信息管理系统，还是面向外部提供信息服务的开放式信息系统，都是以数据库为基础的计算机应用系统。

5．数据库系统

数据库系统（DataBase System，DBS）是指在计算机系统中引入数据库后的系统构成，一般由数据库、数据库管理系统（及其开发工具）、应用系统、数据库管理员和用户构成。数据库系统结构示意图如图 6.1 所示。

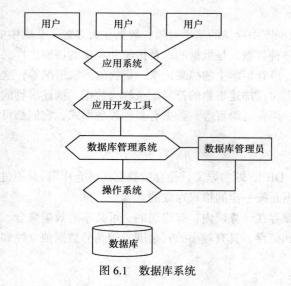

图 6.1　数据库系统

数据库系统的组成包括以下几个方面。

（1）硬件平台及数据库

由于 DBS 数据量都很大，加之 DBMS 丰富的功能使得自身的规模也很大，因此整个 DBS 对硬件资源提出了较高的要求。

① 要有足够大的内存，存放操作系统、DBMS 的核心模块、数据缓冲区和应用程序。

② 有足够的大的磁盘等直接存取设备存放 DB，有足够的磁带（或微机软盘）作数据备份。

③ 要求系统有较高的通道能力，以提高数据传送率。

（2）软件

DBS 的软件主要包括如下几种。

① DBMS。DBMS 是为 DB 的建立、使用和维护配置的软件。

② 支持 DBMS 运行的操作系统。

③ 具有与 DB 接口的高级语言及其编译系统，便于开发应用程序。

④ 以 DBMS 为核心的应用开发工具。

应用开发工具是系统为应用开发人员和最终用户提供的高效率、多功能的应用生成器、第四代语言等各种软件工具。它们为 DBS 的开发和应用提供了良好的环境。

⑤ 为特定应用环境开发的 DBAS。

（3）人员

开发、管理和使用数据库系统的人员主要是数据库管理员、系统分析员和数据设计人员、应用程序员和最终用户。不同的人员涉及不同的数据抽象级别，具有不同的数据视图。

① 数据库管理员（DataBase Administrator，DBA)

在 DBS 环境下，有两类共享资源。一类是 DB，另一类是 DBMS 软件。因此需要有专门的管理机构来监督和管理 DBS。DBA 则是这个机构的一个（组）人员，负责全面管理和控制 DBS。具体职责包括如下几个。

a. 决定 DB 中的信息内容和结构

DB 中要存放哪些信息，DBA 要参与决策。因此 DBA 必须参加 DB 设计的全过程，并与用户、应用程序员、系统分析员密切合作共同协商，搞好 DB 设计。

b. 决定 DB 的存储结构和存取策略

DBA 要综合各用户的应用要求，和 DB 设计人员共同决定数据的存储结构和存取策略以求获得较高的存取效率和存储空间利用率。

c. 定义数据的安全性要求和完整性约束条件

DBA 的重要职责是保证 DB 的安全性和完整性。因此 DBA 负责确定各个用户对 DB 的存取权限、数据的保密级别和完整性约束条件。

d. 监控 DB 的使用和运行

DBA 还有一个重要职责就是监视 DBS 的运行情况，及时处理运行过程中出现的问题。比如系统发生各种故障时，DB 会因此遭到不同程度的破坏，DBA 必须在最短时间内将 DB 恢复到正确状态，并尽可能不影响或少影响计算机系统其他部分的正常运行。为此，DBA 要定义和实施适当的后备和恢复策略，如周期性的转储数据、维护日志文件等。有关这方面的内容将在下面做进一步讨论。

e. DB 的改进和重组重构

DBA 还负责在系统运行期间监视系统的空间利用率、处理效率等性能指标，对运行情况进行记录、统计分析，依靠工作实践并根据实际应用环境，不断改进数据库设计。不少 DB 产品都提供了对 DB 运行状况进行监视和分析的实用程序，DBA 可以使用这些实用程序完成这项工作。

另外，在数据运行过程中，大量数据不断插入、删除、修改，时间一长，会影响系统的性能。因此，DBA 要定期对 DB 进行重组织，以提高系统的性能。当用户的需求增加和改变时，DBA

还要对 DB 进行较大的改造，包括修改部分设计，即 DB 的重构造。

② 系统分析员和 DB 设计人员

系统分析员负责应用系统的需求分析和规范说明，要和用户及 DBA 相结合，确定系统的硬件软件配置，并参与 DBS 的概要设计

DB 设计人员负责 DB 中数据的确定、DB 各级模式的设计。DB 设计人员必须参加用户需求调查和系统分析，然后进行 DB 设计。在很多情况下，DB 设计人员就由 DBA 担任。

③ 应用程序员

应用程序员负责设计和编写应用系统的程序模块，并进行调试和安装。

④ 用户

这里用户是指最终用户（End User）。最终用户通过应用系统的用户接口使用 DB。常用的接口方式有浏览器、菜单驱动、表格操作、图形显示、报表书写等。

最终用户可以分为如下 3 类。

偶然用户：这类用户不经常访问 DB，但每次访问 DB 时往往需要不同的 DB 信息，这类用户一般是企业或组织机构的高中级管理人员。

简单用户：DB 的多数最终用户都是简单用户。其主要工作是查询和更新 DB，一般都是通过应用程序员精心设计并具有友好界面的应用程序存取 DB。银行的职员、航空公司的机票预定工作人员、旅馆总台服务员等都属于这类用户。

复杂用户：复杂用户包括工程师、科学家、经济学家、科学技术工作者等具有较高科学技术背景的人员。这类用户一般都比较熟悉 DBMS 的各种功能，能够直接使用 DB 语言访问数据库，甚至能够基于 DBMS 的 API 编制自己的应用程序。

6.1.2　数据模型

模型是现实世界特征的模拟和抽象。数据模型（Data Model）也是一种模型，它是现实世界数据特征的抽象。由于计算机不可能直接处理现实世界中的具体事物，所以人们必须事先把具体事物转换成计算机能够处理的数据。在数据库中用数据模型这个工具来抽象、表示和处理现实世界中的数据和信息。通俗地讲数据模型就是现实世界的模拟，如图 6.2 所示。

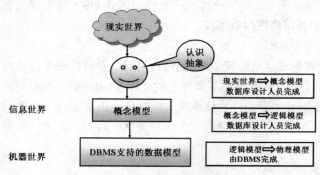

图 6.2　现实世界到数据库的抽象过程

现有的数据库系统均是基于某种数据模型的。因此，了解数据模型的基本概念是学习数据库的基础。数据模型应满足三方面要求：一是能比较真实地模拟现实世界；二是容易为人所理解；三是便于在计算机上实现。

不同的数据模型实际上是提供给我们模型化数据和信息的不同工具。根据模型应用的不同目

的，可以将这些模型划分为两类，它们分属于两个不同的层次。

　　第一类模型是概念模型，也称信息模型，它是按用户的观点来对数据和信息建模，主要用于数据库设计。

　　另一类模型是逻辑模型，主要包括网状模型、层次模型、关系模型等，它是按计算机系统的观点对数据建模，主要用于 DBMS 的实现。

　　数据模型是数据库系统的核心和基础。各种机器上实现的 DBMS 软件都是基于某种数据模型的。

　　对于一个实际的问题，如某舰艇部队要完成装备实力的管理，需要设计完成舰艇装备信息管理系统，设计人员首先就要分析装备管理信息系统所要处理的数据对象，完成对处理对象的抽象，并用适当的工具进行表示，这就是概念结构设计。

　　设计人员将所得到的概念模型与用户进行交流，看是否与用户的要求相符合，如果不满足用户的要求，则重新调研和设计概念模型，直到满足用户要求。

1．概念模型

　　概念模型是从现实世界到机器世界的第一个层次，用于信息世界的建模，它是数据库设计人员进行数据库设计的有力工具，也是数据库设计人员和用户之间进行交流的语言。

　　（1）信息世界中的基本概念

　　① 实体。客观存在并可相互区别的事物称为实体（Entity）。实体可以是具体的人、事、物，也可以是抽象的概念或联系。例如，一条舰艇、一部装备、一个学生、一门课程等都是实体。

　　② 属性。实体所具有的某一特性称为属性（Attribute）。一个实体可以由若干个属性来刻画。例如学员实体可以由学号、姓名、性别、出生年月、政治面貌、籍贯、队别、专业等属性组成。（3122009001，郭峰，男，1983-1-1，团员，河南洛阳，31 队，指挥自动化）这些属性组合起来表征了一个学生。

　　③ 码。唯一标识实体的属性集称为码（Key）。例如学号是学生实体的码，在一个学校中，每个学生的学号不会重复。

　　④ 域。属性的取值范围称为该属性的域（Domain）。例如，学号的域为 10 位整数，性别的域为（男，女），政治面貌的域为（群众，团员，党员）等。

　　⑤ 联系。在现实世界中，事物内部以及事物之间是有联系的，这些联系（Relationship）在信息世界中反映为实体内部的联系和实体之间的联系。

　　这种联系是现实世界中已经存在的，是我们通过对处理对象的分析得到的，不是数据库设计人员强加于实体的。

　　两个实体集之间的联系可以分为 3 类。

　　● 一对一联系（1:1）

　　如果对于实体集 A 中的每一个实体，实体集 B 中至多有一个（也可以没有）实体与之联系，反之亦然，则称实体集 A 与实体集 B 具有一对一联系，记为 1:1。

　　例如，学校里面，一个区队只有一个区队长，而一个区队长只在一个区队中任职，则区队与区队长之间具有一对一联系。

　　● 一对多联系（1:n）

　　如果对于实体集 A 中的每一个实体，实体集 B 中有 n 个实体（$n \geqslant 0$）与之联系，反之，对于实体集 B 中的每一个实体，实体集 A 中至多只有一个实体与之联系，则称实体集 A 与实体集 B 有一对多联系，记为 1:n。

例如，一个区队中有若干名学员，而每个学员只在一个区队中学习，则区队与学员之间具有一对多联系。

● 多对多联系（*m:n*）

如果对于实体集 A 中的每一个实体，实体集 B 中有 *n* 个实体（*n*≥0）与之联系，反之，对于实体集 B 中的每一个实体，实体集 A 中也有 *m* 个实体（*m*≥0）与之联系，则称实体集 A 与实体集 B 具有多对多联系，记为 *m:n*。

例如，学员可以选修多门课程，一个课程可以被多个学员选修，则学员与课程之间是 *m:n* 联系，这种多对多的联系往往会产生一个或多个新的属性，如在学员和课程之间的选修联系产生了"成绩"属性。

（2）概念模型的表示方法

概念模型是对信息世界建模，所以概念模型应该能够方便、准确地表示出上述信息世界中的常用概念。概念模型的表示方法很多，其中最为著名最为常用的是 P.P.S.Chen 于 1976 年提出的实体-联系方法（Entity-Relationship Approach）。该方法用 E-R 图来描述现实世界的概念模型，E-R 方法也称为 E-R 模型。

E-R 图提供了实体、属性和联系的表示方法。

● 实体：用矩形表示，矩形框内写明实体名。

● 属性：用椭圆型表示，并用无向边将其与相应的实体连接起来。

例如：学员实体具有学号、姓名、性别、出生年月，专业、队别等属性，用 E-R 图表示如图 6.3 所示。

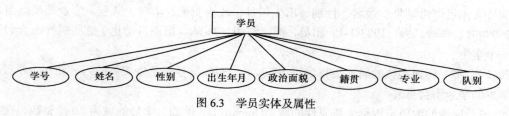

图 6.3　学员实体及属性

● 联系：用菱形表示，菱形框内写明联系名，并用无向边分别与有关实体连接起来，同时在无向边旁标明联系的类型。

例如，一个学员可以选修多门课程，一门课程也可以被多个学员选修，则学员和课程之间是多对多的联系。

一个学员队只有一名队长，一名队长只能在一个学员队工作，则学员队和队长之间的联系为一对一的联系。

在舰船装备实力管理中，一个舰船上装备很多部装备，这些装备分别属于某个专业，如通信专业、雷达专业等，一个专业有很多部装备，一部装备只能属于一个专业，则专业和装备之间属于一对多的联系。

在某些联系中会有一个或多个属性，如学员选修一门课程时会有相应成绩，因此选修联系有一属性。

以上联系可以用图 6.4 表示。为了表示的方便，图中省略了每个实体的属性。

联系也可以发生在 3 个或 3 个以上实体之间，如在某工厂物质管理系统中，有零件、供应商和工程 3 个实体，一个零件可以由多个供应商供应，并用于多个工程项目中，一个工程可以使用多个供应商供应的多个零件，一个供应商可以供应多个工程多个零件，因此零件、供应商和工程

3 个实体之间为多对多的联系，该联系有一个供应数量的属性。该联系的表示如图 6.5 所示。

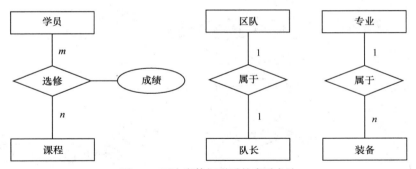

图 6.4　两个实体间联系的表示方法

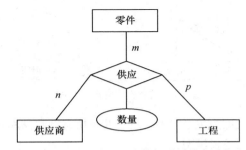

图 6.5　3 个或 3 个以上实体间联系的表示方法

在对某一问题（系统）进行概念模型建模时，我们首先要分析系统实现的功能，根据所要实现的功能，抽象出该功能所处理的数据信息（实体），并使用 E-R 图来表示该数据模型。

例如，某单位要完成该单位舰船装备实力的管理，设计人员通过与用户的交流，管理系统要完成该单位所有舰船信息、装备信息的日常管理（增加、修改、删除）功能，并能够按照专业、舰船、装备等信息进行查询统计功能。通过分析，该系统涉及的实体包括以下几个。

- 舰船信息：舰船舷号、舰型、排水量、下水时间等信息。
- 装备信息：装备代码、装备名称、型号、专业、生产厂家、入列时间等信息。
- 专业信息：专业大类、专业小类。

通过对业务的分析，这些实体之间有以下联系。

① 一个舰船可以装备多种装备，一个种装备可以装备到多艘舰船。

② 一个专业对应多种装备，一个种装备只能属于一个专业。

则此装备实力管理的 E-R 图如图 6.6 所示。

2．逻辑模型

目前，在数据库领域中常用的逻辑模型有 4 种，它们是：

- 层次模型（Hierarchical Model）；
- 网状模型（Network Model）；
- 关系模型（Relational Model）；
- 面向对象模型（Object Oriented Model）。

其中层次模型和网状模型统称为非关系模型，非关系模型在 20 世纪 70 年代至 80 年代非常流行，但现在已逐渐被关系模型的数据库系统取代，但在美国等一些国家里，由于早期开发的应用系统都是基于层次数据库或网状数据库系统的，因此目前仍有不少层次数据库或网状数据库系统在继续使用。

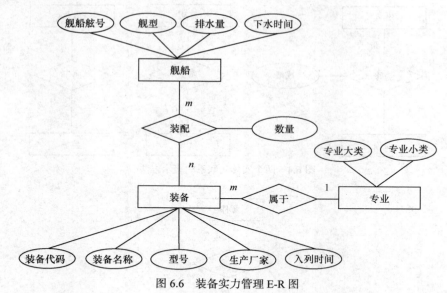

图 6.6　装备实力管理 E-R 图

目前使用最广泛的逻辑模型为关系模型，现在几乎所有的数据库管理系统都使用关系模型，因此本书以关系模型为例介绍逻辑模型。

关系模型是目前最重要的一种数据模型。关系数据库系统采用关系模型作为数据的组织方式。1970 年美国 IBM 公司 San Jose 研究室的研究员 E.F.Codd 首次提出了数据库系统的关系模型，开创了数据库关系方法和关系数据理论的研究，为数据库技术奠定了理论基础。由于 E.F.Codd 的杰出工作，他于 1981 年获得 ACM 图灵奖。

关系模型与以往的模型不同，它是建立在严格的数学概念的基础上的。在用户观点下，关系模型中数据的逻辑结构是一张二维表，它由行和列组成。

● 关系（Relation）：一个关系对应通常说的一张表，如图 6.7 所示的这张学员登记表。

学号	姓名	性别	出生年月	政治面貌	籍贯	专业	队别
3122009001	李旭	男	1991.2.1	团员	山西大同	动力工程	21 队
3122009002	王伟康	男	1992.4.11	团员	北京	动力工程	21 队
3162009001	王伟峰	男	1992.12.13	团员	云南昆明	计算机	33 队
3162009002	刘璇	女	1994.3.12	团员	河北邯郸	计算机	33 队
...	...	...	...	...	...	...	...

图 6.7　关系—模型数据结构

● 元组（Tuple）：表中的一行即为一个元组。

● 属性（Attribute）：表中的一列即为一个属性，给每一个属性起一个名称即属性名。如上表有 8 列，对应 8 个属性（学号、姓名、性别、出生年月、政治面貌、籍贯、队别、专业）。

● 主码（Key）：表中的某个属性组，它可以唯一确定一个元组，如图 6.7 所示的学号，可以唯一确定一个学生，也就成为本关系的主码。

● 域（Domain）：属性的取值范围，如人的年龄的取值为正整数，性别的域是（男，女），系别的域是一个学校所有系名的集合。

- 分量：元组中的一个属性值。
- 对关系的描述，一般表示为：

关系名（属性 1，属性 2，…，属性 n）

例如上面的关系可描述为：

学员（学号、姓名、性别、出生年月、政治面貌、籍贯、队别、专业）

在关系模型中，实体以及实体间的联系都是用关系来表示。例如学生、课程、学生与课程之间的多对多联系在关系模型中可以如下表示：

学生（学号、姓名、性别、出生年月、政治面貌、籍贯、队别、专业）

课程（课程号，课程名，学分，开课单位）

选修（学号，课程号，成绩）

关系模型要求关系必须是规范化的，即要求关系必须满足一定的规范条件，这些规范条件中最基本的一条就是，关系的每一个分量必须是一个不可分的数据项，也就是说，不允许表中还有表。

目前，主流数据库管理系统如 Oracle、SQL Server、Access 都是采用关系数据模型。

对关系数据模型的操作主要包括查询、插入、更新和删除操作，这些操作的对象和结果都是以集合为对象，即操作的对象和结果都是集合。如要查询"21 队"的学员的信息，其操作的对象是学员表，其结果是全体 21 队学员的信息集合。

3. 物理模型

物理模型是对数据库的数据物理结构和存储方式的描述，主要包括：数据库表中记录的存储方式是顺序存储、B 树存储还是 Hash 方法存储；索引是按照什么方式组织；数据是否压缩存储，是否加密存储；数据的存储位置是什么等。

数据的物理模型与具体的数据库管理系统有关，不同的数据库管理系统它们的物理模型是不同的。

4. 概念模型向逻辑模型的转换

在完成对现实世界的需求分析和抽象后，建立了该系统的概念模型，主要是 E-R 图，而概念模型向逻辑模型的转换主要是将 E-R 图转换成关系模式（表）。向关系模型的转换要解决的问题是如何将实体和实体间的联系转换为关系模式，如何确定这些关系模式的属性和码。

关系模型的逻辑结构是一组关系模式（表）的集合。E-R 图则是由实体、实体的属性和实体之间的联系三个要素组成的。所以将 E-R 图转换为关系模型实际上就是要将实体、实体的属性和实体之间的联系转换为关系模式，这种转换一般遵循如下原则。

一个实体型转换为一个关系模式。实体的属性就是关系的属性，实体的码就是关系的码。

对于不同实体间的联系则有以下不同的转换情况。

（1）一个 1:1 联系可以转换为一个独立的关系模式，也可以与任意一端对应的关系模式合并。如果转换为一个独立的关系模式，则与该联系相连的各实体的码以及联系本身的属性均转换为关系的属性，每个实体的码均是该关系的候选码。如果与某一端实体对应的关系模式合并，则需要在该关系模式的属性中加入另一个关系模式的码和联系本身的属性。

（2）一个 1:n 联系可以转换为一个独立的关系模式，也可以与 n 端对应的关系模式合并。如果转换为一个独立的关系模式，则与该联系相连的各实体的码以及联系本身的属性均转换为关系的属性，而关系的码为 n 端实体的码。

（3）一个 m:n 联系转换为一个关系模式。与该联系相连的各实体的码以及联系本身的属性均转换为关系的属性，而关系的码为各实体码的组合。

（4）3个或3个以上实体间的一个多元联系可以转换为一个关系模式。与该多元联系相连的各实体的码以及联系本身的属性均转换为关系的属性，而关系的码为各实体码的组合。

（5）具有相同码的关系模式可合并。

如将图6.6所示装备实力管理E-R图转换成关系模型，关系的码用下横线标出。

专业（<u>专业小类</u>，专业大类）

此为专业实体对应的关系模式，其中专业小类为主码。

舰船（<u>舰船舷号</u>、排水量、下水时间）

此为舰船实体对应的关系模式，其中舰船舷号为主码。

装备（<u>装备代码</u>、装备名称、型号、生产厂家、入列时间）

此为装备实体对应的关系模式，专业和装备之间的联系的体现是在装备（多端）加入专业（1端）的码。

舰船和装备之间的多对多联系"装配"则产生一个信息的关系模式，该关系模式的主码为舰船和装备两个关系模式主码的组合，该关系产生出一个新的属性"装配数量"。

装配（<u>装备代码、舰船舷号</u>、数量）

6.1.3　关系数据标准语言——SQL

SQL（Structured Query Language）语言是1974年Boyce和Chamberlin提出的，是一个通用的、功能极强的关系数据库语言。

1986年10月美国国家标准局（American National Standard Institue，ANSI）的数据库委员会X3H2批准了SQL作为关系数据库语言的标准。1987年国际标准化组织（International Organization for Standardization，ISO）也通过这一标准。

自SQL成为国际标准语言以后，各个数据库厂商纷纷推出各自的SQL软件或与SQL的接口软件，这使大多数数据库均用SQL作为共同的数据库存取语言和接口标准。各个DBMS产品在实现标准SQL语言时也各有差异，一般都作了扩充。

SQL语言之所以能够为用户和业界所接受，并成为国际标准，是因为它是一个综合的、功能极强同时又简捷易学的语言。SQL语言集数据查询（Data Query）、数据操纵（Data Manipulation）、数据定义（Data Definition）和数据控制（Data Control）功能于一体。

用户可以用SQL语言对基本表和视图进行查询或其他操作，基本表和视图一样，都是关系，如图6.8所示。

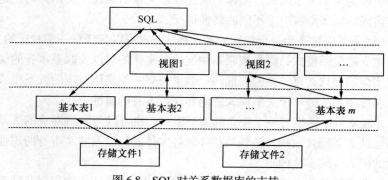

图6.8　SQL对关系数据库的支持

基本表是本身独立存在的表，在 SQL 中一个关系就对应一个表。一个（或多个）基本表对应一个存储文件。

视图是从一个或几个基本表导出的表。它本身不独立存储在数据库中，即数据库中只存放视图的定义而不存放视图对应的数据，这些数据仍存放在导出视图的基本表中，因此视图是一个虚表。视图在概念上与基本表等同，用户可以在视图上再定义视图。

1. 数据定义

标准 SQL 语言能够完成对表、视图和索引的定义，这里以基本表为例进行介绍。

建立数据库最重要的是建立基本表，SQL 语句建立基本表的一般格式如下。

```
CREATE TABLE <表名>
    (<列名> <数据类型>[ <列级完整性约束条件> ]
    [, <列名> <数据类型>[ <列级完整性约束条件>] ] …
    );
```

- <表名>：所要定义的基本表的名字。
- <列名>：组成该表的各个属性（列）。
- <列级完整性约束条件>：涉及相应属性列的完整性约束条件。
- <表级完整性约束条件>：涉及一个或多个属性列的完整性约束条件。

【例1】建立一个"舰船"表，它由舰船舷号、舰型、排水量、下水时间4个属性组成。其中舰船舷号为主码。

```
CREATE TABLE 舰船
    (舰船舷号   CHAR(12)  PRIMARY,
    排水量     INT,
    舰型       CHAR(10) ,
    入列时间   DATE
    );
```

【例2】建立"专业"表，它由专业大类、专业小类两个属性组成，其中主码为专业小类。

```
CREATE TABLE 专业
    (专业大类   CHAR(8)   NOT  NULL,
    专业小类   CHAR(10)  PRIMARY
    );
```

【例3】建立"装备"表，它由装备代码、装备名称、型号、专业小类、生产厂家、入列时间6个属性组成。

```
CREATE TABLE 装备
    (装备代码   CHAR(8)  PRIMARY,
    装备名称   CHAR(20),
    型号       CHAR(10),
    专业小类   CHAR(10),
    生产厂家   CHAR(30),
    入列时间   DATE
    );
```

【例4】建立"装配"表，它由舰船舷号、装备代码、数量3个属性组成。

```
CREATE TABLE 装配
    (舰船舷号   CHAR(12),
```

```
装备代码      CHAR(8),
数量         INT
);
```

2. 数据查询

数据库查询是数据库的核心操作，对数据库的操作 80%以上为查询操作，如查询某个专业的学员信息，在订购火车票前首先要按照日期、车次等信息进行查询有无余票等。

数据查询的 SQL 语句格式为：

```
SELECT [ALL|DISTINCT]<目标列表达式>, [,<目标列表达式>], …
FROM <表名或视图名>[,<表名或视图名> ] …
[WHERE<条件表达式>]
[GROUP BY<列名 1>[HAVING<条件表达式>]]
[ORDER BY<列名 2>[ASC|DESC]];
```

其含义为根据 WHERE 子句的条件表达式，从 FROM 子句指定的表或视图中找出满足 WHERE 子句后条件的记录。如果有 GROUP BY 子句，则将查询结果按照列名 1 进行分组。如果有 ORDER BY 子句，则对结果按照列名 2 进行降序或升序排序，ASC 为升序，DESC 为降序。

- SELECT 子句：指定要显示的属性列。
- FROM 子句：指定查询对象（基本表或视图）。
- WHERE 子句：指定查询条件。
- GROUP BY 子句：对查询结果按指定列的值分组，该属性列值相等的元组为一个组。通常会在每组中作用集函数。
- HAVING 短语：筛选出只有满足指定条件的组。
- ORDER BY 子句：对查询结果表按指定列值的升序或降序排序。

下面以例 1 至例 4 建立的基本表进行数据的查询。

【例 5】查询雷达专业的装备信息，并按入列时间降序排列。

```
SELECT 装备代码、装备名称、型号、专业小类、生产厂家、入列时间
FROM 装备
WHERE 专业小类='雷达'
ORDER BY 入列时间 DESC
```

【例 6】查询"170"舰艇所有装备的装备代码、装备名称和数量。

```
SELECT 舰船舷号，装配.装备代码、装备名称、数量
FROM 装备，装配
WHERE 舰船舷号='170'AND 装备.ZBDM=装配.ZBDM
```

3. 插入数据

SQL 语言使用 INSERT 完成数据的插入操作，其基本格式为：

```
INSERT
INTO <表名> [(<属性列 1>[,<属性列 2 >...)]
VALUES (<常量1> [,<常量2>]      …             )
```

【例 7】将一条新的舰船记录（舰船舷号：1710，舰型：驱逐舰，排水量：7500，入列时间：2003-7-1）插入"舰船"表。

```
INSERT
INTO 舰船
VALUES ('1710', '驱逐舰', 7500, '2003-7-1');
```

4. 修改数据

SQL 语言使用 UPDATE 完成数据修改操作，其基本格式为：

```
UPDATE  <表名>
    SET  <列名>=<表达式>[,<列名>=<表达式>]…
    [WHERE <条件>];
```

其功能为修改指定表中满足 WHERE 子句条件的元组。

【例 8】修改"1710"舰的下水时间为 2004-7-1。

```
UPDATE  舰船
    SET 下水时间='2004-7-1'
    WHERE  舰船舷号='1710';
```

5. 删除数据

SQL 语言使用 DELETE 完成删除数据操作，其基本格式为：

```
DELETE
    FROM  <表名>
    [WHERE <条件>];
```

其功能是删除指定表中满足 WHERE 子句条件的元组。

【例 9】删除"1710"舰的信息。

```
DELETE
    FROM 舰船
    WHERE 舰船舷号='1710';
```

6.2　信 息 系 统

　　信息系统（Information System，IS）在人们的生活中已经随处可见，如学校的选课系统、火车站的订票系统、医院的医疗管理系统、军队的装备信息管理系统等都是我们经常使用的信息系统。信息系统是一系列相互关联的可以采集、处理、输出数据和信息，并提供反馈机制以实现其目标的元素或组成部分的集合，通常是一个为组织或企业的各级领导提供管理决策服务的系统，所以又被称为管理信息系统。

6.2.1　信息系统概念

　　信息系统的概念起源于 20 世纪 30 年代，在 20 世纪 60 年代美国经营管理协会及其事业部第一次提出了建立信息系统的设想。信息系统真正成为一门学科是在 20 世纪 80 年代。1985 年，信息系统的创始人，明尼苏达大学卡尔森管理学院的信息系统领域专家戈登 B.戴维斯（Gordon B. Davis）教授给信息系统做了一个比较完整的定义："它是一个利用计算机硬件和软件，利用各类分析、计划、控制和决策的人—机器系统。"这个定义说明，信息系统的目标是在高层决策、中层管理控制、低层运行 3 个层次上支持企业或组织的日常管理和决策活动。

　　简单地说，信息系统就是对信息进行采集、处理、存储、管理、检索和传输，并向有关人员提供有用信息的系统。

　　一个基于计算机的信息系统通常由 5 个部分组成：计算机软件、硬件、数据、人员和处理过程。计算机在信息系统中并不是必需的，但是大量信息处理使计算机成为必需。信息的产生和使用已经有很悠远的历史了，但是计算机在信息处理中的使用仅仅过去 50 年，计算机帮助人们在非常短的时间内处理大量的数据、存储信息并快速获得帮助，计算机已经与信息处理密不可分。

信息系统的主要特征包括以下几个。

（1）面向管理性。管理信息系统可以从管理、信息和系统 3 个方面理解，是一个用于管理方面的信息系统，它是考虑管理学的思想和方法，以及管理与决策的行为理论之后的一个重要的发展，它是为管理决策服务的，根据管理的需要，及时提供各类所需的信息，帮助管理者做出决策。

（2）综合性。信息系统的定义告诉人们，它是一个人—机综合的系统，将系统中的各项功能有机地结合在一起，因此它能产生更有意义的管理信息，实现企业的战略目标。

（3）适应性。一个信息系统必须考虑到适应未来发生的情况，力求做到尽可能适应将来的发展变化。

（4）易用性。易用性表现在它能很容易地被用户广泛的使用。

6.2.2　信息系统的结构

信息系统的任务在于支持管理业务，因而信息系统可以按照管理任务的层次进行划分，通常分为 4 个层次：事务处理层、运行控制层、管理控制层和战略管理层，如图 6.9 所示。这 4 个层次形成金字塔结构，处于底层的人员处理的信息量最大，层次越高，处理的信息量越小。

战略管理层的管理内容包括确定和调整组织的目标，制定相应的策略，是对企业的长远规划。其管理者常被称为执行管理者，属于企业的最高管理层。

处于第二层的是管理控制层，管理的内容包括资源的获取和组织、人员的招聘与训练、资金监控

图 6.9　管理信息系统的金字塔结构

等，其管理控制的内容属于中期计划范围。其管理者常被称为中层管理者，他们负责设计并实现由执行管理者所制定的计划的方式。这类计划称作策略计划。

处于第三层的是运行控制层，其管理者常被称为主管，主要负责调度和监测操作人员和业务处理流程。在这一层需要处理较多的信息，并可能会有不确定的因素发生。其所做的调度和监测计划有时也称作操作计划。

处于最底层的是一般事务处理、产品和服务，是企业最基本的业务活动，它记录企业或组织的每一项生产经营活动。在这一层中所处理的信息最多，但都是常规内容，几乎没有不确定的或复杂的信息，他们的操作是程序化的。

6.2.3　信息系统的功能

管理信息系统的主要功能如下。

（1）数据处理功能。它们对各种形式的原始数据进行整理和保存，提供统一格式的信息，使各种统计和综合工作简化，降低信息成本。

（2）预测功能方法。它利用各种数学方法、统计方法和各种逻辑模型处理信息，根据过去的资料和目前的状况，对未来进行预测，以便科学地决策。

（3）计划功能。它能合理地安排各职能部门的计划，按照不同的管理层次，提供不同的要求。

（4）控制功能。它能对每道工序、每个岗位的执行情况进行监测、检查，及时全面提供不同要求、不同程度的信息，解释发生的现象，并及时地加工处理成控制信息。

（5）决策优化功能。它利用各种数学方法和设计方法进行决策优化，为各级管理层提供辅助决策，合理使用人、财、物和信息资源，合理组织各项生产经营活动。

6.2.4　信息系统的分类

根据信息系统的功能、目标、特点和服务对象的不同，一般将信息系统分为事务处理系统、办公系统、管理信息系统、决策支持系统、人工智能与专家系统。

1．事务处理系统

事务处理系统（Transaction Processing System，TPS）主要支持操作层人员的日常活动，负责处理日常事务，一般处于信息系统金字塔的最底层。如超市的收银 POS 系统、订票系统、仓库管理系统、图书借阅管理系统等。事务处理系统通过提供收集、显示、修改和取消事务的方法，使它可以跟踪组织机构中所有的事务，所以事务处理系统也被称为数据处理系统。

事务处理系统有以下特征：
- 能够有效处理大量的输入/输出；
- 能通过严格的数据逻辑保证记录的准确性；
- 可以通过审计保证输入数据、处理、程序和输出的完整性、准确性和有效性；
- 支持多人处理。

2．管理信息系统

管理信息系统（Management Information System，MIS）是为企业管理者和决策者提供信息支持以完成企业预订目标的系统。它注重的是管理，是从管理的角度完成事务的处理，在信息系统的金字塔结构中，它要高于一般的事务处理，事务处理系统是给全体办公人员记录事务的，大部分的事务处理产生大量的报表，提供一个完整的记录。然而管理人员是需要更有效的报表，来帮助决策者理解和分析数据，而这些功能通常由管理信息系统来创建。

MIS 系统的主要作用是帮助企业或组织完成以下目标：
- 高效监管企业或组织的业务；
- 有效组织企业或组织的业务；
- 合理规划企业或组织业务。

不同的管理人员分配各种不同的任务。对应这些不同的任务执行，一般有市场信息系统、财务信息系统、生产信息系统、人事信息系统等。

3．决策支持系统（Decision Support System，DSS）

决策支持系统是用来处理、存储和表示管理决策信息的系统。它用来帮助管理人员或其他人员对非常规问题进行决策，解决基于不同精度数据或需要猜测的半结构化问题。

自从 20 世纪 60 年代提出 MIS 的设想到 20 世纪 70 年代初，MIS 经历了一个迅速发展的时期，但随着时间的推移而逐渐暴露出很多问题。其中主要问题是：早期的 MIS 缺乏对企业组织机构和不同层次管理人员决策行为的深入研究；忽视了人在管理决策过程中不可替代的作用；只有内部信息而没有外部信息、只有业务信息而没有决策信息。DSS 特别注重企业高层的管理决策在工作中的作用。

决策支持系统可以帮助企业或组织提高利润、降低成本，提供更好的产品和服务。

决策支持系统的特点：

- 可以有效处理不同来源的大量数据；
- 提供可以灵活展示的报告和图标；
- 通过多种文本和图标模板；
- 支持对数据的深入分析；
- 先进的软件设计可以帮助企业或组织完成错综复杂的分析和比较；
- 支持最优化、满意度和启发式等多种企业决策方法；
- 可以对决策进行模拟；
- 可以对决策进行目标求解分析，即对于一个给定的结果决定出所需的决策变量的处理。

4．人工智能与专家系统

人工智能（Artificial Intelligence，AI）是用计算机来探索和模拟人类的某些智力活动，使计算机具有听、看、说和思维能力。人工智能的研究由来已久，在 20 世纪 80 年代变得非常活跃，人工智能是计算机应用的重要分支，计算机的发展促进了人工智能的研究和发展。人工智能目前最重要的 3 个应用领域是自然语言理解、专家系统（Expert System）和机器人。

专家系统实质上是一种具有智能特征的软件，人们借助它能够处理现实世界中需要具有专门领域的知识和经验的专家来分析和解决的问题，如 IBM 公司的超级计算机"深蓝"，是由 5 个"人"组成深蓝小组，在 1997 年的 5 月 11 日，超级计算机"深蓝"仅用 1 个小时以 3.5:2.5 的总比分击败了国际象棋大师卡斯帕罗夫。

一个专家系统至少由 4 部分组成，它们分别是知识库、推理机制、知识学习工具和用户接口，如图 6.10 所示。

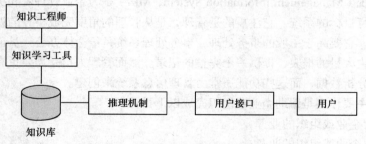

图 6.10　专家系统结构示意图

在专家系统中，知识库和推理机制是专家系统的关键。知识库是用来存放由专家系统问题所需要的知识（事实和经验），知识必须以一定的形式来表示。推理机制包括知识库管理系统和推理机，知识库管理系统要求能够自动扩展和更新知识，并按推理的要求有效搜索所需要的知识，并做出正确判断。知识的学习是需要不断地对事实和经验进行人工或自动的积累，并保存到知识库。专家系统被广泛地应用于医学、地质、故障诊断、化学分析、军事等领域。

6.2.5　信息系统开发

信息系统的开发是一项复杂的系统工程，它涉及知识面广、部门多，不仅包括计算机技术，而且包括管理业务、企业组织和行为。一个单位要建立信息系统，通常采用两种方法进行系统的开发：一种是借助外部的智力资源来实现自己的系统，即通过购买或请专业的信息系统开发公司量身制定系统；二是由单位内部的人员来实现。但无论采用哪种方式，在信息系统开发过程中，首先要选择适宜的开发方式、合理的结构模式，充分满足开发信息系统的基本条件，分析开发过程可能要遇到的各种问题；其次要重视建立开发机构，开发人员分工明确，责任到人。

常用的信息系统开发设计方法有生命周期法、原型法、面向对象方法等。本文将以生命周期法为例进行介绍。

生命周期法是将系统的开发过程划分为明确的几个阶段，每个阶段都有明确的任务，整个系统的开发是按照一个个阶段进行的，这几个阶段分别是：系统调查与规划、系统分析、系统设计、系统实施、系统测试和系统运行维护。在各阶段，按照自顶向下的原则，从最顶层的管理业务开始，直到最底层业务，以模块化的方法进行结构分解。

第一阶段：系统调查与规划。

当用户感觉到现有的信息系统（人工操作或已经存在）不能够满足现有的业务需要，想用一个新的信息取代它，就开始进入第一阶段，即系统调查和规划。在这一阶段，开发人员根据用户提出的任务与要求，对现行的信息系统进行初步调查，弄清现行系统存在的问题，提出新的系统目标与任务，并在技术上、经济上、组织上做可行性研究，确定是否有必要且有可能建立一个新的信息系统来取代现有的系统，做出可行性报告，并拟定一个开发系统的初步计划。

第二阶段：系统分析。

如果可行性研究报告是可行的，并得到用户的认可和批准，则进入第二个阶段，即系统分析。在这一阶段，开发人员要做详细调查，全面而细致地分析现行系统的工作业务流程、数据流程、数据结构、用户要求、系统目标等，分析研究现行系统的本质，建立新系统的逻辑模型，提出系统分析说明书。在这个阶段主要解决"做什么"的问题。

在这个阶段，我们要进行系统的需求分析来调查分析用户的需要与要求，通过详细调查现实世界要处理的对象（组织、部门、企业等），充分了解原系统（手工系统或计算机系统）工作概况，明确用户的各种需求。这些需求包括信息要求、处理要求、安全性与完整性要求。

在进行需求分析时我们一般按照以下步骤进行：

- 调查组织机构情况；
- 调查各部门的业务活动情况；
- 在熟悉业务活动的基础上，协助用户明确对新系统的各种要求；
- 确定新系统的边界。
- 调查分析常用的方法包括：查阅记录、问卷调查、开调查会、跟班作业等。

我们一般采用数据流图（Data Flow Diagram，DFD）和数据字典（Data Dictionary，DD）来表述调查分析的结果。

1. 数据流图

数据流图描述系统主要由哪些部分组成，以及各部分之间的联系，它描绘了一个系统的整体框架，是理解和表达系统的关键工具。

数据流图一般由以下 4 个基本成分组成：

- 外部项（数据的源点和终点）
- 数据流
- 处理（加工）
- 数据存储器

（1）外部项

外部项用方框表示：

例如：在工资核算系统中，从人事部门得到的员工档案就是一个外部项，其表示方法如下：

| 员工档案

（2）数据流

数据流用带有箭头的线段表示：———————>

它表示数据从线段的尾端流向箭头所指的目标。

（3）处理

处理用下图表示：

表示对流入的数据进行一定的加工后输出，图内下方写上加工的表示名称，例如"工资计算"这个加工用来完成对员工工资的计算，数据来源有员工档案、档案工资、业绩工资、福利等，计算后输出到单位主管批准。

（4）数据存储（或文件）

数据存储用右边有开口的长方形表示：

| 存储名称

在系统分析时，当某一数据流被加工处理后，若暂时不需要转到下一个"加工站"进行处理，则往往将它们存放在文件中，待处理时，再提取。

分析人员采用数据流图表达他们对系统的认识，表达起来形象又具体，且很容易验证系统的准确性。数据流图中还表达了每一个数据流进行详细分析后，要把它所有的数据元素和这些数据元素组成的数据结构明确地定义，并记录到数据字典中，作为对数据流图的补充和解释。

在表达数据流图时，一般采用"自顶向下"的方法，逐步分解成更详细的逻辑功能，直到每个逻辑功能不可再分为止。

实例：一个公司的财务部门每月要对员工工资进行发放，想设计员工工资管理系统来进行员工工资的计算，并打印相应的报表。

设计人员通过分析，设计系统的数据流图如图 6.11 所示。

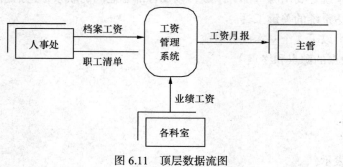

图 6.11 顶层数据流图

可以将该数据流图进一步分解，形成图 6.12 中层数据流图。

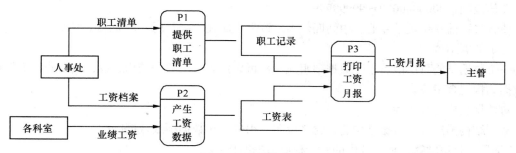

图 6.12　中层数据流图

可以将处理 P2 进一步的分解，形成如图 6.13 所示的底层数据流图。

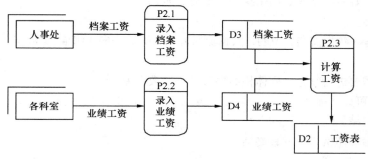

图 6.13　底层数据流图

2．数据字典

在数据流图中，通过数据流、文件和加工描述了一个系统的业务，但它还只是系统的框架。图中没有表达也很难表达出许多具体的细节。数据字典的目的就是为描述这些细节而建立的，它是对数据流图的辅助资料。

数据字典的主要内容包括：

- 数据项
- 数据结构
- 数据流
- 数据存储
- 处理过程

（1）数据项

数据项是不可再分的数据单位。对数据项的描述通常包括以下内容：

数据项描述 = ｛数据项名，数据项含义说明，别名，数据类型，长度，取值范围，取值含义，与其他数据项的逻辑关系，数据项之间的联系｝

例如：在学籍管理中，学号为一数据项，它的描述为：

数据项：　　学号

含义说明：唯一标识每个学员

别名：　　　学生编号

类型：　　　字符型

长度： 10

取值范围：0000000000～9999999999

值含义：前三位表示专业，中间四位表示该学生所在年级，后三位为顺序编号。

（2）数据结构

一个数据结构可以由若干个数据项组成，也可以由若干个数据结构组成，或由若干个数据项和数据结构混合组成。

对数据结构的描述为：

数据结构描述 = ｛数据结构名，含义说明，组成：｛数据项或数据结构｝｝

"学员"是该学籍管理系统中的一个核心数据结构：

数据结构： 学员

含义说明：是学籍管理子系统的主体数据结构，定义了一个学员的有关信息；

组成：学号、姓名、性别、出生年份，专业、队别。

（3）数据流

数据流描述 = ｛数据流名，说明，数据流来源，数据流去向，组成：｛数据结构｝，平均流量，高峰期流量｝

学员入学后需要进行复检，则体检结果就是一个数据流。

"体检结果"可如下描述：

数据流：体检结果

说明：学生参加体格检查的最终结果

数据流来源：门诊部

数据流去向：干部处

组成： ……

平均流量： ……

高峰期流量：……

（4）数据存储

数据存储描述 = ｛数据存储名，说明，编号，输入的数据流 ，输出的数据流，组成：｛数据结构｝，数据量，存取频度，存取方式｝

例如，学员信息表即为一数据存储

数据存储：学员登记表

说明：记录学员的基本情况

流入数据流：……

流出数据流：……

组成：……

数据量：每年 3000 张

存取方式：随机存取

（5）处理过程

处理过程"分配宿舍"可如下描述：

处理过程：分配宿舍

说明：为所有新生分配学员宿舍

输入：学员，宿舍

输出：宿舍安排

处理：在新生报到后，为所有新生分配学员宿舍。要求同一间宿舍只能安排同一性别的学员，同一个学员只能安排在一个宿舍中。4 人安排一个房间。

第三阶段：系统设计。

在系统设计阶段，将根据系统分析提出的信息与功能需求进行信息系统的方案设计，即将第二阶段得到的系统说明书转换成设计说明书。系统设计分为总体设计和详细设计，总体设计包括子系统的划分和模块结构化设计，详细设计包括代码设计、数据库设计、界面设计、可靠性设计、处理设计等。

（1）系统的总体结构设计

系统设计工作应该自顶向下进行，首先设计总体结构，然后再逐层深入，直至每个模块的设计。总体设计主要是指在系统分析的基础上，对整个系统的划分和模块作合理的安排。总体结构的设计是以数据流图为基础，画出系统的功能层次和功能模块关系图，通常是树形结构。图书馆管理系统的功能结构图如图 6.14 所示。

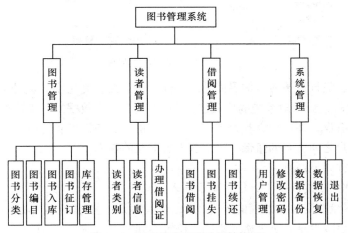

图 6.14　图书管理系统功能结构图

（2）代码设计

代码设计在系统分析阶段已经开始考虑，由于编制代码需要仔细的调查和多方协调，所以是一项很费力的工作，需要经过一段时间，到系统设计阶段才能最后确定下来。

例如，部门代码可以采用区间码或分组码，假如部门代码为 4 位，前两位为部门代码，后两位为班组代码，两位代码可以采用区间码，如 0～49 为基本生产部门代码，50～99 为管理科室。

人员代码可以采用部门号加职工顺序号，可以设计人员代码为 7 为，前四位为部门代码，后三位为员工顺序号。

（3）数据库设计

数据库设计分为概念结构设计、逻辑结构设计和物理结构设计 3 个阶段。详细见 "6.1.2 数据模型"。

（4）界面设计

系统的界面设计主要包括用户界面设计、输入设计和输出设计。

① 用户界面设计：用户界面充分发挥可视化程序设计的优势，采用图形化操作方式，适应用户的能力和要求，尽量做到简单、方便、一致，为用户提供友好的操作环境。

例如，图书管理系统的界面由窗口构成，一般分为登录窗口、主窗口、多个子窗口、对话框、报表等。子窗口的设计要和系统功能联系，以不同的系统功能来构建相应的窗口。

图 6.15 所示为图书管理系统中图书管理员的操作界面。

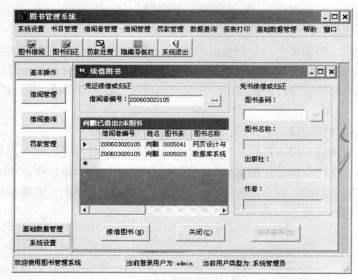

图 6.15　图书管理员的界面

在界面设计时，设计人员应考虑界面的统一性、简洁性、美观性、易用性等。

② 输入设计：输入设计对系统的质量起着决定作用。输入数据的正确性直接决定处理结果的正确性，如果输入有误，即使计算和处理十分正确，也无法获得可靠的输出信息。同时，输入设计是信息系统与用户之间交互的纽带，决定着人机交互的效率。

输入设计应遵守以下原则：

● 在保证处理要求的前提下，尽量减少输入；

● 输入形式尽量接受原始处理的形式，如在录入学员信息表时，应尽量与学员信息登记表上的格式保持一致，以减少录入员因格式不同、位置不同等引起的输入错误；

● 向另一个子系统或上级系统输入数据时，应注意数据结构的一致性。

系统设计人员可以按照以下步骤来进行输入设计：

● 输入信息来源（文件、键盘、其他系统）的设计；

● 输入类型（外部输入、内部输入、操作输入和交互输入）的设计；

● 输入设备和介质（鼠标、键盘、条码识别器、通信装置等）的设计；

● 输入内容及格式（数据项、数据类型、长度、精度等）设计；

● 输入信息的校验和纠错的设计。

③ 输出设计：系统设计的最终目标是满足用户的要求。用户关心的重点是输出结果是否符合其要求，输出数据是否准确、及时、使用等。

例如，学员信息录入完毕后，能够按照一定的格式进行打印。

（5）可靠性设计

可靠性设计主要保证录入数据的完整性和正确性，能通过数据的校验等。例如，学员选课表中的学生成绩必须在 0～100，学员的性别必须为"男"或"女"等。

（6）处理设计

处理设计就是用合适的图形工具来描述各模块的具体功能，这些工具包括程序框图等。

6.3 Access 2003 数据库设计

Access 是美国微软公司开发的一个功能强大、操作简单的数据库管理系统。无论是创建个人的独立桌面数据库，还是创建一个部门或整个企业级的网络数据库，Access 都可以为组织、查找、管理和共享数据提供功能丰富的、简单易用的方法和手段。

6.3.1 Access 2003 的基础知识

1. Access 2003 基本对象

Access 2003 数据库包括表、查询、窗体、报表、页、宏与模块 7 类对象。

① 表：表是数据库的核心与基础，存放着数据库中的全部数据。表中的行被称为记录，列被称为字段。

② 查询：查询是通过设置某些条件，从表中获取所需要的数据。按照指定规则，查询可以从一个表、一组相关表和其他查询中抽取全部或部分数据，并将其集中起来，形成一个集合供用户查看。将查询保存为一个数据库对象后，可以在任何时候查询数据库的内容。

③ 窗体：窗体是 Access 数据库对象中最具灵活性的一个对象，是数据库和用户的一个联系界面，用于显示包含在表或查询中的数据和操作数据库中的数据。在窗体上摆放各种控件，如文本框、列表框、复选框、按钮等，分别用于显示和编辑某个字段的内容，也可以通过单击、双击等操作，调用与之联系的宏或模块（VBA 程序），完成较为复杂的操作。

④ 报表：报表可以按照指定的样式将多个表或查询中的数据显示（打印）出来。报表中包含了指定数据的详细列表。报表也可以进行统计计算，如求和、求最大值、求平均值等。报表与窗体类似，也是通过各种控件来显示数据的，报表的设计方法也与窗体大致相同。

⑤ 页：或称为数据访问页，可以实现数据库与 Internet（或 Intranet）的相互访问。数据访问页就是 Internet 网页，将数据库中的数据编辑成网页形式，可以发布到 Internet 上，提供给 Internet 上的用户共享。也就是说，网上用户可以通过浏览器来查询和编辑数据库的内容。

⑥ 宏：宏是若干个操作的组合，用来简化一些经常性的操作。用户可以设计一个宏来控制系统的操作，当执行这个宏时，就会按这个宏的定义依次执行相应的操作。宏可以打开并执行查询、打开表、打开窗体、打印、显示报表、修改数据及统计信息、修改记录、修改表中的数据、插入记录、删除记录、关闭表等操作。

⑦ 模块：模块基本上是由声明、语句和过程组成的集合，它们作为一个已命名的单元存储在一起，对 Microsoft Visual Basic 代码进行组织。

2. Access 2003 的特点

Access 2003 的特点包括：

（1）存储文件单一；

（2）支持长文件名及名称自动更正；

（3）兼容多种数据库格式；

（4）具有 Web 网页发布功能；

（5）可应用于客户机/服务器方式；

（6）操作使用方便。

3. Access 2003 的安装、启动和退出

Access 2003 是包含在 Office 2003 中，只需要在安装 Office 2003 时选择安装 Access 2003 即可。安装完 Access 2003 后，即可通过开始菜单或桌面快捷方式进行启动。其窗口主界面如图 6.16 所示。

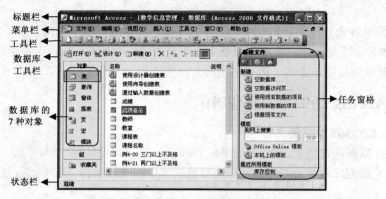

图 6.16　Access 2003 的主界面

Access 2003 的退出可以选择"文件"—"退出"菜单命令或单击 Access 标题栏右边的"关闭"按钮。

6.3.2　Access 2003 数据库的创建

创建数据库方法有两种：一是先建立一个空数据库，然后向其中添加表、查询、窗体、报表等对象，这是创建数据库最灵活的方法；二是使用"数据库向导"，利用系统提供的模板进行一次操作来选择数据库类型，并创建所需的表、窗体和报表，这是最简单的方法。

创建数据库的结果是在磁盘上生成一个扩展名为.MDB 的数据库文件。

任务 1：创建空数据库。

要求：创建一个空数据库。

步骤如下。

➢ 单击工具栏上的"新建"按钮，或单击菜单"文件"—"新建"命令；

➢ 在"新建文件"任务窗格中的"新建"下，单击"空数据库"，在"文件名"列表框内输入数据库文件名，如图 6.17 所示；

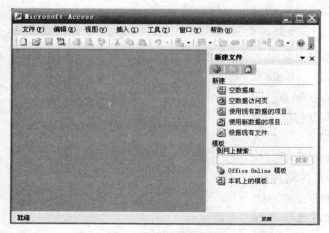

图 6.17　选择空数据库

➢ 单击"创建"按钮，如图 6.18 所示。

图 6.18　创建数据库

实例演示 1：建立"销售管理"空数据库，并将建好的数据库保存在 D 盘 Access 文件夹中。

　数据库创建好后，数据库容器中还不存在任何其他数据库对象，此时可以根据需要在该数据库容器中创建数据库对象。另外，在创建数据库之前，最好先建立用于保存该数据库文件的文件夹，以便今后的管理。

学员操作 1：重复实例演示 1。

任务 2：利用向导创建数据库。

要求：创建一个"联系人管理"的数据库。

实例演示 2：利用向导创建一个"联系人管理"的数据库。

步骤如下。

➢ 单击工具栏上的"新建"按钮，或单击菜单"文件"—"新建"命令；

➢ 在"新建文件"任务窗格中的"新建"下，单击"本机上的模板"；打开图 6.19 所示的界面；选择"联系人管理"模板，单击确定；

图 6.19　利用向导创建数据库（1）

➢ 输入数据库存放位置和数据库文件名，单击创建，如图 6.20 所示。

利用"数据库向导"创建数据库对象，在所建的数据库对象容器中包含了表、查询、窗体、报表、宏、模块等 Access 对象。但是，由于"数据库向导"创建的表可能与需要的表不完全相同，表中包含的字段可能与需要的字段不完全一样。因此通常使用"数据库向导"创建数据库后，还需要对其进行补充和修改。

图 6.20　利用向导创建数据库（2）

学员操作 2：利用向导创建"讲座管理"数据库。

6.3.3　Access 2003 表的建立与管理

表是 Access 数据库中最基本的对象，是具有结构的某个相同主题的数据集合。表由行和列组成。表的结构如图 6.21 所示。

图 6.21　表的结构图

1. 表的组成

（1）字段

字段用来描述数据的某类特征。

字段每个字段应具有唯一的名字，称为字段名称。

字段名称的命名规则为：

① 长度为 1～64 个字符；

② 可以包含字母、汉字、数字、空格和其他字符，但不能以空格开头；

③ 不能包含句号（.）、惊叹号（!）、方括号（[ ]）和重音符号（'）；

④ 不能使用 ASCII 为 0～32 的 ASCII 字符。

每个字段都有其相应的数据类型，这些数据类型包括自动编号、数字、文本、货币、备注、位图等。

每个字段可以设置其大小、格式、输入掩码、有效性规则等。掩码可以用于指定数据的输入格式，有效性规则是为防止数据的输入错误而设置。

（2）记录

记录由若干字段组成，用来反映某一实体的全部信息。

（3）关键字

关键字能够唯一标识表中每一条记录的字段或字段组合。在 Access 中也称为主键（码）。

2. 表的建立

（1）使用数据表视图

数据表视图是按行和列显示表中数据的视图。在数据表视图中，可以进行字段的编辑、添加、删除和数据的查找等各种操作。

（2）使用设计视图

表设计视图是创建表结构以及修改表结构最方便、最有效的窗口。

（3）使用表向导

使用表向导创建表是在表向导引导下，选择一个表作为基础来创建所需表。

（4）定义主键（码）

主键（码）也称为主关键字，是表中能够唯一标识记录的一个字段或多个字段的组合。

主键（码）有三种，即自动编号、单字段和多字段。

自动编号主键（码）的特点是，当向表中增加一个新记录时，主键（码）字段值会自动加 1，如果在保存新建表之前未设置主键（码），则 Access 会询问是否要创建主键（码），如果回答"是"，Access 将创建自动编号类型的主键（码）。

单字段主键（码）是以某一个字段作为主键来唯一标识记录，这类主键（码）的值可由用户自行定义。

多字段主键是由两个或更多字段组合在一起来唯一标识表中记录。

定义主键（码）的方法有两种，一是在建立表结构过程中定义主键（码）；二是在建立表结构后，重新打开设计视图定义主键（码）。

3. 表的关系建立

在 5.1.2 小节中，我们讲到实体—联系（E-R 图）的概念，实体间联系是对现实世界中实体间内在联系的一种抽象。在 Access 数据库中，两个表之间可以通过公共字段或语义相同的字段建立关系，使得用户可以同时查询、显示或输出多个表中的数据。

当创建表之间的关系时，联接字段不一定要有相同的名称，但数据类型必须相同。联接字段在一个表中通常是主键或主索引，同时作为外部关键字（外键）存在于关联的表中。

任务 3：设计表。

要求：建立"销售管理"数据库中的"产品"、"雇员"、"客户"、"订单"、"订单明细"和"发货方式"表。

实例演示 3：在演示实例 1 的基础上，在"销售管理"数据库中利用设计视图建立"产品表"。

步骤如下。

➢ 打开"销售管理"数据库；

➢ 选择"用设计器创建表"，打开如图 6.22 所示的界面；

➢ 输入产品 ID、产品名称和价格三个字段名称，并设置数据类型，设置"产品 ID"为表的主键，如图 6.23 所示。

➢ 单击"保存"按钮，保存表为"产品"表。

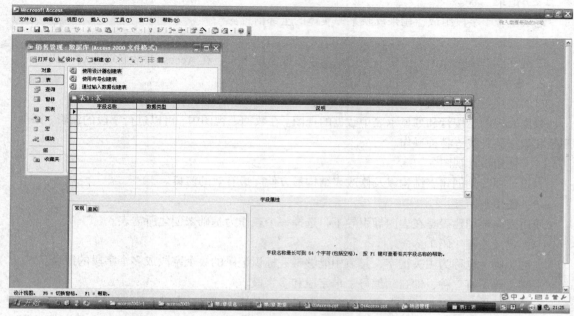

图 6.22　用设计器创建表

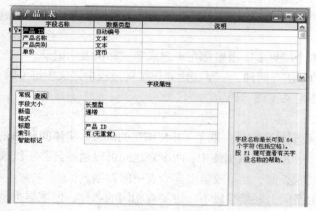

图 6.23　"产品"表

学员操作 3：重复演示实例演示 3，建立"产品表"。同时建立"雇员"、"客户"、"订单"、"订单明细"和"送货方式"表，各表的结构如表 6.1～表 6.5 所示。

表 6.1　　　　　　　　　　　　　　　　　雇员表

字 段 名 称	字 段 类 型	长　　度
雇员 ID	自动编号	
姓名	文本	12
性别	文本	4
职位	文本	12
电话	文本	16

表 6.2 客户表

字 段 名 称	字 段 类 型	长 度
客户 ID	自动编号	
公司名称	文本	30
联系人	文本	12
地址	文本	30
邮政编码	文本	10
电话	文本	16
传真	文本	16

表 6.3 送货方式表

字 段 名 称	字 段 类 型	长 度
送货方式 ID	自动编号	
送货方式	文本	20

表 6.4 订单表

字 段 名 称	字 段 类 型	长 度
订单 ID	自动编号	
客户 ID	数字	长整型
雇员 ID	数字	长整型
订购日期	日期/时间	
订单编号	文本	30
货主姓名	文本	12
送货地址	文本	50
邮政编码	文本	10
送货方式 ID	数字	长整型
货主电话	文本	16
送货日期	日期/时间	
运费	货币	

表 6.5 订单明细表

字 段 名 称	字 段 类 型	长 度
订单明细 ID	自动编号	
订单 ID	数字	长整型
产品 ID	数字	长整型
数量	数字	双精度型
单价	货币	
折扣	数字	双精度型

实例演示 4：设置字段的输入掩码和有效性规则。

步骤如下。

➤ 右键单击客户表，单击下拉菜单的"设计视图"选项，打开客户表的设计视图，选择邮政编码字段，在字段属性栏中的"输入掩码"中输入"000000"，表示要输入的为 6 位数字，如图 6.24 所示，单击"保存"按钮并关闭。

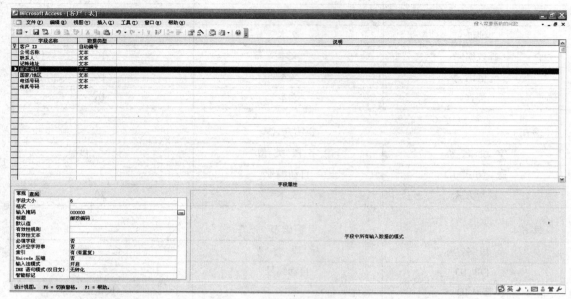

图 6.24 "输入掩码"设置

➤ 退出后，双击打开"客户"表，输入一条新的客户信息，验证"邮政编码"的输入方式。

➤ 右键单击"订单明细"表，选择"折扣"字段，在字段属性的"有效性规则"中，输入">0 and <=1"，表示折扣必须为大于 0 小于等于 1 的数值，并在有效性文本选项中输入"警告！该值必须大于 0 且小于等于 1"用于提示录入错误后的提示，如图 6.25 所示，单击"保存"按钮并关闭。

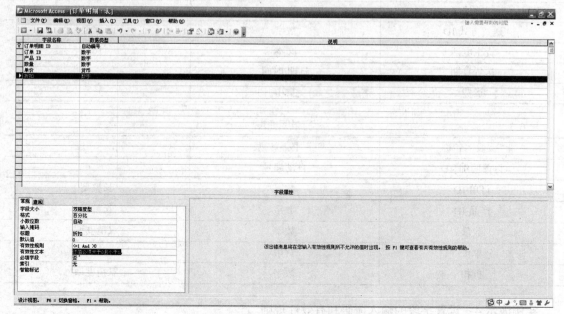

图 6.25 "有效性规则"设置

➢ 退出后，双击打开"订单明细"表，输入一条新的订单明细信息，验证"折扣"字段值的录入。

学员操作 4：重复演示实例 4 的操作。

任务 4：建立关系。

要求：建立客户、雇员、送货方式与订单表的关系，建立订单与订单明细表的关系。

实例演示 5：建立订单与订单明细表的关系。

步骤如下。

➢ 打开"销售管理"数据库窗口（必须关闭所有打开的表），选择"工具"—"关系"命令，或者单击工具栏上的关系按钮，出现图 6.26 所示的"显示表"对话框，如果没有出现该对话框，可以单击工具栏上的"显示表"按钮。

➢ 在对话框中双击"订单"表和"订单明细"表，将其添加到"关系"窗口中。

➢ 在"关系"窗口中，将"订单"表的"订单 ID"字段（主键以粗黑体显示）用鼠标左键拖到"订单明细"表的"订单 ID"字段上，此时会出现图 6.27 所示"编辑关系"对话框。

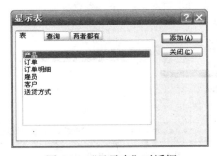

图 6.26　"显示表"对话框

图 6.27　"编辑关系"对话框

在联接字段框中显示两个表建立关系的名称（左侧表为主表，右侧表为子表），本例中订单与订单明细表的联系类型为 1:m，因此，对话框中显示的联系类型为一对多。

可以选择"实施参照完整性"选项，表明"订单明细"表中"订单 ID"的取值是参照"订单"表中"订单 ID"来取的。同时当选择"实施参照完整性"选项后，则可以选择使用记录的级联更新和级联删除。

➢ 单击"创建"命令按钮，完成表之间关系的创建。

学员操作 5：重复实例演示 5，并建立客户、雇员、送货方式与订单表的关系。

6.3.4　Access 2003 的查询设计

查询是数据库管理系统最常用、也是最重要的功能，用户可以对数据库中一个或多个表中的数据进行查找、统计和加工等操作。

查询是按照一定的条件或要求对数据库中的数据进行检索或操作，查询的数据来源是表或是其他查询。

在 Access 2003 中，可以使用向导、查询设计器或 SQL 语言建立查询，使用向导和查询设计器建立的查询实质上就是用 SQL 语言编写的查询语句。

Access 2003 中，常用的查询包括选择查询、参数查询、操作查询和交叉表查询。下面就常用的选择查询和参数查询进行介绍。

1．选择查询

选择查询是常见的查询，它可以从一个或多个表中检索数据，并且以记录集的形式显示查询结果。使用选择查询还可以对记录进行分组，并对分组进行总计、计数、求平均值等计算。

选择查询的创建可以使用向导快速创建查询和使用查询设计器创建查询。

任务 5：使用向导创建查询。

要求：使用查询创建向导建立单表查询、多表联接查询。

实例演示 6：查询查询每个订单的产品以及销售信息，查询字段包括：订单 ID、产品 ID、产品名称、单价、数量、折扣几个字段。

➤ 选择查询对象，双击"使用向导创建查询"，打开如图 6.28 所示对话框；从"表/查询"下拉框中选择"订单"表，选择订单 ID 和订购日期单击 ">" 选定字段，如图 6.29 所示。

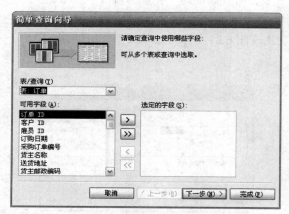

图 6.28　选择订单表 1

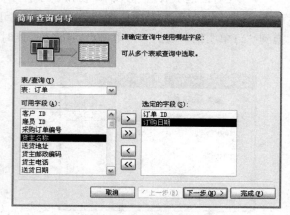

图 6.29　选择订单表 2

➤ 从表/查询下拉框中选择"产品"表，选择"产品 ID"和"产品名称"单击 ">" 选定字段，如图 6.30 所示；从表/查询下拉框中选择"订单明细"表，选择"单价"、"数量"和"折扣" 3 个字段并单击 ">" 选定字段，如图 6.31 所示。

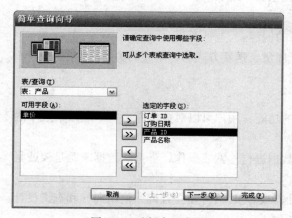

图 6.30　选择产品表字段

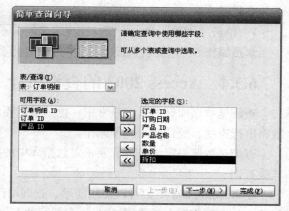

图 6.31　选择订单明细表字段

➤ 单击"下一步"按钮，选择"明细查询"，单击"下一步"按钮，输入查询的名称为"产品订单详情"，单击"完成"按钮，完成查询的创建。

> 双击打开"产品订单详情"查询，查看结果。

学员操作 6：重复实例演示 6。

任务 6：使用查询设计器创建查询。

要求：使用查询设计器创建单表查询、多表联接查询等。

实例演示 7：建立"雇员产品销售量与销售额"的查询。

> 选择查询对象，双击"使用查询设计器创建"，打开图 6.32 所示操作界面；在添加表对话框中选择"订单"和"订单明细"表，单击"添加"命令按钮。

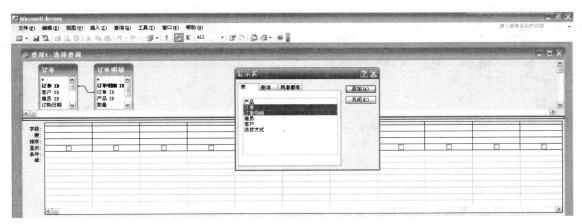

图 6.32　查询设计器视图—选择表

> 单击菜单栏"视图"—"总计"菜单选项，在设计视图中增加"总计"行。

> 在字段行按照图 6.33 所示的内容进行选择或输入，并分别在对应的"雇员 ID"和"产品 ID"列上的"总计"选项选择"分组"，在数量上选择"总计"，在销售总额上选择"表达式"。

> 单击"保存"按钮，保存该查询为"雇员销售产品"。

> 双击打开"雇员销售产品"查询，查看结果。

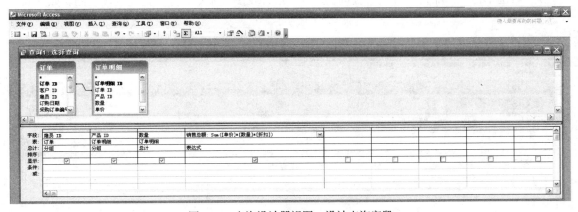

图 6.33　查询设计器视图—设计查询字段

学员操作 7：重复实例演示 7。

实例演示 8：建立"2012 年雇员产品销售量与销售额"的查询。

在实例演示 7 的基础上，查询 2012 年雇员销售产品的数量与销售额。

➤ 在字段行中选择"订购日期"，总计行选择"条件"，单击"取消显示"，条件行输入">= #2012-01-01#　And　<= #2012-12-31#"，如图 6.34 所示。

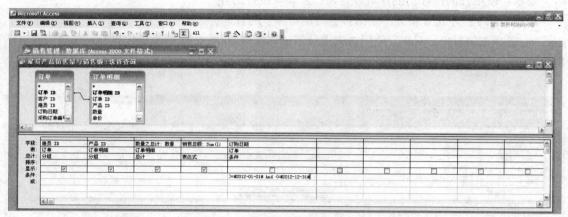

图 6.34　查询设计器视图—输入条件

➤ 单击"另存为"，保存查询名为"2012 年雇员产品销售量与销售额"。

➤ 双击打开"2012 年雇员产品销售量与销售额"查询，查看结果。

学员操作 8：重复实例演示 8。

学员操作 9：建立"2012 年客户产品销售量与销售额"的查询。

2. 参数查询

参数查询是在选择查询中增加了可变化的条件，即"参数"。查看参数查询时，Access 会显示出一个或多个预定义的对话框，提示用户输入参数值，并根据该参数得到相应的结果。

任务 7：建立参数查询。

要求：建立参数查询。

实例演示 9：在演示实例 6 的基础上，建立按照产品 ID 查询的参数查询。

➤ 右键单击"产品订单详情"查询，选择"设计视图"命令，打开查询设计视图，如图 6.35 所示。

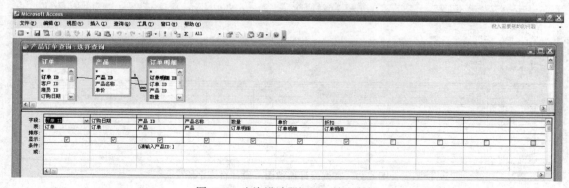

图 6.35　查询设计器视图—输入条件

> 在"产品 ID"字段的条件中输入"[请输入产品 ID：]"，单击"保存"按钮并退出。

> 打开"查询"，查询图 6.36 所示对话框，提示输入产品 ID。

图 6.36　参数输入

学员操作 10：利用参数查询，对表"产品表"建立按照产品类别查询介于最低价、最高价之间的产品信息查询。

6.3.5　Access 2003 的报表设计

在 Access 数据库系统中，报表的主要作用是对数据进行打印输出，它可以按照用户要求的格式和内容将数据库中的各种信息（包括汇总和合计信息）打印出来，方便用户的分析和查阅。

1. 报表的作用

报表的作用包括：

① 打印格式化的数据，即报表的格式能够按照用户的需要定制；

② 输出数据库中的原始数据，以及经过或汇总的数据，并能够对输出的结果进行分组和排序；

③ 将数据库中的数据以清单、标签或图表等形式输出。

2. 报表的分类

① 纵栏式报表：一行显示一个字段，字段标题显示在字段的左侧，如图 6.37 所示。

② 表格式报表：以行和列形式显示记录，一条记录占一行，字段标题显示在每一列的上方，如图 6.38 所示。

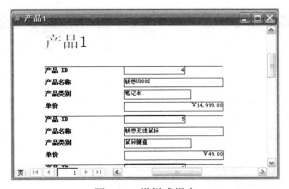

图 6.37　纵栏式报表

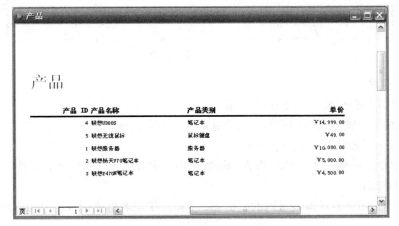

图 6.38　表格式报表

③ 图表式报表：以图表的形式输出记录，可以更直观地表示出数据之间的关系，如图 6.39 所示。

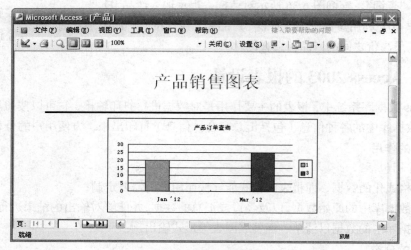

图 6.39　图表式报表

④ 标签式报表：标签是一张特殊类型的报表，可以打印在标签上的内容包括客户的邮件标签，学生登记卡等，如图 6.40 所示。

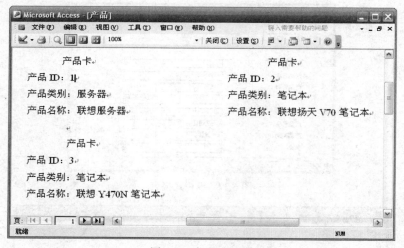

图 6.40　标签式报表

3. 报表的组成

报表由如下几部分组成，如图 6.41 所示。

① 报表页眉：是整个报表的页眉，用来显示整个报表的标题、说明性文字、图形、制作时间或制作单位，每个报表只有一个报表页眉。

在报表页眉中，一般以大字体将报表的标题放在报表顶端的一个标签控件中，一般来说，报表页眉主要用于封面。

② 页面页眉：用于显示报表每列的列标题，主要是字段名称或记录的分组名称。该部分在每个页面都进行显示。

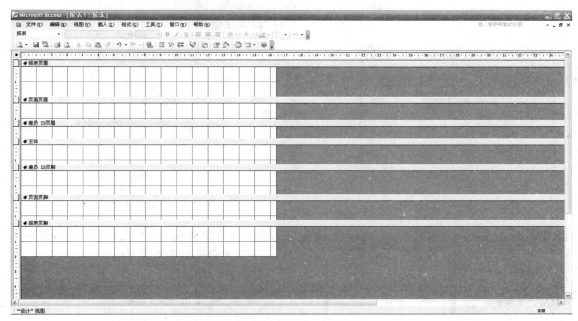

图 6.41　报表的组成区域

③ 主体：报表的主体部分，用于打印表或查询中的记录数据。该节对每个记录而言都是重复的，数据源的每一条记录都放置在主体中。

④ 页面页脚：打印在报表每页的底部，可以用来用它显示控制项的合计内容、页码等项目，如显示"共*页　第*页"信息。

⑤ 报表页脚：打印在整个报表的结束处，可以用它显示诸如报表总计等项目。

⑥ 组页眉/组页脚：如果对报表数据进行分组，以实现报表的分组输出和分组统计，报表视图中提供了"组页眉/组页脚"。组页眉显示在新记录组开始的地方，用来显示分组字段的名称；组页脚内主要安排文本框或其他类型的控件，用来显示分组统计等数据。要增加组页眉/组页脚，可选择"视图"菜单中的"排序与分组"命令，然后选择一个分组字段或表达式，再将"组页眉"属性与"组页脚"属性设置为"是"。组页眉/组页脚只能成对添加。

4. 报表的创建

报表的创建可以采用向导和设计视图两种方法建立，报表的数据源是数据库中的表和查询。

任务 8：利用向导创建报表。

要求：利用报表向导创建报表。

实例演示 10：利用向导创建报表，打印"产品"表中的信息，并要求按照类别进行分组。

➤ 在数据库窗口中，选择"报表"对象，然后单击菜单栏"插入"—"报表"打开如图 6.42 所示的对话框。

➤ 选择报表向导，并在对象数据的来源表或查询中选择"产品"表，然后点击"确定"按钮，打开如图 6.43 所示对话框。

➤ 将需要打印的字段选择到"选定的字段"列表框，单击"下一步"按钮，打开如图 6.44 所示对话框，在该对话框中，选择产品类别为分组字段，单击"下一步"按钮，并指定报表标题，如图 6.45 所示。

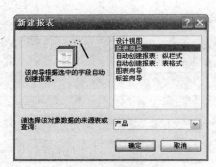

图 6.42 报表创建对话框

图 6.43 报表向导—选择字段

图 6.44 报表向导—选择分组字段

图 6.45 报表向导—指定报表标题

➢ 单击"完成"按钮，查打印结果，如图 6.46 所示。

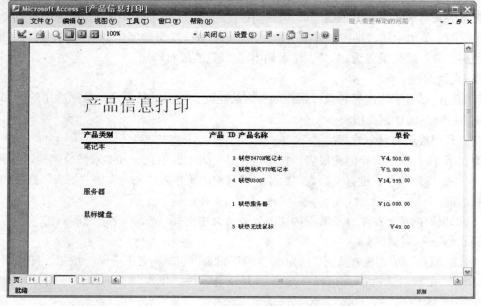

图 6.46 产品信息打印

学员操作 11：利用报表向导，建立客户信息打印的报表。

任务 9：利用设计视图创建报表。

要求：利用设计视图创建报表。

在报表设计中，Access 提供了各种工具帮助用户完成报表的设计，其中包括"报表设计"工具栏和"工具箱"。

"报表设计"工具栏如图 6.47 所示，主要包括视图、保存、打印、打印预览、格式刷、字段列表等。

图 6.47 "报表设计"工具栏

报表"工具箱"如图 6.48 所示，主要包括表情、文本框、图像、子报表等。

实例演示 11：利用设计视图创建报表，打印"雇员"表中的信息。

➤ 在数据库窗口中，选择"报表"对象，然后单击菜单栏"插入"—"报表"打开如图 6.49 所示对话框。

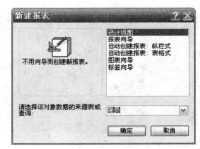

图 6.48 "工具箱"　　　　图 6.49 报表创建对话框

➤ 选择设计视图，并选择数据源为"雇员"表；单击"确定"按钮打开如图 6.50 所示界面。

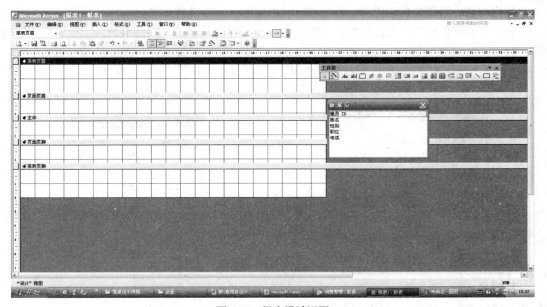

图 6.50 报表设计视图

   ➤ 添加报表标题，使用标签控件设置报表的表头为"雇员基本信息表"。

   ➤ 添加每页的列标题，使用标签控件设置显示列标题，如雇员 ID、姓名、性别、职位、电话字段为列标题。

   ➤ 设置报表"主体"节，使用"字段列表"选择框，将雇员 ID、姓名、性别、职位、电话字段依次拖到与列标题相对应的位置。并适当调整显示的顺序、宽度、字体、字号等格式内容，如图 6.51 所示。

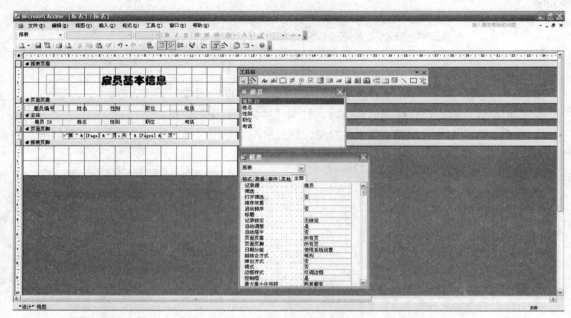

图 6.51　雇员报表设计视图

    报表"主体"节中也可以采用手工设计，将"工具箱"中的"文本框"控件拖入到"主体"节中的适当位置（系统会自动附带一个标签，可以删除文本框控件前的标签）；设置文本框的数据源，即要显示的字段内容，右击选择该文本框的属性，在文本框的"控件来源"选择相应的字段，如图 6.52 所示。

   ➤ 可以选择插入"页码"，在页面页眉或页面页脚插入页码，如图 6.53 所示。

图 6.52　控件来源选择

图 6.53　插入页码

   ➤ 完成以上操作后，可以单击工具栏上的"打印预览"进行预览。

    学员操作 12：利用设计视图建立"2012 年客户产品销售量与销售额"与"2012 年雇员产品销售量与销售额"的报表，并在页脚插入页码信息、日期信息（=now()）。

6.3.6 Access 2003 的窗体设计

窗体是应用程序和用户之间的接口，是创建数据库应用系统最基本的对象。用户通过使用窗体来实现数据维护、控制应用程序流程等人机交互的功能。

1. 窗体的类型

从功能上窗体可以分为 3 种类型。

（1）数据输入窗体：用来输入、显示和修改数据，如图 6.54 所示。

（2）切换窗体：用来打开其他窗体或报表，控制程序的流程，如图 6.55 所示。

图 6.54 数据输入窗体

图 6.55 切换窗体

（3）自定义对话框：用来接收用户的命令并依照命令执行某种操作，如图 6.56 所示。

2. 窗体的数据源

在数据输入型的窗体中，通过将窗体和数据库中的表或查询相关联，使得在窗体中对数据的修改、删除和添加操作，与窗体相关联的表或查询称为窗体的数据源或记录源，它是窗体信息的来源，在 Access 中，窗体只能使用一个表或查询作为数据源。单纯执行命令的窗体不需要数据源。

3. 窗体的创建

Access 提供了不同的窗体创建方式，包括：自动创建窗体、使用向导创建窗体和使用设计视图创建窗体。

任务 10：使用自动功能创建窗体。

要求：使用自动功能创建窗体。

实例演示 12：使用自动功能创建产品信息管理窗体。

➢ 选择"产品"表；

➢ 选择"插入"—"自动窗体"命令，系统自动生成如图 6.57 所示的窗体。

图 6.56 自定义对话框

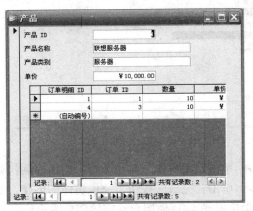

图 6.57 自动窗体

学员操作 13：使用自动窗体创建雇员管理信息窗体。

使用"自动窗体"或自动创建窗体功能虽然简单与快捷，但形式与内容都受到限制，不能满足设计复杂窗体的要求。使用"窗体"向导可以灵活与全面控制数据来源于窗体格式。同时使用向导创建窗体可以是基于单个表或多表的数据源。

任务 11：使用向导创建窗体。

要求：使用向导创建窗体。

实例演示 13：使用向导创建雇员信息管理的窗体。

➢ 双击选择"使用向导创建窗体"命令，打开如图 6.58 所示窗体。

➢ 在"表/查询"下拉框选择雇员表，同时将雇员表的所有自动选择为"选定的字段"列表框，如图 6.59 所示。

图 6.58　使用向导创建雇员窗体

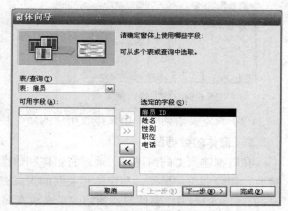

图 6.59　选择数据源

➢ 单击"下一步"按钮，选择窗体布局，如图 6.60 所示。

➢ 单击"下一步"按钮，选择窗体样式，如图 6.61 所示。

图 6.60　选择窗体布局

图 6.61　选择窗体使用样式

➢ 单击"下一步"按钮，指定窗体标题，如图 6.62 所示。

➢ 单击"完成"按钮，完成窗体的创建，如图 6.63 所示。

学员操作 14：使用自动窗体创建客户信息管理窗体。

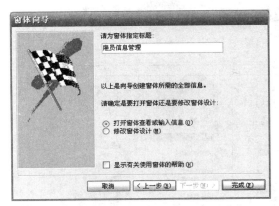

图 6.62 指定窗体标题

图 6.63 雇员信息管理窗体

任务 12：使用设计视图创建窗体。

要求：使用设计视图创建窗体。

实例演示 14：使用设计视图创建订单信息管理的窗体。

➢ 在数据库窗口中，单击"窗体"选项。

➢ 选择"插入"—"窗体"命令（或双击"利用设计视图创建窗体"命令），系统自动生成如图 6.64 所示的对话框，并选择设计视图，在数据来源中选择"订单"表，单击"确定"按钮。打开如图 6.65 所示界面。

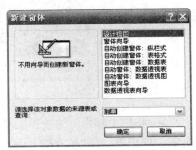

图 6.64 新建窗体对话框

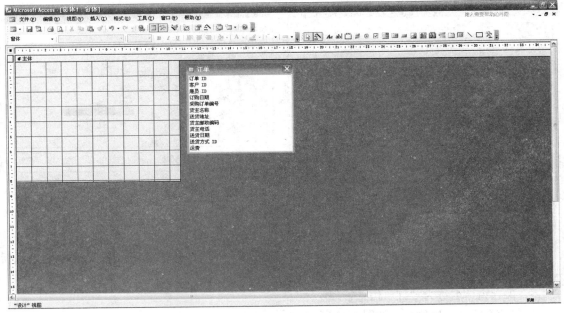

图 6.65 窗体设计窗口

➢ 将"工具箱"中的标签拖到窗体中，并将标题命名为"订单信息管理窗体"，将订单表中的各个字段拖到窗体上，并按照一定格式进行排版，如图 6.66 所示。

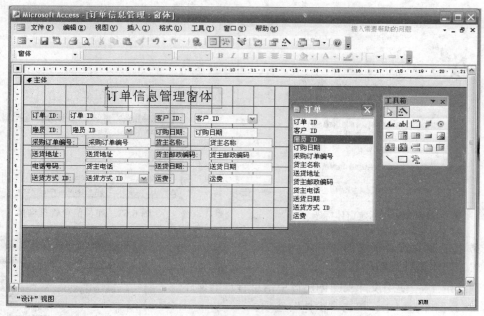

图 6.66　设计订单信息窗体

➤ 将"工具栏"的按钮工具拖到窗体上，同时选择类别为"记录导航"，"操作"栏选择"转至下一项记录"，如图 6.67 所示。

➤ 单击下一步，打开如图 6.68 所示对话框，选择文本。

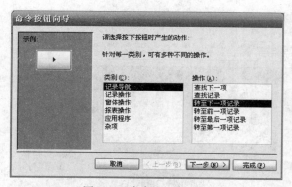

图 6.67　命令按钮向导 1

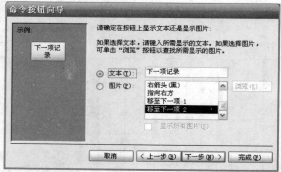

图 6.68　命令按钮向导 2

➤ 单击"下一步"按钮，打开如图 6.69 所示对话框，输入按钮名称为"next"。

➤ 单击完成窗体的创建。

➤ 继续添加按钮，分别为按钮的操作指定"转至前一项"、"转至第一项记录"和"转至最后一条记录"。

➤ 保存窗体名称为"订单信息管理窗体"。

订单信息管理窗体效果图如图 6.70 所示。

学员操作 15： 使用设计视图创建订单详情信息管理的窗体。

任务 13：使用设计视图创建主/子窗体。

要求：使用设计视图创建主/子窗体。

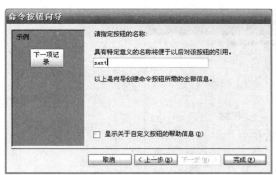

图 6.69　命令按钮向导 3

图 6.70　订单信息管理窗体

➤ 右键选择窗体对象的"订单信息管理"窗体，在下拉菜单中选择"设计视图"，打开如图 6.71 所示界面。

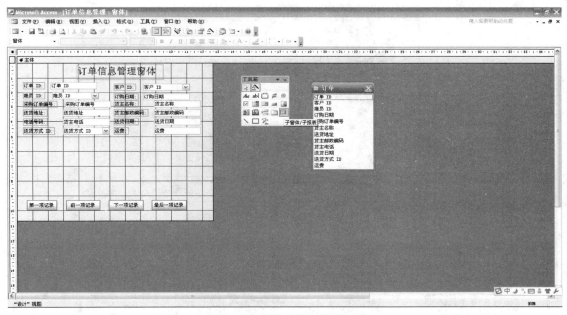

图 6.71　订单信息管理设计视图

➤ 拖动"工具栏"上的"子窗体/子报表"按钮到窗体界面，打开如图 6.72 所示界面；选择学员操作 15 所创建的订单详情窗体，单击"下一步"按钮，打开如图 6.73 所示对话框。

➤ 选择自行定义选项，并在"窗体/报表字段"中选择订单 ID，在"子窗体/子报表字段"中选择订单 ID。

➤ 单击下一步，指定子窗体名称，如图 6.74 所示。

➤ 单击完成，打开如图 6.75 所示界面，调整子窗体的大小和位置。

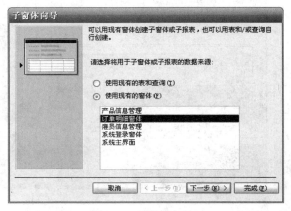

图 6.72　子窗体向导 1

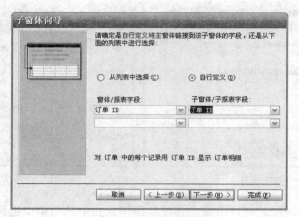

图 6.73　子窗体向导 2

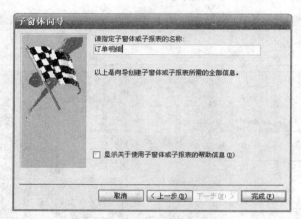

图 6.74　子窗体向导 3

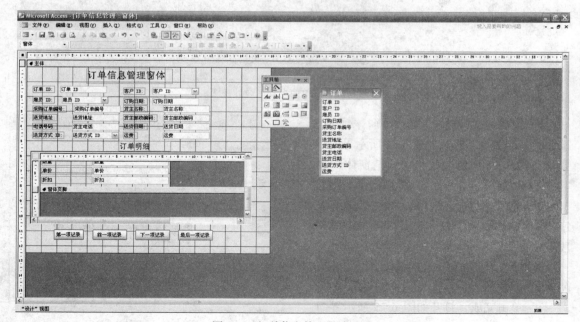

图 6.75　订单信息管理设计视图

> 保存"订单信息管理"窗体并退出。
> 打开"订单信息管理"窗体，如图 6.76 所示，在该窗体中，可以查询每个订单与其明细信息，并能完成订单与订单明细的添加。

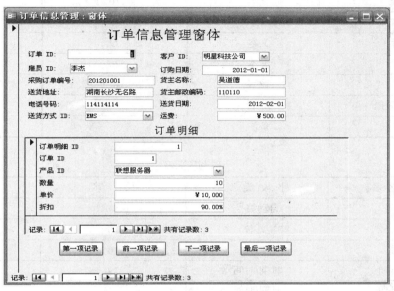

图 6.76　订单信息管理窗体

习　题

一、问答题

1. 数据库管理系统的功能是什么？
2. 数据库概念模型中实体的联系包括哪些？
3. 信息系统的功能是什么？
4. 信息系统开发的基本流程是什么？

二、设计题

假设某"图书管理"数据库包括"读者"、"图书"和"借阅登记"3 个表，3 个表的结构如题表 6.1～题表 6.3 所示。

题表 6.1　　　　　　　　　　读者表

字 段 名 称	字 段 类 型	长 度	主 键
借书证号	文本	10	是
姓名	文本	12	
性别	文本	4	
部门	文本	12	
办证日期	日期/时间		
照片	OLE 对象		

题表 6.2   图书表

字 段 名 称	字 段 类 型	长 度	主 键
书号	文本	10	是
书名	文本	30	
作者	文本	12	
出版社	文本	20	
价格	数字	单精度	
是否有破损	是/否		
备注	备注		

题表 6.3   借阅登记表

字 段 名 称	字 段 类 型	长 度	主 键
流水号	自动编号	长整型	是
借书证号	文本	10	
书号	文本	10	
借书日期	日期/时间	12	
还书日期	日期/时间		

1. 根据以上数据库表结构，使用 Access 2003 建立"图书管理"数据库，并建立"读者"、"图书"和"借阅登记"3 个表。

2. 建立如下查询。

查询 1：从"借阅登记表"查询所有未归还图书的书号、借书证号和借书时间（提示：还书时间为空）。

查询 2：查询介于开始日期和结束日期之间的所有借阅信息，包括借书证号、读者姓名、书号、书名、借书日期和还书日期（提示：利用参数查询）。

查询 3：查询每本书的借阅次数，包括书号、书名和借阅次数。

3. 建立如下报表：

（1）图书信息报表；

（2）读者信息报表；

（3）按日期读者借阅信息报表（在查询 2 的基础上）。

4. 建立窗体，完成图书管理，具体功能模块如题图 6.1 所示。

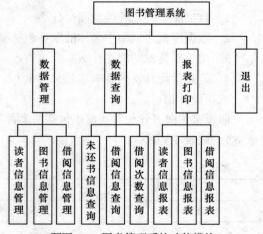

题图 6.1 图书管理系统功能模块

第7章
多媒体技术

7.1 多媒体基本概念

7.1.1 媒体的定义

多媒体技术中的媒体主要是指信息的表示形式。在计算机领域中的媒体有两种含义：一是指用以存储信息的实体，如磁盘、磁带、光盘和半导体存储器等；二是指信息的载体，如数字、文字、声音、图形、图像和视频等。CCITT 曾给媒体做了如下的定义和分类。

1. **感觉媒体（Perception Medium）**

感觉媒体实际上是信息的自然表示形式，它们直接作用于人的感官，使人能直接产生感觉。例如，人类的各种语言、音乐，自然界的各种声音、图形、静止或运动的图像，计算机系统中的文件、数据和文字等。

2. **表示媒体（Representation Medium）**

表示媒体是指为了加工、处理和传输感觉媒体而人为地研究和构造出的一种媒体。其目的是将感觉媒体从一个地方向另一个地方传输，以便加工和处理。表示媒体有各种编码方式，如字符的 ASCII 码与汉字的编码都属于表示媒体。

3. **表现媒体（Presentation Medium）**

表现媒体是指感觉媒体与计算机之间的界面。信息需要用计算机来处理，计算机处理的结果还需要输出，因此，表现媒体实际上是用于输入与输出信息的设备，如键盘、摄像机、话筒、显示器、打印机等。

4. **存储媒体（Storage Medium）**

存储媒体用于存放表示媒体，即存放感觉媒体数字化后的代码。因此，存储媒体实际上是存储信息的实体，常见的存储媒体主要有磁带、磁盘和 CD-ROM 等。

5. **传输媒体（Transmission Medium）**

传输媒体实际上是传输介质，它是将媒体从一处传送到另一处的物理载体，如双绞线、同轴电缆、光线等。

7.1.2 多媒体技术的基本特征

多媒体技术是指利用计算机技术把文字、声音、图形和图像等多种媒体综合一体化，使它们建立起逻辑联系，并能进行加工处理的技术。这里所说的"加工处理"主要是指对这些媒体的录入，对信息进行压缩和解压缩、存储、显示、传输等。

多媒体技术具有以下一些基本特征。

1. 综合性

多媒体技术的综合性是指将计算机、声像、通信技术合为一体，是计算机、电视机、音响、游戏机等性能的大综合，将多种媒体有机地组织在一起，共同表达一个完整的多媒体信息，使声、文、图、像一体化。例如：通过一张古籍光盘可以看到唐诗、宋词等名著的全部文字，还配有赏心悦目的背景音乐和画面，伴随着悦耳的朗读，时而还配合有任务活动的画面，甚至还可以插入一段影视片段，使人通过多种感官获取知识，并得到全身心的享受。

2. 交互性

交互性是指人和计算机能"对话"，以便进行人工干预控制。交互性是多媒体技术的关键特征。例如，在上述那张光盘中，使用者可以自选字体、颜色、阅读速度、是否要配音乐等；还可以自设"书签"，以便于进行前后翻找；根据作者、年代、书名等进行检索，从而可以快速找到所需要的文章等。电视机虽然也具有视听功能，但它没有交互性，使用者只能被动地接受屏幕上传来的信息。

3. 数字化

数字化是指多媒体中的各个单媒体都是以数字形式存放在计算机中。

4. 实时性

多媒体技术是多种媒体集成的技术，在这些媒体中，有些媒体（如声音和图像）是与时间密切相关的，这就决定了多媒体技术必须要支持实时处理。

多媒体技术是基于计算机技术的综合技术，它包括数字信号处理技术，音频和视频技术，计算机硬件和软件技术，人工智能和模式识别技术，通信和图像技术等。它是正处于发展过程中的一门跨学科的综合性高新技术。

7.1.3 多媒体技术的应用

多媒体技术的应用主要体现在以下几个方面。

1. 教育和培训

多媒体技术为丰富多彩的教学方式又增添了一种新的手段。多媒体技术可以将课文、图表、声音、动画、影片和录像等组合在一起构成教育产品，这种图、文、声、像并茂的场景将大大提高学生的学习兴趣和接受能力，并且可以方便地进行交互式的指导和因材施教。

2. 商业领域

多媒体技术在商业领域中的应用也十分广泛。例如，多媒体技术用于商品广告、商品展示、商业演讲等方面，使人们有一种身临其境的感觉。

3. 信息领域

利用 CD-ROM 大容量的存储空间，与多媒体声像功能结合，可以提供大量地信息产品，如百科全书、地图系统、旅游指南等电子工具，还有如电子出版物、多媒体电子邮件、多媒体会议、计算机对多媒体的支持、网上购物等都是多媒体在信息领域中的应用。

4. 娱乐与服务

多媒体技术应用于计算机后，使声音、图像、文字融于一体，使用者既能听音乐，又能看影视节目，使家庭文化生活进入到一个更加美妙的境地。多媒体计算机还可以为家庭提供全方位的服务，如家庭教师、家庭医生等。

7.2 多媒体计算机系统

7.2.1 多媒体基本元素

多媒体的元素种类很多，表现的方式也很多，将各种元素进行综合统一地组织和安排，充分发挥各种元素之所长，就可以形成一个完美的多媒体节目。

在一般的多媒体节目中，展示给用户的元素主要包括以下几个方面。

（1）文本（Text）。文本主要是指汉字、英语文字等。文本的特性包括有字体、字号和格式等。

（2）图形（Graphic）。图形是指由点、线、面组成的二维和三维图形。图形可以是黑白的或彩色的。

（3）静止的图像（Still Image）。静止的图像是指书上的或其他印刷品上的图片、幻灯片和绘画作品等。照片也属于静止的图像。

（4）动画（Animation）。动画包括卡通、活页动画和连环图画等。

（5）影片（Video）。它主要包括录像带和电影带等。

（6）音响效果（Sound）。它包括各种各样的音响效果，如动物的鸣叫、雷电的声音、东西碰撞的声音等。

（7）音乐（Music）。它包括各种歌曲、乐曲等。

（8）交互问答（Interaction）。它包括对答、问答、按钮、指示等。

7.2.2 多媒体计算机系统的基本组成

所谓多媒体计算机系统是指能综合处理多媒体信息，使多种信息建立联系，并具有交互性的计算机系统。

多媒体计算机一般由多媒体计算机硬件系统和多媒体计算机软件系统组成。

1. 多媒体计算机硬件系统

多媒体计算机硬件系统主要包括以下几部分。

多媒体主机，如个人机、工作站、超级微机等。

多媒体输入设备，如摄像机、电视机、麦克风、录像机、扫描仪等。

多媒体输出设备，如打印机、绘图仪、音响、喇叭、高分辨率屏幕等。

多媒体存储设备，如硬盘、光盘、声像磁带等。

多媒体功能卡，如视频卡、声音卡、通信卡等。

操纵控制设备，如鼠标、键盘、触摸屏等。

2. 多媒体计算机软件系统

多媒体计算机软件系统是以操作系统为基础的。除此之外，还有多媒体数据库管理系统，多媒体压缩/解压缩软件、多媒体声像同步软件、多媒体通信软件等。特别需要指出的是，多媒体系统在不同领域中的应用需要有多种开发工具，而多媒体开发和创作工具为多媒体系统提供了方便直观的创作途径，一些多媒体开发软件包提供了图形、色彩板、声音、动画、图像及各种媒体文件的转换与编辑手段。

7.2.3 多媒体计算机的 MPC 标准

多媒体计算机的硬件结构与一般的计算机并没有本质区别，不同的只是多媒体计算机比一般计算机要多一些软硬件的配置而已。对于一般的多媒体计算机来说，其硬件结构可以归纳为以下几个方面。

（1）一个功能强大、速度快的中央处理器。

（2）大量的内部存储器空间。

（3）高分辨率的显示接口和设备。

（4）可处理音频的接口和设备。

（5）可处理图像的接口和设备。

（6）可存放大量数据的外部存储器等。

1990 年由微软公司联合一些主要的个人计算机厂商组成了一个 MPC（Multimedia PC Marketing Council，多媒体个人计算机市场联盟）。建立这个联盟的主要目的是建立多媒体个人计算机系统的硬件最低功能标准，即 MPC 标准，它利用微软的 Windows 为操作系统，以 PC 现有的广大市场，作为推动多媒体发展的基础。

MPC 规定多媒体计算机应包括 5 个基本单元，即个人计算机、只读光盘驱动器、声卡、Microsoft Windows3.1 操作系统及扩音器与耳机，并对 CPU、存储器容量和屏幕显示功能等规定了最低的规格标准，经过检验符合这些规定的个人计算机均可获得 MPC 的认证，并可使用 MPC 识别标志。

1990 年 MPC 联盟制定了 MPC1 标准，规定了多媒体计算机（MPC）的硬件配置最低标准如下。

微处理器（CPU）：386SX/16。

内存（RAM）：2MB。

硬盘：30MB。

显示器分辨率：640×480×16（建议采用 256 色）。

光盘驱动器（CD-ROM）速度：每秒 150KB，即单倍速光驱、最大搜寻时间为 1 秒。

声卡：8 位，8 个合成音，MIDI，具有混音功能。

输入/输出端口（I/O）：MIDI I/O，串口，并口，游戏杆端口。

1993 年 5 月又公布了第二代 MPC 最低标准，即 MPC2 标准。

微处理器（CPU）：486SX/25。

内存（RAM）：4MB。

硬盘：160MB。

显示器分辨率：640×480×65536。

光盘驱动器（CD-ROM）速度：每秒 300KB，即双倍速光驱、最大搜寻时间为 400ms，具有声像同步功能。

声卡：16 位，8 个合成音，MIDI 具有混音功能。

输入/输出端口（I/O）：MIDI I/O，串口，并口，游戏杆端口。

MPC 第三代的标准是在 1995 年 6 月制定的，MPC3 提供全屏幕、全动态（30fps，即每秒 30帧）视频及增强版的 CD 音质的视频硬件标准。声卡的主要变化是声卡的 MIDI 功能部分，用波表合成器（Wavetable Lookup Synthesizer）替代原来的 FM 合成器。

FM 合成采用操作符组合成正弦波形模拟各种乐器的声音，FM 合成声音表现出空洞的不真实的音质。而波表中包含提前录制的乐器的真实样本，它以数字格式将每种采样声音存储到内存。所以，波表的音频质量与 CD 相同或更好。

MPC3 并没有取代 MPC1 及 MPC2 标准，而是制定了一个更新的操作平台，可以执行增强的多媒体功能，由于多媒体视频硬件结构的快速发展，第一次将视频播放的功能纳入 MPC 规格。从 MPC1 到 MPC3 标准的制定，是向高的存储器及存储容量、快速的运算速度及高质量的视频音频的规格发展。MPC3 规定的最低硬件配置要求如下。

微处理器（CPU）：与 75MHz Pentium TM（奔腾）同等级的 X86 系列。

内存（RAM）：8MB。

硬盘：450MB。

显示器分辨率：640 × 480 × 16M。

光盘驱动器（CD-ROM）速度：每秒 600KB，即 4 倍速光驱、最大搜寻时间为 200ms，具有声像同步功能。

视频播放：352 × 240 30fps（或 352 × 288 25fps），15 位/像素。

声卡：16 位，波表（Wavetable）MIDI。

输入/输出端口（I/O）：MIDI I/O，串口，并口，游戏杆端口。

7.2.4　多媒体计算机主要硬件设备

为了构成一个多媒体计算机系统，在绝大多数情况下，可以从实际出发，以通用的微型计算机为基础，适当增加升级部件后扩充成一台多媒体计算机。常用的升级部件有以下几个。

1. CD–ROM

CD-ROM 一般是指小型只读光盘存储器。通常，CD-ROM 这个词既可以代表 CD-ROM 光盘，也可以代表 CD-ROM 驱动器，还可以是 CD-ROM 光盘和 CD-ROM 驱动器的总称。

CD-ROM 光盘的存储容量是很大的，一片 CD-ROM 光盘至少可以存储 680MB 的文件、声音和图像信息。而多媒体信息所需要的存储量是很大的，特别是声音和图像文件，即使是经过压缩后，其数据量仍是很可观的。因此，为了能实现一般的多媒体演示，CD-ROM 是首选的存储部件。CD-ROM 驱动器的主要性能指标是数据的传输率，其中单倍速 CD-ROM 驱动器的数据传输率为 150kbit/s。目前常用 CD-ROM 驱动器一般都是在 8 倍速以上，其数据传输率为 8 × 150kbit/s。

2. 声卡

声卡也称音频卡。声卡可以将模拟波形的声音转换成声音的数字信息；还可以将经计算机处理后的声音的数字信息转换成模拟信息，最后输出到音响设备。

要让一台普通的计算机能够录制和播放声音，就需要给计算机插上一块声卡。声卡的采样频率范围一般在 5~44.1kHz，采用 8 位或 16 位采样，单声道或双声道（立体声）录放。

高质量的音乐文件要占据很大的硬盘空间，因此，理想的声卡应能对声音信号进行压缩。ADPCM 压缩标准可将文件压缩至原来大小的 1/4，MPEG 标准可压缩至 1/12。

MIDI 音乐在各种游戏和多媒体光盘上很常见。市场上有的声卡采用 FM 合成技术来演奏 MIDI，由于这是一种模拟乐器的方法，因此，音色与真实乐器有所不同。但如果采用波表合成技术实现 MIDI 合成，由于它使用存储在声卡 ROM 中的真实乐器的数字化录音，所以能够产生更饱满、更逼真的音效。

3. 音箱

音箱是多媒体系统的重要组成部分。无论声卡多么好，使用劣质音箱的话，放出来的声音也会令人失望。有些多媒体一体化的计算机把音箱内置于显示器或系统主机箱内，这样极大地减少了用户安装的麻烦，同时，也减少了机箱外杂乱的电缆线。但要收听高音质的音乐时，这种音箱有时不一定能满足用户的要求。

人的耳朵只能听到 20～20 000Hz 范围的声音，所以，一般情况下，一个音响系统能否把这个范围的声音完整地重现，是衡量这个声响系统质量高低的标志。一般来说，一个音箱如果具有 60～2 000Hz 的音频范围，就完全能够达到 Hi-Fi 级别，经它播出的声音层次清晰、动感强烈、音效逼真。

从理论上说，音箱的大小与音质没有根本的关系。世界上知名度很高的英国 ROGERS3/5A，就是体积较小的音箱，但很多录音公司和电台都用它作为监听音箱。小型音箱定位准确，分析力强，大型音箱声音宏大，气势辉煌，可以说各具特色，购买时，用户可根据自己的意愿来挑选。

最好选用具有防磁功能的音箱，这样，在音箱工作时，就不会对显示器和电视产生电磁干扰，或者破坏软盘或硬盘上的数据。音箱本身如果是防磁音箱，那么，把它们和显示器或电视机摆放在一起也没关系，但如果不是防磁音箱，那么最好离开显示器或电视机 50cm 左右。

音箱有无源音箱和有源音箱两种。所谓有源音箱就是在音箱内装有功率放大器的音箱。无源音箱就是在音响内未装功率放大器的音箱。一般来说，功率大的音箱都是有源音箱。一般的声卡只提供前级放大器，所以，要获得比较大的音量或更好的音质，应该选用有源音箱。

4. 视频卡

多媒体视频卡主要以视频芯片为核心，提供视频加速、视频播放及视频捕捉等功能。

从处理的图像资料的类型考虑，多媒体视频卡可以分为绘图和视频两类。绘图视频卡是具有绘图功能的多媒体视频卡，主要面向绘图方面的专业市场，而另一类仅处理视频数据。

普通视频卡在家庭中较受欢迎。这一类视频卡按功能又可分为视频捕捉卡（Video Capture Adaptor）、视频播放卡（Video Broadcasting Adaptor）、视频播放/捕捉卡及视频转换卡等。捕捉功能主要是用来搭配视频编辑软件使用的。我们通常在市场上见到的 MPEG 卡（又称为解压缩卡）是视频播放卡。

多媒体出版物由于采用了大量的图像、声音，数据量比传统以文字为主的出版物要大数百倍，所以数据的压缩及还原成了多媒体发展的一项关键技术。

MPEG 可以通过软件来实现，也可以通过硬件来实现。目前软件 MPEG 多应用于绘图视频播放卡，在奔腾 90 以上的机器上每秒可以播放 20～25 张各种 MPEG 视频节目，这样的视频质量已可以为一般消费者所接受，它在价格上比硬件 MPEG 卡有优势。软件 MPEG 技术的缺点是：

（1）MPEG 软件占用了 CPU 大部分的时间，使 PC 仅能执行播放功能，无法实现多任务功能；

（2）如果在比奔腾 90 档次低的 PC 上运行，则无法达到用户可以接受的视频质量；

（3）无法执行交互式 OMI 的标准。

但从大部分用户使用 MPEG 播放功能的情况来看，一般用户在观看 MPEG 节目时，不大会同时执行其他应用程序，也就是说，此时能否实现多任务功能是无关紧要的。所以，有人预测，奔腾 90 以上的 PC 市场将会以软件 MPEG 为主。而对于那些 CPU 速度低于奔腾 90 的用户来说，硬件 MPEG 卡仍为首选。

一个优秀的 MPEG 卡应具备以下一些功能。

（1）对不同的读取格式、软件平台以及硬件都具有兼容性。目前的 MPEG 卡一般都具有播放 VCD、CD-I 和卡拉 OK 的功能，还应能实时调用以 MPEG 方式压缩的后缀为.MPG 的存储在影盘或光盘上的影音文件。

（2）在 Windows3.X 或 DOS 上能运行，在 Windows95 上也应能正常运行。

（3）交互式和视频叠加功能。视频叠加功能可满足用户在屏幕的任何位置、任意大小，以真彩色模式实现动态图像的播放。在播放过程中，用户仍可用计算机进行其他工作。

（4）具有良好的操作界面和视窗。

5．调制解调器

用户为了实现网络功能，还需要安装一块传真与调制解调器卡或分立的调制解调器。

目前，很多厂家已把调制解调器的功能结合在一起，如 Obj IX Multimedia 公司的 Media Manager 和 Boca Research 公司的 SoundExpression 14.4Vsp。

Media Manager 利用 DSP 技术，使用户可以动态设置 Media Manager 充当 14.4kbit/s 的调制解调器或声霸卡兼容声卡的角色。用户还可以通过软件升级该卡的功能，这就是说，只需借助一张软盘，就可以把 Media Manager 升级为 28.8kbit/s 的调制解调器。SoundExpression14.4VSp 没有借助 DSP 技术，它利用分立元件实现两卡合一，提供了与声霸卡兼容的声卡功能、MIDI 功能、语音邮件功能（最多 1 000 个邮箱）、电话转发及呼叫、传真和数据传输功能等。

7.3　常用多媒体软件

7.3.1　Photoshop

在众多图像处理软件中，Adobe 公司推出的专门用于图形、图像处理的软件 Photoshop 以其强大的功能、集成度高、适用面广和操作简便而著称于世。Photoshop 是目前 PC 机上公认的最好的通用平面美术设计软件，它的功能完善，性能稳定，使用方便，所以在几乎所有的广告、出版、软件公司，Photoshop 都是首选的平面工具。它不仅提供强大的绘图工具，可以直接绘制艺术图形，还能直接从扫描仪、数码相机等设备采集图像，并对它们自发进行修改、修复，调整图像的色彩、亮度，改变图像的大小，而且还可以对多幅图像进行合成并增加特殊效果，使现实图像中很难遇见的景象十分逼真地展现；同时可以改变图像的颜色模式，并能在图像中制作艺术文字等。Photoshop 软件的界面如图 7.1 所示。

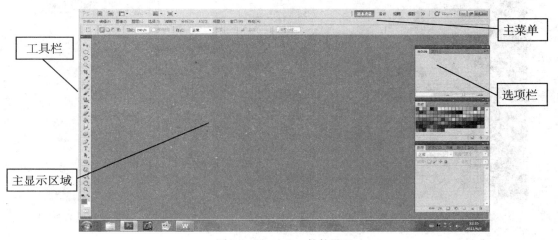

图 7.1　Photoshop 软件界面

其中，工具栏上面放置着编辑图像的常用工具。主显示区域实时地反映图像的编辑效果。主菜单是 Photoshop 的功能索引。选项栏用于编辑过程中对各种属性的显示与修改。

🄒 任务：掌握对照片效果的处理方法。

要求：熟悉 Photoshop 的基本界面和基本操作。

步骤如下。

1. 照片效果处理

（1）打开 Photoshop 程序，在"文件"菜单中选择"打开"，弹出"打开"窗口，找到需要的图像素材，单击"确定"按钮，则图像被打开，如图 7.2 所示。

（2）在右下方的图层面板上单击"背景"图层，按下 Ctrl+J 组合键将图层复制一份副本以便于修改，如图 7.3 所示。

图 7.2　打开的图像

图 7.3　复制一份图像副本

（3）单击图层面板下方的"创建新的或调整图层"按钮 ，在弹出的菜单中选择"色阶"，此时出现色阶调整面板，可以对图层进行色阶调整（如图 7.4 所示）。单击"黑场吸管"按钮 ，在图片中标记的地方（岩石缝，较黑的地方，如图 7.5 所示的标记位置）点一下，图像的色阶将进行调整，效果如图 7.6 所示。

图 7.4　调整色阶

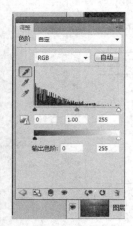

图 7.5　在图像较黑的地方取

（4）双击"图层"标签，打开图层面板，单击图层面板下方的"创建新的或调整图层"按钮 ，在弹出的菜单中选择"色相/饱和度"（如图 7.7 所示），此时出现色相/饱和度调整面板。在下拉框中选择"红色"，降低饱和度为"−50"（如图 7.8 所示），在下拉框中选择"黄色"，增加饱和度为"+25"（如图 7.9 所示），图像调整的效果如图 7.10 所示。

图 7.6　调整色阶的效果

图 7.7　"发布设置"窗口

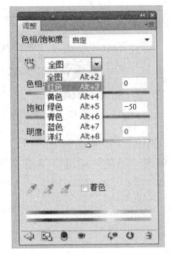

图 7.8　设置红色的饱和度

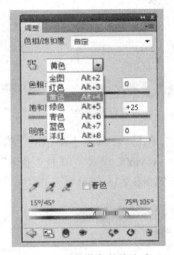

图 7.9　设置黄色的饱和度

图 7.10　调整饱和度的效果

（5）双击"图层"标签，打开图层面板，单击图层面板下方的"创建新的或调整图层"按钮，在弹出的菜单选择"可选颜色"，此时出现可选颜色调整面板，如图 7.11 所示。将青色调整为"+50%"，黑色调整为"+50%"。

（6）双击"图层"标签，打开图层面板，单击图层面板下方的"创建新的或调整图层"按钮，在弹出的菜单选择"色彩平衡"，此时出现色彩平衡调整面板。选中色调为"阴影"，第 2 个滑动条向"绿色"方向调整为"+20"，第 3 个滑动条向"蓝色"方向调整为"+20"，如图 7.12 所示。

（7）双击"图层"标签，打开图层面板，右键单击图层，在弹出的菜单中选择"合并可见图层"，将所有图层合并为一个（如图 7.13 所示）。

图 7.11　调整青色和黑色

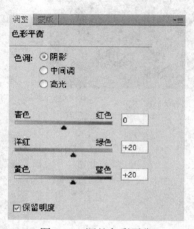

图 7.12　调整色彩平衡

图 7.13　合并可见图层

（8）单击"图像"主菜单的"模式"子菜单下的"CMYK 颜色"（如图 7.14 所示），将当前模式转化为 CMYK 模式。单击"通道"标签，打开通道面板，单击"黑色"通道，仅使"黑色"通道可见（如图 7.15 所示）。

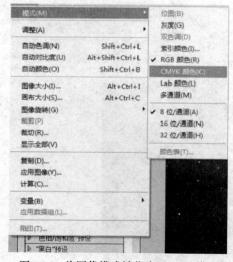

图 7.14　将图像模式转化为 CMYK 模式

图 7.15　仅使黑色通道可见

（9）单击"滤镜"主菜单的"锐化"子菜单下的"USM 锐化"，在弹出的窗口中设置数量为

"500%"，半径为"0.2"，阈值为"0"，最后单击"确定"按钮（如图 7.16 所示）。可以看到图像被锐化了一些，按下 Ctrl+F 组合键可以快捷地重复刚才的锐化操作，图像又进一步锐化了。

（10）单击"图像"主菜单的"模式"子菜单下的"RGB 颜色"，将颜色变回 RGB 模式。原本模糊和偏淡的照片的效果就被增强了（如图 7.17 所示）。

图 7.16　进行 USM 锐化

图 7.17　调整后的图像效果

2．保存 jpg 文件

在"文件"主菜单中选择"存储为"，弹出"存储为"窗口，输入文件名为"[学号]+[姓名]"，在"格式"下拉框中选择"JPEG 格式"（如图 7.18 所示），选择合适的保存路径，单击"保存"按钮。

图 7.18　"另存为"窗口

7.3.2　Flash

Flash 是一种创作工具，设计人员和开发人员可使用它来创建演示文稿、应用程序和其他允许用户交互的内容。Flash 可以包含简单的动画、视频内容、复杂演示文稿和应用程序以及介于它们之间的任何内容。通常，使用 Flash 创作的各个内容单元称为应用程序，即使它们可能只是很简单的动画。我们可以通过添加图片、声音、视频和特殊效果，构建包含丰富媒体的 Flash 应用程序。Flash 特别适用于创建通过 Internet 提供的内容，因为 Flash 广泛使用矢量图形，生成的文件非常小。

要在 Flash 中构建应用程序，可以使用 Flash 绘图工具创建图形，并将其他媒体元素导入 Flash 文档。接下来，定义如何以及何时使用各个元素来创建设想中的应用程序。在 Flash 中创作内容时，需要在 Flash 文档文件中工作。Flash 文档的文件扩展名为.fla（FLA）。图 7.19 简要地介绍了 Flash 软件的界面。

图 7.19　Flash 软件界面

其中，绘图工具栏上面放置着绘制矢量图的常用工具。舞台是在回放过程中显示图形、视频、按钮等内容的位置。时间轴用来通知 Flash 显示图形和其他项目元素的时间，也可以使用时间轴指定舞台上各图形的分层顺序。主菜单是 Flash 的功能索引。属性面板用于对当前对象属性的显示与修改。库面板用来显示 Flash 文档中的媒体元素列表的位置。

    任务：创建一个简单 Flash 动画，如图 7.20 所示。

图 7.20　简单动画效果图

要求：熟悉 Flash 的基本界面和基本操作。

步骤如下。

1．创建文档

启动 Adobe Flash CS4 Professional，在开始页"新建"栏目列表中单击"Flash 文档"（如图 7.21 所示），创建一个默认名为"未命名-1"的空白文档。

图 7.21 新建 flash 文件

2．设置影片属性

单击"属性"面板中的"大小"选项按钮，或执行"修改"—"文档"命令，打开"文档属性"对话框，设置舞台尺寸为 550px × 300px，帧频为 12fps，单击"确定"按钮（如图 7.22 所示）。

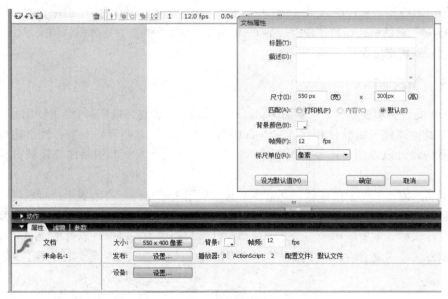

图 7.22 修改属性

3．制作动画效果

在"时间轴"面板中添加一个新图层"图层 2"，并分别将"图层 1"（如图 7.23 所示）改名为"背景层"，将"图层 2"改名为"文字层"。

单击"背景层"的第一帧，执行"文件"—"导入"—"导入到舞台"命令，导入需要的位图图像到舞台，作为动画背景。单击"背景层"第 20 帧，按 F5 键，插入普通帧。

图 7.23　创建图层

单击"文字层"的第 3 帧，按 F6 键，添加第一个关键帧。在工具箱中选择文本块，在舞台合适的位置输入文本"欢"，选择该文字，在"属性"面板中设置为"黑体"、"27px"。

单击"文字层"的第 4 帧，按 F6 快捷键，添加第 2 个关键帧。按以上步骤输入第二个文字"迎"，并设置文字的字体、大小、颜色属性，调整文字的位置。

按以上操作步骤，在"文字层"的第 5～15 帧处分别添加第 3、第 4……第 13 个关键帧，输入相应的文字，设置文字属性值，并调整文字的位置。在"文字层"的第 16～23 帧分别添加关键帧，分别右击第 17、第 19、第 21 帧处的关键帧，在弹出的快捷菜单中选择"转换为空白关键帧"。

4．测试影片

单击播放控制器中的播放按钮，在工作区中预览影片的播放效果；或执行"控制"—"测试影片"命令，在播放器中测试影片，可以观察到文本"欢迎进入 Flash 闪客世界"的打字机式输出效果及闪烁几次的动态效果。

5．保存文档

单击工具栏中的保存按钮，在打开的"另存为"对话框中设置保存路径为"教学资源/CH01/效果"，输入动画的源文件名"第一个简单动画.fla"，单击保存按钮，保存动画源文件。

6．导出影片

执行"文件"—"导出"—"导出影片"命令，弹出"导出影片"对话框，设置导出的影片文件路径为"教学资源/CH01/效果"，输入文件名"第一个简单动画"。单击保存按钮，弹出"导出 Flash Player"对话框，设置"JPEG 品质"值为 100%，其他参数选择默认值。单击"确定"按钮，导出动画到指定的路径。

7.3.3　3ds Max

3ds Max 是一种功能强大的效果图和动画制作软件。由于它是最早在 PC 上使用的三维设计软件之一，与其他高档三维软件相比，它具有功能强大，操作方便容易上手，性价比高等优点，在建筑和室内设计效果图、产品效果图、广告制作、游戏开发、动画制作等领域占据了庞大的市场。

目前市场上流行的图形图像软件非常多，有的属于二维软件，有的属于三维软件。在二维软件中又有点阵软件（如 Photoshop）和矢量软件（如 CorelDRAW、Illustrator）之分。3ds Max 是三维造型设计软件，主要应用于三维艺术造型设计，与同属于三维设计软件的 AutoCAD 相比，二者在操作方法、建模手段、制作流程等方面有很大的区别。图 7.24 简要地介绍了 3ds Max 软件的界面。

其中，工具栏上面放置着编辑三维图形的常用工具。显示区实时地显示三维图形的编辑效果。主菜单是 3ds Max 的功能索引。动画栏用于编辑三维动画。命令面板用来放置对三维图形操作的命令。

🖋　任务：利用 3ds Max 软件制作简单三维物体（苹果）。

要求：熟悉 3ds Max 的基本界面和基本操作。

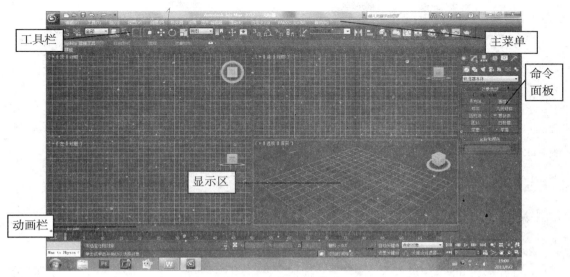

图 7.24　3ds Max 软件界面

步骤如下。

1．在前视图中绘制苹果的外形轮廓线条

（1）启动 3ds Max80，单击"创建"命令面板，单击"图形"按钮进入创建图形命令面板，单击"线"按钮（如图 7.25 所示）。

（2）在前视图上单击绘制苹果轮廓线的第一个顶点，然后绘制第二个顶点，如果要绘制平滑的曲线，就需要按住鼠标左键不松手，通过拖动来调整曲线的形状。由于苹果的外形轮廓是光滑的，因此每个顶点都需要通过拖动鼠标来调整形状。当绘制完最后一个顶点之后，单击鼠标右键或按下 Esc 键以结束绘制，至此粗略轮廓线绘制完成。绘制结果如图 7.26 所示。

图 7.25　选择线条绘制工具

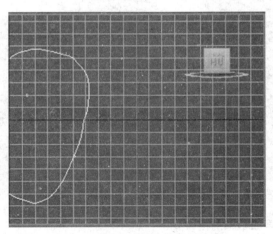

图 7.26　苹果粗略轮廓线绘制结果

（3）单击"修改"命令面板，在主视图中点击选择苹果轮廓线，单击"顶点"按钮，在工具条上点击"选择并移动"按钮，单击选择顶点，对其坐标位置和切线方向进行微调，调整每个顶点，达到满意效果为止，如图 7.27 和图 7.28 所示。至此，苹果的外形轮廓线条绘制完成。

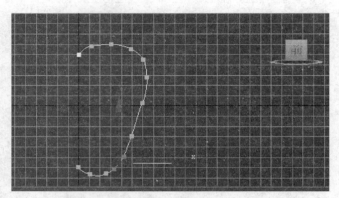

图 7.27　选择顶点按钮　　　　　图 7.28　通过移动顶点坐标和参考点坐标来微调轮廓线

2. 由轮廓线制作苹果实体

选择轮廓线 line01，进入"修改"命令面板，在"修改器列表"下拉菜单中选择"车削"项，进入其属性面板，修改其对齐参数，如果发现苹果表面显示异常，可通过翻转法线、设置方向为 Y 轴、调整对齐方式为最小或最大来修复，如图 7.29～图 7.31 所示。

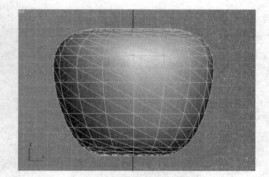

图 7.29　选择车削修改器　　　图 7.30　改变车削的参数　　　　图 7.31　苹果实体前视图

3. 添加苹果的梗

（1）把焦点设置到前视图中，按 F3 键，切换到只显示网格线的状态。

（2）单击"创建"命令面板，单击"图形"按钮进入创建图形命令面板，单击"线"按钮。

（3）用鼠标在前视图上苹果的根部绘制一条线 line02，作为苹果梗的形状轨迹。

（4）单击"创建"命令面板，单击"图形"按钮进入创建图形命令面板，单击"圆"按钮，用鼠标在苹果旁边画一个小圆，如图 7.32 所示。

（5）在工具条上单击"选择对象按钮" ![icon]，先在前视图中单击选择苹果梗的形状轨迹 line02，再单击"创建"命令面板，单击"几何体"按钮进入创建图形命令面板，在下拉菜单中选择"复合对象"，单击"放样"按钮，如图 7.33 所示。

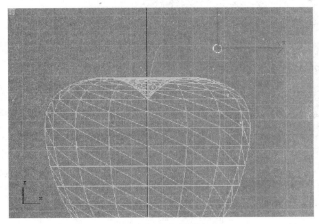

图 7.32　苹果实体前视图

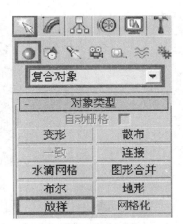

图 7.33　选择放样工具

（6）点选"创建方法"属性面板上的"获取图形"（如图 7.34 所示），在视图中选择刚才画的小圆形 Circle01，则会出现以 line02 为轨迹，以 Circle01 为横截面的图形，它就是苹果的梗（如图 7.35 所示）。

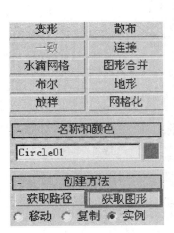

图 7.34　选择放样工具

图 7.35　苹果梗模型

4．给模型添加材质

（1）把焦点设置到前视图中，按 F3 键切换到显示表面的状态，按 F4 键切换到只显示表面而不显示布线的状态（如图 7.36 所示）。

（2）在工具条上单击"材质编辑器"按钮 ![icon]，弹出"材质编辑器"窗口（如图 7.37 所示）。选中第一个材质球，点击下面"Blinm"属性面板上"漫反射"属性的右侧灰色小按钮 ![icon]，弹出"材质/贴图浏览器"窗口（如图 7.38 所示）。在右侧列表中选择"位图"，并单击"确定"按钮，弹出"选择位图图像文件"窗口（如图 7.39 所示）。在"实验 7 素材"文件夹下选择"实验 7 贴图.jpg"，并单击"打开"按钮，此时第一个材质球被赋予了苹果的材质，用鼠标把它拖到任意视图下的苹果模型中，就为苹果赋予了材质，在"视图"菜单的选项中选择"激活所有贴图"

（如图 7.40 所示），苹果的材质就显示出来了（如图 7.41 所示）。

图 7.36　只显示面而不显示线的状态

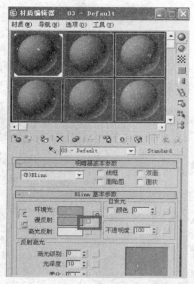

图 7.37　材质编辑器

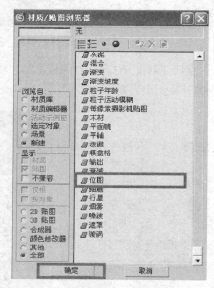

图 7.38　材质/贴图浏览器

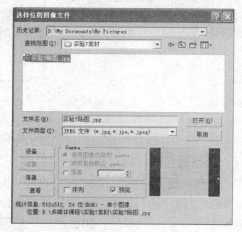

图 7.39　选择位图图像文件

图 7.40　激活所有贴图

图 7.41 激活贴图后的效果

（3）在"材质编辑器"窗口选中第二个材质球，单击下面"Blinm"属性面板上"漫反射"属性的右侧深灰色区域，弹出"颜色选择器"窗口（如图 7.42 所示）。用鼠标在"色调"、"黑度"和"白度"上面选取合适的颜色（应选择类似深褐色的颜色），并单击"关闭"按钮，此时第二个材质球被赋予了苹果梗的材质，用鼠标把它拖到任意视图下的苹果梗模型中，就为苹果梗赋予了材质（如图 7.43 所示）。

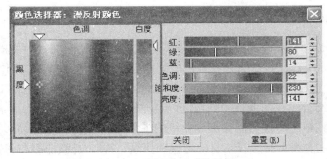

图 7.42 激活贴图后的效果

图 7.43 给苹果梗赋予材质的效果

5. 渲染成图片并保存

把焦点设置到透视图下，将苹果调整到合适位置，按下 F9 键，弹出快速渲染窗口（如图 7.44 所示），单击它左上角的"保存"按钮 ▣，在弹出的"浏览图像供输出"窗口中，选择合适的保存路径，将文件命名为"学号+姓名+实验 7 作品",在"保存类型"下拉列表中选择"PNG 图像文件",单击"保存"按钮(如图 7.45 所示)。最后按 Ctrl+S 组合键保存,退出,苹果的全部制作就已经完成了。

图 7.44　快速渲染窗口

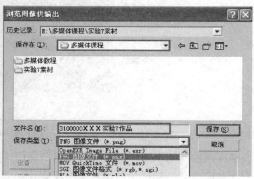

图 7.45　图像输出窗口

7.3.4　Premiere

Premiere 是 Adobe 公司出品的一款音乐编辑软件,是一种基于非线性编辑设备的视音频编辑软件,可以在各种平台下和硬件配合使用,被广泛地应用于电视台、广告制作、电影剪辑等领域,成为 PC 和 MAC 平台上应用最为广泛的视频编辑软件。它是一款相当专业的 DV(Desktop Video)编辑软件,专业人员结合专业的系统的配合可以制作出广播级的视频作品。在普通的微机上,配以比较廉价的压缩卡或输出卡也可制作出专业级的视频作品和 MPEG 压缩影视作品。

Premiere 软件的主要特点是影音素材的转换和压缩、视频/音频捕捉和剪辑、视频编辑功能、丰富的过渡效果、添加运动效果和对 Internet 的支持。图 7.46 简要地介绍了 Premiere 软件的界面。

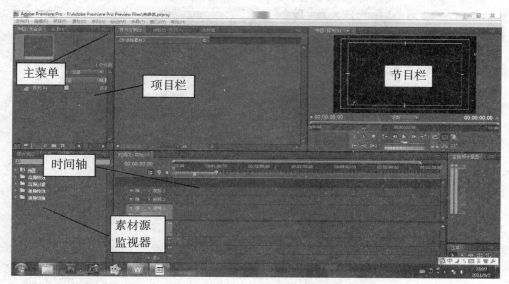

图 7.46　Premiere 软件界面

其中，主菜单是 Premiere 的功能索引。项目栏中存放有所有资源。素材源监视器可对当前选择的素材进行预览。节目栏可对当前视频编辑结果进行预览。时间轴用来编辑各种多媒体素材的播放时间，也可以使用时间轴指定视频中各素材的分层顺序。

   ℗   任务：利用 Premiere 软件处理视频。

要求：熟悉 Premiere 的基本界面和基本操作，掌握制作 Premiere 处理视频的过程，掌握视频和音频的导入、剪切、拼接、过渡、合成以及导出等常用方法，实现流行的网络视频《春运帝国》的部分制作。

步骤如下。

1. 导入素材

（1）启动 Premiere，在欢迎窗口单击"新建项目"，弹出"新建项目"窗口（如图 7.47 所示）。在"名称"文本框中填写"[学号]+[姓名]+实验作品"，单击"位置"的设置行右侧的"浏览"按钮，设置存放项目文件的路径。单击"确定"按钮，进入主界面。

（2）在"文件"菜单下选择"导入"，在弹出的"导入"窗口中选择"实验 9"文件夹下的所有素材文件，单击"打开"按钮，将所有素材导入到工作区，如图 7.48 所示。

图 7.47　新建项目窗口

2. 截取视频

（1）在左侧"项目"栏目中选中"速度与激情 4"（如图 7.49 所示），用鼠标将其拖动到下方"时间线"栏目的"视频 1"行中，对齐左侧的 0 刻度，此时时间条上出现视频的进度信息，如图 7.50 所示。

图 7.48　导入素材

图 7.49　"项目"栏目

图 7.50　"时间线"栏目

（2）在右上方"节目"栏目里可对视频进行浏览和定位（如图 7.51 所示），通过用鼠标拖动粗调滑块 🔘 和微调旋钮 ▬▬▬▬▬▬，将视频调节至"00：04：55：18"附近，单击"设置入点"按钮 ⏴，设置视频节选的入点。继续用同样的方法将视频调节至"00：04：59：14"附近，单击"设置出点"按钮 ⏵。至此，要截取的视频就被设置好了，可以按下播"放入点到出点"按钮 ▶ 查看截取的视频。此步骤目的是截取飞车逃跑的视频。

图 7.51　"节目"栏目

（3）使用"时间线"栏目的左下角的时间比例缩放工具 ▬▬△▬▬△将时间比例缩小，直到整个视频的播放过程都呈现在时间轴上为止。用鼠标拖动视频的右边缘至第（2）步截取的出点的时间位置，会自动吸附对齐。同样拖动视频的左边缘至第（2）步截取的入点的时间位置，使其自动吸附对齐。使用"时间线"栏目的左下角的时间比例缩放工具 ▬▬△▬▬△将时间比例放大，使视频呈现合适的显示比例。至此视频已经被截取完毕，如图 7.52 所示。

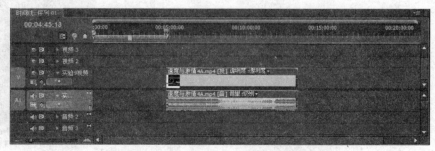

图 7.52　按照入点和出点截取视频的过程

3. 去掉音频

在"时间线"栏目里选中刚才截取的视频片段单击右键，在弹出的菜单中选择"解除视音频链接"，此时它的视频和音频被分离开，单击附近空白区域解除选中状态，再单击选中音频，按下Delete 键删除，此时视频的音频被去掉，如图 7.53 所示。

图 7.53　去掉音频后的效果

4. 编辑视频

（1）在"时间线"栏目里选中刚才截取的视频片段并拖动到时间轴的零刻度（即主视频的开始位置），单击上方的坐标尺，将滑块拖动至时间轴的零刻度，如图 7.54 所示。

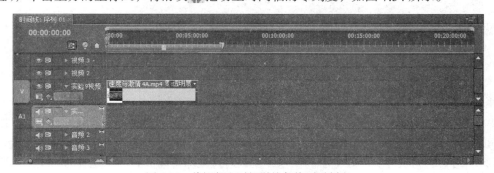

图 7.54　将视频和时间滑块都拖到零刻度

（2）右键单击视频片段，在弹出的菜单中选择"复制"，同时按下 Ctrl+Shift+V 组合键，以插入的方式粘贴它的拷贝。反复按下可多次粘贴，效果如图 7.55 所示。

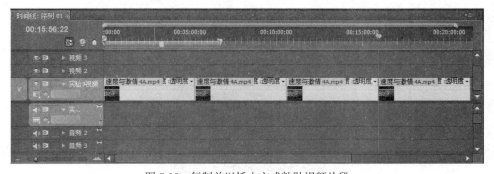

图 7.55　复制并以插入方式粘贴视频片段

5. 插入音频素材

（1）在"项目"栏目中选择"实验 9 曲目 1.mp3"（如图 7.56 所示），将它拖到"时间线"栏目的"音频 1"行，如图 7.57 所示。

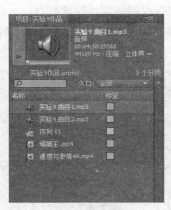

图 7.56 选择音频素材

图 7.57 插入音频素材

（2）在"节目"栏目播放影片，根据提供的原作品范例，判断视频和音频是否匹配，按照音频的进度适当地用 Ctrl+Shift+V 组合键增加视频片段的拷贝数量，或者用 Delete 减少数量，如果最后音频的结束时间长度仍有较细小的偏差，可以通过鼠标拖动最后一个视频的结尾进行调整。

6. 合成图像素材

（1）在"项目"栏目中选择"实验 9.png"（如图 7.58 所示），将它拖到"时间线"栏目的"视频 2"行，如图 7.59 所示。

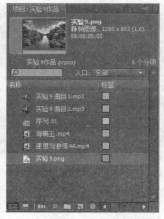

图 7.58 选择图像素材

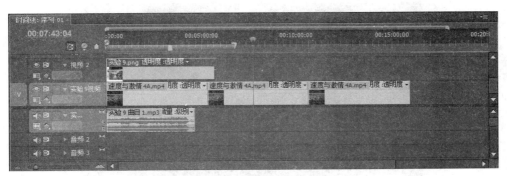

图 7.59　插入图像素材

（2）拖动图像在时间线中的时间条尾部，使图像的时间条和视频 1 中视频片段对齐，如图 7.60 所示。此操作用来调整图像的存在时间。

图 7.60　调整图像的存在时间

（3）在"节目"栏目的影片预览窗口单击图像，出现编辑框，如图 7.61 所示。调整图像至合适大小、角度、位置，调整完毕后单击空白区域取消选定，如图 7.62 所示。（如果无法编辑，则在窗口菜单中的工作区菜单中在"编辑"选项前打勾。）

图 7.61　单击图像

（4）用同步骤（1）～步骤（3）一样的方法插入"实验 9 货轮"，并调整时间和视频 1 的片段一致，调整图像到合适位置，如图 7.63 所示。

图 7.62　调整完毕

图 7.63　插入显示器边框

（5）此时如果要继续添加图像或视频等素材，需要添加视频轨道，在"时间线"栏目的左侧单击鼠标右键，在弹出的菜单中选择"添加轨道"（如图 7.64 所示），在弹出的"添加视音轨"窗口中，在"视频轨"项目中输入添加"2"条视频轨，单击"确定"按钮（如图 7.65 所示），在"时间线"栏目里增加了两条视频轨道。

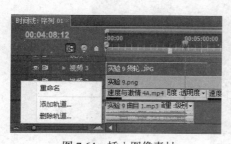

图 7.64　插入图像素材

图 7.65　插入图像素材

（6）用同步骤（1）～步骤（3）一样的方法插入"图像"，即黑色图片，并调整时间和视频 1 的片段一致，调整图像，把原视频的字幕遮盖，如图 7.66 所示。

图 7.66   遮盖字幕

7. 合成其他视频素材

（1）参照上述方法，将视频"海扁王.mp4"加入"时间线"栏目中的"视频 5"层，运用我们第 7.1 节所学过的方法，根据原作品截取合适的情节片段，调整至和视频 1 的长度相同，按照第 7.4 节所学过的方法，将其拖至右下角位置，如图 7.67 所示。

（2）此时发现插入的视频尺寸与显示器边框不一致，为修正此问题，单击"效果控制"切换到对应的栏目，单击"视频特效"中"运动"左侧的白色小三角形，在下拉列表中单击取消"等比"的选项，之后在"节目"栏目里拉伸刚才插入的视频片段至合适比例（如图 7.68 所示）。效果如图 7.69 所示。

图 7.67   插入视频并调整

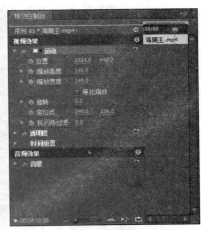

图 7.68   修改插入视频的运动特效

8. 插入视频片段并拼接

（1）运用我们第 7.1 节所学过的方法，将视频等加入"时间线"栏目中的"视频 1"层并根据原作品截取合适的情节片段，将它们按照原作品的顺序在"视频 1"同一层次中依次排列组合，如图 7.70 所示。（注意：此过程需要删除这些视频中的音频信息，但不要直接在视频 1 层上操作，以免影响原有的音频。可以在别的视频层上操作，截取好了之后再拖回视频 1 层上依次拼接。）

图 7.69　修改插入视频的比例

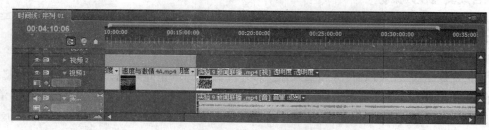

图 7.70　拼接多个视频

（2）在"节目"栏目播放影片，根据提供的原作品范例，判断视频和音频是否匹配，并用鼠标对"时间线"栏目的各视频片段的长度进行拖动调整，反复进行操作，直至达到满意效果。

（3）在左下角的栏目中单击"效果"切换到对应的栏目，单击"视频切换效果"中"叠化"标签，在下拉列表中选择"交差叠化"（如图 7.71 所示），将其拖到视频之间衔接的位置。效果如图 7.72 所示。

图 7.71　添加视频切换效果

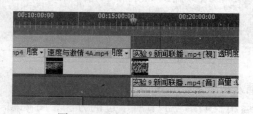

图 7.72　选择视频切换效果

9. 导出视频

在"文件"菜单中选择"导出"子菜单下的"影片"，弹出"导出影片"窗口，将文件命名为"学号+姓名+作品.avi",单击"保存"按钮。最后按 Ctrl+S 组合键保存,退出,全部制作就完成了。

====== 习 题 ======

1. 多媒体技术的基本特征及应用有哪些?

2. 多媒体计算机系统的基本组成有哪些?

3. 使用 Photoshop 对图片进行简单的处理,增强原本模糊和偏淡的照片的效果,处理完成后将图片保存。

4. 创建一个简单 Flash 动画。

5. 利用 3ds Max 软件制作简单三维物体(梨)。

6. 利用 Premiere 软件处理视频。通过对视频和音频的导入、剪切、拼接、过渡、合成以及导出等常用方法,实现网络视频《功夫熊猫》的部分制作。

第三篇
信息传输与发布

第8章
计算机网络基础

8.1 计算机网络在信息建设中的作用

计算机网络是计算机技术和通信技术互相渗透，不断发展的产物。在当代信息社会中，信息工业已经成为国民经济中发展的一个部门。为了提高信息工业的生产力，计算机网络是实现经济、快速方便存取信息的重要手段。

一般来说，计算机网络在信息建设中提供以下一些主要功能。

（1）资源共享

计算机的很多软/硬件资源是比较昂贵的。例如，规模大的计算中心、大容量的硬盘、数据库、某些应用软件以及特殊设备等。组建计算机网络的主要目标之一就是让网络中的各用户可以共享分散在不同地点的各种软/硬件资源。例如，在局域网中，服务器通常提供大容量的硬盘，用户不仅可以共享服务器硬盘中的文件，而且还可以独占服务器中的部分硬盘空间，这样，用户就可以在一个无盘的工作站上完成自己的任务。

（2）信息传输与集中处理

在计算机网络中，各计算机之间可以快速、可靠地相互传送各种信息。例如，利用计算机网络可以实现一个地区甚至全国范围内进行信息系统的数据采集、加工处理、预测决策工作。

（3）均衡负荷与分布处理

对于一些综合型的大任务，可以通过计算机网络采用适当的算法，将大任务分散到网络中的各计算机上进行分布式处理；也可以通过计算机网络用各地的计算机资源共同协作，进行重大科研项目的联合开发和研究。

（4）综合信息服务

通过计算机网络可以向全社会提供各种经济信息、科研情报和咨询服务。其中 Internet 上的环球信息网服务就是一个最典型也是最成功的例子。还有，综合服务数据网络（ISDN）就是将电话、传真机、电视机和复印机等办公设备纳入计算机网络中，提供了数字、语音、图形图像等多种信息的传输。

计算机网络目前正处于迅速发展的阶段，网络技术的不断提高，进一步扩大了计算机网络的应用范围。除了前面提到的资源共享和信息传输等基本功能外，计算机网络还具有以下几个主要功能。

（1）远程登录

所谓远程登录是指允许一个地点的用户与另一个地点的计算机上运行的应用程序进行交互对

话。例如，某公司的数据库软件只能在 IBM 计算机上运行，而一个用户需要使用 APPLE 计算机访问这个数据库，则远程登录软件允许该用户使用 APPLE 计算机与 IBM 计算机连接并运行其数据库软件，而不用对程序本身作任何修改。

（2）传送电子邮件

计算机网络可以作为通信媒介，用户可以在自己的计算机上把电子邮件发送到世界各地，这些邮件中可以互括文字、声音、图形图像等信息。

（3）电子数据交互

电子数据交互（EDI）是计算机网络在商业中的一种重要的应用形式。它可以共同认可的数据格式，在贸易伙伴的计算机之间传输数据，代替了传统的贸易单据，从而节省了大量的人力和财力，提高了效率。

（4）联机会议

利用计算机网络，人们可以通过个人计算机参加会议讨论。联机会议除了可以使用文字外，还可以传送声音和图像。

总之，计算机网络的应用范围非常广泛，它已经渗透到国民经济以及人们日常生活的各个方面。

8.2　计算机网络概述

8.2.1　计算机网络的概念

计算机网络将相互独立的计算机以通信线路相连接，按照网络协议进行通信。从网络的定义来看，网络由网络设备、传输介质、通信协议等几部分组成。最早的计算机网络是通过铜线传送数据的，如今的网络可通过电线、光纤介质、无线电波和微波等来传输数据。

8.2.2　计算机网络的功能与应用

1. 计算机网络的功能

计算机网络的功能主要体现在以下 3 个方面。

（1）信息交换：这是计算机网络的基本功能，用户可以在网上传送电子邮件、发布新闻消息、进行电子购物、远程电子教育等。

（2）资源共享：资源是指构成系统的所有要素，它包括软/硬件资源，如计算处理能力、大容量磁盘、高速打印机、绘图仪、通信线路、数据库、文件和其他计算机上的有关信息。网络上的计算机不仅可以使用自身的资源，也可以共享网络上的资源，因而增强了网络上计算机的处理能力，提高了计算机软硬件的利用率。

（3）分布式处理：一项复杂的任务可以划分成许多部分，由网络内各计算机协作并行完成有关部分，节省资源，提高效率。

2. 计算机网络的应用

从计算机网络的功能来看，网络可应用于以下几个方面。

（1）文件和打印服务：文件服务指使用服务器提供数据文件、应用（如文字处理程序或电子表格）和磁盘空间共享的功能。使用打印服务来共享网络上的打印机可以节省时间和资金。高质量的打印机价格很贵，但这种打印机可以同时为网络中每一台打印机提供打印服务。同时，只使用一台打印机，维护和管理工作也会减少。

（2）通信服务：借助于网络通信服务，远程用户可以连接到网络（通常通过电话线和调制解调器）。通常情况下，通信服务不能让网络用户连接到该网络之外的某台计算机。如 Windows NT 和 NetWare 等网络操作系统都包含内置的通信服务，在 Windows NT 中，通信软件被称为远程访问服务器（RAS）；在 NetWare 中，通信软件被称为网络访问服务器（NAS）。两种通信软件都能保证用户拨号进入通信服务器，或者运行这些通信服务的服务器，然后登录到网络，利用各种网络功能，就好像登录到服务器环境中某台计算机一样。

（3）邮件服务：对于用户来说，邮件服务是网络最常用的功能。邮件服务可以保证网络上的用户进行电子邮件的传送。用户借助于电子邮件可以实现组织内外的快捷方便的通信。邮件服务除提供发送、接收和存储电子邮件的功能外，还包含智能电子邮件路由能力（例如，某技术支持代表没有在邮件接收后 15 分钟内打开邮件，则邮件自动转发给主管）、提示、规划、文档管理和到其他邮件服务器网络等功能。邮件服务可以运行在数种操作系统之上，可以连接到 Internet，也可以隔离在组织内。

（4）Internet 服务：作为全球覆盖面最广的网络，Internet 已经成为生活和商业活动中不可或缺的工具。Internet 服务的概念包含很广，主要包括 WWW 服务器和浏览器、文件传输功能、Internet 编址模式及安全过滤等。

（5）管理服务：当网络规模较小时，一位网络管理员借助于网络操作系统的内部功能就可以很容易地管理网络。然而，随着网络越来越庞大、复杂，网络会变得很难管理。为跟踪大型网络运行情况，有必要使用特殊的网络管理服务。网络管理服务可以集中管理网络，并简化网络的复杂管理任务。

8.2.3 计算机网络的发展历史

计算机网络是当今世界上最为活跃的技术因素之一。计算机网络就是把分布在不同地点的多台计算机物理地连接起来，按照网络协议相互通信，以共享软件、硬件和数据资源为目标的系统。也可以说是将分散的计算机、终端、外围设备通过通信媒体互相连接在一起，能够实现相互通信的整个系统。或者说，通过通信媒体互连起来的自治的计算机集合体，叫做计算机网络。

计算机网络从 20 世纪 60 年代发展到现在，可分为四代。

第一代：以单计算机为中心的联机系统。缺点是主机负荷较重；通信线路的利用率低；网络结构属集中控制方式，可靠性低。

第二代：计算机—计算机网络。以远程大规模互连为主要特点，由 ARPANET 发展和演化而来。ARPANET 的主要特点是资源共享、分散控制、分组交换，采用专门的通信控制处理器、分层的网络协议。这些特点往往被认为是现代计算机网络的典型特征。

第三代：遵循网络体系结构标准建成的网络。依据标准化水平可分为两个阶段：一是遵循各计算机制造厂商的网络结构标准化构建的网络；二是遵循国际网络体系结构标准 ISO/OSI 构建的网络。

第四代：Internet 时代。Internet 采用了目前在分布式网络中最为流行的客户和服务器方式，把网络技术、多媒体技术和超文本技术融为一体，体现了当代多种信息技术互相融合的发展趋势。丰富的信息服务功能和友好的用户接口使其成为功能最强的信息网络。

建立计算机网络的目的是通过数据通信，实现系统的资源共享，增加单机的功能，提高系统的可靠性。因此，计算机网络主要有 4 种功能。

1．数据传送

数据传送是计算机网络最基本的功能之一。它使得终端与计算机、计算机与计算机之间能够相互传送数据和交换信息。这样，分散在不同地点的生产部门和业务部门可以进行集中的控制和管理。通过计算机网络，可以为分布在各地的人们及时传递信息。

2．资源共享

资源共享是计算机网络最有吸引力的功能。它包括了计算机软件、硬件和数据的共享。用户能在自己的位置上部分或全部地使用网络中的软件、硬件和数据；专门的贵重设备可供全网使用，以减少投资，提高设备利用率。

3．提高计算机的可靠性和可用性

计算机网络的另一个十分重要的功能是提高计算机的可靠性和可用性。网络中的每台计算机都可通过网络相互成为后备机。一旦某台计算机出现故障，它的任务就可由其他计算机代为完成，从而提高了系统的可靠性。而当网络中某台计算机负担过重时，网络又可以将新的任务交给网中较空闲的计算机均衡负担，提高了每台计算机的可用性。

4．分布式计算

分布式计算是近年来计算机网络的重点研究课题之一。对于一些大型的综合性问题，通过一些算法交给不同的计算机，使用户根据需要合理选择网络资源，就近快速地进行处理。利用网络技术将多台计算机连成具有高性能的计算机系统来解决大型问题，也比用同样性能的大中型计算机节省费用。

8.2.4　计算机网络的性能指标

影响网络性能的因素有很多，如传输的距离、使用的线路、传输技术、带宽。对用户而言，则主要体现在所获得的网络速度不一样。计算机网络的主要性能指标是指带宽、吞吐量和时延。

1．速率

比特（Bit）是计算机中数据量的单位，也是信息论中使用的信息量的单位。Bit 来源于 binary digit，意思是一个"二进制数字"，因此一个比特就是二进制数字中的一个 1 或 0。

速率即数据率（Data Rate）或比特率（Bit Rate）是计算机网络中最重要的一个性能指标。速率的单位是 bit/s，或 kbit/s，Mbit/s，Gbit/s 等。速率往往是指额定速率或标称速率。

2．带宽

"带宽"（Bandwidth）本来是指信号具有的频带宽度，单位是赫（或千赫、兆赫、吉赫等）。

现在"带宽"是数字信道所能传送的"最高数据率"的同义语，单位是"比特每秒"（bit/s 或 b/s）。

常用的带宽单位：

千比每秒，即 kbit/s（10^3 bit/s）；

兆比每秒，即 Mbit/s（10^6 bit/s）；

吉比每秒，即 Gbit/s（10^9 bit/s）；

太比每秒，即 Tbit/s（10^{12} bit/s）。

3．吞吐量

吞吐量（Throughput）表示在单位时间内通过某个网络（或信道、接口）的数据量。

吞吐量更经常地用于对现实世界中的网络的一种测量，以便知道实际上到底有多少数据量能够通过网络。吞吐量受网络的带宽或网络的额定速率的限制。

4．时延（Delay 或 Latency）

传输时延（发送时延）：发送数据时，数据块从结点进入到传输媒体所需的时间。也就是从发送数据帧的第一个比特算起，到该帧的最后一个比特发送完毕所需的时间。

传播时延：电磁波在信道中需要传播一定的距离而花费的时间。信号传输速率（即发送速率）和信号在信道上的传播速率是完全不同的概念。

处理时延：交换结点为存储转发而进行一些必要的处理所花费的时间。

排队时延：结点缓存队列中分组排队所经历的时延。排队时延的长短往往取决于网络中当时的通信量。数据经历的总时延就是发送时延、传播时延、处理时延和排队时延之和：

$$总时延 = 发送时延 + 传播时延 + 处理时延 + 处理时延$$

5. 时延带宽积

$$时延带宽积 = 传播时延 \times 带宽$$

6. 信道利用率

信道利用率指出某信道有百分之几的时间是被利用的（有数据通过）。完全空闲的信道的利用率是零。网络利用率则是全网络的信道利用率的加权平均值。信道利用率并非越高越好。

根据排队论的理论，当某信道的利用率增大时，该信道引起的时延也就迅速增加。

若令 D_0 表示网络空闲时的时延，D 表示网络当前的时延，则在适当的假定条件下，可以用下面的简单公式表示 D 和 D_0 之间的关系：

$$D = \frac{D_0}{1-U}$$

计算机网络的非性能特征有费用、质量、标准化、可靠性、可扩展性和可升级性、易于管理和维护。非性能特征与性能指标的区别：性能指标是从不同的方面来度量网络运行或使用性能的，而非性能特征一般是从建造、管理和维护网络方面而说的，二者的角度不同。

8.3 计算机网络系统的组成

计算机网络系统是一个集计算机硬件设备、通信设施、软件系统及数据处理能力为一体的，能够实现资源共享的现代化综合服务系统，如图 8.1 所示。计算机网络系统的组成可分为 3 个部分，即硬件系统、软件系统及网络信息系统。

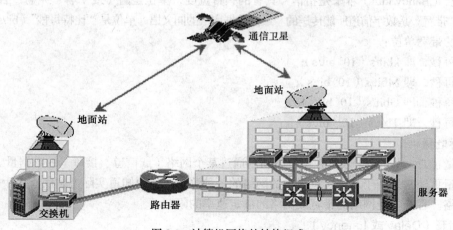

图 8.1　计算机网络的结构组成

8.3.1　硬件系统

硬件系统是计算机网络的基础。硬件系统由计算机、通信设备、连接设备及辅助设备组成，如图 8.2 所示。硬件系统中设备的组合形式决定了计算机网络的类型。

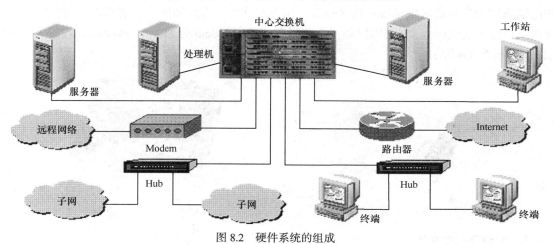

图 8.2　硬件系统的组成

下面介绍几种网络中常用的硬件设备。

1. 服务器

服务器是一台速度快、存储量大的计算机，它是网络系统的核心设备，负责网络资源管理和用户服务，如图 8.3 所示。服务器可分为文件服务器、远程访问服务器、数据库服务器、打印服务用途的计算机。在 Internet 服务器之间互通信息，相互提供服务，每台服务器的地位是同等的。服务器需要专门的技术人员对其进行管理和维护，以保证整个网络的正常运行。

2. 工作站

工作站是具有独立处理能力的计算机，它是用户向服务器申请服务的终端设备。用户可以在工作站上处理日常工作，并随时向服务器索取各种信息及数据，请求服务器提供各种服务（如传输文件，打印文件等）。

3. 网卡

网卡又称为网络适配器，如图 8.4 所示，它是计算机和计算机之间直接或间接传输介质互相通信的接口，它插在计算机的扩展槽中。一般情况下，无论是服务器还是工作站都应安装网卡。网卡的作用是将计算机与通信设施相连接，将计算机的数字信号转换成通信线路能够传送的电子信号或电磁信号。网卡是物理通信的瓶颈，它的好坏直接影响用户将来的软件使用效果和物理功能的发挥。目前，常用的有 10Mbit/s、100Mbit/s 和 10Mbit/s/100Mbit/s 自适应网卡，网卡的总线形式有 ISA 和 PCI 两种。

图 8.3　服务器

图 8.4　网卡

4. 调制解调器

调制解调器（Modem）是一种信号转换装置。它可以把计算机的数字信号"调制"成通信线路的模拟信号，将通信线路的模拟信号"解调"回计算机的数字信号。调制解调器的作用是将计算机与公用电话线相连接，使得现有网络系统以外的计算机用户，能够通过拨号的方式利用公用电话网访问计算机网络系统。这些计算机用户被称为计算机网络的增值用户。增值用户的计算机上可以不安装网卡，但必须配备一个调制解调器，Modem 分为外置 Modem 和内置 Modem，如图 8.5 和图 8.6 所示。

图 8.5　外置式 Modem　　　　　　　　　图 8.6　内置式 Modem

5. 集线器和交换机

（1）集线器

集线器（Hub）是局域网中使用的连接设备，它具有多个端口，可连接多台计算机。在局域网中常以集线器为中心，用双绞线将所有分散的工作站与服务器连接在一起，形成星形拓扑结构的局域网系统。这样的网络连接，在网上的某个节点发生故障时，不会影响其他节点的正常工作，如图 8.7 所示。

集线器分为普通型和交换型（Switch），交换型的传输效率比较高，目前用的较多。集线器的传输速率有 10Mbit/s、100Mbit/s 和 10Mbit/s/100Mbit/s 自适应的。

（2）交换机

交换机的功能与集线器一样，但是具有比集线器更强大的功能，它可以把一个网络从逻辑上划分成几个较小的段，每个端口共享带宽。交换机可以分为局域网交换机和以太网交换机，如图 8.8 所示。

图 8.7　集线器　　　　　　　　　　　　图 8.8　交换机

6. 网桥

网桥（Bridge）也是局域网使用的连接设备，如图 8.9 所示。网桥的作用是扩展网络的距离，减轻网络的负载。在局域网中每条通信线路的长度和连接的设备数都是有最大限度的，如果超载就会降低网络的工作性能。对于较大的局域网可以采用网桥将负担过重的网络分成多个网络段，当信号通过网桥时，网桥会将非本网段的信号排除掉（即过滤），使网络信号能够更有效地使用信道，从而达到减轻网络负担的目的。由网桥隔开的网络段仍属于同一局域网，网络地址相同，但分段地址不同。

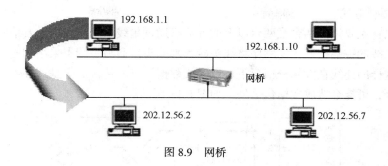

图 8.9 网桥

7. 路由器

路由器（Router）是 Internet 中使用的连接设备，如图 8.10 所示，它可以将两个网络连接在一起，组成更大的网络。被连接的网络可以是局域网也可以是 Internet，连接后的网络都可以称为 Internet。路由器不仅有网桥的全部功能，还具有路径的选择功能。路由器可根据网络上信息拥挤的程度，自动地选择适当的线路传递信息。

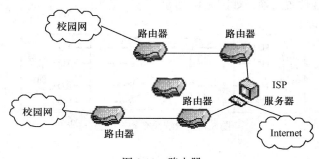

图 8.10 路由器

在 Internet 中，两台计算机之间传送数据的通路会有很多条，数据包（或分组）从一台计算机出发，中途要经过多个站点才能到达另一台计算机。这些中间站点通常是由路由器组成的，路由器的作用就是为数据包（或分组）选择一条合适的传送路径。用路由器隔开的网络属于不同的局域网地址。

8. 网络传输介质

（1）双绞线

① 双绞线的分类

屏蔽双绞线（STP）：屏蔽双绞线的缠绕电线对被一种金属箔制成的屏蔽层所包围，而且每个线对中的电线也是相互绝缘的，如图 8.11 所示。屏蔽层上的噪声与双绞线上的噪声反相，从而使得两者相抵消来达到屏蔽噪声的功能。

非屏蔽双绞线（UTP）：非屏蔽双绞线包括一对或多对由塑料封套包裹的绝缘电线对，如图 8.12 所示。UTP 没有屏蔽双绞线的屏蔽层。因此，它比屏蔽双绞线更便宜，抗噪性也相对较低。

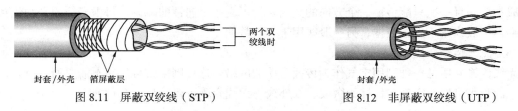

图 8.11 屏蔽双绞线（STP）　　　　图 8.12 非屏蔽双绞线（UTP）

② 双绞线的连接方法

直接连接法：主要用于两台或两台以上的计算机通过集线器（交换机或其他网络设备）进行连接，此时双绞线的一端按照一定顺序将线头接入水晶头，而另一端也采用相同的连接顺序将其连入水晶头。这样的连线在大部分情况下可以完成数据信号的传输。但是这种连接方法在数据通信方面并不安全，可能会造成数据包丢失，如图 8.13 所示。

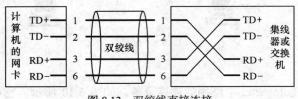

图 8.13　双绞线直接连接

交叉连接法：主要用于两台计算机直接连接。此时双绞线的一端与水晶头连接好后，在此基础之上将另一端与水晶头相连接，连接方法与第 1 端相同，只不过将连接水晶头第 1 脚与第 3 脚、第 2 脚与第 6 脚的网线位置对换，如图 8.14 所示。

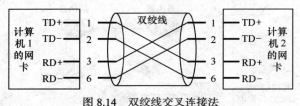

图 8.14　双绞线交叉连接法

（2）同轴电缆

同轴电缆（Coax，Coaxial Cable 的缩写）的内部是由绝缘体包围的一根中央铜线，外部是由网状金属屏蔽层包裹，最外层是塑料封套，其结构如图 8.15 所示。同轴电缆对噪声有较高的抵抗力，在信号必须放大之前，同轴电缆比双绞线电缆将信号传输得更远。但同轴电缆要比双绞线电缆昂贵得多，并且通常只支持较低的网络数据传输量，同轴电缆还要求网络段的两端通过一个电阻器进行终结，这使其发展受到一定限制。

图 8.15　同轴电缆

（3）光纤

光纤是光导纤维的简称，它是一种细小、柔韧并能传输光信号的传输介质。在它的中心部分包括一根或多根玻璃纤维，它的外面是一层玻璃，称为包层。它如同一面镜子，将光反射回中心。在包层外面，是一层塑料的网状 Kevlar（高级聚合纤维），以保护内部的中心线，最后一层塑料封套覆盖在网状屏蔽物上。光纤的结构如图 8.16 所示。光纤几乎有无限的吞吐量、非常高的抗噪性以及极好的安全性。光纤传输信号的距离也比同轴电缆或双绞线的传输距离远。它的传输距离在无需中继器或放大器的情况下远大于其他传输介质。光纤的缺点是成本高，且一次只能传输一个方向的数据。为了克服单向性的障碍，每根光纤内必须包括两股线——一股线用于发送数据，另一股线用于接收数据。

（4）无线传输介质

无线传输介质是一种利用空气作为传播介质的网络，这种网络信号传输不需要通过有线传输介质，而利用可以在空气中传播的微波、红外线等无线介质进行，如图 8.17 所示。

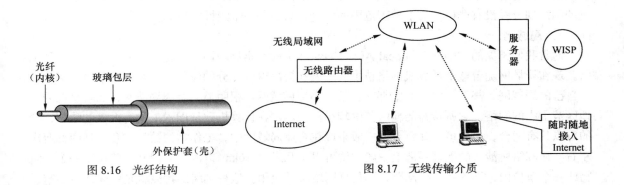

图 8.16　光纤结构　　　　　　　　　　　图 8.17　无线传输介质

8.3.2　软件系统

计算机网络中的软件按其功能可以划分为数据通信软件、网络操作系统和网络应用软件。

1．数据通信软件

数据通信软件是指按着网络协议的要求，完成通信功能的软件。

2．网络操作系统

网络操作系统是指能够控制和管理网络资源的软件。网络操作系统可分为服务器操作系统和客户机操作系统两类。

（1）服务器操作系统

服务器操作系统是专门为服务器的特性而设定的，它除了具有一般计算机的功能外，还具有强大的网络管理功能。常见的服务器操作系统有 Windows NT Server、Windows 2000 Server、Windows 2000 Advance Server、Windows XP Server、Windows XP Advance Server、Windows Server 2003、Linux、UNIX 等。

（2）客户机操作系统

客户机操作系统是专门为客户机设定的，能完成一般计算机的工作。常见的客户机操作系统有 DOS、Windows 95、Windows 98、Windows Me、Windows NT Workstation、Windows 2000 Professional、Windows XP Professional、Windows Vstia Professional 等。

3．网络应用软件

网络应用软件是指网络能够为用户提供各种服务的软件。如浏览查询软件、传输软件、远程登录软件、电子邮件等。

8.3.3　网络信息系统

网络信息系统是指以计算机网络为基础开发的信息系统。如各类网站、基于网络环境的管理信息系统等。

8.4　计算机网络分类

按地理范围划分可以把各种网络类型划分为局域网、城域网、广域网和 Internet 4 种。局域网一般来说只能是一个较小区域内，城域网是不同地区的网络互联，不过在此要说明的一点就是这里的网络划分并没有严格意义上地理范围的区分，只能是一个定性的概念。

1. 局域网

通常我们常见的"LAN"（Local Area Network）就是指局域网，这是我们应用最广的一种网络。现在局域网随着整个计算机网络技术的发展和提高得到充分的应用和普及，几乎每个单位都有自己的局域网，甚至有的家庭中都有自己的小型局域网。很明显，所谓局域网，那就是在局部地区范围内的网络，它所覆盖的地区范围较小。局域网在计算机数量配置上没有太多的限制，少的可以只有两台，多的可达几百台。一般来说在企业局域网中，工作站的数量在几十到两百台次左右。在网络所涉及的地理距离上一般来说可以是几米至 10km 以内。局域网一般位于一个建筑物或一个单位内，不存在寻径问题，不包括网络层的应用。这种网络的特点就是：连接范围窄、用户数少、配置容易、连接速率高。目前局域网最快的速率是 10G 以太网。局域网又可以分为局部区域网和高速区域网。图 8.18 所示为局域网连接示意图。

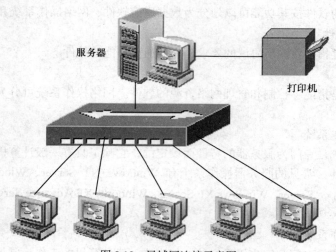

图 8.18　局域网连接示意图

（1）局部区域网：传输速率为 1～20Mbit/s，最大距离为 25km，采用分组交换技术，入网最大设备数为几百到几千。

（2）高速区域网：采用 CATV 电缆或光缆，传输速率一般 50Mbit/s，最大距离为 1km，入网最大设备数为几十个。

2. 城域网（Metropolitan Area Network，MAN）

这种网络一般来说是在一个城市，但不在同一地理小区范围内的计算机互联。这种网络的连接距离可以在 10～100km，它采用的是 IEEE 802.6 标准。MAN 与 LAN 相比扩展的距离更长，连接的计算机数量更多，在地理范围上可以说是 LAN 网络的延伸。在一个大型城市或都市地区，一个 MAN 网络通常连接着多个 LAN 网。如连接政府机构的 LAN、医院的 LAN、电信的 LAN、公司企业的 LAN 等。由于光纤连接的引入，使 MAN 中高速的 LAN 互连成为可能。

城域网多采用 ATM 技术做骨干网。ATM 是一个用于数据、语音、视频以及多媒体应用程序的高速网络传输方法。ATM 包括一个接口和一个协议，该协议能够在一个常规的传输信道上，在比特率不变及变化的通信量之间进行切换。ATM 也包括硬件、软件以及与 ATM 协议标准一致的介质。ATM 提供一个可伸缩的主干基础设施，以便能够适应不同规模、速度以及寻址技术的网络。ATM 的最大缺点就是成本太高，所以一般在政府城域网中应用，如邮政、银行、医院等。图 8.19 为城域网连接示意图。

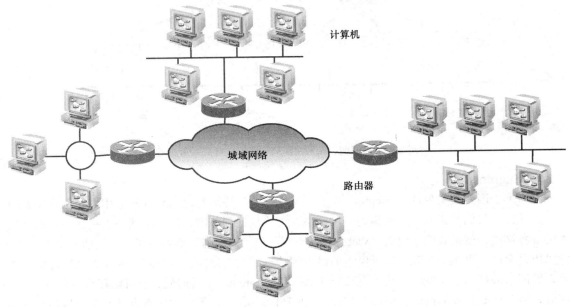

图 8.19　城域网连接示意图

3. 广域网（Wide Area Network，WAN）

这种网络也称为远程网，所覆盖的范围比城域网（MAN）更广，它一般是在不同城市之间的 LAN 或者 MAN 网络互联，地理范围可从几百千米到几千千米。因为距离较远，信息衰减比较严重，所以这种网络一般是要租用专线，通过 IMP（接口信息处理）协议和线路连接起来，构成网状结构，解决循径问题。这种城域网因为所连接的用户多，总出口带宽有限，所以用户的终端连接速率一般较低，通常为 9.6kbit/s～45Mbit/s。如：邮电部的 ChinaNet，ChinaPAC 和 ChinaDDN 网。图 8.20 所示为广域网连接示意图。

图 8.20　广域网连接示意图

广域网使用的主要技术为存储—转发技术。城域网与局域网之间的连接是通过接入网来实现的。接入网又称为本地接入网或居民接入网，它是近年来由于用户对高速上网需求的增加而出现的一种网络技术，是局域网与城域网之间的桥接区。图 8.21 所示为广域网、城域网和局域网的连接关系示意图。

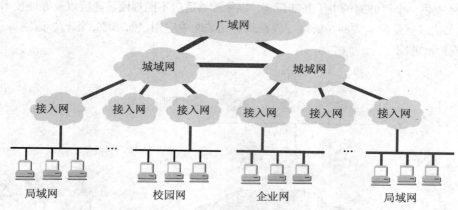

图 8.21　广域网、城域网和局域网的连接关系示意图

4. Internet

互联网，因其英文单词"Internet"谐音，又称为"英特网"。在 Internet 应用如此迅猛发展的今天，它已是我们每天都要打交道的一种网络，无论从地理范围，还是从网络规模来讲它都是最大的一种网络，就是我们常说的"Web"、"WWW"和"万维网"等多种叫法。从地理范围来说，它可以是全球计算机的互联，这种网络的最大的特点就是不定性，整个网络的计算机每时每刻随着人们网络的接入在不变的变化。当某个计算机联在 Internet 上的时候，它可以算是 Internet 的一部分，但一旦断开 Internet 的连接时，它就不属于 Internet 了。但它的优点也是非常明显的，就是信息量大、传播广。无论身处何地，只要联上 Internet 就可以对任何可以联网用户发出信函和广告。因为这种网络的复杂性，所以这种网络实现的技术也是非常复杂的，这一点我们可以通过后面要讲的几种 Internet 接入设备详细地了解到。

上面讲了网络的几种分类，其实在现实生活中我们真正遇得最多的还要算是局域网，因为它可大可小，无论在单位还是在家庭实现起来都比较容易，应用也是最广泛的一种网络，所以在下面我们有必要对局域网及局域网中的接入设备做一个进一步的讲解。

目前在局域网中常见的有：以太网（Ethernet）、令牌环网（Token Ring）、FDDI 网、异步传输模式网（ATM）等几类。

（1）以太网（EtherNet）

以太网最早是由 Xerox（施乐）公司创建的，在 1980 年由 DEC、Intel 和 Xerox 三家公司联合开发为一个标准。以太网是应用最为广泛的局域网，包括标准以太网（10Mbit/s）、快速以太网（100Mbit/s）、千兆以太网（1 000 Mbit/s）和 10G 以太网，它们都符合 IEEE 802.3 系列标准规范。

① 标准以太网

最开始以太网只有 10Mbit/s 的吞吐量，它所使用的是 CSMA/CD（带有冲突检测的载波侦听多路访问）的访问控制方法，通常把这种最早期的 10Mbit/s 以太网称为标准以太网。以太网主要有两种传输介质，那就是双绞线和同轴电缆。所有的以太网都遵循 IEEE 802.3 标准，下面列出是 IEEE 802.3 的一些以太网络标准，在这些标准中前面的数字表示传输速度，单位是"Mbit/s"，最后的一个数字表示单段网线长度（基准单位是 100m），Base 表示"基带"的意思，Broad 代表"带宽"。

- 10Base－5　使用粗同轴电缆，最大网段长度为 500m，基带传输方法。
- 10Base－2　使用细同轴电缆，最大网段长度为 185m，基带传输方法。

- 10Base – T　使用双绞线电缆，最大网段长度为 100m。
- 1Base – 5　使用双绞线电缆，最大网段长度为 500m，传输速度为 1Mbit/s。
- 10Broad – 36　使用同轴电缆（RG – 59/U CATV），最大网段长度为 3600m，是一种宽带传输方式。
- 10Base – F　使用光纤传输介质，传输速率为 10Mbit/s。

② 快速以太网（Fast Ethernet）

随着网络的发展，传统标准的以太网技术已难以满足日益增长的网络数据流量速度需求。在 1993 年 10 月以前，对于要求 10Mbit/s 以上数据流量的 LAN 应用，只有光纤分布式数据接口（FDDI）可供选择，但它是一种价格非常昂贵的、基于 100Mpbs 光缆的 LAN。1993 年 10 月，Grand Junction 公司推出了世界上第一台快速以太网集线器 FastSwitch10/100 和网络接口卡 FastNIC100，快速以太网技术正式得以应用。随后 Intel、SynOptics、3COM、BayNetworks 等公司亦相继推出自己的快速以太网装置。与此同时，IEEE802 工程组亦对 100Mbit/s 以太网的各种标准，如 100BASE – TX、100BASE – T4、MII、中继器、全双工等标准进行了研究。1995 年 3 月 IEEE 宣布了 IEEE 802.3u 100BASE – T 快速以太网标准（Fast Ethernet），就这样开始了快速以太网的时代。

快速以太网与原来在 100Mbit/s 带宽下工作的 FDDI 相比它具有许多的优点，最主要体现在快速以太网技术可以有效地保障用户在布线基础实施上的投资，它支持 3、4、5 类双绞线以及光纤的连接，能有效地利用现有的设施。

快速以太网的不足其实也是以太网技术的不足，那就是快速以太网仍是基于载波侦听多路访问和冲突检测（CSMA/CD）技术，当网络负载较重时，会造成效率的降低，当然这可以使用交换技术来弥补。

100Mbit/s 快速以太网标准又分为：100BASE – TX、100BASE – FX、100BASE – T4 3 个子类。

- 100BASE – TX：一种使用 5 类数据级无屏蔽双绞线或屏蔽双绞线的快速以太网技术。它使用两对双绞线，一对用于发送，一对用于接收数据。在传输中使用 4B/5B 编码方式，信号频率为 125MHz。符合 EIA586 的 5 类布线标准和 IBM 的 SPT 1 类布线标准。使用同 10BASE – T 相同的 RJ – 45 连接器。它的最大网段长度为 100m。它支持全双工的数据传输。
- 100BASE – FX：一种使用光缆的快速以太网技术，可使用单模和多模光纤（62.5 和 125um）。多模光纤连接的最大距离为 550m。单模光纤连接的最大距离为 3km。在传输中使用 4B/5B 编码方式，信号频率为 125MHz。它使用 MIC/FDDI 连接器、ST 连接器或 SC 连接器。它的最大网段长度为 150m、412m、2km 或更长至 10km，这与所使用的光纤类型和工作模式有关，它支持全双工的数据传输。100BASE – FX 特别适合于有电气干扰的环境、较大距离连接或高保密环境等情况下的适用。
- 100BASE – T4：一种可使用 3、4、5 类无屏蔽双绞线或屏蔽双绞线的快速以太网技术。它使用 4 对双绞线，3 对用于传送数据，1 对用于检测冲突信号。在传输中使用 8B/6T 编码方式，信号频率为 25MHz，符合 EIA586 结构化布线标准。它使用与 10BASE – T 相同的 RJ – 45 连接器，最大网段长度为 100m。

③ 千兆以太网（GB Ethernet）

随着以太网技术的深入应用和发展，企业用户对网络连接速度的要求越来越高，1995 年 11 月，IEEE 802.3 工作组委任了一个高速研究组（HigherSpeedStudy Group），研究将快速以太网速度增至更高。该研究组研究了将快速以太网速度增至 1 000Mbit/s 的可行性和方法。1996 年 6 月，IEEE 标准委员会批准了千兆位以太网（又叫吉比特以太网）方案授权申请（Gigabit Ethernet Project

Authorization Request）。随后 IEEE 802.3 工作组成立了 802.3z 工作委员会。IEEE 802.3z 委员会的工作目的是建立千兆位以太网标准：包括在 1 000Mbit/s 通信速率的情况下的全双工和半双工操作、802.3 以太网帧格式、载波侦听多路访问和冲突检测（CSMA/CD）技术、在一个冲突域中支持一个中继器（Repeater）、10BASE – T 和 100BASE – T 向下兼容技术千兆位以太网具有以太网的易移植、易管理特性。千兆以太网在处理新应用和新数据类型方面具有灵活性，它是在赢得了巨大成功的 10Mbit/s 和 100Mbit/s IEEE 802.3 以太网标准的基础上的延伸，提供了 1 000Mbit/s 的数据带宽。这使得千兆位以太网成为高速、宽带网络应用的战略性选择。

1 000Mbit/s 千兆以太网目前主要有 3 种技术版本：1 000BASE – SX，1 000BASE – LX 和 1 000BASE – CX 版本。1000BASE – SX 系列采用低成本短波的 CD（compact disc，光盘激光器）或者 VCSEL（Vertical Cavity Surface Emitting Laser，垂直腔体表面发光激光器）发送器；而 1 000BASE – LX 系列则使用相对昂贵的长波激光器；1 000BASE – CX 系列则打算在配线间使用短跳线电缆把高性能服务器和高速外围设备连接起来。

④ 10G 以太网

现在 10Gbit/s 的以太网标准已经由 IEEE 802.3 工作组于 2000 年正式制定，10G 以太网仍使用与以往 10Mbit/s 和 100Mbit/s 以太网相同的形式，它允许直接升级到高速网络。同样使用 IEEE 802.3 标准的帧格式、全双工业务和流量控制方式。在半双工方式下，10G 以太网使用基本的 CSMA/CD 访问方式来解决共享介质的冲突问题。此外，10G 以太网使用由 IEEE 802.3 小组定义了和以太网相同的管理对象。总之，10G 以太网仍然是以太网，只不过更快。但由于 10G 以太网技术的复杂性及原来传输介质的兼容性问题（目前只能在光纤上传输，与原来企业常用的双绞线不兼容了），还有这类设备造价太高（一般为 2 万～9 万美元），这类以太网技术目前还处于研发的初级阶段，还没有得到实质应用。

（2）令牌环网

令牌环网是 IBM 公司于 20 世纪 70 年代发展起来的，现在这种网络比较少见。在老式的令牌环网中，数据传输速度为 4Mbit/s 或 16Mbit/s，新型的快速令牌环网速度可达 100Mbit/s。令牌环网的传输方法在物理上采用了星形拓扑结构，但逻辑上仍是环形拓扑结构。结点间采用多站访问部件（Multistation Access Unit，MAU）连接在一起。MAU 是一种专业化集线器，它是用来围绕工作站计算机的环路进行传输。由于数据包看起来像在环中传输，所以在工作站和 MAU 中没有终结器。

在这种网络中，有一种专门的帧称为"令牌"，在环路上持续地传输来确定一个结点何时可以发送包。令牌为 24 位长，有 3 个 8 位的域，分别是首定界符（Start Delimiter，SD）、访问控制（Access Control，AC）和终定界符（End Delimiter，ED）。首定界符是一种与众不同的信号模式，作为一种非数据信号表现出来，用途是防止它被解释成其他东西。这种独特的 8 位组合只能被识别为帧首标识符（SOF）。由于目前以太网技术发展迅速，令牌环网在整个计算机局域网已不多见，原来提供令牌网设备的厂商多数也退出了市场，所以在目前局域网市场中令牌网可以说是"明日黄花"了。

（3）FDDI 网（Fiber Distributed Data Interface）

FDDI 的英文全称为"Fiber Distributed Data Interface"，中文名为"光纤分布式数据接口"，它是于 20 世纪 80 年代中期发展起来一项局域网技术，它提供的高速数据通信能力要高于当时的以太网（10Mbit/s）和令牌网（4Mbit/s 或 16Mbit/s）的能力。FDDI 标准由 ANSI X3T9.5 标准委员会制定，为繁忙网络上的高容量输入输出提供了一种访问方法。FDDI 技术同 IBM 的 Tokenring 技术相似，并具有 LAN 和 Tokenring 所缺乏的管理、控制和可靠性措施，FDDI 支持长达 2km 的多模光纤。FDDI 网络的主要缺点是价格同前面所介绍的"快速以太网"相比贵许多，且因为它只支持光缆和 5 类电缆，所以使用环境受到限制、从以太网升级更是面临大量移植问题。

当数据以 100Mbit/s 的速度输入输出时，在当时 FDDI 与 10Mbit/s 的以太网和令牌环网相比性能有相当大的改进。但是随着快速以太网和千兆以太网技术的发展，用 FDDI 的人就越来越少了。因为 FDDI 使用的通信介质是光纤，这一点它比快速以太网及现在的 100Mbit/s 令牌网传输介质要贵许多，然而 FDDI 最常见的应用只是提供对网络服务器的快速访问，所以在目前 FDDI 技术并没有得到充分的认可和广泛的应用。

FDDI 的访问方法与令牌环网的访问方法类似，在网络通信中均采用"令牌"传递。它与标准的令牌环又有所不同，主要在于 FDDI 使用定时的令牌访问方法。FDDI 令牌沿网络环路从一个节点向另一个节点移动，如果某节点不需要传输数据，FDDI 将获取令牌并将其发送到下一个节点中。如果处理令牌的结点需要传输，那么在指定的称为"目标令牌循环时间"（Target Token Rotation Time，TTRT）的时间内，它可以按照用户的需求来发送尽可能多的帧。因为 FDDI 采用的是定时的令牌方法，所以在给定时间中，来自多个节点的多个帧可能都在网络上，以便为用户提供高容量的通信。

FDDI 可以发送两种类型的包：同步的和异步的。同步通信用于要求连续进行且对时间敏感的传输（如音频、视频和多媒体通信）；异步通信用于不要求连续脉冲串的普通的数据传输。在给定的网络中，TTRT 等于某节点同步传输需要的总时间加上最大的帧在网络上沿环路进行传输的时间。FDDI 使用两条环路，所以当其中一条出现故障时，数据可以从另一条环路上到达目的地。连接到 FDDI 的节点主要有两类，即 A 类和 B 类。A 类节点与两个环路都有连接，由网络设备如集线器等组成，并具备重新配置环路结构及在网络崩溃时使用单个环路的能力；B 类节点通过 A 类节点的设备连接在 FDDI 网络上，B 类节点包括服务器或工作站等。

（4）ATM 网

ATM 的英文全称为"Asynchronous Transfer Mode"，中文名为"异步传输模式"，它的开发始于 20 世纪 70 年代后期。ATM 是一种较新型的单元交换技术，同以太网、令牌环网、FDDI 网络等使用可变长度包技术不同，ATM 使用 53 字节固定长度的单元进行交换。它是一种交换技术，它没有共享介质或包传递带来的延时，非常适合音频和视频数据的传输。ATM 主要具有以下优点。

① ATM 使用相同的数据单元，可实现广域网和局域网的无缝连接。

② ATM 支持 VLAN（虚拟局域岗）功能，可以对网络进行灵活的管理和配置。

③ ATM 具有不同的速率，分别为 25Mbit/s、51Mbit/s、155Mbit/s、622Mbit/s，从而为不同的应用提供不同的速率。

ATM 是采用"信元交换"来替代"包交换"进行实验，发现信元交换的速度是非常快的。信元交换将一个简短的指示器称为虚拟通道标识符，并将其放在 TDM 时间片的开始。这使得设备能够将它的比特流异步地放在一个 ATM 通信通道上，使得通信变得能够预知且持续，这样就为时间敏感的通信提供了一个预 QoS，这种方式主要用在视频和音频上。通信可以预知的另一个原因是 ATM 采用的是固定的信元尺寸。ATM 通道是虚拟的电路，并且 MAN 传输速度能够达到 10Gbit/s。

（5）无线局域网（Wirress Local Area Network，WLAN）

无线局域网是目前最新，也是最为热门的一种局域网。无线局域网与传统的局域网主要不同之处就是传输介质不同。传统局域网都是通过有形的传输介质进行连接的，如同轴电缆、双绞线和光纤等，而无线局域网则是利用空气作为传输介质的。正因为它摆脱了有形传输介质的束缚，所以这种局域网的最大特点就是自由，只要在网络的覆盖范围内，可以在任何一个地方与服务器及其他工作站连接，而不需要重新铺设电缆。这一特点非常适合那些移动办公一族，有时在机场、宾馆、酒店等地（通常把这些地方称为"热点"），只要无线网络能够覆盖到，他们都可以随时随地连接上无线网络，甚至 Internet。

无线局域网所采用的是 802.11 系列标准，它也是由 IEEE 802 标准委员会制定的。目前这一系列标准主要有 4 个标准，分别为：802.11b、802.11a、802.11g 和 802.11z。前三个标准都是针对传输速度的异常进行的改进，最开始推出的是 802.11b，它的传输速度是 11Mbit/s，因为它的连接速度比较低，随后推出了 802.11a 标准，它的连接速度可达 54Mbit/s。但由于两者不互相兼容，致使一些早已购买 802.11b 标准的无线网络设备在新的 802.11a 网络中不能用，所以在正式推出了兼容 802.11b 与 802.11a 两种标准的 802.11g，这样原有的 802.11b 和 802.11a 两种标准的设备都可以在同一网络中使用。802.11z 是一种专门为了加强无线局域网安全的标准。因为无线局域网的"无线"特点，致使任何进入此网络覆盖区的用户都可以轻松地以临时用户身份进入网络，给网络带来了极大的不安全因素，为此 802.11z 标准专门就无线网络的安全性方面做了明确规定，加强了用户身份论证制度，并对传输的数据进行加密。

按照传播方式不同，可将计算机网络分为"广播网络"和"点—点网络"两大类。

1. 广播式网络

广播式网络是指网络中的计算机或者设备使用一个共享的通信介质进行数据传播，网络中的所有结点都能收到任一结点发出的数据信息。广播式网络的基本连接如图 8.22 所示。

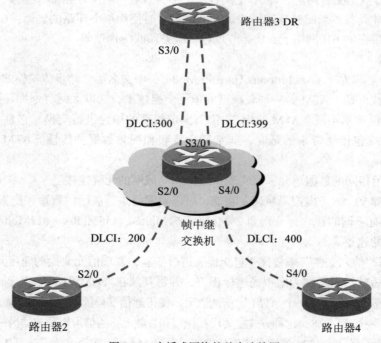

图 8.22　广播式网络的基本连接图

目前，在广播式网络中的传输方式有 3 种：

（1）单播：采用一对一的发送形式将数据发送给网络所有目的节点；

（2）组播：采用一对一组的发送形式，将数据发送给网络中的某一组主机；

（3）广播：采用一对所有的发送形式，将数据发送给网络中所有目的节点。

2.　点一点网络

点一点式网络是两个结点之间的通信方式是点对点的。如果两台计算机之间没有直接连接的线路，那么它们之间的分组传输就要通过中间结点的接收、存储、转发，直至目的结点。

点一点传播方式主要应用于 WAN 中，通常采用的拓扑结构有：星型、环型、树型、网状型。如图 8.23 所示。

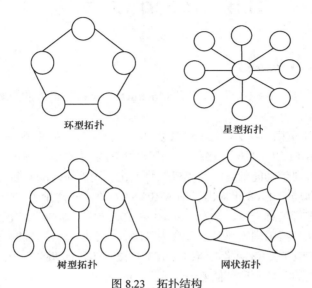

图 8.23　拓扑结构

按照传输介质不同，分为有线网和无线网。

1.　有线网（Wired Network）

（1）双绞线：其特点是比较经济、安装方便、传输率和抗干扰能力一般，广泛应用于局域网中。

（2）同轴电缆：俗称细缆，现在逐渐淘汰。

（3）光纤：特点是光纤传输距离长、传输效率高、抗干扰性强，是高安全性网络的理想选择。

2.　无线网（Wireless Network）

（1）无线电话网：是一种很有发展前途的连网方式。

（2）语音广播网：价格低廉、使用方便，但安全性差。

（3）无线电视网：普及率高，但无法在一个频道上和用户进行实时交互。

（4）微波通信网：通信保密性和安全性较好。

（5）卫星通信网：能进行远距离通信，但价格昂贵。

计算机网络数据依靠各种通信技术进行传输，根据网络传输技术分类，计算机网络可分为以下 5 种类型：

（1）普通电信网：普通电话线网，综合数字电话网，综合业务数字网。

（2）数字数据网：利用数字信道提供的永久或半永久性电路以传输数据信号为主的数字传输网络。

（3）虚拟专用网：指客户基于 DDN 智能化的特点，利用 DDN 的部分网络资源所形成的一种虚拟网络。

（4）微波扩频通信网：是电视传播和企事业单位组建企业内部网和接入 Internet 的一种方法，在移动通信中十分重要。

（5）卫星通信网：是近年发展起来的空中通信网络。与地面通信网络相比，卫星通信网具有许多独特的优点。

8.5　Internet 基础

8.5.1　Internet 发展

Internet 的中文名称是"Internet"或"国际 Internet"，是目前最大的全球性计算机网络，在世界上得到了最广泛的使用。

Internet 最初起源于美国。在 20 世纪 50 年代初，出于军事上的需要，美国科学家们将远程雷达和其他设备同一台 IBM 的计算机连接起来，用于对远程雷达等设备测量到的防空信息数据进行处理，从而形成了具有通信功能的终端计算机网络系统。随着科研的不断发展与军事的需要，美国国防部远景研究规划局于 1968 年提出研制 ARPANET 的计划，并在 1971 年 2 月建成该网，用以帮助美军研究人员进行信息交流。这为 Internet 的发展奠定了基础。20 世纪 80 年代中期，由于 ARPANET 的成功建立，美国国家科学基金会为鼓励各大学校与研究机构共享主机资源，决定建立计算机科学网（NSFNET），该网络与 ARPANET 构成了美国的两个主干网。后来，随着人类社会的进步和计算机事业的不断发展，便逐渐形成了 Internet。

由于 Internet 能给人类带来诸多的帮助与便利，因此世界上许多国家的机构相继加入，使得利用 Internet 在国际之间相互传递信息成为现实，Internet 也因此快速遍布全球。

8.5.2　传输控制协议/Internet 协议（TCP/IP）

传输控制协议/Internet 协议（TCP/IP）是 Internet 中计算机之间进行网络通信所必须共同遵循的一种通信协议，是以传输控制协议（Transmission Control Protocol，TCP）和网际协议（Internet Protocol，IP 协议）为核心的一组协议。传输控制协议/Internet 协议（TCP/IP）是开放的协议标准，可以免费使用，并且独立于特定的计算机硬件与操作系统。随着网络服务的不断出现，传输控制协议/Internet 协议（TCP/IP）不断补充和发展。

1．TCP/IP 协议概述

为了能使 Internet 中的每台主机都能正常通信，就必须有一套网络中各节点共同遵守的规程和约定，这就是网络协议。TCP/IP 是 Internet 最基本的协议。TCP 最早由斯坦福大学的两名研究人员于 1973 年提出。1983 年，TCP/IP 被 Unix4.2BSD 系统采用，随着后 TCP/IP 逐步成为 Unix 系统的标准网络协议。Internet 的前身 ARPANET 最初使用 NCP（Network Control Protocol）协议，由于 TCP/IP 具有跨平台特性，ARPANET 的实验人员在经过对 TCP/IP 的改进以后，规定联入 ARPANET 的计算机都必须采用 TCP/IP 协议。随着 ARPANET 逐渐发展成为 Internet，TCP/IP 协议就成为 Internet 的标准连接协议。TCP/IP 具有以下特点。

（1）开放的协议标准，并且独立于特定的计算机硬件与操作系统。

（2）标准化的高层协议，丰富的功能，提供了多种可靠的用户服务。

（3）统一的地址分配方案，使得整个 TCP/IP 设备在网络中有一个唯一的地址。

（4）独立于特定的网络硬件，可以运行在局域网、广域网，更适用于网络互联。

2．TCP/IP 参考模型

OSI 参考模型研究初衷是希望为网络体系结构与协议的发展提供一个国际标准，但由于 OSI 参考模型迟迟没有成熟的网络产品，因此这一目标一直没有实现。而 Internet 的飞速发展却使 Internet 所遵循的 TCP/IP 参考模型得到了广泛的应用，成为了事实上的网络体系标准结构。

TCP/IP 的体系结构与 OSI 的体系结构类似，但它却是在 OSI 参考模型完成以前设计的。TCP/IP 也是分层进行开发的，每一层分别负责不同的通信功能。TCP/IP 通常被认为是一个 4 层协议系统，即网络接口层（也称主机-网络层）、网络层（也称网络互联层）、传输层和应用层，TCP/IP 参考模型与 OSI 参考模型对照如图 8.24 所示。

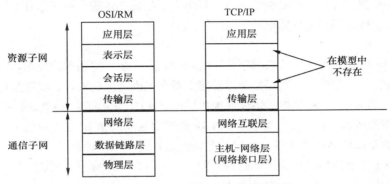

图 8.24　TCP/IP 与 OSI 参考模型对照

其中，TCP/IP 参考模型的应用层与 OSI 参考模型的应用层相对应；TCP/IP 参考模型的传输层与 OSI 参考模型的传输层相对应；TCP/IP 参考模型的网络互联层与 OSI 参考模型的网络层相对应；TCP/IP 参考模型的网络接口层与 OSI 参考模型的数据链路层和物理层相对应。在 TCP/IP 参考模型中，对 OSI 参考模型的表示层、会话层没有对应的协议。

（1）网络接口层

TCP/IP 参考模型的网络接口层又被称为网络访问层，从严格意义上来讲，网络接口层不是一个层次，而仅仅是一个接口，它对应 OSI 的物理层和数据链路层。TCP/IP 标准并没有定义具体的网络接口协议，仅定义了如何与不同网络进行联接。

网络接口层是 TCP/IP 参考模型的最低层，负责通过网络介质发送和接收 TCP/IP 数据包。允许主机联入网络时使用多种现成的、流行的协议，如局域网的 Ethernet、令牌网、分组交换网的 X.25、帧中继、ATM 协议等，这充分体现出 TCP/IP 协议的兼容性与适应性，也为 TCP/IP 的成功奠定了基础。

（2）网络层

TCP/IP 参考模型的网络层主要功能是处理数据分组在网络中的活动，将来自传输层的报文进行分组形成数据包（IP 数据包），并为该数据包进行路径选择，最终将数据包从源主机发送到目的主机。网络层还具有进行流量控制、解决拥塞问题、实现网络互联的功能。在 TCP/IP 协议簇中，网络层协议包括 IP（网际协议）、ICMP（Internet 控制报文协议）以及 IGMP（Internet 组管理协议）。

① IP 协议

IP 协议作为 TCP/IP 协议簇中的核心协议，提供了网络数据传输的最基本的服务，同时也是实现网络互联的基本协议。IP 协议的任务是对数据包进行相应的寻址和路由，并从一个网络转发到另一个网络。向上一层提供统一的 IP 数据报，屏蔽低层各物理数据帧的差异性。除了 ARP（Address Resolution Protocol）和 RARP（Reverse Address Resolution Protocol）报文以外的几乎所有数据都要经过 IP 协议发送。

IP 协议具有以下特点。

第一，IP 协议是点对点协议。虽然 IP 数据报携带源 IP 地址与目标 IP 地址，但进行传输时的对等实体一定是相邻设备（同一网络）中的对等实体。

第二，IP 协议不保证传输的可靠性，不对数据进行差错校验和跟踪，当数据报发生损坏时不向发送方通告。如果要求数据传输具有可靠性，需要在 IP 上使用 TCP 协议加以保证。

第三，IP 协议提供无连接的数据报服务，各个数据报独立传输，可能沿着不同的路径到达目的地，也可能不会按顺序到达目的地。

② ICMP

TCP/IP 的 IP 层在完成无连接数据报传输的同时，还实现一些基本的控制功能。这些控制功能包括：差错报告、拥塞控制、路径控制以及路由器和主机信息获取等。实现这些控制功能的协议就是位于 IP 层的 Internet 控制报文协议 ICMP（Internet Control Message Protocol）。

通常 IP 层不提供数据传输的可靠性、TCP/IP 的可靠性问题由 IP 层上面的端到端的协议来解决。这和 IP 层的差错控制并不矛盾，IP 层的差错控制有以下几个特点。

第一，IP 层主要解决信宿机不可到达的问题，由于信宿机本身不可到达，使得信宿机无法参与控制，所以无法通过端到端的方式来解决。

第二，IP 层仅仅解决涉及与路径可达相关的差错问题，而不解决数据本身的差错问题。

第三，IP 层的差错与控制由一个独立的协议 ICMP 完成，IP 不负责完成差错与控制功能。

第四，控制是建立在对信息了解的基础上，在 ICMP 中控制方可以通过主动与被动两种方式了解信息。主动方式是控制方主动向对象发出询问，而被动方式则是被动接收对象所报告的信息。

③ ARP 与 RARP

在 TCP/IP 网络中，每个主机都有一个逻辑地址，即 IP 地址。而要想使报文在物理网上传输，就必须将 IP 地址转变为物理地址，即 MAC 地址。ARP 就是负责将主机的 IP 转换为物理地址的协议。

反向地址解析 RARP 负责将物理地址转换为 IP 地址。

（3）传输层

传输层主要为两台主机上的应用程序提供端到端的通信。在 TCP/IP 协议簇中，有两个互不相同的传输协议：传输控制协议（TCP，Transmission Control Protocol）和用户数据报协议（UDP，User Datagram Protocol）。这两种传输层协议在不同的应用程序中有各自的用途。

TCP 是传输层面向连接的通信协议，为两台主机提供高可靠性的数据通信，它将应用层的数据分成合适的小块交给下面的网络层，确认接收到的分组，设置发送最后确认分组的超时时间等。由于传输层提供了高可靠性的端到端的通信，因此应用层可以忽略所有这些细节。

UDP 是一种面向无连接的协议，它不能提供可靠的数据传输，为应用层提供一种非常简单的服务。它将数据报的分组从一台主机发送到另一台主机，但并不保证该数据报能到达另一端，任何必需的可靠性必须由应用层来提供。

（4）应用层

TCP 的应用层提供了用户访问网络的接口，负责处理特定的应用程序细节。几乎各种不同的

TCP/IP 实现都会提供下面这些通用的应用层协议。

　　Telnet（远程登录）协议：远程登录协议是 Internet 上最为简单的协议之一。应用 Telnet 协议能够把本地用户所使用的计算机变成远程主机的一个终端，从而使用远程主机的资源和管理远程主机。

　　FTP（文件传输协议）：文件传输协议可以使用户通过网络将远程文件复制到本地系统中，或将本地文件复制到远程系统中。

　　HTTP（超文传输协议）：HTTP 主要用于从 WWW 服务器传输超文本文件到本地浏览器上，超文本环境能实现文档间快速跳转，使用户高效地浏览信息。HTTP 协议是作为一种请求/应答协议来实现的，当客户端请求 Web 服务器上的一个文件，服务器则以相应的文件作为应答。

　　SNMP（简单网络管理协议）：SNMP 协议是对网络管理体系结构和协议进行管理，它提供了一个基本框架用来实现对鉴别、授权、访问控制等。解决因计算机网络发展规模不断扩大，复杂性不断增加，网络异构程度越来越高引起网络统一管理问题。

　　DNS（域名服务）：DNS 域名服务可以将以字符表示的主机的名字转换为以数字表示的 IP 地址。这些协议由 TCP/IP 制定相应协议标准，允许用户在传输层之上自定义应用层协议。

　　3．IP 地址

　　连接在 Internet 上所有计算机，从大型机到微型计算机都是以独立的身份出现，统称为主机（Host）。为了实现各主机间的通信，每台主机都必须有一个唯一的网络地址，这好比信件上的地址一样，邮递员根据地址才能把信送到，而主机发送信息好比信件，它必须拥有唯一的地址，才不至于把信送错。

　　Internet 的网络地址是指联入 Internet 网络的计算机的地址编号。在 Internet 网络中，网络地址唯一地标识一台计算机。

　　Internet 是由成千上万台计算机互相连接而成的，要确认网络上的每一台计算机，就需要有能唯一标识该计算机的网络地址，该地址称为 IP 地址，即 Internet 协议所使用的地址。

　　（1）IP 地址格式

　　目前，Internet 地址主要采用的是 IPv4 的 IP 地址格式，它由 32 位（4 个字节）的二进制数组成。为了便于记忆，将其分为 4 组，每组 8 位，由小数点分开，用 4 个十进制数来表示，用点分开的每个十制数的范围是 0～255，如 210.27.80.4，这种书写方法称为点分十制表示法。

　　IP 地址的 32 位二进制数表示的意义为：类型+网络标识+主机标识，如图 8.25 所示。

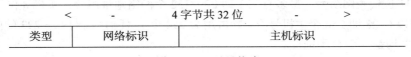

< -	4 字节共 32 位	- >
类型	网络标识	主机标识

图 8.25　IP 地址格式

　　其中："类型"用来区分 IP 地址的类型；"网络标识"表示主机所在的网络编号，简称网络号；"主机标识"表示主机在本网中编号，简称主机号。

　　在实际应用中，往往把"类型"与"网络标识"看成一个整体，用于标识主机所在的网络。因此，IP 也可看成由两部分组成，即：网络标识+主机标识。

　　（2）IP 地址分类

　　TCP/IP 协议规定了每个 IP 地址为 32 位二进制编码。32 位编码中需要描述网络号和主机号。那么对于一个 IP 地址，其中网络号和主机号各占多少位？这个问题看似简单，意义却重大，因为当一个地址确定后，网络号的长度将决定整个 Internet 中能包含多少个网络，主机号长度则决定每个网络中能容纳主机数量。

从 LAN 到 WAN，不同种类的网络规模相差很大，必须区别对待。因此，按网络规模大小，将 IP 地址分为 5 类，如图 8.26 所示。

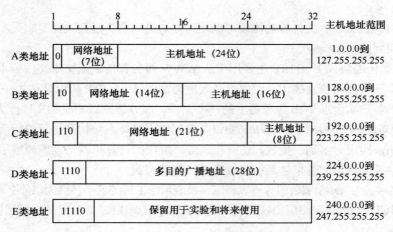

图 8.26　IP 地址分类

① A 类地址。该类地址主要用于世界上少数具有大量主机的网络，其网络数有限，仅仅有很少的国家和网络组织才可获取此类地址。A 类地址中网络编号为 1 个字节，其中最高位总设成 0，剩余的 7 位用于网络编号，最多可以有 128 个 A 类网络（27 即 128 个网络地址组合）；而主机编号为 3 个字节（即 24 位表示主机号），每个网络中可以有 16 777 216 个唯一主机标识（实际可用为 224-2 个地址）。任何一个 0～127 的网络地址（不包括 0 和 127）均是一个 A 类地址。

② B 类地址。此类地址主要用于规模中等的网络，现随着 Internet 的发展，也很难分配到此类地址。B 类地址编码中用 2 个字节进行网络编号，用 2 个字节进行主机编号，其中网络编号的最高两位总为二进制的 10，剩余的 14 位代表网络号，最多有 214 即 16 384 个网络地址组合；每个网络中主机可以有 216 即 65 536 个唯一主机号（实际可用为 216-2 个地址）。任何一个 128～191 的网络地址（包括 128 和 191）均是一个 B 类地址。

③ C 类地址。C 类地址主要用于网络数量众多，而在一个网络中主机数量较少的网络。C 类地址中用 3 个字节进行网络编号，用 1 个字节进行主机编号，网络编号的最高三位总为二进制的 110，剩余的 21 位代表网络号，最多有 221 即 2097152 个网络地址组合；主机 8 位二进制编码，每个网络中可以有 28 即 256 个主机号（实际可用 254 个）。任何一个 192～223 的网络地址（包括 192 和 223）均是一个 C 类地址。

④ D 类地址。此类地址是特殊地址，为预留的 IP 多播地址，是用于与网络上多台主机同时进行通信的地址。D 类地址的最高 4 位总是二进制的 1110，剩下的 28 位供主机组织者使用，也就是说，最多有 228 即 268 435 456 个多播地址组合。多播中不使用网络地址的概念，因为任何网络上的主机无论是否属于同一网络均可接收多播。任何一个在 224～239 的网络地址（包括 224 和 239）均是一个多播地址。

⑤ E 类地址。此类地址是特殊 IP 地址，为实验性地址，暂保留，以备将来使用。E 类地址的最高 4 位的二进制数总为 1111。

（3）特殊 IP 地址

在 IP 地址中，有一些 IP 地址具有特殊用途，可分配的 IP 地址总数会进一步减少，下列地址具有特殊用途，不能分配给主机使用。

① 网络地址。TCP/IP 网络中，每个网络都有一个 IP 地址，其主机号部分为"0"。该地址用于标识网络，不能分配给主机，因此不能作为数据的源地址和目的地址。

② 广播地址。TCP/IP 规则，主机号各位全为"1"的 IP 地址用于广播之用，称为广播地址。所谓广播，指同时向本网络或其他网络上所有的主机发送报文。

③ 有限广播地址。广播地址包含一个有效的网络号和主机号，技术上称为直接广播地址。在 Internet 上的任何一点均可向其他任何网络进行直接广播，但直接广播的前提是必须要知道信宿网络的网络号。

当需要在本网络内部广播，但又不知道本网络的网络号，怎么办？TCP/IP 规定，32 位编码全为"1"的 IP 地址（即 255.255.255.225）用于本网广播，该地址称为有限广播地址。主机在启动过程中，往往是不知道本网的 Internet 地址的，这时候若向本网广播，只能采用有限广播地址。

④ 本网络地址。TCP/IP 规定，网络号各位全为"0"的地址表示本网络。本网络地址分为两种：本网络特定主机地址和本网络本主机地址。

本网络特定主机地址为主机号各位不全为"0"，它只能作为目的地址。本网络本主机地址的主机号各位也同时为"0"，即它的点分十进制表示为：0.0.0.0，它只能作为源地址。

⑤ 环回地址。环回地址是用于网络软件测试以及本机进程间通信的特殊地址。A 类网络地址 127 被用作环回地址。通常采用 127.0.0.1 作为环回地址，并将其命名为 localhost。

⑥ 保留地址。Internet 地址分配机构为私有网络保留了 3 组 IP 地址，任何私有网络都可以使用这些地址来进行 TCP/IP 网络通信。这 3 组保留地址如下。

A 类：10.0.0.0～10.255.255.255。

B 类：172.16.0.0～172.32.255.255。

C 类：192.167.0.0～192.167.255.255。

保留地址是专门为没用直接连接到 Internet 上的网络使用的，使用这些地址的网络并不能直接连接到 Internet，但可以借助于代理服务器的网络地址转换（NAT）功能，来实现连接 Internet。使用保留地址不仅可以节省大量的 IP 地址，缓解 IP 地址不足的问题，而且还能保证私有网的安全。

（4）IP 子网及划分

如果整个 IP 地址空间完全按网络号和主机号划分，则存在一些管理使用问题。例如：一个单位申请到一个 B 类地址，该网络可以容纳 65534 台主机，该单位又没有这么多入网设备，那么就出现网络地址浪费问题，同时，即便有如此多的入网设备，要把这么多的设备放在同一个网络内管理也是非常复杂的。由此，人们提出将网络再进一步划分为若干子网络。因此引入了子网的概念。

① 子网概念。无论是 A 类、B 类还是 C 类网络，为了方便网络管理及合理使用 IP 地址，可以将其进行分割，使其成为规模更小的网络，称为子网。

子网划分方法是在最初的 IP 地址分类基础上，将 IP 地址的主机号划分为两部分，其中前一个部分用于子网编号（标识子网），后一个部分作为主机编号（主机标识），通过编码号形成新的 IP 地址。带子网标识的 IP 地址结构如表 8.1 所示。

表 8.1　　　　　　　　　　子网划分后 IP 地址构成

划分子网前	网络号		主机号
划分子网后	网络号	子网号	主机号

　　划分后 IP 地址由 3 部分组成：网络号、子网号和主机号。由于网络号+子网号可以唯一标识一个子网，因此，将这两部分结合起来再加上主机号为 "0" 的部分称为子网地址。

　　② 子网掩码。子网掩码（Subnet Mask）又叫网络掩码、地址掩码，子网掩码是一个 32 位地址，是与 IP 地址结合使用的一种技术。它的主要作用有两个，一是用于屏蔽 IP 地址的一部分以区别网络标识和主机标识，并说明该 IP 地址是在局域网上，还是在远程网上。二是用于将一个大的 IP 网络划分为若干小的子网络。子网掩码不能单独存在，它必须结合 IP 地址一起使用。

　　子网掩码是一个 32 位的二进制数据，它可以反映出 IP 地址中哪些位对应网络号和子网号、哪些位对应主机号。子网掩码指定了子网号和主机号的分界点，子网掩码中对应网络号和子网号的所有位都被设为 1，而对应主机号的所有位都被设为 0。

　　获得子网地址的方法是将子网掩码和 IP 地址按位进行 "与（AND）" 运算。运算实例如表 8.2 所示。

表 8.2　　　　　　　　　　　　由 IP 地址和子网掩码获取子网地址

	10101100	00010001	01010001	00010000	（172.17.81.16）
AND	11111111	11111111	11000000	00000000	（255.255.192.0）
	10101100	00010001	01000000	00000000	（172.17.64.0）

　　同 IP 地址一样，子网掩码也是一个 32 位的二进制数，直接用二进制表示不仅仅麻烦，而且容易出错。为方便表示子网掩码，通常采用如下两种方法。

　　点分十进制表示法。点分十制表示法既可以用于表示 IP 地址，也可用于表示子网掩码。例如 255.255.192.0 就是子网掩码 "11111111 11111111 11000000 00000000" 用点分十进制表示法的形式。这也是最常用的子网掩表示方法。

　　说明子网掩码中 "1" 的位数来表示子网掩码。这种方法比简练，它是在 IP 地址的后面写上子网掩码中 "1" 的位数。因为子网掩码中 "1" 通常都是连续的，且一定出现在左侧，所以不会造成混乱，如 202.1179.186.13/26 就表示 IP 地址是 202.117.186.13，子网掩码中 "1" 的位数是 26位，即 255.255.255.192。

　　每类 IP 地址都有一个标准的子网掩码，或者说是缺省（默认的）子网掩码。A 类地址的标准子网掩码是 255.0.0.0，B 类地址的标准子网掩码是 255.255.0.0，C 类地址的标准子网掩码是 255.255.255.0。

　　③ 子网划分。划分子网的主要工作是要确定子网掩码，以便决定要从主机号中分出多少位来表示子网号，这取决于子网的数量和子网的规模。子网划分步骤如下。

　　第一步，确定要划分的子网数 n。将要划分的子网数 n 减 1，并将其转换为二进制数，此二进制数的比特位数 m 就是将从主机号中 "借" 出用于表示子网号的位数。如要分为 4 个子网，则 4-1=3，将 3 转换为二制后为 "11"，则 $m=2$。

　　第二步，确定子网掩码中 "1" 的位数。将网络地址的标准子网掩码中 "1" 的个数加上 m，就是将此 IP 网络划分后的子网掩码的位数。可根据二进制再转换为点分十进制表示法表示。例如，将一个 A 类网络地址划分为 4 个子网，则 $m=2$，由于 A 类网络地址的标准掩码是 "255.0.0.0"，其中 "1" 的个数是 8，那么此子网掩码则是 "8+2" 共 10 位。将其转换为点分十进制表示，则为 "255.192.0.0"。同样如果将一个 C 类地址划分为 2 个子网，则子网掩码为 "255.255.255.192"。

　　第三步，根据子网掩码确定每个子网地址中 IP 地址范围。根据子网号，计算出子网地址，并依据每个子网的主机号的最小值和最大取值，计算出每个子网的最小 IP 地址和最大 IP 地址，从而得到每个子网的地址范围。

　　某单位申请到了一个 C 类 IP 地址 202.117.179.0，现要将其划分为 4 个子网，请确定子网掩码，并列出每个子网的 IP 地址范围。

　　计算步骤如下。

　　第一步，将要划分的子网个数减 1，即 4-1=3。

　　第二步，将 3 转换为二进制数：11。

　　第三步，因为 11 有 2 个比特位，所以需要 2 个比特位来表示子网号。

　　第四步，C 类 IP 地址的标准掩码中比特位"1"的个数是 24，所以划分后的子网掩码中"1"的位数是 24+2=26 位。子网掩码是 255.255.255.192。

　　第五步，确定每个子网地址及每个子网的范围。

　　由于需要从主机号中从高位"借"出 2 位用于子网号编码，则子网号编码为为 00、01、10、11，由于 8 位二进制中 2 位用于子网编码，剩余 6 位用于主机编码。由于主机号为"0"的地址表示网络地址，4 个子网的子网地址如表 8.3，各子网地址范围如表 8.4 所示。

表 8.3　　　　　　　　　　　各子网的子网地址

子　网　号	二进制地址	十进制地址
子网 0	11001010 01110101 10110011 00000000	202.117.179.0
子网 1	11001010 01110101 10110011 01000000	202.117.179.64
子网 2	11001010 01110101 10110011 10000000	202.117.179.128
子网 3	11001010 01110101 10110011 11000000	202.117.179.192

表 8.4　　　　　　　　　　　子网的地址范围

子　网　号	子　网　地　址	IP 地址范围	广　播　地　址
子网 0	202.117.179.0	202.117.179.0～202.117.179.63	202.117.179.63
子网 1	202.117.179.64	202.117.179.64～202.117.179.127	202.117.179.127
子网 2	202.117.179.128	202.117.179.128～202.117.179.191	202.117.179.191
子网 3	202.117.179.192	202.117.179.192～202.117.179.255	202.117.179.255

8.5.3　Internet 提供的服务

　　由于 Internet 连接着全世界数不胜数的计算机，所以它是一个无穷无尽的信息海洋，它所拥有的信息包罗万象，只要联入 Internet 便可获取所需的资源。现在 Internet 几乎渗透到了人类社会的各个领域。通过 Internet 人们可以获得比报刊与杂志更加丰富、更加及时的各种信息；可以收发电子邮件、拨打网络电话、开展网络会议以及进行文字、视频或语音聊天等通信活动；可以不受地域限制地实现远程教学、进行网络游戏、看天下风景名胜；可以进行电子商务活动，实现网上贸易、网上招聘与求职；还可以观看在线电视、欣赏在线电影、聆听在线音乐等。

8.5.4　与 Internet 相关的概念

1. WWW

　　WWW（World Wide Web）又被称为"万维网"或"环球网"，是一种基于超文本技术的交互式信息浏览检索工具，通过它可在 Internet 上浏览、传送、编辑超文本格式的文件，它提供给用户的是一个很容易被掌握、方便浏览的图形化界面，是 Internet 上应用普遍、功能丰富且使用方法简单的一种信息服务。

2．服务器和账号

在 Internet 中能够供多个用户同时访问的机器称为服务器（Server），用户要访问服务器上的资源一般需经过授权后才能使用，服务器上被授权使用的每个用户都有一个账号，其中包括用户名（User ID）、密码（Password）和使用权限。用户在使用时通常需要在自己的计算机上输入用户名和密码，让主机或服务器确认用户是否具有使用权限。

3．URL 地址

URL（Uniform Resource Locator）即通常所说的网址，用来标记 Internet 中某一个也是唯一的资源，利用它可以在 Internet 中定位到某台计算机的指定文件。URL 的格式采用层次结构，按地理域或组织域进行分层，各层间用"."隔开，在主机域名中，从左向右域名排列的层次依次从小到大。

4．网页与主页

网页也称 Web 页，是个人或机构存放在 Web 服务器上的文档，也可以将其理解为存放在网站上的一个文件。通过网页可以发布信息和收集用户意见，实现网站与用户、用户与用户之间的相互沟通。主页是一种特殊的 Web 页，是个人或机构存放在 Web 服务器上的文档的基本信息页面，它如同一个网站的门面，通过主页中的超链接可以快速访问该网站的其他页面。

8.5.5　接入 Internet 的方式

1．通过 Modem 拨号上网

通过 Modem 拨号上网是前几年相当普及的一种上网方式，目前，由于拨号上网的网速较慢，其使用率已经很低，但由于它连入方式简单，仍有部分用户采用，适合于上网时间较少的个人用户。通过 Modem 拨号上网的方法是：首先需要安装 Modem，然后安装驱动程序，最后建立拨号网络即可。

2．通过 ADSL 宽带上网

ADSL（Asymmetric Digital Sibscrober Line）技术是在电话线两端分别安置 ADSL 设备，再利用现代分频和编码调制技术，在这段电话线上产生高速的下传通道、中速的双工通道和普通的电话通道 3 个信息通道，这 3 个通道可以同时工作，互不影响，能同时进行上网、打电话和收发传真等多种综合通信业务。

ADSL 的硬件安装包括局端线路调整和用户端设备安装。用户端的设备主要有电话、ADSL Modem、分离器和网卡。现在的 ADSL Modem 大部分都整合了分离器，省去了不少连接工作。

3．小区宽带上网

小区宽带上网一般是由小区的物业部门与电信相关部门联合达成协议，将通信光纤直接铺设到小区的中心机房，小区的各用户组成局域网，最后通过局域网共享主光纤实现上网。一般情况下小区宽带分共享 10Mbit/s 和 100Mbit/s 两种，通常有专业人士进行安装。小区宽带的特点是：在线用户比较少时，网速比较快，但随着上网用户的增多，或上网高峰期，网速就下降得十分明显。

8.6　物　联　网

8.6.1　物联网概述

物联网的英文名称是 Internet of things，是指利用条码、射频识别（RFID）、传感器、全球定位系统、激光扫描器等信息传感设备，按约定的协议，实现人与人、人与物、物与物的在任何时间、任何地点的连接（anything、anytime、anywhere），从而进行信息交换和通信，以实现智能化识别、定位、跟踪、监控和管理的庞大网络系统，如图 8.27 所示。

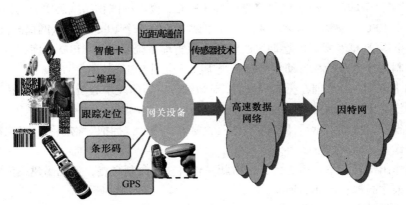

图 8.27　物联网示意图

物联网把新一代 IT 技术充分运用在各行各业之中，具体地说，就是把感应器嵌入和装备到电网、铁路、桥梁、隧道、公路、建筑、供水系统、大坝、油气管道等各种物体中，然后将"物联网"与现有的 Internet 整合起来，实现人类社会与物理系统的整合，在这个整合的网络当中，存在能力超级强大的中心计算机群，能够对整合网络内的人员、机器、设备和基础设施实施实时的管理和控制，在此基础上，人类可以以更加精细和动态的方式管理生产和生活，达到"智慧"状态，提高资源利用率和生产力水平，改善人与自然间的关系。

国际电信联盟 2005 年一份报告曾描绘"物联网"时代的图景：当司机出现操作失误时汽车会自动报警；公文包会提醒主人忘带了什么东西；衣服会"告诉"洗衣机对颜色和水温的要求等。

物联网的主要特点包括以下几个。

（1）全面感知：利用 RFID、传感器、二维码、卫星、微波，及其他各种感知设备随时随地采集各种动态对象，全面感知世界。

（2）可靠的传送：利用以太网、无线网、移动网将感知的信息进行实时传送。

（3）智能控制：对物体实现智能化的控制和管理，真正达到人与物的沟通。

8.6.2　物联网的产生及现状

1995 年比尔·盖茨在《未来之路》书中首次提及物联网概念。

2005 年 11 月 17 日，在突尼斯举行的信息社会世界峰会（WSIS）上，国际电信联盟（ITU）发布了《ITUInternet 报告 2005：物联网》，报告指出，无所不在的"物联网"通信时代即将来临，世界上所有的物体从轮胎到牙刷、从房屋到纸巾都可以通过 Internet 主动进行交换。射频识别技术（RFID）、传感器技术、纳米技术、智能嵌入技术将到更加广泛的应用。

2009 年 1 月，IBM 首席执行官彭明盛提出"智慧地球"构想，其中物联网为"智慧地球"不可或缺的一部分，而奥巴马在就职演讲后已对"智慧地球"构想提出积极回应，并提升到国家级发展战略。

日本也实行了 u-Japan 战略，希望实现从有线到无线、从网络到终端，包括认证、数据交换在内的无缝链接网络环境，100%的国民可以利用高速或超高速网络。

韩国也实现了类似的发展。配合 u-Korea 推出的 u-Home 是韩国的 u-IT839 八大创新服务之一。智能家庭最终让韩国民众能通过有线或无线的方式远程控制家电设备，并能在家享受高质量的双向与互动多媒体服务。

2004 年年初，全球产品电子代码管理中心（EPC）授权中国物品编码中心为国内代表机构，负责在中国推广 EPC 与物联网技术。4 月，北京建立了第一个 EPC 与物联网概念演示中心。

2005 年，国家烟草专卖局的卷烟生产经营决策管理系统实现用 RFID 出库扫描，商业企业到货扫描。许多制造业也开始在自动化物流系统中尝试应用 RFID 技术。

2009 年 8 月 7 日，温总理在无锡调研时，对微纳传感器研发中心予以高度关注，提出了把"感知中国"中心设在无锡、辐射全国的想法。

江苏省委省政府接到指示后认真落实总理的要求，热情"拥抱"物联网，突出抓好平台建设和应用示范工作。

无锡市则作出部署：举全市之力，抢占新一轮科技革命制高点，把无锡建成传感网信息技术的创新高地、人才高地和产业高地。

2009 年 8 月 24 日，中国移动总裁王建宙访台期间解释了物联网概念。

2009 年 9 月 11 日，"传感器网络标准工作组成立大会暨'感知中国'高峰论坛"在北京举行，会议提出传感网发展相关政策。

2009 年 9 月 14 日，《国家中长期科学与技术发展规划（2006—2020 年）》和"新一代宽带移动无线通信网"重大专项中均将传感网列入重点研究领域。

中科院无锡微纳传感网工程技术研发中心（简称"无锡传感网中心"），是国内目前研究物联网的核心单位之一。作为"感知中国"的中心，无锡市 2009 年 9 月与北京邮电大学就传感网技术研究和产业发展签署合作协议，涉及光通信、无线通信、计算机控制、多媒体、网络、软件、电子、自动化等技术领域，包括应用技术研究、科研成果转化和产业化推广等。

8.6.3 物联网体系架构

从整体来看，物联网可分为 3 层：感知层、网络层和应用层，如图 8.28 所示。

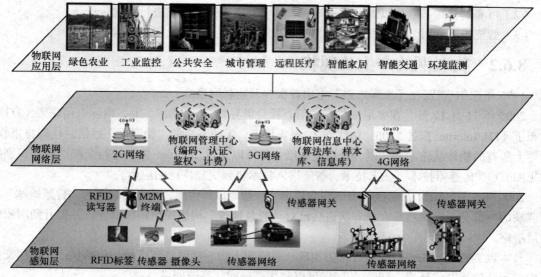

图 8.28 物联网体系架构

感知层由各种传感器以及传感器网关构成，包括二氧化碳浓度传感器、温度传感器、湿度传感器、二维码标签、RFID 标签和读写器、摄像头、GPS 等感知终端。感知层是物联网获取识别物体、采集信息的来源。

网络层是由各种网络、Internet、有线和无线通信、网络管理系统和云计算平台等组成，负责传递和处理感知层获取的信息。

应用层是物联网和用户的接口，它与行业需求结合，实现物联网的智能应用。目前物联网已经在很多行业得到了应用，例如智慧农业、工业监控、城市管理、公共安全、智能交通、智能物流以及军事方面等均有物联网的尝试。

8.6.4　物联网关键技术

从物联网的定义及各类技术所起的作用来看，物联网的关键核心技术应该是无线传感器网络（WSN）技术，主要原因是：WSN 技术贯穿物联网的全部 3 个层次，是其他层面技术的整合应用，对物联网的发展有提纲挈领的作用。WSN 技术的发展，能为其他层面的技术提供更明确的方向。

在物联网的感知层中，主要技术包括传感器技术、射频识别技术、二维码技术、微机电系统和 GPS 技术。

1. 传感器技术

传感技术同计算机技术与通信技术一起被称为信息技术的三大技术。从仿生学观点，如果把计算机看成处理和识别信息的"大脑"，把通信系统看成传递信息的"神经系统"的话，那么传感器就是"感觉器官"。微型无线传感技术以及以此组件的传感网是物联网感知层的重要技术手段。

2. 射频识别（RFID）技术

射频识别（RadioFrequencyIdentification，RFID）是通过无线电信号识别特定目标并读写相关数据的无线通信技术。在我国，RFID 已经在身份证、电子收费系统和物流管理等领域有了广泛应用。

RFID 包括电子标签、读写器、天线等。电子标签是由芯片和标签天线或线圈组成，通过电感耦合或电磁反射原理与读写器进行通信；读写器是用读取（在读写卡中还可以写入）标签信息的设备；天线是内置在读写器中，也可以通过同轴电缆与读写器天线接口相连。

射频识别（RFID）技术示意图如图 8.29 所示。

3. 微机电系统（MEMS）

微机电系统是指利用大规模集成电路制造工艺，经过微米级加工，得到的集微型传感器、执行器以及信号处理和控制电路、接口电路、通信和电源于一体的微型机电系统。MEMS 技术属于物联网的信息采集层技术。

4. GPS 技术

GPS 技术又称为全球定位系统，是具有海、陆、空全方位实时三维导航与定位能力的新一代卫星导航与定位系统。GPS 作为移动感知技术，是物联网延伸到移动物体采集移动物体信息的重要技术，更是物流智能化、智能交

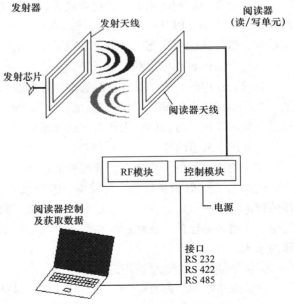

图 8.29　射频识别（RFID）技术示意图

通的重要技术。

在网络层，关键技术包括传感网自组网技术、局域网技术及广域网技术。

1. 无线传感器网络（WSN）技术

无线传感器网络（WirelessSensorNetwork，WSN）的基本功能是将一系列空间分散的传感器单元通过自组织的无线网络进行连接，从而将各自采集的数据通过无线网络进行传输汇总，以实现对空间分散范围内的物理或环境状况的协作监控，并根据这些信息进行相应的分析和处理。

WSN 技术贯穿物联网的 3 个层面，是结合了计算、通信、传感器三项技术的一门新兴技术，具有较大范围、低成本、高密度、灵活布设、实时采集、全天候工作的优势，且对物联网其他产业具有显著带动作用。

2. Wi-Fi

Wi-Fi（WirelessFidelity，无线保真技术）是一种基于接入点（AccessPoint）的无线网络结构，目前已有一定规模的布设，在部分应用中与传感器相结合。

3. 通信网、Internet、3G 网络、IPV6（让世界的第一粒都拥有一个 IP 地址）

4. GPRS 网络

基于 GSM 系统的无线分组交换技术，提供端到端的、广域的无线 IP 连接。

5. 广电网络、NGB（下一代广播电视网）

8.6.5 物联网的应用

"智慧地球"是 IBM 公司首席执行官彭明盛首次提出的新概念。通过传感装置等在各类物体上实现物体与物体相互间的沟通和对话，使智能技术正应用到生活的各个方面，如智能的医疗、智能的交通、智能的电力、智能的食品、智能的货币、智能的零售业、智能的基础设施甚至智能的城市，这使地球变得越来越智能化。

1. 智能物流

物流业是物联网应用最早的行业之一，很多物流系统采用了红外、激光、无线、编码、认址、自动识别、传感、RFID、卫星定位等高新技术，已经具备了信息化、网络化、集成化、智能化、柔性化、敏捷化、可视化等先进技术特征。目前物联网在物流中的应用主要包括 4 个领域。

（1）产品的智能可追溯网络系统

目前，在医药、农产品、食品、烟草等行业领域，产品追溯体系发挥着货物追踪、识别、查询、信息采集与管理等方面的巨大作用，已有很多成功应用，如图 8.30 所示。

（2）物流过程的可视化智能管理网络系统

这是基于 GPS 卫星导航定位技术、RFID 技术、传感技术等多种技术，在物流过程中实时实现车辆定位、运输物品监控、在线调度与配送可视化与管理的系统。

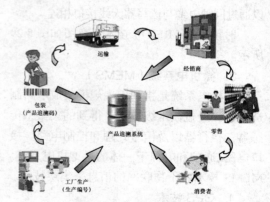

图 8.30　产品追溯示意图

（3）智能化的企业物流配送中心

这是基于传感、RFID、声、光、机、电、移动计算等各项先进技术，建立的全自动化的物流配送中心。借助配送中心智能控制、自动化操作的网络，可实现商流、物流、信息流、资金流的全面协同。目前一些先进的自动化物流中心，基本实现了机器人堆码垛，无人搬运车搬运物料，分拣线上开展自动分拣，计算机控制堆垛机自动完成出入库，整个物流作业与生产制造实现了自动化、智能化与网络化系统，如图 8.31 所示。

图 8.31 智能化的企业物流配送中心

（4）企业的智能供应链

在竞争日益激烈的今天，面对着大量的个性化需求与订单，怎样能使供应链更加智能？怎样才能做出准确的客户需求预测？这些是企业经常遇到的现实问题。这就需要智能物流和智能供应链的后勤保障网络系统支持。打造智能供应链，是 IBM "智慧地球" 解决方案重要的组成部分。

2. 智能电网

物联网技术在各国电网当中也得到了应用，2009 年，奥巴马将 "智能电网" 提升为美国国家战略。中国国家电网公司也正在全面建设以特高压电网为骨干网架、各级电网协调发展的坚强电网为基础，以信息化、自动化、互动化为特征的自主创新、国际领先的坚强智能电网。

目前物联网技术在电网中的发电、输电、变电、配电和用电各个环节得到了应用，如图 8.32 所示。

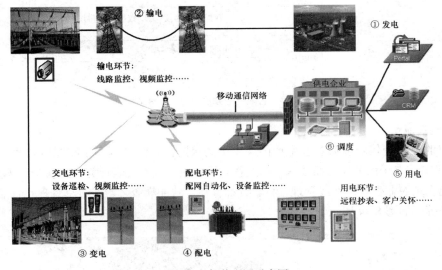

图 8.32 智能电网示意图

3. 智能交通

基于物联网架构的智能交通体系综合采用线圈、微波、视频、地磁检测等固定式的多种交通信息采集手段，结合出租车、公交及其他勤务车辆的日常运营，采用搭载车载定位装置和无线通信系统的浮动车检测技术，实现路网断面和纵剖面的交通流量、占有率、旅行时间、平均速度等交通信息要素的全面、全天候实时获取。通过路网交通信息的全面实时获取，利用无线传输、数据融合、数学建模、人工智能等技术，结合警用 GIS 系统，实现交通堵塞预警、公交优先、公众车辆和特殊车辆的最优路径规划、动态诱导、绿波控制和突发事件交通管制等功能。通过路网流量分析预测和交通状况研判，为路网建设和交通控制策略调整、相关交通规划提供辅助决策和反馈。

这种架构下的智能交通体系通过路网断面和纵剖面的交通信息的实时全天候采集和智能分析，结合车载无线定位装置和多种通信方式，实现了车辆动态诱导、路径规划、信号控制系统的智能绿波控制和区域路网交通管控，为新建路网交通信息采集功能设置和设施配置提供规范和标准，便于整个交通信息系统的集成整合，为大情报平台提供服务，如图 8.33 所示。

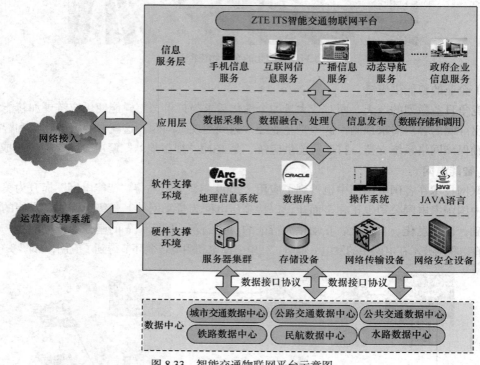

图 8.33　智能交通物联网平台示意图

4. 智能农业

智能农业是继现代农业后农业生产的又一个高级阶段，综合利用了物联网技术、云计算、Internet、RFID、电子商务等高新技术，依托物联网传感网技术、云计算 SAAS 运营模式、RFID的溯源功能实现农业生产的在线管理、科学育种育秧、智能灌溉、生产过程管理、食品溯源、农业电子商务等，如图 8.34 所示。

智能农业大棚　　　　　食品溯源系统　　　　　农业电子商务

图 8.34　物联网在农业中的应用

5. 智能医疗

智能医疗是物联网的重要研究领域，物联网利用传感器等信息识别技术，通过无线网络实现患者与医务人员、医疗机构、医疗设备间的互动，同时结合人工智能等技术实现医疗服务的智能化。

物联网技术在医疗中的应用主要包括以下几个方面。

（1）身份确认

身份确认是指利用 RFID 标签具有体积小、容量大、寿命长、可重复使用、支持快速读写、非可视识别、移动识别、多目标识别、定位及长期跟踪管理等特点，制作 RFID 医疗卡，加快医院的挂号和入院速度。

（2）人员定位及监控

人员定位包括对医护人员和患者的定位和追踪，将腕式 RFID 标签佩戴于工作人员和病人手腕上，就可以对他们的位置进行持续的定位与追踪，同时也可以和门禁控制的功能相结合，确保只有经过许可的人员才能进入医院关键区域，如限制未经许可人员进入药房、儿科和其他高危区域等。腕式标签还具有防拆卸功能，预防病人佩戴的标签被非法拆卸或破坏。病人出现紧急情况时，可通过标签上的紧急按钮进行呼叫。

（3）无线（移动）医疗监护

医疗监护是对人体生理和病理状态进行检测和监视，它能够实时、连续、长时间地监测病人的重要生命特征参数，并将这些生理参数传送给医生，医生根据检测结果对病人进行相应的诊疗。它在危重病人的监护、伤病人员的抢救、慢性病患者和老年患者的监护以及运动员身体活动的检测等领域发挥着重要的作用。

（4）医药管理

利用 RFID 等技术完成对药品进行跟踪和监测，打击假冒伪劣药品，规范整顿医药市场。减少病人用错药，用假药、劣药或者过期药品等的危险。

物联网还在无线查房、远程急救等方面得到应用。

6．智能家居

基于物联网的智能家居系统是指利用物联网技术实现智能家电、智能照明、智能窗帘控制以及实现全天候立体式的安防监控等功能，使主人能够利用电话或网络实时了解家中电器的使用情况，完成家中空调、电动窗帘、灯光等的控制；实时了解家中的安全状况，并通过智能安全系统实现非法入侵的自动报警等功能。

习　题

1．什么是计算机网络？

2．什么是 Internet？

3．计算机网络可分为哪些类型？

4．开发系统互连参考模型（OSI/RM）是一个 7 层协议，信号的实际传输是由哪一个层次实现的？

5．在计算机网络的 ISO/OSI 模型中，负责选择合适的路由、使发送的分组能够按照地址找到目的站并交付给目的站的是第几层？

6．TCP/IP 地址分为几类？每一类的网络地址和主机地址是如何划分的？

7．某学校准备建立校园网，向 Internet 管理机构申请了 5 个 C 类 IP 地址，那么在理论上这个学校最多能够连入 Internet 主机数目是多少？

第9章
FrontPage 2003 网页设计

9.1 FrontPage 2003 简介

FrontPage 2003 是微软公司推出的系列办公软件 Office2003 组件之一，是一款学习型的网页设计软件，它主要具有两大功能：建立和管理站点、编辑制作网页。

9.1.1 FrontPage 2003 用户界面

运行 FrontPage 的方式与 Office 其他软件相同，菜单部分外貌与 Office 中的其他软件相似，启动 FrontPage 2003 后，可以看到它的用户界面如图 9.1 所示。窗口各部分的功能如表 9.1 所示。

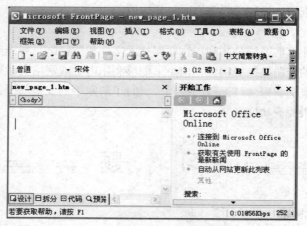

图 9.1　FrontPage 2003 用户界面

表 9.1　　　　　　　　　　　　　　FrontPage 2003 窗口组成

名　　称	功　能　属　性
标题栏	编辑文档名、程序名及右上角的控制按钮
菜单栏	操作命令的集合，选择菜单栏中的命令执行 FrontPage 某项功能
工具栏	分"常用"工具栏与"格式"工具栏，每一个工具都是菜单栏中常用的一项功能，便于使用
网页编辑区	输入与编辑网页
状态栏	显示一些状态数据

9.1.2　FrontPage 2003 功能介绍

启动 FrontPage 2003 后，如果是第一次运行，则生成一张空白网页，可以进行新网页的编辑。为了便于用户制作和查看网页、修改站点的组织结构，FrontPage 2003 提供了 7 种不同的视图模式，可以通过单击菜单栏的"视图"菜单切换到不同的视图，其中网页视图又分为"设计"、"拆分"、"代码"和"预览"4 种模式，表 9.2 列出了 7 种视图模式的主要功能。

表 9.2　　　　　　　　　　　　　FrontPage 2003 视图模式

视 图 名 称		功　　　能
网页视图	设计视图	设计和编辑网页，使用设计工具创建网页时，此视图提供近乎所见即所得的创作体验
	代码视图	查看、编写和编辑 HTML 标记
	拆分视图	拆分屏幕格式来审阅、编辑网页内容
	预览视图	检查网页的显示效果，确定提交内容
文件夹视图		处理文件及文件夹，并组织网站内容。它类似于 Winsows 资源管理器，还可以在此视图中创建、删除、复制和移动文件夹
远程网站视图		发布整个网站或网站中的部分文件，还可以在两个或两个以上位置之间同步文件内容，以确保具有相同内容的网站得到更新和同步
报表视图		运行报表查询后分析网站内容。如计算网格中文件的数量、大小、文件间连接状态、标识出快慢网页与过期网页、文件分组管理等
导航视图		提供网页的分层视图，可以调整网页在网站中的位置
超链接视图		将网站中所管理文件的所有超链接包括内部超链接与外部超链接都显示在一个列表中，并用图标表示超链接已通过验证或已中断
任务视图		显示网站中的所有任务及任务信息

9.1.3　创建与删除网站

网站是网页的存放位置，网页与网页之间用超链接联系。网页可以是站点的一部分，也可以独立存放，只有当网页存放到网站中时，网页的许多特性才有效，因此，创建站点是网页制作的起点。下面介绍站点的创建与管理。

任务 1：创建网站。

要求：创建站点。

实例演示 1：根据模板创建"由一个网页组成的网站"。

步骤如下。

➢ 在本地磁盘新建一个文件夹，用于存放站点的内容，如："C:\Myweb"。

➢ 选择"文件"—"新建"菜单项，在任务窗格的"新建网站"中选择"由一个网页组成的网站"，出现如图 9.2 所示的"网站模板"对话框。在"选项"选项组的"指定新网站的位置"中输入新建的文件夹，如"C:\Myweb"。然后在左窗格中选择"只有一个网页的网站"，单击"确定"按钮。

➢ 这时可以发现在"C:\Myweb"文件夹中，系统自动添加了"images"和"_private"两个文件夹及一个名为"index.htm"的文件。index.htm 是网站的主页文件，Image 文件夹用于存放网站中的图片文件，文件夹_private 用于存放网站设计者的内部文件。

图 9.2 "网站模板"对话框

学员操作 1：利用模板创建个人站点。

任务 2：打开、关闭和删除网站。

实例演示 2：打开、关闭和删除网站。

➢ 打开网站

选择"文件"—"新建"菜单项，在"查找范围"中确定该网站所在的文件夹，选定要打开的网站，单击"打开"按钮。

➢ 关闭网站

选择"文件"—"关闭"菜单项，即可关闭当前网站。

➢ 删除网站

① 打开需要删除的网站。

② 选择"视图"—"文件夹列表"菜单项。

③ 在列表中选中该网站，单击"编辑"—"删除"菜单项。

④ 根据对话框选定，选择"确定"按钮即可删除该网站。

学员操作 2：重复实例演示 2。

9.2 网页制作

设计和制作网页是网站建设的主要工作，本节介绍简单网页制作的操作步骤和方法。

9.2.1 网页设计基础

1. 创建新网页

一个网站的网页分为两类：主页和普通网页。主页的名字由系统自动生成，通常为"index.htm"，普通网页的文件名用户可以根据自己的需要命名。激活 index.htm 文件可以进行主页的编辑，其他网页在任务窗格中选中"空白网页"进行网页的编辑和保存。

2. 设置网页标题

网页标题是用来说明网页的主要内容，它显示在浏览器的标题栏中。

3. 网页预览

在编辑网页时所观察到的网页版面设计、内容衔接、图片效果等，与用户在浏览器中的实际浏览效果可能会有差异。在网页编辑制作过程中，我们可以通过预览网页检查所编辑的网页是否达到设计的要求，预览网页通常有以下两种方法。

（1）使用"预览"查看方式

FrontPage 2003 集成了 Internet Explorer 的网页预览功能，只需单击"预览"视图，就可以观察当前网页在浏览器中的显示效果。通常在预览网页之前应保存网页。

（2）使用网页浏览器查看方式

专业人员除了使用"预览"浏览当前网页以外，一般会在电脑中安装多种浏览器，用来检查网页在各种浏览器中的实际效果。

任务 3：创建空白网页。

实例演示 3： 创建空白网页。

步骤如下。

➢ 单击工具栏上的"新建"按钮，或单击菜单"文件"—"新建"命令。

➢ 在"新建"任务窗格中的"新建网页"下，单击"空白网页"，如图 9.3 所示。

➢ 创建普通网页，如图 9.4 所示。

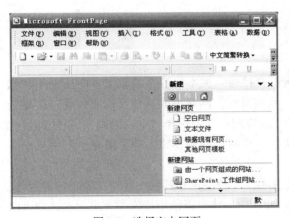

图 9.3　选择空白网页

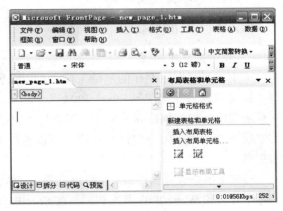

图 9.4　创建空白网页

学员操作 3： 重复实例演示 3。

任务 4：设置网页标题。

实例演示 4： 设置网页标题。

➢ 右击网页文件的空白位置，在弹出的快捷菜单中选择"属性"菜单项，出现如图 9.5 所示的"网页属性"对话框。

➢ 在"标题"栏输入一个标题的内容。

➢ 单击"确定"按钮，关闭对话框返回视图窗口。

学员操作 4： 重复实例演示 4。

任务 5：网页预览。

要求：使用网页浏览器查看网页。

实例演示 5：使用网页浏览器查看网页。

步骤如下。

➤ 选择"文件"—"在浏览器中预览"菜单项，弹出如图 9.6 所示的对话框。

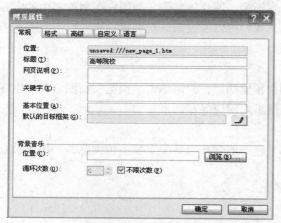

图 9.5　网页属性对话框

图 9.6　使用浏览器对话框

➤ 选定预览窗口的大小，选中使用的浏览器，单击"确定"按钮，就可以预览当前网页在浏览器中的效果了。

学员操作 5：重复实例演示 5。

9.2.2　页面编辑

1. 页面的文本编辑

文本编辑是网页制作的基础工作，可以在窗口直接输入文本内容，编辑文本时所使用的选中、复制和删除等操作与 Word 2003 基本相同。除主页外，网站中的其他页面必须通过创建新网页来完成。如需创建新的网页，可在任务窗格"新建网页"中选择"空白网页"，系统即可自动生成一个待编辑的空白网页。用户可以通过输入、复制、替换和插入等手段在空白网页中添加文本。

对文本的格式化操作，包括段落设置、字体、字号、字符颜色和其他一些特殊效果的设置等，其操作方法和 Word 2003 基本相同。在 FrontPage 2003 中，也可以使用特殊的文字元素，如可以插入特殊符号、换行符、日期与时间、添加注释、使用项目符号、设置边框与底纹、分栏及其他相关操作等，操作方法与 Word 2003 也基本相同，这里不再赘述。我们用类似 Word 2003 的文字编辑、段落设置方法，可以编辑网页文件。

任务 6：网页文本的处理。

要求：在网页中输入文本。

实例演示 6：输入文本。

步骤如下。

➤ 打开网页文件。

➤ 将光标放在要输入文本位置，输入文本，如图 9.7 所示。

文本是添加到网页的第一个内容，用户可以把搜集来的文本资料添加到网页中供浏览者查阅信息。

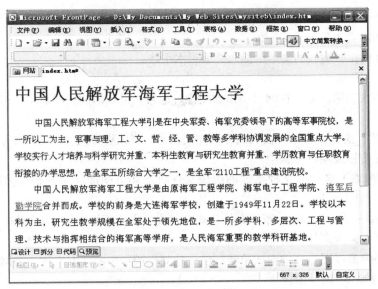

图 9.7　输入文本

学员操作 6：输入文本。

实例演示 7：根据实例演示 6，插入并编辑水平线。

步骤如下。

➢ 将光标放在要插入水平线的位置，选择菜单中的"插入"—"水平线"命令。

➢ 选择命令后，即可插入水平线。选中水平线，单击鼠标右键，在弹出的快捷菜单中选择"水平线属性"命令。

➢ 弹出"水平线属性"对话框，在对话框中将"宽度"设置为 100，"高度"设置为 3，"颜色"设置为蓝色。如图 9.8 所示。

➢ 单击"确定"按钮，保存文档，在浏览器中预览，如图 9.9 所示。

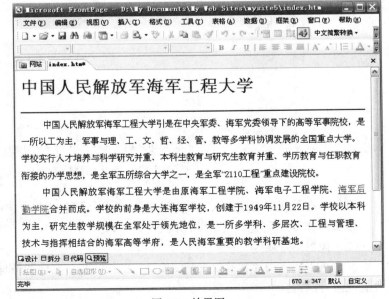

图 9.8　"水平线属性"对话框

图 9.9　效果图

　　水平线用来分隔网页中的不同内容。在标题和主题内容之间使用水平线可以使标题一目了然，同时主题部分的内容也独立成为一体。

　　学员操作 7：在所输入的文本中插入并编辑水平线。

　　2. 网页中的图像

　　一般采用插入图像的方式在网页中添加图像。通常，可以添加到网页中的标准图像格式有以下 3 种。

　　① GIF 格式：这种图像文件占用的存储空间较小，可以设置灰度、透明及动画等格式。这种格式一般出现在按钮或网页标题中。

　　② JPG（JPEG）格式：这种格式的图像文件可以调节图像质量，是目前网页中最常用的格式。

　　③ PNG 格式：是 Fireworks 图像文件格式，将成为未来网络中的主流图像格式。

　　（1）在网页中插入图像

　　一般来说图像都以图像文件形式单独存放，独立于网页中的文本文件。在网页中插入图像，类似于在 Word 2003 中插入图像。

　　任务 7：在网页中插入图像。

　　实例演示 8：根据演示实例 7，在文本中插入图像。

　　步骤如下。

　　➤ 将光标置于待插入图像的位置。

　　➤ 选择"插入"—"图片"—"来自文件"菜单项，出现如图 9.10 所示的"插入图像"对话框，选择其中的某一图片文件，单击"插入"按钮即可。

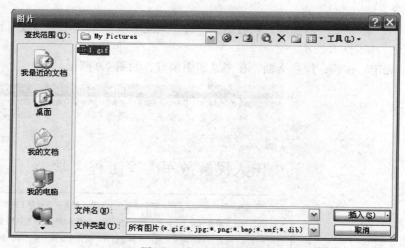

图 9.10　插入图像对话框

　　例如，在图库中选择插入"1.gif"文件，可以看到如图 9.11 所示的页面。

　　学员操作 8：重复实例演示 8 并插入剪贴画。

　　（2）设置图片属性

　　在网页中插入图片文件仅仅是图像插入的第一步，要使图像与文本有机的结合，还必须对图片属性进行设置。

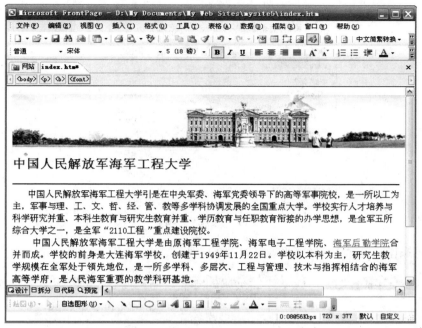

图 9.11　刚插入图片的网页

任务 8：设置图片属性。

要求：使图像与文本有机的结合。

实例演示 9：根据实例演示 8，设置文本中图片属性。

步骤如下。

➢ 右击该图片，在快捷菜单中选择"图片属性"菜单项，弹出如图 9.12 所示的"图片属性"对话框。

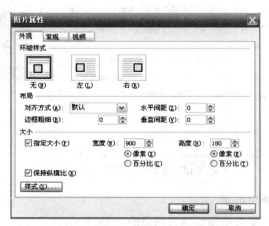

图 9.12　"图片属性"对话框—"外观"选项卡

➢ 在"外观"选项卡中，设置图片的文字环绕样式为无。图片的对齐方式有左对齐。图片的"高度"和"宽度"为默认大小。

➢ 在"常规"选项卡（如图 9.13 所示）中，可以设置图片的文件类型、替代文本（"文本"中的内容）。在网页处于预览状态下，当鼠标指向该图片时，即可显示该图片的替代文本的内容。

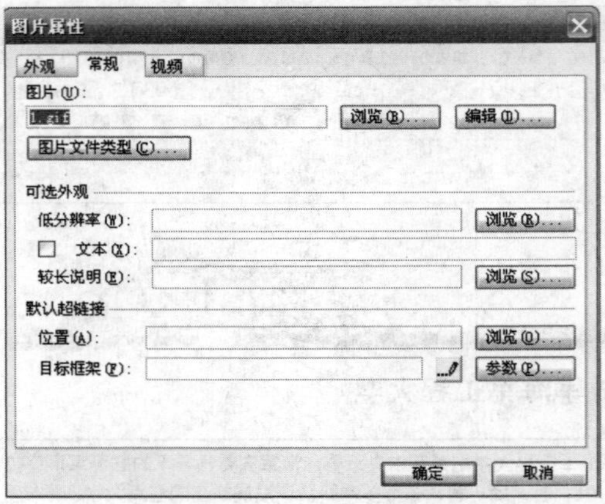

图 9.13 "常规"选项卡

通过上述操作，包含图片的网页效果如图 9.14 所示。

图 9.14 设置图片属性后的网页

学员操作 9：重复实例演示 9。

任务 9：网页中可以选取某幅图像作为网页的背景。

要求：选取某幅图像作为网页的背景。

实例演示 10：根据实例演示 9，设置背景图像。

步骤如下。

➢ 右击网页的空白位置，在弹出的快捷菜单中选择"网页属性"菜单项，显示如图 9.15 所示的"网页属性"对话框。

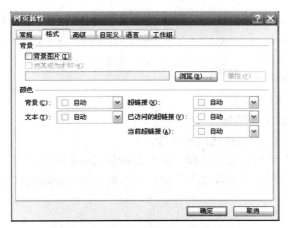

图 9.15　"网页属性"对话框

➢ 单击"格式"选项卡，选中"背景图片"复选框，通过"浏览"按钮选择某一图形文件作为该网页的背景图片，单击"确定"按钮，即可看见包含所选图形文件为背景图片的网页。

学员操作 10：重复实例演示 10。

3．建立超链接

一个网站由多个网页组成，通过超链接可以从一个网页指向另一个网页，设置超链接的对象可以是一个文字串、一幅图片等。网页中的超链接方式与链接对象不同可以分为文本、图像超链接、热区超链接、书签超链接。

任务 10：建立超链接。

要求：根据实例演示 10 创建文本、图像超链接。

实例演示 11：创建文本、图像超链接。

步骤如下。

➢ 选中要创建超链接的文字或图像并右击。

➢ 在弹出的快捷菜单中选择"超链接"菜单项；也可以选择"插入"—"超链接"菜单项，或者单击"常用"工具栏中的"超链接"按钮。

➢ 打开"插入超链接"对话框，如图 9.16 所示。

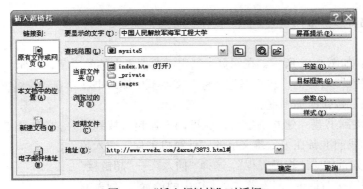

图 9.16　"插入超链接"对话框

① 如果链接的目标是本站点的一个网页，则可选择"原有文件或网页"，在"文件名"列表框中选择链接的网页文件。

② 如果链接的目标网页是 Internet 上的一个地址，可在地址（URL）栏中输入超链接的目标位置，如：http://www.mod.gov.cn/service/2008-06/02/content_4085910.htm。

③ 如果创建超链接的目标是电子邮件，单击"电子邮件地址"命令，在弹出的电子邮件对话框中输入电子邮件地址即可。

学员操作 11： 重复实例演示 11。

实例演示 12： 创建热区超链接。

要求：根据实例演示 11，创建热区超链接。

热区是一种特殊的图片超链接，一幅图片可以被分割成多个链接区域，允许将不同的超链接地址（URL）指定给一幅图像的不同部分，使访问者根据不同的图像区域跳转到不同的位置，这样的区域成为热区。

步骤如下。

➤ 在网页中选定一幅图片并右击，在弹出的快捷菜单中选择"显示图片工具栏"菜单项，将显示如图 9.17 所示的"图片"工具栏。

图 9.17 "图片"工具栏

➤ 单击"图片"工具栏中的热区形状按钮，选择"长方形"或"圆形"后，将鼠标移至图片。此时，鼠标指针变成铅笔形状。

➤ 将鼠标定位到需创建热区的中心位置，按住鼠标左键，然后拖动鼠标形成一个热区区域，松开鼠标后会自动弹出"创建超链接"对话框。

➤ 按照创建文本超链接的操作方法和步骤，就可以完成图片热区超链接的创建。

学员操作 12： 重复实例演示 12。

实例演示 13： 创建书签超链接。

当一个网页很长时，想要直接找到某个专题会很不方便。这时可以对网页的各个专题加上书签，然后为书签建立超链接。浏览者只要单击书签，就可以立即跳转到相应的专题位置。

创建书签超链接与创建普通超链接有所区别，创建书签超链接分为两步完成：定义书签、创建书签超链。

要求：创建书签超链接。

步骤如下。

➤ 定义书签：如图 9.18 所示，在网页中选定需要插入书签的文字，选择"插入"—"书签"菜单项，弹出"书签"对话框，在"书签名称"文本框中输入书签名称，单击"确定"按钮添加书签。

➤ 创建超链接到书签：建立书签后，就可以创建超链接到该书签的超链接，如我们准备在第三排文字的"计算机工程"插入超链接到一个书签，先选中"计算机工程"，选择"插入"—"超链接"菜单项，打开"超链接对话框"，选择"文本档中的位置"，列表框中列出本网页中的所有书签，选择一个书签后，单击"确定"按钮，完成创建到该书签的超链接，如图 9.19 所示。

图 9.18 "书签"对话框

学员操作 13： 重复实例演示 13。

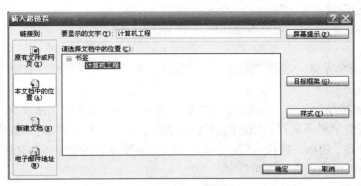

图 9.19　插入书签超链接

4．创建表格

利用表格可以把文本、数据和图像结合在一起，在单元格中安排文字、图片等，使版面整齐、层次分明，利用表格的自适应特性可以方便地进行板块设计，根据具体情况设置表格的边框，可以有边框，也可以不设边框。

任务 11：创建表格。

要求：根据实例演示 13，创建表格。

实例演示 14：创建表格。

步骤如下。

➢ 将光标定位到待插入表格的位置。

➢ 选择"表格"—"插入"菜单项，在弹出的对话框中设置表格的行数和列数，然后单击"确定"按钮，就可以生成一张空白表格，如图 9.20 所示。如果要给表格添加标题，选择"表格"—"插入"—"标题"菜单项来完成。

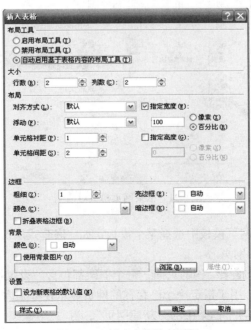

图 9.20　"插入表格"对话框

实例演示 15：设置表格属性。

要求：根据实例演示 14，设置表格属性。

步骤如下。

➤ 选定表格或单元格，选择"表格"—"属性"菜单项，或选择"表格"或"单元格"菜单项。

➤ 将打开"表格属性"或"单元格属性"对话框（或右击选定的表格或单元格，在弹出的快捷菜单中选择相应的菜单项来打开相应的属性对话框），在"属性设置"对话框中可以设置表格或单元格的属性如对齐、边框、底纹、背景、大小等。如果要设置的表格没有边框，在"表格属性"里面将"边框粗细"的值设为 0 即可。

学员操作 14：重复实例演示 14、实例演示 15。

5. 框架网页

框架是把 Web 浏览器的视窗分成几个部分，每个部分都是独立的网页，这样就可以在一个窗口中同时显示多个页面。

任务 12：创建框架，设置框架属性，设定目标框架并保存框架网页。

要求：使用 FrontPage 2003 提供的模板创建框架网页。

实例演示 16：创建框架。

步骤如下。

➤ 选择"文件"—"新建"菜单项。

➤ 在新建窗格中选择"其他网页模板"，弹出"网页模板"对话框。

➤ 单击"框架网页"选项卡，打开如图 9.21 所示的"框架网页模板"对话框。

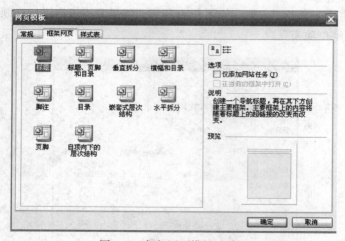

图 9.21 框架网页模板对话框

➤ 在图 9.21 所提供的网页模板中选择某个模板，如"嵌套式层次结构"，单击"确定"按钮即可生成如图 9.22 所示框架网页。

图 9.22 所示是带有 3 个框架结构的页面，每个框架都包含"设置初始网页"和"新建网页"两个按钮。"设置初始网页"用于指定一个已存在的网页显示在框架内，"新建网页"则用该框架创建一个新网页。我们选择各个框架中的"新建网页"，为 3 个框架设计各自的页面内容，如图 9.23 所示。

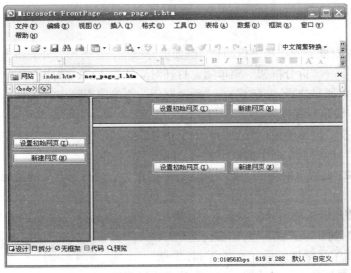

图 9.22　框架网页

图 9.23　使用框架网页设计的网页

实例演示 17：设置框架属性。

要求：在实例演示 16 的基础上，设置框架属性。

步骤如下。

➢ 框架网页创建完成后，用户还可以根据需要随时对其修改。例如，设置框架的宽度、高度、边距、背景和线宽等。这些可以通过右击某个框架后，在弹出的快捷菜单中选择"框架属性"菜单项进行设置。

➢ 用户也可以对框架的布局进行调整。例如拆分框架，方法和拆分表格类似。先选定拆分的框架，选择"框架"—"拆分框架"菜单项，打开对应的对话框，选定拆分方向单击"确定"按钮即可。用户也可以通过选择"框架"—"删除框架"菜单项删除指定框架。

实例演示 18：设定目标框架。

框架网页可将整个浏览器窗口划分为若干个相对独立的子窗口，如果设置了超链接，就必须指定超链接指向的目标网页在那个窗口中显示，即设定目标框架。

要求：以图 9.23 框架页面为例，把中间内容框架作为上面目录框架的目标框架。

步骤如下。

➢ 选定要创建超链接的对象（如文本"计算机工程"），选择"插入"—"超链接"菜单项，出现图 9.16 所示的"插入超链接"对话框。

➢ 选择超链接的目标地址后，单击"目标框架"，出现如图 9.24 所示的"目标框架"对话框。在左上角的"当前框架网页"示意图中单击选中的目标框架，本例选中中间的内容框架。此时，"目标设置"栏中显示该框架的名称，单击"确定"按钮完成目标框架的设置。

图 9.24　"目标框架"对话框

实例演示 19：保存框架网页。

在框架网页中，每个框架都将单独形成一个文件，另外，整个网页也需要一个文件。

要求：保存实例演示 18 的目标框架。

步骤如下。

➢ 选择"文件"—"保存"菜单项将出现 4 次"另存为"对话框。

➢ "另存为"对话框预览区域将指示所保存的框架文件。

学员操作 15：完成框架网页的创建并保存。

9.2.3　网页的动态效果

动态的网页才能吸引网络浏览者，网站才能与浏览者进行交互。FrontPage 2003 提供了多种动态元素。

1．使用字幕

我们在浏览网页时发现一些文字按一个方向或左右滚动，这种文字就称之为"字幕"。

任务 13：在网页中插入字幕。

要求：在已有网页中插入"字幕"。

实例演示 20：在网页中插入"字幕"。

步骤如下。

➢ 选择"插入"—"Web 组件"菜单项，弹出如图 9.25 所示的"插入 Web 组件"对话框。

➢ 在"组件类型"中选定"动态效果"选项，在"选择一种效果"列表中选择"字幕"选项，然后单击"完成"按钮，弹出如图 9.26 所示的"字幕属性"对话框。

➢ 在"文本"文本框中输入滚动字幕的内容，然后设定字幕移动"方向"（向左/向右）、移动速度"数量"（每次移动的单位）和"延迟"（每次移动的停顿时间）、"表现方式"、字幕"大小"

（宽度和高度）、是否"重复"（选择"连续"或设置字幕移动循环次数）、"背景色"等。最后单击"确定"按钮完成字幕属性设置，效果如图 9.27 所示。

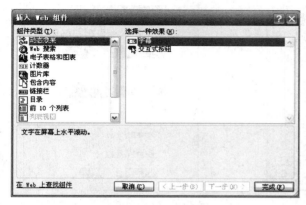

图 9.25　"插入 Web 组件"对话框

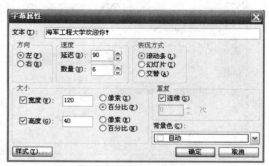

图 9.26　"字幕属性"对话框

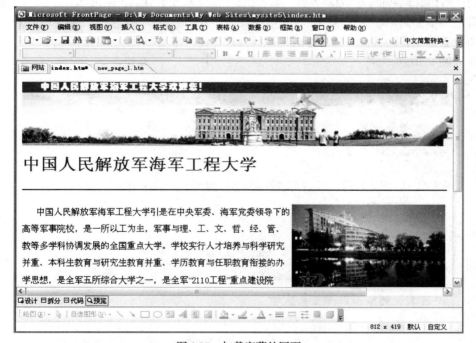

图 9.27　加载字幕的网页

学员操作 16：在网页中插入"字幕"。

2．计数器

计数器常用于统计网站或网站中某网页被访问的次数。

实例演示 21：在网页中添加计数器。

步骤如下。

➢ 选择"插入"—"Web 组件"菜单项，弹出"插入 Web 组件"对话框，如图 9.28 所示。

➢ 在"组件类型"列表中选择"计数器"选项，同时在"选择计数器样式"列表中选定所需的计数器样式，单击"完成"按钮，弹出"计数器属性"对话框，如图 9.29 所示。

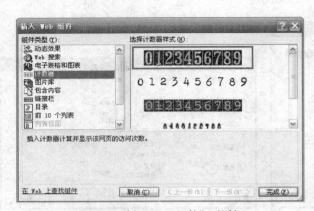 

图 9.28　"插入 Web 组件"对话框　　　　　　图 9.29　"计数器属性"对话框

➢ 在"计数器属性"对话框中，可以通过选中"计数器重置为"复选框，并在其后的文本框中设置计数器的初始值；通过选中"设定数字位数"复选项，设置计数器的位数，然后单击"确定"完成计数器属性设置。需要注意的是计数器只有在网站发布后才能达到实际效果。添加计数器的网页如图 9.30 所示。

图 9.30　添加计数器的网页

学员操作 17：在网页中添加计数器。

9.2.4　多媒体功能

除了文字和图像外，我们还可以在网页中添加音频和视频，实现多媒体功能。

任务 14：添加音频。

在 FrontPage 2003 中，可以通过设置网页的背景音乐把音频文件添加到网页中。需要说明的是，音频文件有多种文件格式，有的音频文件必须有专用的解码软件才能播放。

实例演示 22：在网页中插入背景音乐。

步骤如下。

➤ 右击网页空白位置，在弹出的快捷菜单中选择"网页属性"菜单项，打开如图 9.31 所示的"网页属性"对话框。

➤ 在"常规"选项卡中，通过单击"浏览"按钮，选择用于网页背景的音频文件。

➤ 可以设定背景音乐的"循环次数"（设定播放的次数或"不限次数"）。单击"确定"按钮完成网页背景音乐的设置。

学员操作 18：重复实例演示 22。

实例演示 23：插入 Flash 动画。

要求：向网页中添加 SWF 格式的动画文件。

步骤如下。

图 9.31　"网页属性"对话框

➤ 在打开的网页中创建插入一张用于布局的表格。

➤ 将光标定位到插入的表格单元，选择"插入"—"Web 组件"菜单项，弹出"插入 Web 组件"对话框，如图 9.25 所示。在"插入 Web 组件"中选择"高级控件"—"Flash 影片"，然后单击"完成"按钮。

➤ 在弹出的"选择文件"对话框中，选择希望插入播放的 Flash 动画文件，单击"插入"按钮完成该 Flash 文件的插入。

学员操作 19：在网页中插入 Flash 动画。

9.3　网站的发布

1．测试网页

网页制作完成后需要对网页进行测试，以检查每个网页的功能是否正常实现、超链接是否正确等。

实例演示 24：测试网页。

要求：检查网站中每一处超链接是否正确。

步骤如下。

➤ 启动 FrontPage 2003，打开站点，单击视图栏的"超链接"按钮，切换到超链接视图，双击主页图标打开主页。

➤ 单击工具栏中的"在浏览器中预览"按钮，依次单击网页中的超链接，检查各超链接是否正确。

➤ 单击工具栏中的"重新计算超链接"按钮,将所有超链接状态视图变成激活状态,能同时进行超链接的验证。如果发现某个超链接有问题,应做好记录,并到相应的网页中进行修改。

学员操作 20:测试网页。

2. 发布站点

网页制作完成并进过测试后,就可以把站点网页发布到某个 Web 服务器上。在发布站点之前,应先申请服务器的网络空间。可以使用"文件"—"发布站点"菜单项完成发布工作。网站的发布就是把制作好的站点网页发布到某个 Web 服务器上,完成发布工作后,其他用户就可以通过浏览器访问该站点的内容了。

习　题

一、选择题

1. 浏览器是浏览网页的软件,目前常用的浏览器是(　　　)。
   A. Outlook Express
   B. Internet Explorer
   C. Microsoft Frontpage
   D. Foxmail

2. 文件建立连接后,通常在文字的下方会产生(　　　)。
   A. 波浪线
   B. 下划线
   C. 着重号
   D. 以上都不对

3. FrontPage 保存的默认文件名为(　　　)。
   A. 文档 1.xls
   B. book1.xls
   C. newpage1.htm
   D. 无标题.xls

4. 表格边框线的粗细设置为(　　　),在预览方式下表格线不可见。
   A. 1
   B. 2
   C. 3
   D. 0

5. 在组件插入字幕时,字幕没有哪种表现方式?(　　　)
   A. 滚动条
   B. 幻灯片
   C. 交替
   D. 淡化

二、设计题

使用 FrontPage 的"设计"编辑方式,设计一个个人网站,基本结构如题图 9.1 所示。

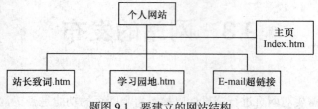

题图 9.1　要建立的网站结构

　　设计时使用表格来定位(设置表格"边框"的"粗细"为 0,即没有边框),制作完成后,在浏览器中看不到表格线。

第四篇
信息检索与信息安全

第 10 章

信息的检索与利用

信息检索（Information Retrieval）有广义和狭义之分。广义的信息检索是指将信息按一定的方式组织和存储起来，并根据信息用户的需要查找出特定信息的技术和工程，所以，其全称是信息存储与检索（Information Storage and Retrieval）。狭义的信息检索仅指该过程的后半部分，即根据信息用户的检索需求，利用已有检索工具或数据库，从中找出特定信息的过程，相当于人们所说的信息查询（Information Search）。

10.1 信息检索的原理及一般步骤

10.1.1 信息检索

信息检索是按照一定方式组织存储信息，并根据需求查找出相关信息的过程，又称信息存储与检索、情报检索。信息的查找萌芽于图书馆的工作。"信息检索"一词出现于 20 世纪 50 年代。

信息检索包括 3 个主要环节：

（1）信息内容分析与编码，产生信息记录及检索标识；

（2）组织存储，将全部记录按文件、数据库等形式组成有序的信息集合；

（3）用户提问处理和检索输出。

中文文献检索技术就是对中文文献进行储存、检索和各种管理的方法和技术。中文文献检索技术出现在 1974 年，20 世纪 80 年代得到了快速增长，90 年代主要研发技术支持复合文档的文档管理系统。中文信息检索在 90 年代之前都被称为情报检索，其主要研究内容有：布尔检索模型、向量空间模型和概率检索模型的信息检索数学模型；如何进行自动录入和其他操作的文献处理；进行词法分析的提问和词法处理；实现技术；对查全率和查准率研究的检索效用；标准化；扩展传统信息检索的范围等。中文信息检索主要是书目的检索，用于政府部门、信息中心等部门。

总体上，信息检索系统可以分为 4 个部分：数据预处理、索引生成、查询处理和检索。下面分别对各个部分加以介绍。

1. 数据预处理

目前检索系统的主要数据来源是 Web，格式包括网页、Word 文档、PDF 文档等，这些格式的数据除了正文内容外，还有大量的标记信息，因此从多种格式的数据中提取正文和其他所需的信息就成为数据预处理的主要任务。

2. 索引生成

对原始数据创建索引是为了快速定位查询词所在的位置，为了达到这个目的，索引的结构非常关键。目前主流的方法是以词为单位构造倒排文档表，每个文档都由一串词组成，而用户输入的查询条件通常是若干关键词，因此如果预先记录这些词的出现位置，那么只要在索引文件中找到这些词，也就找到了包含它们的文档。

3. 查询处理

用户输入的查询条件可以有多种形式，包括关键词、布尔表达式、自然语言形式的描述语句甚至是文本，但如果把这些输入仅当作关键词去检索，显然不能准确把握用户的真实信息需求。很多系统采用查询扩展来克服这一问题。各种语言中都会存在很多同义词，比如查"计算机"的时候，包含"电脑"的结果也应一并返回，这种情况通常会采用查词典的方法解决。但完全基于词典所能提供的信息有限，而且很多时候并不适宜简单地以同义词替换方法进行扩展，因此很多研究者还采用相关反馈、关联矩阵等方法对查询条件进行深入挖掘。

4. 检索

最简单的检索系统只需要按照查询词之间的逻辑关系返回相应的文档就可以了，但这种做法显然不能表达结果与查询之间的深层关系。为了把最符合用户需求的结果显示在前面，还需要利用各种信息对结果进行重排序。目前有两大主流技术用于分析结果和查询的相关性：链接分析和基于内容的计算。

10.1.2 信息检索的途径

1. 主题途径

主题途径是指通过文献资料的内容主题进行检索的途径，它依据的是各种主题索引或关键词索引，检索者只要根据项目确定检索词，便可以实施检索。

主题途径检索文献关键在于分析项目、提炼主题概念，运用词语来表达主题概念。主题途径是一种主要的检索途径。

2. 分类途径

分类途径是一种按照文献信息所属学科专业类别进行检索的途径，它所依据的是检索工具中的分类索引。

分类途径检索文献关键在于正确理解检索工具的分类表，将待查项目划分到相应的类目中去。一些检索工具如《中文科技资料目录》是按分类编排的，可以按照分类进行查找。

3. 著者途径

著者途径是指根据已知文献著者来查找文献的途径，它依据的是著者索引，包括个人著者索引和机关团体索引。

4. 其他途径

其他途径包括利用检索工具的各种专用索引来检索的途径。专用索引的种类很多，常见的有各种号码索引（如专利号、入藏号、报告号等），专用符号代码索引（如元素符号、分子式、结构式等），专用名词术语索引（如地名、机构名、商品名、生物属名等）。

10.1.3　信息检索的一般步骤

1.　信息检索的一般步骤

（1）分析研究课题，明确检索要求

课题的主要内容、研究要点、科学范围、语种范围、时间范围、文献类型等。

（2）选择信息检索系统，确定检索途径

① 选择信息检索系统的方法：

- 在信息检索系统齐全的情况下，首先使用信息检索工具指南来指导选择；
- 在没有信息检索工具指南的情况下，可以采用浏览图书馆、信息所的信息检索工具室所陈列的信息检索工具的方式进行选择；
- 从所熟悉的信息检索工具中选择；
- 主动向工作人员请教；
- 通过网络帮助在线选择。

② 选择信息检索系统的原则：

- 收录的文献信息需涵盖检索课题的主题内容；
- 就近原则，方便查阅；
- 尽可能质量较高、收录文献信息量大、报道及时、索引齐全、使用方便；
- 记录来源、文献类型、文种尽量满足检索课题的要求；
- 数据库是否有对应的印刷型版本；
- 根据经济条件选择信息检索系统；
- 根据对检索信息熟悉的程度选择；
- 选择查处的信息相关度高的网络搜索引擎。

（3）选择检索词

确定检索词的基本方法：选择规范化的检索词；使用各学科在国际上通用的、国外文献中出现过的术语作检索词；找出课题涉及的隐性主题概念作检索词；选择课题核心概念作检索词；注意检索词的缩写词、词形变化及英美的不同拼法；联机方式确定检索词。

（4）制定检索策略，查阅检索工具

① 制定检索策略的前提条件是要了解信息检索系统的基本性能，基础是要明确检索课题的内容要求和检索目的，关键是要正确选择检索词和合理使用逻辑组配。

② 产生误检的原因可能有：一词多义的检索词的使用；检索词与英美人的姓名、地址名称、期刊名称相同；不严格的位置算符的应用；组号前忘记输入指令"s"；逻辑运算符号前后未空格；括号使用不正确；从错误的组号中打印检索结果；检索式中检索概念太少。

③ 产生漏检的原因或检索结果为零的原因可能有：没有使用足够的同义词和近义词或隐含概念；位置算符用的过严、过多；逻辑"与"用得太多；后缀代码限制得太严；检索工具选择不恰当；单词拼写错误、文档号错误、组号错误、括号不匹配等。

④ 提高查准率的方法有：使用下位概念检索；将检索词的检索范围限在篇名、叙词和文摘字段；使用逻辑"与"或逻辑"非"；运用限制选择功能；进行进阶检索或高级检索。

⑤ 提高查全率的方法有：选择全字段中检索；减少对文献外表特征的限定；使用逻辑"或"；利用截词检索；使用检索词的上位概念进行检索；把（W）算符改成（1N），（2N）；进入更合适的数据库查找。

（5）处理检索结果

将所获得的检索结果加以系统整理，筛选出符合课题要求的相关文献信息，选择检索结果的著录格式，辨认文献类型、文种、著者、篇名、内容、出处等项记录内容，输出检索结果。

（6）原始文献的获取

获取原始文献的方法有：

① 利用二次文献检索工具获取原始文献；

② 利用馆藏目录和联合目录获取原始文献；

③ 利用文献出版发行机构获取原始文献；

④ 利用文献著者获取原始文献；

⑤ 利用网络获取原始文献。

2. 中国期刊全文数据库中文献检索

第 1 步：在图 10.1 中选择中国期刊全文数据库，打开进入主界面，如图 10.2 所示。

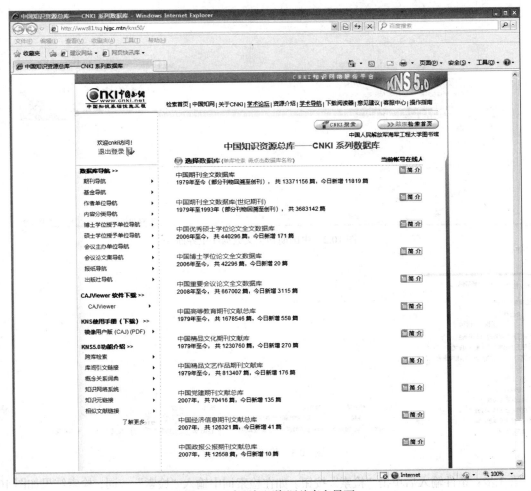

图 10.1　中国知识资源总库主界面

第 2 步：在检索导航中选择查询范围，并根据需要选择具体限制，如图 10.3 所示。

图 10.2　中国期刊全文数据库主界面

图 10.3　检索导航窗口

第 3 步：条件输入后单击"检索"按钮。如在检索词中输入"检索"一词，检索结果如图 10.4 所示。

第 4 步：选择感兴趣的文献，单击查看详情。如选择第一篇文章，显示如图 10.5 所示。

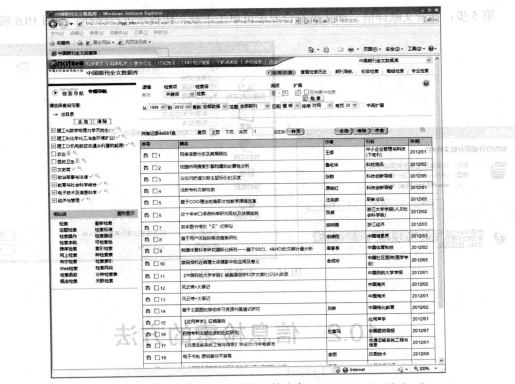

图 10.4　检索结果输出窗口

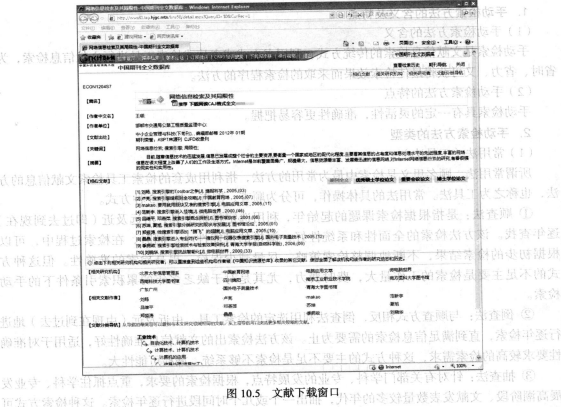

图 10.5　文献下载窗口

第 5 步：查看文献详情，如文献符合要求可单击下载，按提示进行保存，如图 10.6 所示。

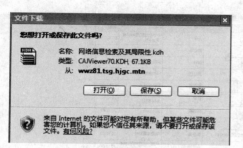

图 10.6　下载提示窗口

10.2　信息检索的方法

10.2.1　手动信息检索

1. 手动检索方法的含义及特点

（1）手动检索方法的含义

手动检索是文献信息检索的传统方式，利用书本式或卡片式检索工具进行文献信息检索，为省时、省力、又可获得最佳检索效果而采取的检索程序的方法。

（2）手动检索方法的特点

手动检索具有一定的灵活性，准确性更容易把握。

2. 手动检索方法的类型

（1）常用法（工具法）

所谓常用法，顾名思义是检索中最为常用的方法，指利用成套的检索工具检索文献信息的方法，也称之为工具法。常用法的具体操作，可分为顺查、倒查、抽查 3 种方式。

① 顺查法：是指根据检索课题的起始年，利用选定检索工具，由远及近（即过去到现在）逐年查找。该方法检索的全面性和系统性好，漏检的可能性小。同时，在检索过程中，可以根据初步的检索结果，不断地调整检索策略，尽量减少误检，提高检索的准确性。但这种方式的不足主要是检索的工作量大，费时费力，尤其是对于缺乏多年的累积索引条件下的手动检索。

② 倒查法：与顺查方式相反，倒查法利用选定的检索工具，由近及远（由现在到过去）地进行逐年检索，直到满足信息检索的需要为止。该方法检索出的文献信息准确性好，适用于对准确性要求较高的检索需求，这种方式的主要不足是检索不够系统、漏检可能性大。

③ 抽查法：针对有关部门学科、专业的发展特点，根据检索的要求，重点抓住学科、专业发展高潮阶段、文献发表数量较多的年代，抽出一个或几个时间段进行逐年检索。这种检索方式可

以用较少的时间获得较多的文献，检索的效率高。但是，采用这种方式的前提条件，是必须十分了解有关部门学科专业的发展状况，否则时间段选择不当，可能发生较大的漏检。

（2）回溯法（引文法）

回溯法，也称之为引文法，是利用文献末尾所附的参考文献或引用文献，由近及远（由现在到以前）地进行追踪检索。

利用引文的回溯法，虽然形式上比较特殊，但它摆脱了各种符号或语言标识的限制，检索极为准确而且容易掌握。另外，所提供的信息回溯性和及时性都令人满意。

回溯法的主要缺点是，引用有多种起因和原由，不一定完全反映出主题关系，因而漏检、误检的可能性较大。此外，引文还会受到文献可能性的影响。在原始文献收藏比较丰富的情况下，使用回溯法较为合适。通常，在缺乏相关的检索工具，或是现有检索工具不齐全或不适用时，回溯法便几乎是唯一适合的检索方法。事实上，在很多情况下，都可利用回溯法，即便在已经使用了工具法之后，仍然可以使用回溯法进行补充。

回溯法是利用引文语言进行检索的两种方法之一，在信息检索时，还可利用另一种引文检索方法，如利用《科学引文索引》引文检索方法，从被引文献入手，检索引用它的文献，再把所检索出的文献作为被引用文献检索出引用他们的文献，如此反复操作即可获得大量的有关部门的文献信息。要注意，这样一来检索所获得的文献是越来越新的。

（3）循环法（分段法）

循环法是综合常用法和回溯法的检索方法，即在检索文献信息时，利用成套的检索工具检索，有了利用原始文件后所附的参考引用文献进行回溯，分阶段按周期地交替使用，也称之为分段法。

循环法的好处是能够综合常用法和回溯法的优点，其依据主要有两点：其一，任何检索工具，都有文献收录的范围、主题报道的重点和倾向等，以回溯法进行补充，可以扩大文献线索，发现更多有价值的文献信息；其二，文献引用有这样一种规律，凡是重要文献，一般在五年之内都会被其他文献引用。因此，在检索实践中，循环法常常以 5 年为周期，轮流交替使用常用法和回溯法。

循环法的具体操作可以采用两种方式：①首先使用常用法，然后使用回溯法，不断循环交替；②首先使用回溯法，然后使用常用法，不断循环交替。

循环法是对常用法和回溯法的综合利用，检索的效率较高，并可克服检索工具不全的限制，进行连续的检索，获得更多、更切题的文献信息。

3. 选择检索方法的原则

（1）如果检索工具不全或根本没有，检索课题涉及面又不大，对查全率不做较高要求，可采用由近及远追溯法。追溯的起点最好是所附参考文献较多的论文及论著，还有一些信息研究成果，如"综述、评述"等。

（2）如果检索工具齐备，研究课题涉及的范围大，则应采用常用法或循环法进行检索。

（3）如果检索课题属于新兴学科或知识更新快的学科，可采用倒查法。

（4）如果研究课题对检全率作特别要求，如开展查新，一般采用顺查法。

（5）如果已经掌握了检索课题发展的规律、特点，一般采用抽查法。

10.2.2　计算机信息检索

电子计算机作为情报检索工具，能对数据进行增删改、排序、整理、检索，对数据的处理能按程序自动进行，处理速度快而且准确度高，能进行远距离操作，能供多个用户共同使用等，显示出了无比的优越性，使人们逐渐认识到，计算机检索正逐步取代手动检索成为主要的检索手段。计算机中的基本检索技术有如下几种。

1. 布尔检索

利用布尔逻辑算符进行检索词或代码的逻辑组配，是现代信息检索系统中最常用的一种方法。常用的布尔逻辑算符有 3 种，分别是逻辑或（OR）、逻辑与（AND）和逻辑非（NOT）。用这些逻辑算符将检索词组配构成检索提问式，计算机将根据提问式与系统中的记录进行匹配，当两者相符时则命中，并自动输出该文献记录。

下面以"计算机"和"文献检索"两个词来解释这 3 种逻辑算符的含义。

● "计算机"AND"文献检索"表示查找文献内容中既含有"计算机"又含有"文献检索"词的文献。

● "计算机"OR"文献检索"表示查找文献内容中含有"计算机"或含有"文献检索"以及两词都包含的文献。

● "计算机"NOT"文献检索"表示查找文献内容中含有"计算机"而不含有"文献检索"的那部分文献。

检索中逻辑算符使用是最频繁的，对逻辑算符使用的技巧决定检索结果的满意程度。用布尔逻辑表达检索要求，除要掌握检索课题的相关因素外，还应在布尔算符对检索结果的影响方面引起注意。另外，对同一个布尔逻辑提问式来说，不同的运算次序会有不同的检索结果。布尔算符使用正确但不能达到应有检索效果的事情是很多的。

2. 截词检索

截词检索就是用截断的词的一个局部进行的检索，并认为凡满足这个词局部中的所有字符（串）的文献都为命中的文献。按截断的位置来分，截词可有后截断、前截断、中截断 3 种类型。不同系统所用的截词符也不同，常用的有？、$等，分为有限截词（即一个截词符只代表一个字符）和无限截词（一个截词符可代表多个字符）。下面以无限截词举例说明。

● 后截断，前方一致。如：comput? 表示 computer、computers、computing 等。

● 前截断，后方一致。如：? comput 表示 minicomputer、microcomputers 等。

● 中截断，中间一致。如：? Comput? 表示 minicomputer、microcomputers 等。

截词检索也是一种常用的检索技术，是防止漏检的有效工具，尤其在西文检索中更是广泛应用。截断技术可以作为扩大检索范围的手段，具有方便、增强检索效果的特点，但一定要合理使用，否则会造成误检。

3. 原文检索

"原文"是指数据库中的原始记录，原文检索即以原始记录中的检索词与检索词间特定位置关系为对象的运算。原文检索可以说是一种不依赖叙词表而直接使用自由词的检索方法。

原文检索可以弥补布尔逻辑检索、截词检索方法的一些不足。运用原文检索方法可以增强选词的灵活性，部分地解决布尔检索不能解决的问题，从而提高文献检索的水平和筛选能力。但是，原文检索的能力是有限的。从逻辑形式上看，它仅是更高级的布尔系统，因此存在着布尔逻辑本身的缺陷。

4. 加权检索和聚类检索

（1）加权检索：加权检索是某些检索系统中提供的一种定量的检索技术。

加权检索同布尔检索、截词检索等一样，也是文献检索的一个基本检索手段，但不同的是，加权检索的侧重点不在于判定检索词或字符串是不是在数据库中存在、与别的检索词或字符串是什么关系，而是在于判定检索词或字符串在满足检索逻辑后对文献命中与否的影响程度。

加权检索的基本方法是：在每个提问词后面给定一个数值表示其重要程度，这个数值称为权，在检索时，先查找这些检索词在数据库记录中是否存在，然后计算存在的检索词的权值总和。权值之和达到或超过预先给定的阈值，该记录即为命中记录。

运用加权检索可以命中核心概念文献，因此它是一种缩小检索范围、提高检准率的有效方法。但不是所有系统都能提供加权检索这种检索技术，而能提供加权检索的系统，对权的定义、加权方式、权值计算和检索结果的判定等方面又有不同的技术规范。

（2）聚类检索：聚类检索是在对文献进行自动标引的基础上，构造文献的形式化表—文献向量，然后通过一定的聚类方法，计算出文献与文献之间的相似度，并把相似度较高的文献集中在一起，形成一个个的文献类的检索技术。根据不同的聚类水平的要求，可以形成不同聚类层次的类目体系。在这样的类目体系中，主题相近、内容相关的文献便聚在一起，而相异的则被区分开来。

聚类检索的出现为文献检索尤其是计算机化的信息检索开辟了一个新的天地。文献自动聚类检索系统能够兼有主题检索系统和分类检索系统的优点，同时具备族性检索和特性检索的功能。因此，这种检索方式将有可能在未来的信息检索中大有用武之地。

5. 扩检和缩检

扩检是指初始设定的检索范围太小，命中文献不多，需要扩大检索范围的方法。

扩检的方法主要有：①概念的扩大；②范围的扩大；③增加同义词；④年代的扩大。

缩检是指开始的检索范围太大，命中文献太多或查准率太低，需要增加查准率的一个方法。缩检和扩检相反，即概念的缩小、范围的限定、年代的减少等。此外，还可以通过以下方法进行限定：①核心概念的限定；②语种的限定；③特定期刊的限定。

扩检与缩检是检索过程中经常面临的问题。也就是说，在拟定检索策略时，应该同时考虑如命中文献太少或太多时如何处理的办法。否则，会大大增加机时，且不易得到满意的结果。

10.3 信息检索工具介绍

10.3.1 国外著名检索工具

1. 美国《工程索引》

（1）概况

《工程索引》（The Engineering Index，简称《EI》），1884 年创刊。《EI》报道的内容涉及工程技术领域各个学科及其相邻学科，收录信息来源于 50 多个国家近 20 个语种（英语约占 90%）的 5 000 余种期刊的技术论文和会议论文及少量的著作和科技报告，如图 10.7 所示。这些文献涉及 175 个学科，几乎覆盖应用工程技术的各个领域。收录的每篇文献都包括书目信息和一个简短的文摘。《EI》有年刊和月刊两个版本，分别由文摘和索引两部分组成。

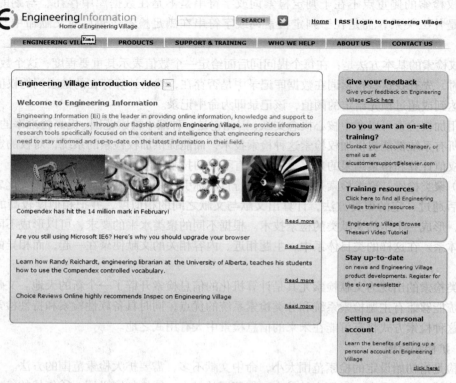

图 10.7　工程索引主界面

（2）出版形式

《EI》的出版形式如表 10.1 所示。

表 10.1　　　　　　　　　　　　　　　《EI》出版形式列表

名　　称	版　　本	收录期刊数	出版周期
EI Compendex	光盘版	2 600	双月版
EI Compendex	网络版	5 600	季度更新
SCICDE	光盘版	5 000	周更新

（3）检索字段

检索字段有：摘要（Abstract）、题目（Title）、翻译的题目（Translated Title）、作者（Author）、作者单位（Author Affiliation）、编辑（Editor）、编辑单位（Editor Affiliation）、刊名（Serial Title）、卷标（Volume Title）、专论题目（Monograph Title）、图书馆所藏文献和书刊的分类编号（CODEN）、国际标准期刊编号（ISSN）、国际标准图书编号（ISBN）、出版商（Publisher）、Ei 编录号（Accession Number）、Ei 分类号（Ei Classification Code）、会议代码（Conference Code）、会议日期（Meeting Date）、会议地点（Meeting Location）、主办单位（Sponsor）、Ei 受控词（Ei Controlled Terms）、Ei 主标题词（Ei Main Heading）、自由词（Uncontrolled Terms）、语言（Language）、文件类型（Document Type）。"所有字段（All Fieleds）"为检索数据库时的默认值。

（4）检索方式

检索方式有：快速检索（Quick Search）和高级检索（Expert Search）。

2. 美国《科学引文索引》

（1）概况

《科学引文索引》（Science Citation Index，SCI）是由美国费城科学情报所（Institute of Scientific Information，ISI，网址：http:www.isinet.com）编辑出版的、世界公认的、最具权威的综合型科学技术文献索引检索工具，创刊于 1961 年。《SCI》收录全世界出版的数、理、化、农、林、医、生命科学、天文、地理、环境、材料、工程技术等自然科学各学科的核心期刊约 3 500 种，如图 10.8 所示。

图 10.8　科学引文索引主界面

（2）出版形式

《SCI》出版形式如表 10.2 所示。

表 10.2　　　　　　　　　　　　《SCI》出版形式列表

名　　　称	版　　　本	收录期刊数	出 版 周 期
SCI Print	印刷版	3 500	双月版
SCI CDE	光盘版	3 500	季版
SCI Expanded	Internet Web 版	5 700	周更新
SCI Search	联机版	5 600	周更新

（3）重要概念

● 参考文献（References）亦称被引用文献（Cited Paper）被著者撰文时所引用的文献，即参考文献。

● 引用文献（Citing Paper）文后引用了参考文献的文献。引文（Citation）引用文献和被引用文献统称引文，但更多是指被引用文献。

● 相关记录（Related Records）共同引用一篇以上相同参考文献的文献。

● 引文检索指以文献被引用（包括被引著者、被引期刊、或被引主题）为检索词，来查找引用文献的科学查询方法。

（4）检索要求

在检索框中根据字段要求输入关键词、著者姓名、刊名及专利号等。支持 AND OR NOT SAME 的逻辑组配，SAME 要求检索词必须出现在同一个句子中，其运算次序为：SAME>NOT>AND>OR。截词符：？代表单个字符，*代表多字符。

3. 美国《科学会议录索引》

（1）概况

《科学会议录索引》（Index to Scientific&Technical Proceedings，简称 ISTP）1978 年创刊，是美国科学信息研究所（Institute of Scientific Information，ISI，网址：//http://www.isinet.com）编辑出版、专门报道会后出版物——会议论文集的信息检索工具，是科技界公认的会议文献的重要检索工具。该刊是一种综合性的科技会议文献检索刊物，学科范围包括：生命科学、临床医学、生物学、化学、工程技术、应用科学、生物学、环境和能源学等。ISTP 出版物有印刷版、光盘版、磁盘、联机数据库、网络版等几种形式。《科学会议录索引》的网络版使美国科学情报研究所（ISI）基于 Web of Science 的检索平台，将《科学技术会议录索引》（ISTP）和《社会科学及人文科学会议录索引》（ISSHP）两大会议录索引集成为 Web of Science Proceedings，简称 WOSP。

（2）出版形式

《ISTP》出版形式如表 10.3 所示。

表 10.3　　　　　　　　　　科学会议录索引出版形式列表

名　称	版　本	收录期刊数	出　版　周　期
ISTP	印刷版	4 700	月刊
ISTP	光盘版	10 000	季度更新
WOSP—S/T	网络版		周更新

（3）《科学会议录索引》检索

提供 Full Search 和 Easy Search 两种检索界面。Full Search：提供较全面的检索功能，通过主题词、作者名、期刊名、会议或作者单位等检索途径，可限定检索结果的语言、文献类型、排序方式，可存储/运行检索策略。Easy Search：检索功能相对简单，可以对感兴趣的特定主题、人物、地点进行检索。

以上为国外著名三大检索工具。

10.3.2　网络信息检索工具

网络信息检索工具是信息检索效率的关键因素，只有熟悉这些工具的性能，运用有效的检索策略才能避免淹没在大量无关信息中。

1. 网络信息检索工具概述

（1）网络信息检索工具的概念

随着 Internet 的迅速发展，网络上的信息越来越多，但由于这些信息缺乏合理有效的组织，使得许多用户面对浩瀚的信息显得手足无措，无法准确地获取自己所需要的信息。针对这种情况有些组织和个人开发出多种用以查找网络信息的检索工具。早期的 Internet 检索工具针对 FTP 资源的 Archive，针对 Gopher 资源的 Veronica 和 Jughead，以及针对整个 Internet 网上文本信息资源的 WAIS 等。随着 WWW 的发展，针对 WWW 资源的各种检索工具已成为网络检索工具中的主流，它们有 Yahoo、AltaVista、Excite、HotBot、Lycos、OpenText、WebCrawle 等。这些检索工具大多是由非图书馆专业技术人员设计的，由于缺乏统一的网页描述标准，所以在各自对自己的数据库进行检索时的方法各不相同，各有自身的优缺点。

（2）网络信息检索工具的特点

① 交互式作业方式。所有的网络信息检索工具都具有交互式作业的特点，因此具有良好的信息反馈功能和瞬间反应功能。这两个指标是传输信息检索系统性能的最重要指标，在网络环境下也具有同样的意义。

② 用户透明度。网络信息检索对用户屏蔽了网络的各种物理差异，使用户在使用这些服务时感受到明显的系统透明度。这里所指的物理差异包括主机的硬件平台、操作系统等软件上的差异、客户程序和服务程序版本上的差异、主机的地理位置、信息的存储方式甚至通过协议的差别（如WWW 客户程序可以通过多种协议使用各种不同的信息资源）等。这一特点对网络环境下的信息检索来说是十分关键的。

③ 信息检索空间的拓宽。信息检索空间是衡量信息检索工具的重要指标之一。网络信息检索在这方面具有传统信息检索和 Internet 基本信息服务所不具备的优势。以 FTP 为例，尽管使用 FTP可以检索所有的 FTP 服务器，但是用户必须预先知道这些服务器所在的主机地址，而且在某一时刻只能使用一个 FTP 服务器。网络信息检索工具的工作方式则与此不同，它们可以同时使用多个主机甚至是所有主机的某种资源，而且用户不必知道它们的具体地址。这一特点为用户带来的好处是显而易见的。

④ 友好的用户界面

与 Internet 的三大基本信息服务相比，网络信息检索系统的用户界面要友好得多，特别是一些商业化软件（如 Internet Explorer 和 Netscape Navigator）。即使是 Internet 上的一些免费软件（MS Windows 和 Unix 下的各种服务程序和客户程序）也设计得相当不错。对于有一定微机使用经验的人来说，学会使用这些软件是轻而易举的事情。Internet 的普及在很大程度上是得益于这些设计精良的软件。

2. 网络信息检索工具的分类

（1）检索型网络信息检索工具

在这里我们要向网络用户提供一些世界上有名的网络搜索引擎。这些专业搜索引擎要比国内中文网站的搜索引擎起步早，更加完善。起初上网，我们主要是利用百度、谷歌等的搜索引擎，但随着搜索引擎理解的深入，便发现我们自己的搜索引擎还有许多的问题。比如说搜索引擎不够精确，有时也不完全按照用户的设定条件来完成搜索任务，形成了许多资源垃圾，为查阅增添了许多麻烦，这也说明我们的网上引擎服务正处于发展阶段，还不够完善。

公认较好的搜索引擎有如下几个。

① 中文搜索引擎：网易、搜狐、网络指南针、亚洲搜索、若比邻、中文雅虎。

② 英文搜索引擎：Yahoo、Excite、Infoseek Guide、Lycos。

（2）目录型检索工具

目录式搜索引擎是以人工或半人工方式收集信息，建立数据库，由编辑人员在访问了某个 Web站点后，对该站点进行描述，并根据站点的内容和性质将其归为一个预先分好的类别。由于目录式搜索引擎的信息分类和信息搜索有人的参与，其搜索的准确度较高，导航质量也不错。但因其人工的介入，维护量大，信息量少，信息更新不及时都使得人们利用它的程度有限。国内著名的新浪、搜狐、中文雅虎都属于这种类型。

一个网络目录包括许多层，最高层（一级）目录页总是将 Internet 资源分成最大范围、最普通的主题范畴。这些主题范畴一般有 10～20 个，主题链接到第二层目录（另一个页面），然后在第二层目录再分出子目录，一般到第四级。逐层点击，它将会罗列出一层层的目录清单，所有的选择只用鼠标点击链接来实现。网络资源数不胜数，任何分类目录都不可能包罗所有的网页，多数网络目录都包括下列典型的一级类目，如商业贸易（Business and Commercial）、计算机和网络（Computer and Internet）、时事（Current Events）、娱乐和休闲（Entertainment and Recreation）、体育（Sports）等，遇到交叉的主题，网络目录会在相关的类目下显示不同的路径。

（3）元搜索引擎检索工具

元搜索引擎是一种调用其他搜索引擎的引擎。它是通过一个统一的用户界面，帮助用户在多个搜索引擎中选择和利用合适的搜索引擎来实现检索。中文元搜索引擎开发较少，较成熟的则更少，万维搜索是目前有一定影响的中文元搜索引擎。元搜索引擎弥补了独立搜索引擎不全的特点，提高了检索的全面性。现开发出的中文元搜索引擎的数目很少，还有诸多缺陷，需在各方面进一步改进。元搜索引擎要对各独立的信息特色进行较细致的调查，以确定自己要收录的范围；在对目录搜索引擎的组织中突出独立搜索引擎的检索特点，并设计各搜索引擎之间的检索方式的转换算法，提高用户检索行为的针对性；建立更为灵活的，面向用户的信息检索服务；检索界面要统一和友好，检索方法的设置要提供给用户更多的自由空间，使用户可以按照自己的意愿合理的组织检索；在检索结果的显示中要开发出一个有效的检索结果去重新、选择、排序和优化算法，这是中文搜索引擎开发中的一个重点和难点。

10.4　信息检索的运用

10.4.1　中文搜索引擎的使用

搜索引擎为用户查找信息提供了极大的方便，人们只需输入几个关键词，任何想要的资料都会从世界各个角落汇集到人们的电脑前。然而如果操作不当，搜索效率也是会大打折扣的。

比方说人们本想查询某方面的资料，可搜索引擎返回的却是大量无关的信息。这种情况责任通常不在搜索引擎，而是因为人们没有掌握提高搜索精度的技巧。那么如何才能提高信息检索的效率呢？

下面介绍几种使用技巧。

1. 搜索关键词提炼

毋庸置疑，选择正确的关键词是一切的开始。学会从复杂搜索一图中提炼出最具代表性和知识性的关键词对提高信息查新效率至关重要，这方面的技巧是所有搜索技巧之母。

2. 细化搜索条件

搜索逻辑命令通常是指布尔命令"AND"、"OR"、"NOT"及与之对应的"+"、"-"等逻辑符号命令。用好这些命令同样可是我们日常搜索应用达到事半功倍的效果。

3. 精确匹配搜索

精确匹配搜索也是缩小搜索结果范围的有力工具，此外它还可用来表达某些其他方面无法完成的搜索任务。

4. 特殊搜索命令

除一般搜索功能外，搜索引擎都提供一些特殊搜索命令，以满足高阶用户的特殊需求。比如查询指向某网站的外部链接和某些站内所有相关网页的功能等。这些命令虽不常用，但当有这方面搜索需求时，它们就大派用场了。

5．附加搜索功能

搜索引擎都提供的一些方便用户搜索的定制功能。常见的有相关关键词搜索、限制地区搜索等。

6．用好的搜索引擎搜索

搜索引擎的，工作方式不同，形式信息覆盖范围方面的差异。我们平常搜索仅集中于某一家搜索引擎是不明智的，因为再好的搜索引擎也有局限性，合理的方式应该是根据具体要求选择不同的引擎。

10.4.2　Google 搜索引擎的使用

以 Google 搜索引擎为例介绍其使用技巧。

1．Google 搜索基本技巧

为了提高谷歌搜索的效率，掌握一些基本搜索技巧是非常必要的。特别需要注意的是，某些关键词出现的频率相当高，但是并没有什么用，常常会被搜索引擎所忽略，如"我"，"你"，"他"，"那里"，"这"，"这个"，"那"，"那个"，"一个"等，我们在进行搜索时，尽量不要键入这样的词语，所得搜索结果会更准确一些。

（1）给搜索关键词加上双引号或加号，如图 10.9 所示。

图 10.9　检索结果显示界面

加上双引号的意思就是要搜索特定的关键词，搜索结果中的关键词的次序不会改变，结果将更加准确。我们还可以紧靠在关键词的前面（不留空格）加上一个"+"号，如"+sayblog"，搜索出来的结果也会出现跟上图一样的效果。

（2）根据指定的域名或网站名称进行搜索，如图 10.10 所示。

图 10.10　检索结果显示界面

如果我们需要搜索某个特定网站中的内容，可以为所要搜索的关键词指定这个网站的域名，如 Thematic:www.sayblog.me，中间用一个冒号隔开，就如图 10.10 所示一样。

（3）使用减号排除不想要的搜索词，如图 10.11 所示。

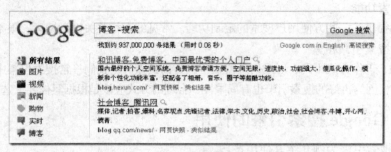

图 10.11　检索结果显示界面

如果希望将某些特定的关键词从搜索结果中排除掉，可以给它们加上一个减号，也就是一个横杠"-"，如果横杠的前面含有一个空格，它后面的关键词将会被谷歌搜索引擎所忽略，也就不会出现在搜索结果中；如果把这个减号当成一个连字号，也就是它与前后关键词之间不存在空格，那么它们都将会出现在搜索结果中。

（4）在某一特定关键词前加上通配符"*"，如图 10.12 所示。

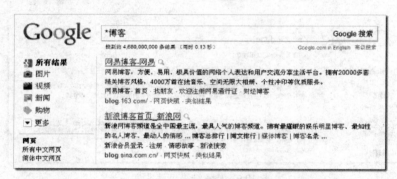

图 10.12　检索结果显示界面

假如对要搜索的某个目标关键词字段不是很确定，可以使用一个"*"号来代替，谷歌会自动查找所有可能包含这个目标关键词的组合搜索结果，如图 10.12 中的搜索词"*博客"，结果会出现许多包含有"博客"的组合。

（5）使用连接词"OR"，如图 10.13 所示。

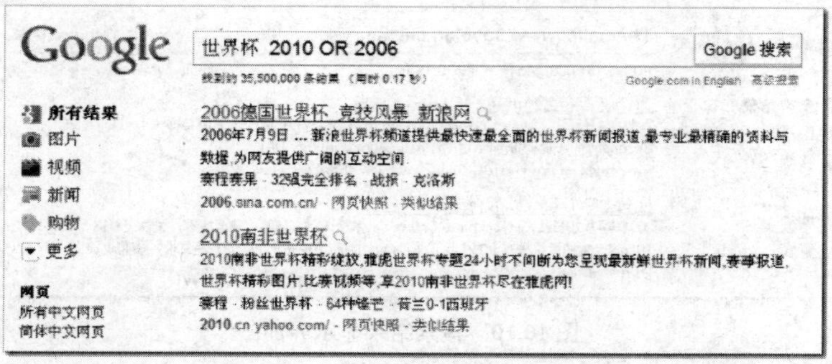

图 10.13　检索结果显示界面

　　有时候我们可能想让两个关键词的其中之一出现在搜索结果中，利用连接词"OR"可以给谷歌在它们中间做出选择，比如我们想搜索的关键词为"世界杯 2010 OR 2006"，结果就会出现如上图所示，2010 年跟世界杯有关的网站或者 2006 年跟世界杯有关的网站都将会被列出，如果它存在的话，至少会列出一个；如果我们将连接词"OR"去掉的话，搜索显示出来的结果会同时包含有 2010 年和 2006 年跟世界杯有关的网站。

　　2.　谷歌搜索高级技巧

　　除了最常用的基本搜索技巧外，我们有时也会用到谷歌的高级搜索功能，这些高级搜索功能能够让我们对搜索作出一些限制，避免不必要的时间浪费，类似于前面所叙的为关键词指定一个国家或者一个域名的搜索方式。除此之外，谷歌搜索的奥妙还在于它的另外一些足以让我们着迷的技巧。

　　（1）通过目的地名搜索航班信息

　　如果你要订机票，只需在搜索框中输入航班的起止地点名称，谷歌很快就会给出你想要的航班信息，比如我们要查找广州到北京的航班，只要搜索"武汉　北京"即可得出结果。

　　（2）搜索某段范围内的数字

　　搜索某段范围内的数字，我们可以写成类似于"50…100"这样的格式，就会得出结果。

　　（3）以"filetype"指定文件格式进行搜索

　　要搜索指定文件格式的某个关键词，加上"filestyle:"即可，如要查找 pdf 格式的 wordpress 资源，可以写成这样："wordpress filetype: doc"。

　　（4）使用"link"链接

　　使用"link"来搜索某个网页的链接地址，例如"link: www.google.com"，需要注意的是，冒号后面要留一个空格。

　　（5）使用"define"搜索关键词的定义

　　在要搜索关键词的前面加上"define:"，如"define：信息技术"，谷歌就会查找所有对"信息技术"的定义或解释。

　　（6）使用"phone book"搜索某地的电话录

　　在指定地名的前面加上"phone book:"，如"phone book：武汉"，谷歌就会查找所有有关"武汉"的电话。

　　（7）搜索电影，使用"movie"

　　在"movie:"的后面标明地名，即可搜索该地的电影信息，如要搜索上海的电影，写成这样："movie：武汉"。

　　（8）使用"stocks"查找股票行情

　　在"stocks:"的后面加上某个公司或企业名称即可搜索其有关股市方面的行情，如 stock：Google。

　　（9）使用"allinanchor"或"allintitle"限定搜索内容

　　使用 allinanchor 进行搜索时，Google 会限制搜索结果必须是那些在 anchor 文字里包含了我们所有搜索的关键词的网页。例如 [allinanchor：高级 WordPress 商业主题]，提交这个查询，Google 仅会返回在网页 anchor 说明文字里边包含了关键词"高级"，"wordpress"和"商业主题"的网面。

　　而用 allintitle 进行搜索时，Google 会限制搜索结果仅仅是那些在网页标题里包含了我们所有搜索的关键词的网页。例如[allintitle：博客中的谷歌地球]，提交这个查询，Google 仅会返回在网页标题里边包含了"博客中的"和"谷歌地球"这两个关键词的网页。

3．谷歌搜索快捷方式（Google Search shortcuts）

（1）Dictionary（字典）

谷歌的 Dictionary 快捷方式对于我们想要查询某个字词的意义非常有用，只要在 define 的后面键入要查询的某个词即可快速获得搜索结果，无需你去查找整个字典，十分省事。

（2）Calculator（计算器）

谷歌为我们提供了一个十分方便的数学计算器，它的使用方法非常简单，就像其他普通计数器一样，只需在搜索框中输入算式即可。

（3）Public data（公共数据）

通过利用谷歌的公共数据集，可以搜索我们想要获取的某些数据，如 population（人口），unemployment（失业率）。例如我们要搜索武汉的人口，可键入：population Wuhan。

（4）Time（时间）

这个快捷方式能够方便我们快速查询当前世界上某个城市的时间，使用方法很简单，如我们要查询当前纽约市的时间，键入 time New York。

（5）Earthquakes

由于自然灾害在世界范围内发生频率相当高，谷歌给我们提供了这个有用的搜索快捷方式，方便我们查询发生在世界各地的地震信息及相关活动。只需在搜索框中输入 earthquakes 即可。

（6）Zip code（邮政编码）

这个更简单，只要在搜索框中输入所要查询的邮政编码即可。

（7）Unit conversion（单位转换）

如果需要将 20 磅的重量单位转换为克，只需输入 20 pounds in g 即可。

（8）Currency conversion（货币转换）

类似于上面的单位转换，这里是汇率转换，如将 100 元人民币转换成美元，只需输入 100 RMB in USD。

（9）Package tracking（跟踪包裹）

只需在搜索框中输入想要查找的包裹跟踪代码。

10.4.3　常用搜索引擎介绍

1．Google 搜索引擎

Google 是目前最优秀的支持多语种的搜索引擎之一，约搜索 3 083 324 652 个网页。提供网站、图像、新闻组等多种资源的查询，包括中文简体、繁体、英语等 35 个国家和地区的语言的资源。

2．雅虎中国搜索引擎

Yahoo 是世界上最著名的目录搜索引擎。雅虎中国于 1999 年 9 月正式开通，是雅虎在全球的第 20 个网站。Yahoo 目录是一个 Web 资源的导航指南，包括 14 个主题大类的内容。

3．百度中文搜索引擎

百度是全球最大中文搜索引擎，提供网页快照、网页预览/预览全部网页、相关搜索词、错别字纠正提示、新闻搜索、Flash 搜索、信息快递搜索、百度搜霸、搜索援助中心等服务。

4．Lycos 中国搜索引擎

Lycos 创建于 1995 年，是搜索引擎的元老，是最早提供信息搜索服务的网站之一。Lycos 在中国成立于 1999 年。可以对网站、网页、新闻、电子图书、产品、FTP、MP3、多媒体等多种资源进行查询，并可以对上述资源做综合查询。具备多媒体和文学作品搜索引擎。

5. 新浪搜索引擎

新浪搜索引擎是 Internet 上规模最大的中文搜索引擎之一，设大类目录 18 个，子目录 1 万多个，收录网站 20 余万个。提供网站、中文网页、英文网页、新闻、汉英词典、软件、沪深行情、游戏等多种资源的查询。

6. 搜狐搜索引擎

搜狐于 1998 年推出中国首家大型分类查询搜索引擎，到现在已经发展成为中国影响力最大的分类搜索引擎。每日页面浏览量超过 800 万，可以查询网站、网页、新闻、网址、软件、黄页等信息。

7. 网易搜索引擎

网易新一代开放式目录管理系统（ODP）拥有近万名义务目录管理员。为广大网民创建了一个拥有超过 10 000 个类目，超过 25 万条活跃站点信息 500～10 000 条，日访问量超过 500 万次的专业权威的目录查询体系。

8. 3721 网络实名/智能搜索

3721 公司提供的中文上网服务——3721 "网络实名"，使用户无须记忆复杂的网址，直接输入中文名称，即可直达网站。3721 智能搜索系统不仅含有精确的网络实名搜索结果，同时集成多家搜索引擎。

9. 北大天网中英文搜索引擎

由北京大学开发，简体中文、繁体中文和英文 3 个版本，提供全文检索、新闻组检索和 FTP 检索（北京大学、中科院等 FTP 站点）。目前大约收集了 100 万个 WWW 页面（国内）和 14 万篇 Newsgroup（新闻组）文章。支持简体中文、繁体中文、英文关键词搜索，不支持数字关键词和 URL 名检索。

10. Search163 搜索引擎

Search163 搜索引擎是面向全球华人的网上资源查询系统。拥有网站搜索、网页搜索、新闻搜索、人才搜索、职位搜索、交通搜索、个人页面搜索、餐厅搜索、食谱搜索、打折搜索、比价搜索等多项搜索功能，相应拥有网站库、网页库、人才库、职位库、交通信息库、个人网页库、餐厅库、食谱库、线下打折信息库、线上商品比价信息库等。

11. 搜星搜索引擎

它可以同时搜索 7 个大型搜索引擎，如中文 Google、百度、中文雅虎、搜狐、新浪网、中华网和 TOM 等，其搜索出的结果可以过滤掉重复的网站，并将结果用同样的格式反馈在同一个页面上。对网民来讲，非常方便、实用。

12. 中华网搜索引擎

中华网所属的搜索引擎，支持大五码、简体中文、英文和日文网站。共分为 14 大类，数据库中收藏有 177 万余个网站。现已经停止收录新站。

13. FM365 搜索引擎

FM365 中文搜索引擎，提供网站分类检索，支持中文 GB、BIG5 和英文。

14. 北极星搜索引擎

北极星搜索引擎是万方数据（集团）公司开发的中文搜索引擎。具有内容丰富、分类准确、检索速度快、版面简洁等特色。其分类浏览、快速检索、高级检索、站点注册、新站推荐等功能与栏目一目了然，使用非常便捷。在 2001 年 CNAZ（中文网站评估认证网）的网络专项功能排名调查中获得搜索引擎类排名第十位的骄人成绩。

10.4.4　网络信息挖掘

1．网络信息挖掘概述

网络信息挖掘是数据挖掘技术在网络信息处理中的应用。网络信息挖掘是从大量训练样本的基础上得到数据对象间的内在特征，并以此为依据进行有目的的信息提取。网络信息挖掘技术沿用了 Robot、全文检索等网络信息检索中的优秀成果，同时以知识库技术为基础，综合运用人工智能、模式识别、神经网络领域的各种技术。应用网络信息挖掘技术的智能搜索引擎系统能够获取用户个性化的信息需求，根据目标特征信息在网络上或者信息库中进行有目的的信息搜寻。

2．网络信息挖掘步骤

网络信息挖掘具体步骤如下。

第一步：确立目标样本，即由用户选择目标文本提取用户的特征信息。

第二步：提取特征信息，即根据目标样本的词频分布，从统计词典中提取出挖掘目标的特征向量并计算出相应的权值。

第三步：网络信息获取，即先利用搜索引擎站点选择待采集站点，再利用 Robot 程序采集静态 Web 页面，最后获取被访问站点网络数据库中的动态信息，生成 WWW 资源索引库。

第四步：信息特征匹配，即提取索引库中的源信息的特征向量，并与目标样本的特征向量进行匹配，将符合阈值条件的信息返回给用户。

3．网络信息挖掘应用

信息检索研究涉及建立模型、文档分类与归类、用户交互、数据可视化、数据过滤等。功能网络信息挖掘作为信息检索的一部分，最明显的一个功能就是 Web 文档的分类与归类。

下面以 Google 为例，剖析网络信息挖掘技术在搜索引擎中的应用。

Google 的搜索机制是：几个分布的 Crawler（自动搜索软件）同时工作—在网上"爬行"，URL 服务器则负责向这些 Crawler 提供 URL 的列表。Crawler 所找到的网页被送到存储服务器中。存储服务器于是就把这些网页压缩后存入一个知识库中。每个网页都有一个关联 ID。

doc ID，当一个新 URL 从一个网页中解析出来时，就被分配一个 doc ID。索引库和排序器负责建立索引，索引库从知识库中读取记录，将文档解压并进行解析。每个文档就转换成一组词的出现状况，成为 hits。Hits 记录了词、词在文档中的位置、字体大小、大小写等。索引库把这些"hits"又分成一组"barrels"，产生经过部分排序后的索引。索引库同时分析网页中所有的链接并将重要信息存在 Anchors 文档中。这个文档包含了足够信息，可以用来判断一个链接被链入或链出的结点信息。

URL 分解器阅读 Anchors 文档，并把相对的 URL 转换成绝对的 URLs，并生成 doc ID，它进一步为 Anchor 文本编制索引，并与 Anchor 所指向的 doc ID 建立关联。同时，它还产生由 doc ID 对所形成的数据库。这个链接数据库用于计算所有文档的页面等级。

排序器会读取 barrels，并根据词的 ID 号列表来生成倒排挡。一个名为 DumpLexicon 的程序则把上面的列表和由索引库产生的一个新的词表结合起来产生另一个新的词表供搜索器使用。这个搜索器就是利用一个 Web 服务器、由 DumpLexicon 所生成的词表和上述倒排挡以及页面等级来回答用户的提问。

从 Google 的体系结构、搜索原理中可以看到，其关键而具有特色的一步是利用 URL 分解器获得 Links 信息，并且运用一定的算法得出了页面等级的信息，这采用的技术正是网络结构挖掘技术。作为一个新兴的搜索引擎，Google 正是利用这种对 WWW 的连接进行分析和大规模的数据挖掘技术，使其搜索技术略胜一筹。

　　Google 搜索的最大特色就体现在它所采用的对网页 Links 信息的挖掘技术上。实际上，网络信息挖掘是目前网络信息检索发展的一个关键。如通过对网页的聚类、分类，实现网络信息的分类浏览与检索；同时，通过用户所使用的提问式的历史记录的分析，可以有效地进行提问扩展，提高用户的检索效果（查全率，查准率）；另外，运用网络内容挖掘技术改进关键词加权算法，提高网络信息的标引准确度，从而改善检索效果。

10.5　信　息　应　用

10.5.1　网络环境下的信息资源开发利用

1．开发利用的目标

　　信息资源开发利用的战略目标应为，符合我国科技信息事业发展的状况，遵循信息资源开发与利用的规律，不断提高信息资源开发与利用的程度。不断发展完善具有我国信息资源发展特点的软件，建成有自己特色的大型数据库，实现国内信息资源的共享。在完善信息资源网络和实现信息资源共享的基础上，积极参与国际信息资源建设的竞争，实现全球资源共享。

2．信息资源开发利用应遵循的原则

　　（1）要客观冷静地分析经济实力及信息资源开发能力、加工速度、利用程度等，任何方案的制定应符合客观实际。

　　（2）由于信息资源的多元化，不同时期的信息资源呈现出不同的特点，因此，信息资源的开发与利用应加强针对性。

　　（3）网络环境下的信息资源分两部分，一是印刷型，二是非印刷型。它们相互依存、相互补充，构成了网络环境下信息资源体系。

　　（4）从管理学的角度看，人本原理、系统原理和效果原理是任何一种管理都必须遵循的三大原理。人本原理和系统原理是管理的保障，而效益原理是管理的出发点和归宿，提高效益是管理的根本目的。

3．信息资源开发利用的形式

　　（1）根据原始信息资源编制的有关书目、索引，为一级开发；根据信息资源编制文摘或资料，为二级开发；根据收集到的信息建立全文数据库或系统档，为三级开发；对信息资源进行专题分析、综述，为四级开发。

　　（2）信息资源的题名、责任者、国际标准书号、分类号、题词等信息资源开发点和利用主点，成为从不同角度但又相互配套的系列研究产品。形成了信息资源开发与利用的多视角，系列开发还应该包括对某一用户进行连续不断的信息服务。

　　（3）各信息资源部门之间、科研机构之间、企业之间、与其他行业之间以及跨行业跨部门之间的合作，是确保信息资源开发工作向纵深方向发展的基本保证，也是提高信息资源利用率的前提。

4. 信息资源优化整合与开发利用的具体建议

（1）建立机构，统一规划指导

建立一个统一性信息资源管理的职能机构，负责整体信息资源建设、布局、共享及优势互补的总体规划，组织实施信息资源的合理配置、优化整合及开发利用，对信息化、自动化、网络化建设和发展等进行统一规划和指导。

（2）规划目标，分工协作

从全局出发，制定有关信息资源优化整合与开发使用、共建共享和发展方向的规划目标，用这一规划对信息资源建设进行统一管理、统一协调，最终建立起多级的信息资源保障体系。按照分工的原则，各级组织机构负责各级的信息资源开发与利用。

（3）制定有关的标准和规范

建设有大到知识产权、小到信息加工的标准，做到有章可循；使信息资源的开发与利用有一整套法规法令、标准规范。

（4）多种渠道，增加投入

网络环境下信息资源数据库建设是首要任务，应更多地增加专项资金投入。在加大投入的同时，可根据数据库类型和规模的不同，利用社会集资或机构内部匹配资金，有计划地建设各种数据库。

（5）加强队伍建设，提高专业人员的素质

必须造就一大批懂信息资源管理，掌握计算机技术的复合型人才。要系统学习各种理论，运用理论指导实践；不仅能熟练使用计算机，掌握外语、网络、国内和国际联机检索及网络技术，而且还要有网络维护、开发软件的能力，因此，要进一步加强在职人员的业务培训，从整体上提高从业人员的业务素质和工作能力。

（6）信息资源共建共享

信息资源的优化整合与开发利用必须走合作开发之路。利用整体的智慧、资金、人才，采取共建策略，是实现网络环境下信息资源优化整合与开发利用的唯一出路。

10.5.2 数字图书馆

1. 数字图书馆概述

所谓数字图书馆，就是利用现代信息技术对有高度价值的图像、文本、语音、音响、影像、影视、软件和科学数据库等多媒体信息进行收集，组织规范性的加工和压缩处理，使其转化为数字信息，然后通过计算机技术进行高质量保存和管理，实施知识增值，并通过网络通信技术进行高效、经济地传播、接收，使人们可以在任何时间、任何地点都能从网上得到各种服务，为公民的终身学习做出贡献，成为国家的知识基础设施。同时数字图书馆工程建设还包括知识产权、存取权限、数据安全管理，加强研究机构、商业机构、政府和教育团体之间的联系与合作等内容。

数字图书馆在概念上存在多种解释，这从一个侧面证明了它是一个新生事物。

"数字图书馆"一词源于 1993 年由美国国家科学基金会（NSF）、美国国防部尖端项目研究机构（DARPA）、国家航空与太空总署（NASA）联合发起的数字图书馆创始工程（digital library initiative）。以后"数字图书馆"一词迅速被全球计算机学界、图书馆界及其他相关领域所使用。

通俗地讲，数字图书馆就是数字化的信息资源库（或者叫信息数据库），它应有以下几个特性：

（1）分散的，但在统一的标准下建设；

（2）可以在统一的网络平台上运行；

（3）可以不断扩展。

2．数字图书馆的类型

（1）未来的数字图书馆

"当你想重新温习一下《红楼梦》的时候，你只需进入图书馆的网址，找到《红楼梦》并选择下载，这时你就可以在家享受这本书了。而当你想到图书馆借书时，你会发现在图书馆你拿到的会是一张光盘，里面有你需要的图书。把图书变成数字形式，从而最大化地挖掘图书的利用率是数字图书馆建设的原因。"这席话是中国数字图书馆发展战略组组长、数字图书馆国际论坛常务副主席徐文博说的。

徐文博说："数字资源是人类社会的共同财富，将成为 21 世纪人类社会发展最重要的战略资源。数字图书馆国际论坛的宗旨就是要在中外相关企业界、学术界和政府之间搭建一个相互交流的平台。通过交流和研讨，吸取国外先进科研成果和经验，促进我国数字资源建设的技术创新和体制创新。"

有代表性的数字图书馆是考虑到用户使用实体图书馆的习惯或体验来设计其导航系统的，如目录系统、参考咨询台、按主题排列的数字化工具书、阅览室或馆藏资源等。

（2）国外数字图书馆

国外数字图书馆大致可有如下类型：

① 以传统期刊的对应电子版为主体；

② 书目服务服务器；

③ 联合体结构；

④ 电子出版物存储器。

上述各种数字图书馆在类型的划分上并不都是单一的，不少数字图书馆实际上采用了程度不等的混合形式，如既采用集中处理电子产品的办法，也提供书目式工具联结各地的资源；或者将 NCSTRL 式的开放且可扩充的结构与存储库式的集中管理结合起来，使许多地方馆藏得以挖掘和利用。

国外目前数字图书馆计划和项目大致可分为 3 种类型：技术主导型、资源主导型和服务主导型。

3．数字图书馆的应用

（1）数字图书馆的结构

无论计算机技术怎样发展，网络结构多么复杂，图书馆信息服务的基本模型始终如一，这就是"信息源—图书馆—读者"构成的三角架构，图书馆充当一个知识整理的中间人的角色。计算机与网络的出现使图书馆的信息服务能够更为全面、及时、准确和高效，数字图书馆技术在各个环节上加固了这种模型，使信息社会中图书馆的作用和效益发挥到极限。数字图书馆基本结构如图 10.14 所示。

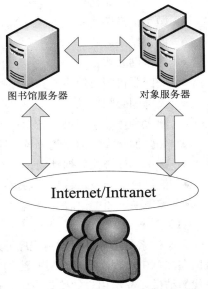

图 10.14　数字图书馆基本结构图

在图 10.14 中，图书馆服务器的作用是负责管理目录数据的索引和查询，对象服务器负责管理数字化数据，是信息源，可以由图书馆设立。它们与读者构成三角形结构。读者通过广域网发出查询请求，经 Web 服务器处理后传递给图书馆服务器（类似于查询目录卡），图书馆服务器将查询结果通知对象服务器并由对象服务器取出，最终将结果送达读者，这就实现了数字图书馆对象数据的发布。

（2）国内外图书馆网络

国内数字图书馆有：

- 清华大学图书馆；
- 北京高校网络图书馆；
- 中国期刊网；
- 北京市公共图书馆信息服务网络；
- 国家图书馆；
- 中国科学院文献情报中心；
- 超星数字图书馆；
- 北京大学图书馆；
- 中国教育与科研技术网；
- 中国高等教育文献保障系统；
- 书生之家；
- 西安交通大学数字图书馆园地；
- 上海交通大学数字图书馆；
- 上海数字图书馆。

国外数字图书馆有：

- 美国数字图书馆电子杂志；
- 美国数字图书馆联盟；
- 国际图书馆协会联合会；
- 数字信息杂志；
- 图书馆杂志；
- 万维网联盟；
- 美国联机图书馆中心；
- 美国国会图书馆；
- 澳大利亚数字图书馆计划；
- 美国加州大学伯克利分校数字图书馆；
- 都柏林核心元数据计划；
- 信息科学与技术数字图书馆；
- 英国国家图书馆。

（3）图书全文检索

全文检索是指计算机索引程序通过扫描文章中的每一个词，对每一个词建立一个索引，指明该词在文章中出现次数和位置，当用户查询时，检索程序就根据事先建立的索引进行查找，并将查找的结果反馈给用户的检索方式。这个过程类似于通过字典中的检索字表查字的过程。

全文检索的方法主要分为按字检索和按词检索两种。按字检索是指对于文章中的每一个都建立索引，检索时将词分解为字的组合。对于各种不同的语言而言，各有不同的含义，比如英文中字与词实际上是合一的，而中文中字与词有很大区别。按词检索指对文章中的词，即语义单位建立索引，检索时按词检索，并且可以处理同义项等。

全文检索系统是按照全文检索理论建立起来的用于提供全文检索服务的软件系统。一般来说，全文检索需要具备建立索引和提供查询的基本功能，此外现代的全文检索系统还需要具有方便的用户接口、面向 WWW 的开发接口、二次应用开发接口等。功能上，全文检索系统核心具有建立索引、处理查询返回结果集、增加索引、优化索引结构等功能，外围则由各种不同应用具有的功能组成。结构上，全文检索系统核心具有索引引擎、查询引擎、文本分析引擎、对外接口等，加上各种外围应用系统等共同构成了全文检索系统。

4. 超星数字图书馆及其检索

（1）概况及特点

北京世纪超星信息技术发展有限责任公司成立于 1993 年，长期致力于纸张图文资料数字化技术及相关应用与推广，是国内外数字图书馆和档案自动化方面最重要的整体解决方案提供商和图文资料数字化加工服务商，是国内数字图书资源最丰富的商业化数字图书馆和加工能力最强的纸张资料数字化加工中心。2000 年 1 月，超星数字图书馆正式开通，标志着世纪超星全面转向基于 Internet 的数字图书业务。

超星数字图书馆是国家"863"计划中数字图书馆示范工程项目，由北京世纪超星信息技术发展有限责任公司投资兴建，以公益数字图书馆的方式对数字图书馆技术进行推广和示范。图书馆设文学、历史、法律、军事、经济、科学、医药、工程、建筑、交通、计算机和环保等几十个分馆，目前拥有数字图书十多万种。每一位读者下载了超星阅览器（SSReader）后，即可通过 Internet 阅读超星数字图书馆中的图书资料。凭超星读书卡可将馆内图书下载到用户本地计算机上进行离线阅读。主用阅读软件超星图书阅览器是阅读超星数字图书馆藏图书的必备工具，可从超星数字图书馆网站免费下载，也可以从世纪超星公司发行的任何一张数字图书光盘上获得。

由北京世纪超星信息技术发展有限责任公司倡导的图文资料数字化技术以及超星读书卡等相关的一整套数字图书馆技术解决方案和商务应用方案已成功应用于广东省中山图书馆、国家知识产权局、美国加州大学圣地亚哥分校等国内外 500 多家单位，成为中国乃至全世界数字图书馆建设的基本模式之一。

超星经过多年研发，已经拥有了成熟的整套图书馆数字化解决方案，不仅占据了国内图书馆市场的理想份额，也开始跻身于世界图书馆数字化进程的领跑者行列。美国加州大学图书馆管理专家评价说："就技术和规模而言，超星数字图书馆系统已在全世界居于领先地位，与之相比，美国至少要落后五年。"短短一年的时间，超星图书馆数字化方案已在国内外 500 多家单位获得应用。

（2）超星数字图书馆的功能及超星预览器

① 超星数字图书馆的功能。超星数字图书馆具有丰富的电子图书资源提供阅读，其中包括文学、经济、计算机等五十余大类，40 多万册电子图书，全文数据总量 15 000GB，大量免费电子图书。专为数字图书馆设计的 PDG 电子图书格式，具有很好的显示效果，适合在 Internet 上使用。超星阅览器是国内目前技术最为成熟、创新点最多的专业阅览器，具有电子图书阅读、资源整理、网页采集、电子图书制作等一些列功能。

图书不仅可以直接在线阅读，还提供下载和打印。多种图书浏览方式、强大的检索功能与在线找书专家的共同引导，帮助用户及时准确查找阅读到书籍。书签、交互式标注、全文检索等实用功能，让用户充分体验到数字化阅读的乐趣。24小时在线服务永不闭馆，只要上网你可随时随地进入超星数字图书馆阅读到图书，不受地域时间限制。

② 超星阅读器。超星阅读器是超星公司拥有自主知识产权的图书阅览器，是专门针对数字图书的阅览、下载、打印、版权保护和下载计费而研究开发的。用户可利用超星阅读器阅览网上由全国各大图书馆提供的、总量超过 30 万册的 PDG 格式数字图书，还可以阅读其他多种格式的数字图书。

超星阅览器具有文字识别、个人扫描功能。经过多年不断改进，超星阅览器现已发展到 4.0 版本，是国内外用户数量最多的专用图书阅览器之一。

5. 检索方法和检索实例

（1）单条件检索

利用单条件检索能够实现图书的书名、作者、出版社和出版日期的单项模糊查询。对于一些目的范围较大的查询，建议使用该检索方案。

查询实例：查询计算机学科中关于 asp 语言类图书，操作步骤如下。

第 1 步：在"简单检索"的"检索内容"对话框中敲入"asp"，在检索范围下拉菜单中选择想要查询的大类，单击"查询"图标。

第 2 步：查询结果显示出来后，从中选择感兴趣的图书，双击"阅读"按钮进入即可阅读。

（2）高级检索

利用高级检索可以实现图书的多条件查询。对于目的性较强的读者建议使用该查询。

查询实例：查询计算机学科中书名含有"asp"，作者为"章立民"，出版日期在 2004 年的图书。操作步骤如下。

第 1 步：单击"高级检索"，出现"高级检索"对话框。

第 2 步：在"高级检索"对话框书名一栏中输入"asp"，在检索范围下拉菜单中选择想要查询的大类，在"作者"对话框中输入"章立民"，在出版日期中输入"2004"，单击"检索"图标。

第 3 步：查询结果显示出来后，从中选择感兴趣的图书，双击"阅读"按钮进入即可阅读。

6. 超星数字图书馆实例操作

（1）进入超星数字图书馆站点，注册并下载安装超星图书阅览器。

第 1 步：进入站点。

进入超星数字图书馆站点（http://www.SSReader.com），单击进入超星数字图书馆的主界面，如图 10.15 所示。

第 2 步：下载并安装超星图书阅览器。

超星数字图书馆必须使用超星图书阅览器阅读和下载。由于超星全文采用 PDF 格式，要阅读超星电子图书的全文，必须首先下载浏览器。如果系统已有该浏览器，就不必重复下载，其下载方法是：

① 单击镜像站点"浏览器"；

② 在弹出的文件下载窗口中选择"在当前位置运行该程序"，然后单击"确定"按钮；

③ 在弹出的"安全警告对话框"中选择"是"按钮；

④ 系统会提示您是否继续安装超星阅览器，请选择"是"；

⑤ 这时会出现超星阅览器安装向导，请根据向导安装阅览器。

安装完阅览器后就可以进行数据库的检索和阅览了。

图 10.15　超星数字图书馆主界面

第 3 步：用户注册登录。

① 注册成为登录用户。

初次使用者可单击"注册"进行注册。进入注册页面，按照提示填入个人信息，填写完成后，单击"提交"按钮。此时，如果填写的个人信息合法，系统将提示"注册成功，通过邮箱激活"。

② 激活后返回到主页，在用户登录栏中填入注册成功的用户名和密码。单击"登录"按钮，成为注册用户。

（2）超星图书阅览器检索。

具体步骤如下。

第 1 步：打开超星阅览器。

在地址栏中输入：http://www.SSReader.com，进入图书馆网站，单击"读书"进入超星浏览器页面，如图 10.16 所示。

第 2 步：移动鼠标使列表分类展开，如图 10.17 所示。选择类目单击即可进入该项分类，如图 10.18 所示。

第 3 步：依次单击分类前"+"号，是类目进行逐层展开。例如，单击"计算机应用"前"+"号，使列表分类展开，如图 10.19 所示。

图 10.16　超星阅读器主界面

图 10.17　列表分类展开图

图 10.18　计算机应用类图书　　　　　　　　图 10.19　计算机应用类展开图

第 4 步：单击选择一类图书，该类图书全部集中到这个栏目中。例如，单击"计算机辅助设计"，如图 10.20 所示。

图 10.20　计算机辅助设计类图书

第 5 步：选择一个图书单击书名，阅览器自动跳转到新窗口并显示该书信息。例如，单击"计算机辅助设计与应用"，窗口显示该书信息，如图 10.21 所示。

图 10.21　《计算机辅助设计技术与应用》详细信息

（3）使用超星阅览器阅读图书。

单击"图书搜索"按钮，按书名的关键词查找需要的相关图书。从资源中选择图书阅读。操作步骤如下。

第 1 步：单击"阅读地址"打开该书，如图 10.22 所示。

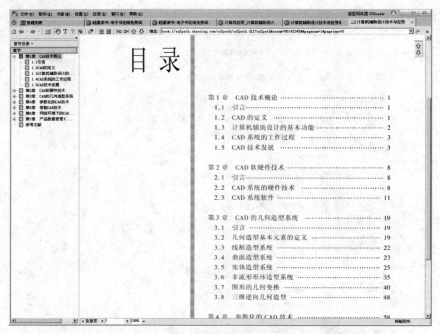

图 10.22　图书目录

第 2 步：在目录列表中选择章节进行阅读，在阅读时可以通过悬浮在页面上的箭头向前或向后翻页，在同一页中可以单击上下左右的滚动条移动页面。如果觉得字体大小不合适，则可通过单击浏览器底部显示百分比来调节字体大小。

如果需要把电子书中的某段文字引用到自己的文章中，则可单击工具条上"T"按钮，然后再所需文字上按住鼠标左键拖拉，通过选择、复制和粘贴就可以将这段文字插入自己的文章中，如图 10.23 所示。

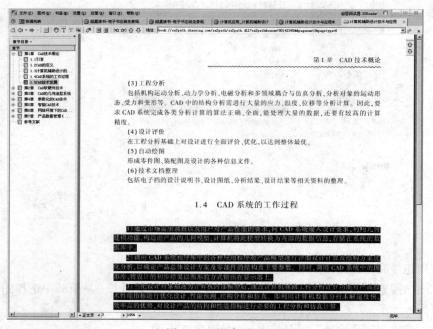

图 10.23　文章引用

习　题

1. 信息检索的一般步骤是什么？
2. 信息检索的方法有哪些？
3. 搜索引擎的使用技巧有哪些？
4. 信息资源优化整合与开发利用有哪些要求？
5. 以超星数字图书馆为例练习数字图书馆的使用。

第11章
信息安全与管理

随着计算机应用的日益普及，带来了许多社会问题，如：沉迷网络游戏和聊天、黄色网站和虚假信息、传播病毒、黑客入侵、网络攻击、信息窃取、利用计算机金融犯罪、网上信誉、网络犯罪等，其中计算机信息安全问题尤为突出，成为全社会共同关注的焦点。本章对计算机的安全与管理做一些简单介绍。

11.1 信息安全的基本概念

11.1.1 计算机信息安全

1. 计算机信息的基本概念

信息是经过加工的数据，它能够对接受信息者的行为产生影响，数据是构成信息的原始材料。信息的基本属性有可复制性、共享性、时效性、存储性和保密性等。

计算机信息系统是指由计算机及其相关的配套设备、设施（含网络）构成的，并按照一定的应用目标和规则对信息进行处理的人机系统。这里的规则是指对信息的内容、格式、结构和处理制定的约束机制；处理形式有采集、加工、存储、传输和检索等；处理设备有计算机、存储介质、传输通道；人机是指人机交互。

由此可见，计算机信息系统是一个人机系统，基本组成有3部分：计算机实体、信息和人。

计算机实体即计算机硬件体系结构，主要包括：计算机硬件及各种接口、计算机外部设备、计算机网络、通信设备、通信线路和通信信道。

信息的主要形式是文件，它包括：操作系统、数据库、网络功能、各种应用程序等。计算机实体只有和信息结合成为计算机信息系统之后才有价值。计算机实体是有价的，信息系统是无价的，客观存在的损害往往会造成难以弥补的损失。

人是信息的主体。信息系统以人为本，必然带来安全问题。在信息系统作用的整个过程中：信息的采集受制于人、信息的处理受制于人、信息的使用受制于人、人既需要信息又害怕信息、信息既能帮助人又能危害人。人机交互是计算机信息处理的一种基本手段，也是计算机信息犯罪的入口。

2. 计算机信息安全的范畴

计算机信息系统安全主要包括：实体安全、运行安全、信息安全和人员安全。

（1）实体安全

在计算机信息系统中，计算机及其相关的设备和设施（含网络）统称为计算机信息系统的"实体"。实体安全是实体免遭破坏的措施或过程。破坏因素主要有：人为破坏、雷电、有害气体、水灾、火灾、地震和环境故障。计算机实体安全的防护是防止信息威胁和攻击的第一步，也是防止对信息威胁和攻击的天然屏障。

（2）运行安全

运行安全是指信息处理过程中的安全。系统的运行安全检查是计算机信息系统安全的重要环节，以保证系统能连续、正常地运行。

（3）信息安全

信息安全是指防止信息财产被故意地和偶然地非法授权、泄漏、更改、破坏或使信息被非法系统识别、控制。信息安全的目标是保证信息保密性、完整性、可用性和可控性。

（4）人员安全

人员安全主要是指计算机使用人员的安全意识、法律意识和安全技能等。除少数难以预知、不可抗拒的天灾外，绝大多数灾害是人为的。由此可见人员安全是计算机信息系统安全工作的核心因素。人员安全检查主要是法规宣传、安全知识学习、职业道德教育和业务培训等。

11.1.2　计算机信息面临的威胁

计算机信息系统本身的缺陷和人类社会存在的利益驱使，不可避免地存在对计算机信息系统的威胁。只有知道这种威胁来自何方，才能进行有效地防范。

1．计算机信息的脆弱性

计算机本身的脆弱性是计算机信息系统受到攻击威胁的主要原因。计算机本身的脆弱性使其防御能力薄弱、被非法访问而无任何痕迹、各种误操作而遭受破坏。认识计算机脆弱性是提高计算机信息系统安全的前提。计算机信息系统的脆弱性可从以下几个环节来分析。

（1）信息处理环节中存在的不安全因素

信息处理环境的脆弱性存在于：数据输入——数据通过输入设备进入系统，输入数据容易被篡改或输入假数据；数据处理——数据处理部分的硬件容易被破坏或盗窃，并且容易受电磁干扰或自身电磁辐射而造成信息泄漏；数据传输——通信线路上的信息容易被截获，线路容易被破坏或盗窃；软件——操作系统、数据库系统和程序容易被修改或破坏；数据输出——输出信息的设备容易造成信息泄漏或被窃取；存取控制——系统的安全存取控制功能还比较薄弱。

（2）计算机信息自身的脆弱性

信息系统自身的脆弱性是因为体系结构存在先天不足，在短期内无法解决，其主要有以下几种。

① 计算机操作系统的脆弱性：操作系统的不安全性是信息不安全的重要原因。操作系统的程序是可以动态连接的，包括 I/O 的驱动程序与系统服务，都可以用打补丁的方式进行动态连接。这种方法合法系统可用，黑客也可以用。

② 计算机网络系统的脆弱性：网络协议建立时，基本没有考虑安全问题。ISO7498 只是在后来才加入了 5 种安全服务和 8 种安全机制，TCP/IP 协议也存在类似的问题，Internet/Intranet 出现，使安全问题更为严重。TCP/IP 提供的 FTP、TELNET、E-mail、NFS、RPC 都存在漏洞。通信网络也存在弱点，通过未受保护的线路可以访问系统内部，通信线路可以被搭线窃听和破坏。

③ 数据库管理系统的脆弱性：数据库管理系统安全必须与操作系统的安全级别相同。

（3）其他不安全因素

在信息处理方面也存在许多不安全因素，使计算机信息系统表现出种种脆弱性，主要存在以下几个方面。

① 存储密度高。在一张光盘或一个优盘，甚至一个移动硬盘中可以存储大量信息，容易放在口袋中带出去，容易受到意外损坏或丢失，造成大量信息丢失。

② 数据可访问性。数据信息可以很容易地被拷贝下来而不留任何痕迹。

③ 信息聚生性。信息系统的特点之一，就是能将大量信息收集在一起进行自动、高效地处理，产生很有价值的结果。当信息以分离的小块形式出现时，它的价值往往不大，但当大量信息聚集在一起时，信息之间的相关特性，将极大地显示出这些信息的重要价值。信息的这种聚生性与其安全密切相关。

④ 保密困难性。计算机系统内的数据都是可用的，尽管可以设许多关卡，但对一个熟悉计算机的人来说，获取数据并非很难。

⑤ 介质的剩磁效应。计算机大多数存储介质属于磁介质，所有磁介质都存在剩磁效应的问题，保存在磁介质中的信息会使磁介质不同程度地永久性磁化，所以磁介质上记载的信息在一定程度上是抹除不净的，使用高灵敏度的磁头和放大器可以将已抹除信息的磁盘上的原有信息恢复出来，一旦被利用，容易泄密。

⑥ 电磁泄漏。计算机设备工作时能够辐射出电磁波，一些专业人员都可以借助仪器设备在一定的范围内收到它，尤其是利用高灵敏度仪器可以清晰地看到计算机正在处理的机密信息。

2. 信息系统面临的威胁

计算机信息系统面临的威胁主要来自自然灾害构成的威胁、人为和偶然事故构成的威胁、计算机犯罪的威胁、计算机病毒的威胁和信息战的威胁等。

自然灾害构成的威胁有火灾、水灾、风暴、地震破坏、电磁泄漏、干扰和环境（温度、湿度、振动、冲击、污染）的影响。据有关方面调查，我国不少计算机机房没有防雷、避雷措施，如无防雷接地，每年夏天有很多计算机遭遇雷击，受到很大的损失。

人为或偶然事故构成的威胁有如下几方面。

（1）硬、软件的故障引起安全策略失效。

（2）工作人员的误操作使系统出错，使信息严重破坏或无意地让别人看到了机密信息。

（3）自然灾害的破坏。

（4）环境因素的突然变化，如高温或低温、各种污染破坏了空气洁净度，电源突然断电或冲击造成系统信息出错、丢失或破坏。

计算机犯罪的威胁是指利用暴力和非暴力形式，故意泄露或破坏系统中的机密信息，以及危害系统实体的不法行为对个人、社会造成的危害。暴力是对计算机设备和设施进行物理破坏；非暴力是利用计算机技术及其他技术进行犯罪。

计算机病毒的威胁是指遭受为达到某种目的而编制的，且有破坏计算机或毁坏信息的能力、自我复制和污染能力的程序的攻击。我国 90%的局域网，曾遭受过病毒的侵袭，比西方国家约 50%的病毒感染率高出许多。例如，1996 年夏，武汉证券所的 Netware 网络受"夜贼"（Byrglar）DOS型病毒的袭击。影响双向卫星通信，接着造成网络瘫痪，仅当天直接经济损失达 500 多万元。病毒的威胁主要是指计算机本身的薄弱性带来的。本章第 2 节将进一步讨论计算机病毒。

信息战的严重威胁是指为保持自己在信息上的优势，获取敌方信息并干扰敌方的信息系统，同时保护自己的信息系统所采取的行动。现代信息技术在军事上的运用称为信息武器即第 4 类战略武器。信息武器大体分为 3 类：具有特定骚扰或破坏功能的程序，如计算机病毒；具有扰乱或迷惑性能的信息信号；具有针对性信息擦除或干扰运行的噪声信号。2010 年夏季，由于一个程序错误，美国与以色列专家研制的一个蠕虫病毒"震网"意外脱离伊朗纳坦兹核电站，而散播到全世界的 Internet 系统。即使这个事件导致美国网络战计划泄露天机，奥巴马总统也没有改变这个加快进攻的决定。因为有证据显示美国攻击确实造成伊朗核设施不断遭到破坏，奥巴马决定继续进行网络战。在接下来数周内，伊朗纳坦兹核电站被一波又一波的"病毒"击中。在这次连环攻击的末期，伊朗近 1 000 个用于铀浓缩的离心机一度瘫痪。日前被炒得沸沸扬扬的"火焰"病毒，也是来自美国人之手。

11.1.3　计算机信息安全防范技术

信息安全体系就是要将有非法侵入信息倾向的人与信息隔离开。计算机信息安全体系保护分 7 个层次：信息，安全软件，安全硬件，安全物理环境，法律、规范、纪律；职业道德和人，如图 11.1 所示。其中最里层是信息本身的安全，人处于最外层，是最需要防范的。各层次的安全保护之间，是通过界面相互依托、相互支持的，外层向内层提供支持。信息处于被保护的核心，与安全软件和安全硬件均密切相关。

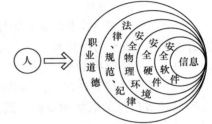

图 11.1　计算机信息系统
安全保护的逻辑层次

计算机信息安全保护主要包括两方面的内容：一是国家实施的安全监督管理体系；二是计算机信息系统使用单位自身的保护措施。无论哪一方面，实施计算机信息安全保护的措施都包括：安全法规、安全管理和安全技术。本节着重介绍计算机信息系统中有关实体安全、信息安全、运行安全的安全技术。

1．计算机信息的实体安全

（1）实体安全的主要内容

实体安全是指为了保证计算机信息系统安全可靠地运行，确保计算机信息系统在对信息进行采集、处理、传输、存储过程中，不至于受到人为或自然因素的危害，导致信息丢失、泄漏或破坏，而对计算机设备、设施、环境人员等采取适当的安全措施。

实体安全主要分为环境安全、设备安全和介质安全 3 个方面。

① 环境安全。计算机信息系统所有的环境保护，主要包括区域保护和灾难保护。

对计算机信息系统安全产生影响的环境条件包括很多方面，在国家标准 GB50173-93《电子计算机机房设计规范》、国家标准 GB2887-89《计算站场地技术条件》、国家标准 GB9316-86《计算机场地安全要求》中对有关的环境条件均作了明确的规定。

② 设备安全。计算机信息系统设备的安全保护主要包括设备的防毁、防盗、防止电磁信息辐射泄漏和干扰及电源保护等方面。

作为一个存放和处理重要信息的计算中心，必须安装报警设备、制定安全保护办法、安排夜间值班工作。

另外，电源质量的好坏也直接影响到计算机系统运行的可靠性。如何才能保证计算机系统的正常电力供应呢？普通的方法一般是设立保护装置。例如，不间断供电电源（UPS）能够提供高级的电源保护功能，特别对断电更具有保护作用。一旦供电中断，UPS 电源能利用自身的电池给计算机系统继续供电。连续工作的计算机设备（如服务器）应采用专用供电线路，还应创造条件，提供双电源；同一个计算机系统的各个设备的电源插头应该插入到同一条供电线路中；各个设备在开始工作时不要同时接通电源；另外，还应防止计算机房其他电子设备过重的噪声和电磁干扰。

③ 介质安全。计算机信息系统介质安全主要包括介质数据的安全及介质本身的安全。

对介质的安全保护，一方面是通过对介质本身的防盗、防霉、防毁等来保护存储在介质上的数据，另一方面就是通过直接对介质数据的安全删除和销毁，来防止被删除的或被销毁的敏感数据被他人恢复。

（2）实体安全的基本要求

实体安全的基本要求是：中心周围 100m 内没有危险建筑；设有监控系统；有防火、防水设施；机房环境（温度、湿度、洁净度）达到要求；防雷措施；配备有相应的备用电源；有防静电措施；采用专线供电；采取防盗措施等。

2. 信息安全技术

计算机信息安全技术是指信息本身安全性的防护技术，以免信息被故意地和偶然地破坏。主要有以下几个安全防护技术。

（1）加强操作系统的安全保护

由于操作系统允许多用户和多任务访问系统资源，采用了共享存储器和并行使用的概念，很容易造成信息的破坏和泄密，因此操作系统应该从以下几方面加强安全性防范，以保护信息安全。

用户的认证：通过口令和核心硬件系统赋予的特权对身份进行验证。

存储器保护：拒绝非法用户非法访问存储器区域，加强 I/O 设备访问控制，限制过多的用户通过 I/O 设备进入信息和文件系统。

共享信息不允许损害完整性和一致性，对一般用户只提供只读访问。所有用户应得到公平服务，不应有隐蔽通道。操作系统开发时留下的隐蔽通道应及时封闭，对核心信息采用隔离措施。

目前我国在操作系统方面的安全保护是非常差的，必须建立自主独立的操作系统平台，才能从根本上避免信息通过操作系统有意或无意地泄漏。

（2）数据库的安全保护

数据库是信息集中存放的场所。数据库系统是在操作系统支持下运行的，对数据库中的信息加以管理和处理的系统。在安全上虽然有了操作系统给予的一定的支持和保障，但信息最终是要与外界通讯的，数据库系统由于本身的特点，使操作系统不能提供完全的安全保障，因此还需要对其加强安全管理技术防范。数据库主要有以下几个安全特点。

数据库在存储的信息众多，保护客体存在多个方面，如文件、记录、字体，它们保护的程序和要求不同，数据库中某些数据信息生命周期较长，需要长期给予安全保护。

在分布广阔、开放网络的数据库系统中，用户多而分散，敌友混杂，安全问题尤为严重，数据库的语法和语义上存在缺陷，可能导致数据库安全受损。

需要防止通过统计数据信息推断出机密的数据信息，要严防操作系统违反系统安全策略，通过隐蔽通道传输数据。

根据上述数据库的安全性特点，要加强数据库系统的功能；构架安全的数据库系统结构，确保逻辑结构机制的安全可靠；强化密码机制；严格鉴别身份和进行访问控制，加强数据库使用管理和运行维护等。

（3）访问控制

访问控制是限制合法进入系统的用户的访问权限，主要包括：授权、确定存取权限和实施权限。访问控制主要是指存取控制，它是维护信息运行安全、保护信息资源的重要手段。访问控制的技术主要有：目录表访问控制、访问控制表和访问控制矩阵等。

（4）密码技术

密码技术是对信息直接进行加密的技术，是维护信息安全的有力手段。它的主要技术是通过某种变换算法将信息（明文）转化成别人看不懂的符号（密文），在需要时又可以通过反变换将密文转换成明文，前者称为加密，后者称为解密。

密码技术不仅是单机的信息安全技术，而且目前主要用于对用户通讯中的数据保护、存储中的数据保护、身份验证和数字签名等。在网络上有极其重要的应用价值和意义。

11.1.4 计算机网络安全技术

在计算机信息系统安全防护技术中网络安全技术相当重要。下面简单介绍有关网络安全的防护技术。

1. 身份认证技术

身份认证是对通信方进行身份确认的过程，用户向系统请求服务时要出示自己的身份证明。身份认证一般以电子技术，生物技术或电子技术与生物技术相结合来阻止非授权用户进入。常用的身份认证方法有口令认证法，基于"可信任的第三方"的认证机制和智能卡技术等。口令认证法是通信双方事先约定的一个认证凭据，比如 UserID 和 Password，根据对方提供的凭据是否正确来判断对方的身份，这是最常用的认证方式。为了使口令更加安全，可以使用一次性口令认证，通过加密口令或修改加密口令的方法来提供更为强壮的口令认证机制。"可信任的第三方"一般被称为 CA（Certification Authority）。CA 负责为用户注册证书和颁发证书，并保证其颁发的数字证书的有效性，以及当证书过期时宣布其不再有效。CA 执行用户或网络服务的安全确认。智能卡技术是密钥的一种形式，由授权用户所持有并由该用户赋予它一个口令或密码，该密码与网络服务器上注册的密码一致。一般来讲，身份认证往往和授权机制联系在一起，提供服务的一方，对申请服务的客户身份确认之后就需要向他授予相应的访问权限，规定客户可以访问的服务范围。

2. 防火墙

防火墙可以对内外网络或者内部网络的不同信任域之间进行隔离，使所有经过防火墙的网络通信接受设定的访问控制。目前，防火墙技术主要分为包过滤、应用级网关、代理服务器和状态监测等。包过滤防火墙是一种传统的访问控制技术，它是在网络层和传输层实现的。它根据分组包的源、宿地址、端口号、协议类型以及标志位来确定对分组包的控制规则，所有过滤依据的信息均源于 IP、TCP 或 UDP 的包头，数据包等信息首先进入防火墙，经过防火墙过滤后再进入目标网络。应用级网关型防火墙在网络应用层上建立协议过滤和转发功能。它针对特定的网络应用服务协议使用指定的数据过滤逻辑，并在过滤的同时对数据包进行必要的分析，实现过滤控制应用层通信的功能。代理服务器型防火墙使用一个软件包与中间节点连接，然后中间节点再与内部网络服务器直接相连，软件包完成客户程序代理服务功能。使用这种类型的防火墙，外部网络和内部网络之间不存在直接连接，而是通过防火墙连接和隔离。状态监测防火墙是新一代的防火墙技术，监视并记录每一个有效连接的状态，根据这些信息决定网络数据包是否允许通过防火墙。

3. VPN——数据加密通道

VPN（虚拟专网）技术是指在公共网络中建立专用网络，数据通过安全的"加密管道"在公共网络中传播。VPN 技术的核心是隧道技术，将专用网络的数据加密后，透过虚拟的公用网络隧道进行传输，建立一个虚拟通道，让两者感觉是在同一个网络上，可以安全且不受拘束地互相存取，从而防止敏感数据被窃。

4．数据加密

与防火墙配合使用的数据加密技术是为提高信息系统及数据的安全性和保密性，防止绝密信息被外部破坏所采用的主要技术手段之一。计算机网络的传输加密与通信加密类似，加密方式分为链路层加密、网络层加密、传输层加密和应用层加密等。链路层加密通常采用硬件在网络层以下的物理层或数据链路层上实现。链路加密对报文的每一个比特进行加密，不但对报文正文加密，而且对报文中的路由信息，校验和控制信息等全部加密。它使用专用的链路加密设备，或通过使用一些链路层 VPN 技术如 L2F、PPTP、L2TP 等起到点对点加密通信的效果。网络层加密通过网络层 VPN 技术来实现，最典型的就是 IPSec。网络层 VPN 也需要对原始数据包进行多层包装，但最终形成的数据包是依靠第三层协议来进行传输的，本质上是端到端的数据通信。传输层加密通道通常采用 SSL 技术，它介于应用协议和 TCP/IP 之间，为传输层提供安全性保证。应用层加密与具体的应用类型结合紧密，典型的有 SHTTP、SMIME 等。SHTTP 是面向消息的安全通信协议，可以为 Web 页面提供加密措施。SMIME 则是一种电子邮件加密和数字签名技术。

5．入侵检测系统

入侵检测技术通过在计算机网络或计算机系统的关键点采集信息进行分析，从中发现网络或系统中是否有违反安全策略的行为和被攻击的迹象。入侵检测系统（IDS，Intrusion Detection System）一般分为基于主机的、基于网络的和基于网关的入侵检测系统。基于主机的入侵检测系统（HIDS）通过监视与分析主机的审计记录来检测入侵。能否及时采集到审计是这些系统的弱点之一，入侵者会将主机审计子系统作为攻击目标以避开入侵检测系统。基于网络的入侵检测系统通过在共享网段上对通信数据的侦听采集数据，分析可疑现象。这类系统不需要主机提供严格的审计，对主机资源消耗少，并可以提供对网络通用的保护而无需顾及异构主机的不同架构。基于网关的入侵检测系统将新一代的高速网络与高速交换技术结合起来，通过对网关中相关信息的提取提供对整个信息基础设施的保护。

6．入侵防御系统

从功能上来看，IDS 是一种并联在网络上的设备，绝大多数 IDS 系统都是被动的，只能被动地检测网络遭到了何种攻击，阻断攻击能力非常有限，一般只能通过发送 TCP reset 包或联动防火墙来阻止攻击。也就是说，在攻击实际发生之前，它们往往无法预先发出警报。入侵防御系统（IPS，Intrusion Prevention System，也可称为 IDP）则是一种主动积极的入侵防范，阻止系统，旨在预先对入侵活动和攻击性网络流量进行拦截，避免其造成任何损失，而不是简单地在恶意流量传送时或传送后才发出警报。它部署在网络的进出口处，当它检测到攻击企图后会自动地将攻击包丢掉或采取措施将攻击源阻断。入侵防御系统一般分为基于主机的，基于网络的和基于应用的入侵防护系统。基于主机的入侵防护系统（HIPS）通过在主机/服务器上安装软件代理程序，防止网络攻击入侵操作系统以及应用程序，从而保护服务器的安全弱点不被不法分子所利用。HIPS 与具体的主机/服务器操作系统平台紧密相关，不同的平台需要不同的软件代理程序。基于网络的入侵防护系统（NIPS）通过检测流经的网络流量提供对网络系统的安全保护。由于它采用在线连接方式，所以一旦辨识出入侵行为就可以取消整个网络会话，而不仅仅是复位会话。同样由于实时在线，NIPS 需要具备很高的性能，以免成为网络的瓶颈，因此通常被设计成类似于交换机的网络设备，提供线速吞吐速率以及多个网络端口。基于应用的入侵防护系统（AIP）是把基于主机的入侵防护扩展成为位于应用服务器之前的网络设备。AIP 被设计成一种高性能的设备，配置在应用数据的网络链路上。

7. 反病毒技术

从反病毒技术的发展逻辑讲，早期 DOS 操作系统的简单性导致了计算机病毒也相对简单，病毒一般只会感染文件或引导区，针对病毒的这种情况就出现了特征码杀毒技术。由于安全性较高和界面友好的 Windows 操作系统的出现，人们更加依赖电脑，这时，病毒也开始进化，变得更复杂，于是反病毒产品中出现了实时监控系统。CIH 病毒技术成熟后，越来越多的病毒作者开始编写能破坏硬件的病毒，而 CIH 病毒本身也出现了多个版本。为了解决杀毒的善后问题，反病毒产品中就又融合进了硬盘备份恢复系统，在用户硬盘受到毁灭后仍能恢复关键数据。后来邮件病毒产生了，大量的垃圾邮件使人们的工作受到了很大的影响。为了对付这种情况，邮件系统出现了，它会在人们收邮件的时候直接对邮件进行扫描，只要发现病毒就会直接删除病毒邮件。网络的发展使得黑客攻击变得普遍，于是，反病毒产品中就又融合了能够防止黑客的个人防火墙功能。反病毒产品就是这样根据病毒的发展一步步地进行功能融合，造就了今天多功能融合的产品。

11.2　计算机病毒

11.2.1　计算机病毒的概念

计算机病毒（Computer Viruses）对计算机资源的破坏是一种属于未经授权的恶意破坏行为。

《中华人民共和国计算机信息系统安全保护条例》第二十八条对计算机病毒作了定义：计算机病毒是指编制或者在计算机程序中插入的破坏计算机功能或者破坏数据，影响计算机使用，并能自我复制的一组计算机指令或者程序代码。

近几年来，计算机病毒的种类不断增多，破坏性也越来越大，对计算机系统造成极大的干扰和破坏，使程序不能正常运行，数据被更改或摧毁，严重的甚至导致系统瘫痪。

有些计算机病毒隐藏在文件里，主要感染可执行文件（.COM 或.EXE）。当执行被感染的文件时，病毒也开始工作，并又向其他未感染的可执行文件传染。这类文件型病毒分为非常驻型病毒和常驻型病毒两种。

引导型病毒隐藏在引导区中，主要感染磁盘引导区和硬盘的主引导区。当开机工作时病毒也开始运行，比系统文件先调入主存。

网络型病毒是近几年来传播最广、最迅速、危害更大的计算机病毒。网络病毒的传播和攻击主要通过两个途径：用户邮件和系统漏洞。网络型病毒分为两种，一种是在浏览网页时传播到上网的计算机中，另一种以电子邮件作为载体，当用户收到邮件并打开邮件时病毒开始攻击计算机系统。这些病毒更隐蔽，破坏性更大。

病毒的传播途径主要通过 U 盘、光盘、网络来扩散，现在网络的连接范围日益扩大，通过网络传播的病毒可以在极短的时间内传遍世界各地。

11.2.2　病毒的特征

计算机病毒是一种人为编制的程序，它的主要特点如下。

1. 传染性

病毒程序一旦入侵计算机，总是会搜寻其符合传染条件的程序或存储介质，然后将自身代码插入其中以达到自我复制的目的，即具有传染性。搜寻的目标可能是可执行文件、Office 文件和系统的引导区，甚至是计算机的某种芯片（如 BIOS 所在的 E2ROM）等。U 盘、移动硬盘、光盘和网络是病毒程序传染的载体。一个文件不但可以被感染上单种病毒，也可以同时感染上数种不同的病毒。

2. 隐蔽性

感染了病毒的计算机，不经特殊手段检查很难发现病毒的存在，病毒程序由设计者编制得十分精练，大多数病毒的代码之所以设计得非常短小，也是为了隐蔽，有些病毒在不爆发时，甚至感觉不到它的存在，用户不会感到任何异常，这样的病毒危险性更大。

3. 潜伏性

计算机感染病毒后，病毒不一定立即爆发，但仍处于活动状态，还在继续向其他程序或计算机传播，病毒的这种状态称作是它的潜伏期，当病毒设计者制定的特定条件满足时该病毒才会被激活，开始造成破坏。例如，令计算机用户都十分憎恨的 CIH 病毒，在潜伏期内可以说毫无感觉。

4. 触发性

病毒发作往往需要一个激发条件，它可以是日期、时间、特定程序的运行或程序运行的次数等。如 CIH 病毒每年在 4 月 26 日发作，而一些邮件病毒在打开附件时发作。

5. 破坏性

计算机病毒在没有爆发时对计算机中的资源环境不会造成破坏，当病毒的激发条件满足时，就会运行病毒，此时就会对计算机的程序或数据造成破坏，破坏的范围和程度视病毒程序设计而定，有的仅干扰计算机的正常运行，降低计算机的运行速度，或出现一些文字提示和画面，有的则破坏程序和数据，或使系统瘫痪，给用户造成极大的损失。

6. 不可预见性

病毒相对于杀毒软件永远是超前的，从理论上讲，没有任何杀毒软件可以杀除所有病毒。

11.2.3 病毒的防护

采取防护措施是对付计算机病毒的积极而有效的办法，比等待计算机病毒出现后再去杀毒更能保护计算机系统。虽然会出现新病毒，但只要在思想上有反病毒的警惕性，再加上反病毒技术和管理措施，也可以使新病毒不能广泛传播。

采用的防护措施主要有以下几个。

（1）修补操作系统以及其捆绑的软件的漏洞。安装系统以及其捆绑的软件如 Internet Explorer、Windows Media Player 的漏洞安全补丁，以操作系统 Windows 为例 Windows NT 以及以下版本可以在 Microsoft Update 更新系统，Windows 2000SP2 以上，Windows XP 以及 Windows 2003 等版本可以用系统的"自动更新"程序下载补丁进行安装。设置一个比较强的系统密码，关闭系统默认网络共享，防止局域网入侵或弱口令蠕虫传播。定期检查系统配置实用程序启动选项卡情况，并对不明的 Windows 服务予以停止。

（2）安装并及时更新杀毒软件与防火墙产品。保持最新病毒库以便能够查出最新的病毒，如一些反病毒软件的升级服务器每小时就有新病毒库包可供用户更新。而在防火墙的使用中应注意到禁止来路不明的软件访问网络。由于免杀以及进程注入等原因，有个别病毒很容易穿过杀毒以及防火墙的双重防守，遇到这样的情况就要注意到使用特殊防火墙来防止进程注入，以及经常检查启动项服务。一些特殊防火墙可以"主动防御"以及注册表实时监控，每次不良程序针对计算机的恶意操作都可以实施拦截阻断。

（3）不要点来路不明连接以及运行不明程序。来路不明的连接，很可能是蠕虫病毒自动通过电子邮件或即时通讯软件发过来的，如 QQ 病毒之一的 QQ 尾巴，大多这样信息中所带连接指向都是些利用 IE 浏览器漏洞的网站，用户访问这些网站后不用下载直接就可能会中更多的病毒。另外不要运行来路不明的程序，如一些诱惑的文档名骗人吸引人去点击，点击后病毒就在系统中运行了。

11.3　计算机犯罪

11.3.1　计算机犯罪的定义

所谓计算机犯罪，是指各种利用计算机程序及其处理装置进行犯罪或者将计算机信息作为直接侵害目标的犯罪的总称。计算机犯罪一般是指采用窃取、篡改、破坏、销毁计算机系统内部的程序、数据和信息，从而实现犯罪目的。根据信息安全的概念，计算机犯罪事实上是信息犯罪。因此计算机犯罪是针对和利用计算机系统，通过非法的操作或其他手段，对计算机信息系统完整性、可用性、保密性或正常运行造成危害后果的行为。

利用计算机犯罪始于 20 世纪 60 年代末，20 世纪 70 年代迅速增长，20 世纪 80 年代形成威胁，成为社会关注的热点。我国根据计算机犯罪实际情况，截至 2001 年底，已经出台和修正了一系列关于计算机信息系统安全、惩处计算机违法犯罪行为等方面的法律、法规。

1997 年 3 月 14 日通过，于同年 10 月 1 日正式实施的新《中华人民共和国刑法》将计算机犯罪纳入到刑事立法体系中。新刑法中定义计算机犯罪的两种形式是：一类是以计算机作为工具，利用计算机技术和知识进行犯罪（刑法第 287 条）；另一类是将计算机信息作为犯罪对象，针对信息进行犯罪（刑法第 285 条和第 286 条）。新刑法根据侵害计算机信息结果发生的过程，对禁止非法接触、破坏和滥用计算机信息这 3 个环节进行法律保护，并在这 3 个方面对计算机犯罪也作了具体的规定。

在禁止非法接触计算机信息方面，刑法增加了第 285 条规定了非法侵入计算机信息系统罪："违反国家规定，侵入国家事务、国防建设、尖端科学技术领域的计算机信息系统的，处三年以下有期徒刑或者拘役。"

在破坏计算机信息系统方面，刑法第 286 条规定："违反国家规定，对计算机信息系统功能进行删除、修改、增加、干扰，造成计算机信息系统不能正常运行，后果严重的，处五年以下有期徒刑或拘役；后果特别严重的，处五年以上有期徒刑。违反国家规定，对计算机信息系统中存储、处理或者传输的数据和应用程序进行删除、修改、增加的操作，后果严重的，依照前款的规定处罚。故意制作、传播计算机病毒等破坏性程序，影响计算机系统正常运行，后果严重的，依照第一款的规定处罚。"

在禁止非法滥用计算机信息方面，刑法第 287 条规定："利用计算机实施金融诈骗、盗窃、贪污、挪用公款、窃取国家秘密或者其他犯罪的，依照本法有关规定定罪处罚。"

1994 年 2 月 18 日，公安部颁布了《中华人民共和国计算机信息系统安全保护条例》。这是我国第一部计算机安全法规，是我国计算机安全工作的总纲领。

1996 年 2 月 1 日国务院颁布并施行《中华人民共和国计算机信息网络国际联网管理暂行规定》；1997 年 12 月 11 日国务院批准，1997 年 12 月 30 日公安部颁布并施行《计算机信息网络国际联网安全保护管理办法》；1996 年 4 月 9 日原邮电部颁布并施行《计算机信息网络国际联网出入口信道管理办法》等相关法规，对计算机网络运行和使用进行了规范，有效防范计算机信息网络犯罪。

我国现有的法律、法规还存在不足，立法远远不能适应控制计算机犯罪的需要，现有的法律、法规经常在计算机违法犯罪面前显得软弱无力。造成这种局面的原因主要有几个方面：一是对计算机犯罪的认识不足，没有充分认识到计算机犯罪在我国的严重程度；二是计算机系统本身是一个高科技领域，这方面的犯罪不断出现新变化；三是计算机犯罪是高科技犯罪，防范困难，而易造成疏于防护。

11.3.2　计算机犯罪的类型

常见的计算机犯罪的类型有以下几种。

（1）非法入侵计算机信息系统。利用窃取口令等手段，渗入计算机系统，用以干扰、篡改、窃取或破坏。

（2）利用计算机实施贪污、盗窃、诈骗和金融犯罪等活动。

（3）利用计算机传播反动和色情等有害信息。

（4）知识产权的侵权：主要是针对电子出版物和计算机软件。

（5）网上经济诈骗。

（6）网上诽谤，个人隐私和权益遭受侵权。

（7）利用网络进行暴力犯罪。

（8）破坏计算机系统，如病毒危害等。

计算机违法犯罪的特点是行为隐蔽、技术性强、远距离作案、作案迅速，发展趋势非常迅速，危害巨大，发生率的上升势头前所未有，并且计算机违法犯罪具有社会化、国际化的特点。计算机犯罪其危害目的多样化，犯罪者年轻化，危害手段更趋隐蔽复杂，能不留痕迹地瞬间作案，并且转化为恶性案件的增多。

11.3.3　计算机犯罪的手段

计算机犯罪通常采用下列技术手段。

（1）数据欺骗：非法篡改数据或输入数据。

（2）特洛伊木马术：非法装入秘密指令或程序，由计算机实施犯罪活动。

（3）香肠术：从金融信息系统中一点一点地窃取存款，如窃取各户头上的利息尾数，积少成多。

（4）逻辑炸弹：输入犯罪指令，以便在指定的时间或条件下抹除数据文件或破坏系统的功能。

（5）陷阱术：利用计算机硬、软件的某些断点或接口插入犯罪指令或装置。

（6）寄生术：用某种方式紧跟享有特权的用户打入系统或在系统中装入"寄生虫"。

（7）超级冲杀：用共享程序突破系统防护，进行非法存取或破坏数据及系统功能。

（8）异步攻击：将犯罪指令掺杂在正常作业程序中，以获取数据文件。

（9）废品利用：从废弃资料或磁盘、磁带等存储介质中提取有用信息或进一步分析系统密码等。

（10）伪造证件：伪造信用卡、磁卡、存折等。

11.4　计算机职业道德

信息是最有价值的商业资源之一。先于竞争对手获取信息，并对信息进行分析、综合及评估的企业，都有可能在竞争中获得优势。当今企业集团，在对复杂事物作出决策时，若缺乏及时、准确的信息将成为公司生存和发展的严重障碍。信息技术（IT）系统的基本目标之一是高效率地将大量数据转换成信息和有用知识，但对于许多公司（包括一些 IT）而言，这些技术是非常昂贵的。为了使自身在竞争中处于有利地位，就会出现用非法手段来获取有益自己的信息或破坏竞争对手的信息，这种用计算机犯罪获取信息方式虽然受到法律的强制约束，但并非靠法律一种手段能彻底解决的。道德是法律行为规范的补充，但它是非强制性的，属自律范畴。

为推动我国 Internet 行业健康、有序地发展，在原信息产业部等国家有关部门的指导下，由中国 Internet 协会发起，经过反复修改，于 2002 年制订了《中国 Internet 行业自律公约》。该公约共 31 条，分别对我国 Internet 行业自律的目的、原则、Internet 信息服务、运行服务、运用服务、上网服务、网络产品的开发、生产以及其他与 Internet 有关的科研、教育、服务等领域从业者的自律事项等作了规定。

增强职业道德规范是计算机信息安全中的人员安全的一个重要内容。

11.4.1　职业道德的基本范畴

道德是社会意识形态长期进化而形成的一种制约，是一定社会关系下，调整人与人之间以及人和社会之间的关系的行为规范总和。计算机职业道德是指在计算机行业及其应用领域所形成的社会意识形态和伦理关系下，调整人与人之间、人与知识产权之间、人与计算机之间、以及人和社会之间的关系的行为规范总和。

在计算机信息系统形成和应用所构成的社会范围内，经过一定时间的发展，经过新社会形式的伦理意识和传统社会已有的道德规范的冲突、平衡、融合，形成了一系列的计算机职业行为规范。

11.4.2　计算机职业道德教育的重要性

当前计算机犯罪和违背计算机职业规范的行为非常普遍，已成为很大的社会问题，不仅需要加强计算机从业人员的职业道德教育，而且也要对每一位公民进行计算机职业道德教育，增强人们遵守计算机道德规范意识。这样不仅有利于计算机信息系统的安全，而且也有利于整个社会中的个体利益的保护。

计算机职业道德规范中一个重要的方面是网络道德。网络在计算机信息系统中起着举足轻重的作用。大多数"黑客"开始是出于好奇和神秘，违背了职业道德侵入他人计算机系统，从而逐步走向计算机犯罪的。

为了保障计算机网络的良好秩序、计算机信息的安全性，减少网络陷阱对青少年的危害，有必要启动网络道德教育工程。根据计算机犯罪具有技术型，年轻化的特点和趋势，这种教育必须从学校教育开始。道德是人类理性的体现，是灌输、教育和培养的结果。对抑制计算机犯罪和违背计算机职业道德现象，道德教育活动更能体现出教育的效果。

随着计算机应用的日益发展，Internet 应用的日益广泛，开展计算机职业道德教育是十分重要的。在西方国家网络道德教育已成为高等学校的教育课程，而我国在这方面还是空白，学生只重视学技术理论课程，基本不探讨计算机网络道德问题。在德育课上，所讲授的内容同样也很少涉及这一新领域。

11.4.3　信息使用的道德规范

根据计算机信息系统及计算机网络发展过程中出现过的种种案例，以及保障每一个法人权益的要求，美国计算机伦理协会总结、归纳了以下计算机职业道德规范，称为"计算机伦理十诫"，供读者参考。

（1）不应该用计算机去伤害他人。

（2）不应该影响他人的计算机工作。

（3）不应该到他人的计算机里去窥探。

（4）不应该用计算机去偷窃。

（5）不应该用计算机去做假证明。

（6）不应该复制或利用没有购买的软件。

（7）不应该未经他人许可的情况下使用他人的计算机资源。

（8）不应该剽窃他人的精神作品。

（9）应该注意你正在编写的程序和你正在设计系统的社会效应。

（10）应该始终注意，你使用计算机是在进一步加强你对同胞的理解和尊敬。

11.5　软件知识产权

计算机信息系统中的信息资源保护有两种：一种是防护来自未经授权者的恶意破坏和篡改计算机信息；另一种是针对计算机知识产权的保护，以防止被他人合法（利用产权人的保护意识淡薄及法律的疏漏）或非法（盗用）占用计算机信息。

《中华人民共和国著作权法》第一章第三条第八项明确指出计算机软件属于作品，第一章第二条指明"作品，不论是否发表，依照本法享有著作权"，即软件产品和书籍、音像制品一样有著作权，软件著作权和专利权一样，同属知识产权保护的范畴。新颁布的《计算机软件保护条例》明确指出"自然人的软件著作权，保护期为自然人终生及其死亡后 50 年，截止于自然人死亡后第 50 年的 12 月 31 日；软件是合作开发的，截止于最后死亡的自然人死亡后第 50 年的 12 月 31 日"。

计算机软件的研制工作量很大，特别是一些大型的软件，往往开发时要用几百人，用几年时间，且研制软件是高技术含量的复杂劳动，其成本非常高。一个软件，开发者要花费几年时间，辛辛苦苦研制，而盗版者在几分钟到十几分钟时间轻而易举就可非法拷贝获得，如果不严格执行知识产权保护法，制止未经许可的商业化盗用，任凭非法拷贝的盗版软件横行，势必严重侵犯软件研制者的合法权益，挫伤人们研制软件的积极性，使软件的知识产权得不到应有的尊重和保护，软件的真正价值不被人们所接受，谁还再去研制软件？计算机软件知识产权保护，关系到软件产业和软件企业的生存和发展，也是多年来软件工作者十分关注的重要问题。

　　为了防止软件非法拷贝，人们想出了各种加密措施：一种是使用加密软件对需要保护的软件加密；另一种方法是采用"加密狗"、加密卡等硬件，其加密可靠性较高，但成本也高了。但是，有加密软件，就有解密软件，有人为了对付非法拷贝，在软件中隐藏某种恶性的计算机病毒，一旦有人非法拷贝该软件，病毒就发作，破坏非法拷贝者硬盘上的数据，当然，这种用非法手段来对付非法行为的作法，是绝对不可取的。

　　由此可见，计算机软件知识产权保护已经成为必须重视和解决的一个社会问题。解决软件著作权保护问题的根据措施是制定和完善软件保护法规，并严格执行；同时，加大宣传力度，树立人人尊重知识、尊重软件著作权的社会风尚。

11.6　计算机日常使用与维护

　　计算机给我们的学习和娱乐带来了方便，但也带来了一些技术上的烦恼。计算机故障种类繁多，如果平时不注意维护和保养，问题可能会不断积累，计算机的状态不断恶化，以致最后爆发造成不必要的损失，使日积月累的数据丢失。因此，掌握一些必要的维护技巧对我们是非常必要的。在本章中，我们结合日常生活中的一些使用经验与技巧，为读者介绍一些计算机维护的基本方法。

　　计算机的日常维护是多方面的，包括定期的检查和平时的保养等。只有善待计算机，计算机才会更加稳定的工作。

11.6.1　良好的运行环境

　　计算机虽然是高度智能化的电子产品，但是环境对计算机寿命的影响却是不可忽视的。必须保持计算机有一个良好的运行环境，才能使计算机正常地工作。

1. 合适的温度和湿度

　　环境温度过高或过低，都是导致计算机故障甚至器件损坏的罪魁祸首。

　　家用计算机的工作环境标准温度范围，应维持在夏季 22±2℃至冬季的 16±2℃，一般情况下，环境温度以 19～22℃最为适宜。当室内温度到达 34℃以上并没有空调降温时最好不要长时间使用计算机，否则容易出现工作不稳定、重启、死机等故障现象。

　　另外，虽然温度过低对计算机中的高发热器件比较有利，但它却对硬盘、光驱中的电机、读写磁头及系统散热风扇轴承等机械部件的启动和运转有着相当大的影响，有的主板和内存在低于5℃的环境中使用极其不正常，因此，也应尽量避免计算机在过低温度下使用。

　　我国南方地区梅雨季节时的空气湿度是很大的，它会使计算机中的电器元件，尤其是带有较高工作电压的显示器，出现较为严重的故障。因此，在这种环境下使用的计算机应该保证每周至少要开机 3 小时以上，用计算机自身发出的热量来烘烤潮气，以减少和避免因潮湿而带来的故障。北方地区冬季的环境很干燥，看起来这似乎对计算机比较有利，但是，过于干燥容易产生静电，过高的静电又有可能会击穿半导体芯片，从而影响计算机的正常工作。因此，在北方地区冬季干燥环境中使用的计算机，除了要连接可靠的接地线以外，还可以考虑用加湿器来适当提高室内的环境湿度。

2. 正确摆放

　　计算机的摆放主要以使用者的操作方便、舒适、不易疲劳为准。如鼠标的活动空间要留充足，选取的计算机桌的高度和使用的座椅的高度要合适，一般桌子的高度以使用者坐下后手臂能自然平放在键盘上为宜。主机、显示器的安放应当平稳，还应保留充足的工作空间和散热空间。例如，在书房中的计算机若要靠墙摆放的话，桌子与墙壁之间的距离应在 10cm 以上，同时还要留出放置磁盘、光盘等常用备件的地方。显示器还应该远离磁场、辐射源，例如不要将手机、收音机之类的物品放在显示器旁边。

3. 重视计算机的清洁

计算机的组成部件都十分精密，如果计算机工作在灰尘较多的环境下，灰尘会随着散热风扇带起的散热气流污染计算机的散热系统，从而堵塞计算机的各个接口造成散热能力下降，甚至卡死风扇，影响计算机的正常运行，严重时还会造成短路将设备烧毁，因此必须做好计算机的清洁工作。

计算机的清洁措施主要体现在以下两个方面。

（1）防尘：不使用的时候为计算机套上防尘罩，保证室内的清洁。

（2）除尘：包括外部和内部的除尘工作，特别是机箱内部的除尘工作，除尘时使用软油漆刷轻扫即可。对于不好操作的地方，如一些元器件底座，可以采用电吹风的冷风档或吹气球除尘，同时要做到至少一个月清理一次机箱内部的灰尘，以确保计算机的正常运行。

4. 防止电磁干扰

计算机存储设备的主要介质是磁性材料，如果计算机周边的磁场较强会造成存储设备中的数据损坏甚至丢失，还会造成显示器出现异常抖动或者偏色。所以在计算机周边应尽量避免摆放一些较大磁场的设备（如大功率音箱等），以避免计算机受到干扰。

5. 稳定的电源

电压瞬间的大幅度波动，有可能导致计算机的重新启动、数据丢失等状况，甚至损坏主机电源或硬盘对用户造成极大的损失。

在电源不稳定的地区，最好为计算机配上稳压设备，有条件的用户可以配备 UPS，因为 UPS 可在停电之后的一定时间内提供备用电力，使用户能够保存正在运行的程序，而且好的 UPS 具有自动稳压功能，可以为计算机提供更多的保护。

11.6.2　正确的使用习惯

要减少计算机故障的发生，除了良好的使用环境外，还需要用户养成良好的操作习惯。

1. 正确的开关机顺序

正确操作开机的顺序是：先开外设，后开主机。而关机的顺序正好相反：先关主机，后关外设。

正确的开关机顺序，一方面是为了让主机启动时能检测到所有连接到计算机的设备，另一方面，是为了避免打开或关闭外设时对主机产生电流冲击。

2. 避免频繁的开关机

计算机开关机会对配件造成一定的冲击，频繁地开关机势必会缩短配件的寿命，尤其是对硬盘的损伤更为严重。

3. 不要带电插拔设备

一般关机后距离下一次开机的时间至少应有 10 秒，并且尽量避免计算机在工作时候关机。如果计算机在读写数据时突然关机，很可能会损坏驱动器（硬盘、软驱等）等设备。

关机时必须先关闭所有的程序，再按正常的顺序退出，否则，有可能损坏应用程序和硬盘。

4. 不要将光盘长时间放在光驱内

若将光盘长时间放置在光驱中，会导致系统每次开机时对光盘的内容进行读取，从而减缓系统的启动速度。此外，盘片长时间放在光驱中，容易吸附灰尘，从而加速光头的老化，缩短光驱的使用寿命。

5. 减少计算机的搬动

经常的搬动计算机，很可能造成计算机内部设备的连接松动，从而造成计算机故障。在搬动过程中，如果计算机被碰撞，显示器、硬盘、显卡等计算机设备都有被撞坏的可能。所以，最好将计算机固定放置在方便工作的地方，不要经常移动，特别是在计算机运行的时候。

6. 经常关注硬盘的工作状态

观察硬盘的指示灯（通常为机箱面板上红色的小灯）可以判断硬盘工作与否。当硬盘指示灯亮着时，说明此时硬盘中的磁头正在从盘片上读写数据，如果突然切断电源可能会对盘片造成不可恢复的损伤。因此，在硬盘还在工作时不能进行关机操作。

11.7　安全软件使用举例

安全软件是一种可以对病毒、木马等一切已知的对计算机有危害的程序代码进行清除的程序工具。安全软件也是辅助您管理计算机安全的软件程序，安全软件的好坏决定了杀毒的质量，通过 VB100 以及微软 WINDOWS 验证的杀毒软件才是安全软件领域的最好选择。安全软件主要以预防为主、防治结合。安全软件又可分为以下几种。

（1）杀毒软件。它们又叫反病毒软件，如 360 杀毒、卡巴斯基安全部队、小红伞、瑞星杀毒软件、金山毒霸、诺顿。

辅助性安全软件。它们主要是清理垃圾、修复漏洞、防木马的软件，如 360 安全卫士、金山卫士、瑞星安全助手等。

（2）反流氓软件。它们主要是清理流氓软件。保护系统安全的功能。如 360 安全卫士、恶意软件清理助手、超级兔子、Windows 清理助手等。

（3）本书以应用得较为广泛的 360 安全卫士和杀毒软件为例介绍如何进行杀毒维护。

11.7.1　360 安全卫士的使用

360 安全卫士是当前功能最强、效果最好、最受用户欢迎的上网必备安全软件。由于使用方便，用户口碑好，目前 4.2 亿中国网民中，首选安装 360 的已超过 3 亿。拥有查杀木马、清理插件、修复漏洞、计算机体检等多种功能，并独创了"木马防火墙"功能，依靠抢先侦测和云端鉴别，可全面、智能地拦截各类木马，保护用户的账号、隐私等重要信息。目前木马威胁之大已远超病毒，360 安全卫士运用云安全技术，在拦截和查杀木马的效果、速度以及专业性上表现出色，能有效防止个人数据和隐私被木马窃取，被誉为"防范木马的第一选择"。360 安全卫士自身非常轻巧，同时还具备开机加速、垃圾清理等多种系统优化功能，可大大加快计算机运行速度，内含的 360 软件管家还可帮助用户轻松下载、升级和强力卸载各种应用软件。

1. 进入 360 安全卫士的主界面

360 安全卫士安装完成之后，会在桌面添加一个快捷方式，双击快捷方式即可运行，单击立即体检就可以对计算机进行体检。体检功能可以全面的检查电脑的各项状况。360 安全卫士主界面如图 11.2 所示。

图 11.2 360 安全卫士的主界面

体检需要稍等几分钟，当体检完成后会出现本机当前得分，100%就不要修复反之则要修复。如图 11.3 所示计算机体检得 55 分需要修复，修复方法有 2 种，可以一键修复或者根据优化项目逐项修复。

图 11.3 电脑立即体检功能

2. 查杀木马功能

利用计算机程序漏洞侵入后窃取文件的程序被称为木马。木马查杀功能可以找出电脑中疑似木马的程序并在取得用户允许的情况下删除这些程序，如图 11.4 所示。

可以单击快速扫描、全盘扫描、自定义扫描，用户可以根据自己的意愿而定，扫描完成后根据相应的提示进行处理即可。

图 11.4 木马查杀界面

3. 清理插件功能

插件是一种遵循一定规范的应用程序接口编写出来的程序。很多软件都有插件，如在 IE 中，安装相关的插件后，Web 浏览器能够直接调用插件程序，用于处理特定类型的文件。过多的插件会拖慢电脑的速度。清理插件功能会检查电脑中安装了哪些插件，用户可以根据网友对插件的评分以及自己的需要来选择清理哪些插件，保留哪些插件。单击清理插件后就会进入界面，如图 11.5 所示。

图 11.5 清理插件功能

4. 修复漏洞功能

这里的系统漏洞这里是特指 Windows 操作系统在逻辑设计上的缺陷或在编写时产生的错误。系统漏洞可以被不法者或者电脑黑客利用，通过植入木马、病毒等方式来攻击或控制整个电脑，从而窃取电脑中的重要资料和信息，甚至破坏系统。单击修复漏洞后就会自动修复然后进入下一个页面看计算机是否需要修复，如有需要修复的可根据自己的情况选择修复哪些漏洞，选择好单击"立即修复"即可，如图 11.6 所示。

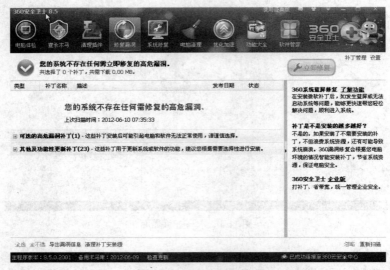

图 11.6　修复漏洞功能

5. 系统修复功能

该功能可以检查电脑中多个关键位置是否处于正常的状态。当浏览器主页、开始菜单、桌面图标、文件夹、系统设置等出现异常时，使用系统修复功能，可以帮用户找出问题出现的原因并修复问题。单击常规修复即可，如图 11.7 所示。

图 11.7　系统修复功能

6. 电脑清理功能

垃圾文件指系统工作时所过滤加载出的剩余数据文件，虽然每个垃圾文件所占系统资源并不多，但是有一定时间没有清理时，垃圾文件会越来越多。上网痕迹指在进行各种上网操作时留下的历史文档，它记录了用户上网的动作。比如去过哪些网站，下载过哪些文件等。用户可以选择一键清理或逐项清理，如图 11.8 所示。

图 11.8　电脑清理功能

7. 优化加速功能

该功能可以对系统软件和设置进行优化，进行开机加速和系统加速度，提高你的机器性能。如图 11.9 所示。

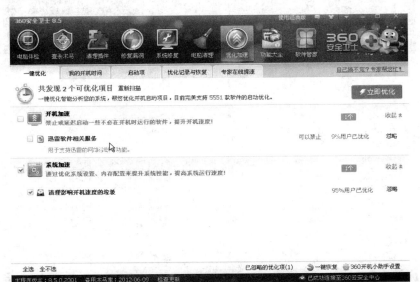

图 11.9　优化加速功能

8. 功能大全

为用户提供了多种实用工具，有针对性地帮助用户解决电脑的问题，提高电脑的速度。如图 11.10 所示。

图 11.10　功能大全界面

9. 软件管家功能

该功能聚合了众多安全优质的软件，用户可以方便、安全的下载。用软件管家下载软件不必担心"被下载"的问题，如果用户下载的软件中带有插件，软件管家会提示，更不需要担心下载到木马病毒等恶意程序。同时，软件管家还为用户提供了"开机加速"和"软件卸载"的便捷入口，如图 11.11 所示。

图 11.11　软件管家功能

11.7.2　360 杀毒的使用

360 杀毒是 360 安全中心出品的一款免费杀毒软件。它无缝整合了国际知名的 BitDefender

病毒查杀引擎，以及 360 安全中心潜心研发的木马云查杀引擎。双引擎的机制拥有完善的病毒防护体系，不但查杀能力出色，而且对于新产生病毒木马能够第一时间进行防御。360 杀毒完全免费，无需激活码，轻巧快速不卡机，误杀率远远低于其他杀毒软件，能为您的计算机提供全面保护。

360 杀毒已经通过了公安部的信息安全产品检测，并于 2009 年 12 月及 2010 年 4 月两次通过了国际权威的 VB100 认证，成为国内首家初次参加 VB100 即获通过的杀毒产品。

根据艾瑞咨询的独立统计，360 杀毒推出仅 3 个月，就已经跃居中国用户量最大的安全软件。目前，有接近 50%的中国网络用户使用 360 杀毒保护自己的计算机数据安全。

1. 病毒查杀功能

360 杀毒具有实时病毒防护和手动扫描功能，为您的系统提供全面的安全防护。实时防护功能在文件被访问时对文件进行扫描，及时拦截活动的病毒。在发现病毒时会通过提示窗口警告。360 杀毒扫描到病毒后，会首先尝试清除文件所感染的病毒，如果无法清除，则会提示删除感染病毒的文件。木马和间谍软件由于并不采用感染其他文件的形式，而是其自身即为恶意软件，因此会被直接删除。

360 杀毒提供了 3 种手动病毒扫描方式：快速扫描、全盘扫描、指定位置扫描。快速扫描：扫描 Windows 系统目录及 Program Files 目录。全盘扫描：扫描所有磁盘。指定位置扫描：扫描用户指定的目录，如图 11.12 所示。

图 11.12　360 杀毒主界面

在窗口中可看到正在扫描的文件、总体进度，以及发现问题的文件。

如果用户希望 360 杀毒在扫描完计算机后自动关闭计算机，请选中"扫描完成后关闭计算机"选项。请注意，只有在将发现病毒的处理方式设置为"自动清除"时，此选项才有效。如果选择了其他病毒处理方式，扫描完成后不会自动关闭计算机。

2. 实时防护功能

在文件被访问时对文件进行扫描，及时拦截活动的病毒。在发现病毒时会通过提示窗口警告您，如图 11.13 所示。

图 11.13　实时防护功能

3. 升级病毒库功能

　　360 杀毒具有自动升级功能。如果开启了自动升级功能，360 杀毒会在有升级可用时自动下载并安装升级文件。如果想手动进行升级，请在 360 杀毒主界面单击"升级"标签，进入升级界面，并单击"检查更新"按钮，如图 11.14 所示。

图 11.14　升级病毒库功能

4. 病毒免疫功能

　　锁定流行病毒最常入侵的系统关键区域，如关键目录、注册表位置等，让病毒难以入侵和传播。单击"立即免疫"即可启动该功能，如图 11.15 所示。

图 11.15　病毒免疫功能

11.7.3　数据恢复软件 EasyRecovery 的使用

EasyRecovery 是世界著名数据恢复公司 Ontrack 的技术杰作。它是一个硬盘数据恢复工具，能够帮你恢复丢失的数据以及重建文件系统。本书以 EasyRecovery Pro 6.12 版为对象，该版本能够对 ZIP 文件以及微软的 Office 系列文档进行修复，更是囊括了磁盘诊断、数据恢复、文件修复、E-mail 修复等全部 4 大类目、19 个项目的各种数据文件修复和磁盘诊断方案。

启动 EasyRecovery Professional 进入软件主界面，选择数据修复项，出现如图 11.16 所示的界面，根据需要选择应用。

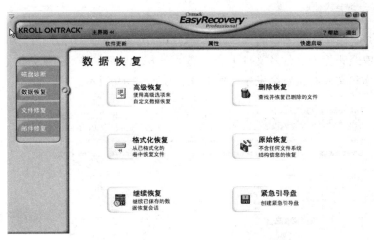

图 11.16　EasyRecovery Professional 主界面

在右侧选择任何一种数据修复方式都会出现相应的用法提示，如选择删除恢复项，就会在界面右侧出现相应的使用提示，如图 11.17 所示。

选择想要恢复的文件所在分区进行扫描，也可以在文件过滤器下直接输入文件名或通配符来快速找到某个或某类文件。如果要对分区执行更彻底的扫描可以勾选"完整扫描"选项，如图 11.18 所示。

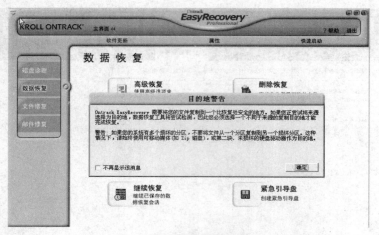

图 11.17　数据恢复提醒窗口

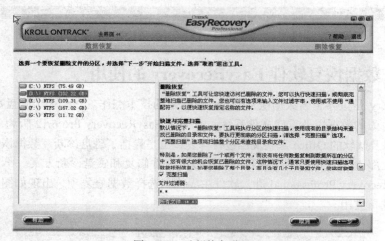

图 11.18　选择恢复分区

扫描之后，曾经删除的文件及文件夹会全部呈现出来，现在需要的就是耐心地寻找、勾选，因为文件夹的名称和文件的位置会发生一些变化，如图 11.19 所示。

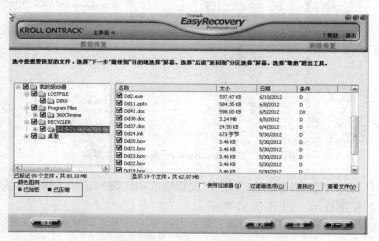

图 11.19　选择扫描出的文件

　　如果不能确认文件是否是想要恢复的，可以通过查看文件命令来查看文件内容（这样会很方便地知道该文件是否是自己需要恢复的文件），如图 11.20 所示。

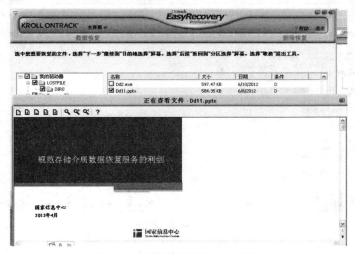

图 11.20　查看扫描到的文件内容

　　选择好要恢复的文件后，它会提示你选择一个用以保存恢复文件的逻辑驱动器，此时应存在其它分区上，也可以放在移动硬盘，如图 11.21 所示这一点在误格式化某个分区时尤为重要。

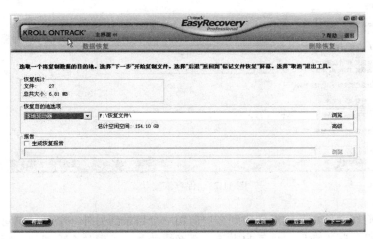

图 11.21　选择保存恢复文件的分区

　　单击下一步进行扫描后，会出现恢复摘要，如图 11.22 所示。

　　当恢复完成后要退出时，它会跳出保存恢复状态的对话框，如果进行保存，则可以在下次运行 EasyRecovery Professional 时通过执行 EasyRecovery Professional 命令继续以前的恢复，这一点在没有进行全部恢复工作时非常有用。如图 11.23 所示。

　　数据恢复软件不是万能的，当看到丢失的文件名又一次出现在眼前时肯定异常兴奋，但是，只有当有些文件被打开时才知道其实都是乱码，特别是文档资料，明明查看文件大小不是 0，而且文件名完好，以为文件可以完全恢复，谁知再打开看却是一堆乱码，所以还是保护好数据为主。建议从以下 4 个方面管理文件。

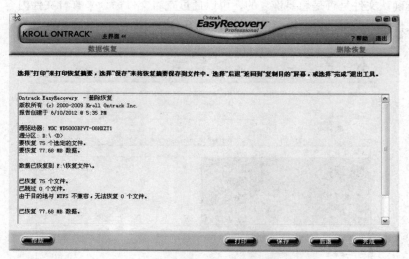

图 11.22　恢复摘要

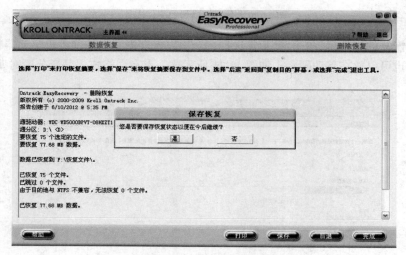

图 11.23　保存恢复状态

第一，不要剪切文件。我们经常碰到客户剪切一个目录到另外一个盘，中间出错，源盘目录没有，目标盘也没复制进数据。这看起来是一个系统的 Bug，偶尔会出现的。所以我们建议如果数据重要，那么先复制数据到目标盘，没有问题后再删除源盘里面的目录文件，不要图省事造成数据丢失。

第二，目录文件非常多的分区，不要直接做磁盘碎片整理。因为磁盘碎片整理过程中可能会出错，万一出错了数据就很难恢复。我们建议将数据复制到别的盘后，再格式化要做磁盘整理的盘，然后拷回数据。

第三，不要用第三方工具调整分区大小。调整分区大小过程中也很容易出错（如断电等），一旦出错也很难恢复，因为数据被挪来挪去覆盖破坏很严重的。建议在重新分区之前，备份好数据，再使用 Windows 自带的磁盘管理里面来分区，安全性高一些。

第四，定期备份数据，确保数据安全，最好是刻盘备份，比存在硬盘里面更安全。

习　　题

1. 信息安全面临的威胁主要有哪些?
2. 你认为信息技术工作人员应该建立怎样的职业道德规范?
3. 信息系统安全主要的防范措施是什么?
4. 计算机病毒的特征是什么?
5. 计算机犯罪的行为有哪些?
6. 如何进行计算机安全管理?
7. 如何恢复被删除的数据?

[1] 朱爱红，等. 电子军务信息技术. 北京：国防工业出版社，2007.

[2] 朱小冬，刘广宇. 信息化作战装备保障. 北京：国防工业出版社，2007.

[3] 王明俊，等. 装备信息技术概论. 北京：国防工业出版社，2010.

[4] 禚法宝，等. 新概念武器与信息化战争. 北京：国防工业出版社，2008.

[5] 吴丽华，陈明锐. 大学信息技术基础. 北京：人民邮电出版社，2008.

[6] 陈佛敏，陈建新. 计算机基础教程（第3版）. 成都：电子科技大学出版社，2008.

[7] 刘艺，蔡敏，李炳伟. 计算机科学概论. 北京：人民邮电出版社，2008.

[8] 陈建勋，杨有安. 计算机应用技术基础. 广州：中山大学出版社，2003.

[9] 鄂大伟，庄鸿棉. 信息技术基础. 北京：高等教育出版社，2003.

[10] 骆耀祖，叶丽珠. 信息技术概论. 北京：机械工业出版社，2011.9

[11] 宋金珂，孙壮，等. 计算机与信息技术应用基础. 北京：中国铁道出版社，2005.

[12] 杨柳. 大学计算机基础. 北京：电子工业出版社，2010.

[13] 袁方. 计算机导论（第2版）. 北京：清华大学出版社，2009.

[14] 鄂大伟，王兆明. 信息技术导论. 北京：高等教育出版社，2011.

[15] 谢希仁. 计算机网络（第5版）. 北京：电子工业出版社，2008.

[16] 杜煜，姚鸿. 计算机网络基础教程. 北京：人民邮电出版社，2008.

[17] 黄中砥，等. 组网技术与网络管理. 北京：清华大学出版社，2006.

[18] 卢湘鸿. Access 数据库与程序设计. 北京：电子工业出版社，2008.

[19] 陈振，陈继锋. Access 数据库技术与应用. 北京：清华大学出版社，2011.

[20] 鄂大伟. 多媒体技术基础与应用. 第3版. 北京：高等教育出版社，2007.

[21] 李冬芸. Flash 动画实例教程. 北京：电子工业出版社，2010.

[22] 熊力. 3ds max 实例教程. 北京：清华大学出版社，2004.

[23] 徐天秀. 信息检索. 北京：科学出版社，2009.

[24] 张俊慧. 信息检索教程. 北京：科学出版社，2010.

[25] 朱静芳. 现代信息检索实用教程. 北京：清华大学出版社，2008.

[26] 谭建伟. 信息安全技术. 北京：高等教育出版社，2011.

[27] 谢冬青，冷健. 计算机网络安全技术教程. 北京：机械工业出版社，2007.